高校电子信息类专业主干课“十一五”规划教材

电磁场与微波技术学习指导

◆吕芳　辛莉　侯婷　李秀娟　编著

东南大学出版社
SOUTHEAST UNIVERSITY PRESS
·南京·

内 容 提 要

本书是与吕芳、杜永兴、辛莉编著的高校电子信息类专业课“十一五”规划教材《电磁场与电磁波》和吕芳、辛莉、侯海鹏编著的《微波技术》(均由东南大学出版社出版)配套使用的学习指导书,该指导书可使本科生加深对电磁场和微波技术理论的理解,同时也能使本科生学会解题的思路和方法。

本书针对原来两部教材课后习题做了解答,每章还包括了基本内容概述、典型例题分析及拓展训练。全书共三部分,共 13 章。内容按照原书的章节顺序排列,第一部分是电磁场课程中的矢量分析和场论、宏观电磁现象的基本原理、静电场和恒定电场、恒定电流的磁场、时变电磁场、平面电磁波、导行电磁波、电磁辐射。第二部分为微波技术课程中的传输线基本理论、微波传输线、微波网络、微波元件、微波有源器件与电路。第三部分是重点高校电磁场和微波技术两门课的考研真题及其解答。

图书在版编目(CIP)数据

电磁场与微波技术学习指导/吕芳等编著. —南京:东南大学出版社,2014.1

ISBN 978-7-5641-4361-9

Ⅰ.①电… Ⅱ.①吕… Ⅲ.①电磁场—高等学校—教学参考资料 ②微波技术—高等学校—教学参考资料 Ⅳ.①O441.4 ②TN015

中国版本图书馆 CIP 数据核字(2013)第 147292 号

电磁场与微波技术学习指导

出版发行 东南大学出版社
出 版 人 江建中
社　　址 江苏省南京市玄武区四牌楼 2 号
邮　　编 210096

经　　销 江苏省新华书店
印　　刷 南京玉河印刷厂
开　　本 700mm×1000mm 1/16
印　　张 17.5
字　　数 353 千字
书　　号 ISBN 978-7-5641-4361-9
版　　次 2014 年 1 月第 1 版
印　　次 2014 年 1 月第 1 次印刷
定　　价 34.80 元

(凡有印装质量问题,请与我社读者服务部联系。电话:025-83792328)

前 言

电磁场、微波技术是高校工科电子信息类专业的重要技术基础课，也是令很多大学生“头痛”的课程。这些课程内容抽象、公式繁多且对高等数学基础要求较高，同时这些课程的习题又具有较强的灵活性和复杂性。本书通过对两门课程相关知识点的梳理，及对典型例题进行分析和求解，特别注重精讲解题思路和方法，起到总结、深化、提高与扩展知识面的作用，同时也希望能达到启发读者触类旁通的效果。

本书是基于吕芳、杜永兴、辛莉编著的高校电子信息类专业主干课“十一五”规划教材《电磁场与电磁波》和吕芳、辛莉、侯海鹏编著的《微波技术》(分别由东南大学出版社2009、2010年出版)编写的。全书共三部分，共13章。内容按照原书的章节顺序排列，第一部分是电磁场课程中的矢量分析和场论、宏观电磁现象的基本原理、静电场和恒定电场、恒定电流的磁场、时变电磁场、平面电磁波、导行电磁波、电磁辐射。第二部分为微波技术课程中的传输线基本理论、微波传输线、微波网络、微波元件、微波有源器件与电路。第三部分是重点高校两门课的考研真题及其解答。书末有附录、增补习题及其参考答案、参考文献等。

本书中每章先给出基本内容概述，增加了典型例题讲解，之后是对于教材的课后习题解答。内容安排合理，文字表述明了，物理概念清晰，并说明解题的方法和要点。

在编写过程中注意强调基本概念和典型问题的解决方法，增加了典型例题的求解方法以及部分工程应用方面的内容，意在培养解决工程应用的能力，提供了部分高校两门课考研真题及解答，有助于考研学生的复习。

在编写中，吸收了其他院校部分讲课教师的意见和建议，同时融入了课题组教师长期讲授该课程的教学经验和体会。

本书由吕芳、辛莉、侯婷、李秀娟编写，由吕芳负责全书的统稿工作。其中所有典型例题及第一部分第七章，第二部分第三、四章由吕芳编写；第一部分第二、三章，第二部分第五、六章由辛莉编写；第一部分第四、五、六、八章由侯婷编写；第一部分第一章，第二部分第二章由李秀娟编写。本书在编写过程中，得到了许多老师的大力支持与帮助，研究生刘翥、许惠、田甜做了大量的习题录入工作，在此深表谢意。

书中不妥之处敬请广大读者提出宝贵意见。

作 者

2013 年 2 月

CONTENTS 目 录

第一部分　电磁场与电磁波

1　矢量分析与场论

1.1　基本内容概述

一个仅用大小就能够完整描述的物理量称为标量，例如，电压、温度、时间、质量、电荷等。实际上，所有实数都是标量。标量的空间分布构成标量场。

在二维空间或三维空间内的任一点 P，它是一个既存在大小（或称为模）又有方向特性的量，称为矢量，用黑体 $\boldsymbol{A}$ 表示，而白体 A 表示 $\boldsymbol{A}$ 的大小（即 $\boldsymbol{A}$ 的模）。如电场强度 $\boldsymbol{E}$、磁场强度 $\boldsymbol{H}$、速度 $\boldsymbol{v}$ 等。矢量的空间分布构成矢量场。

若场中的物理量在各点处的对应值不随时间变化，则称该场为稳定场。否则，称为不稳定场。

一个模为 1 的矢量称为单位矢量（Unit Vector）。用 $\boldsymbol{e}_A$ 表示，即

$$\boldsymbol{e}_A = \frac{\boldsymbol{A}}{A}$$

式中，A 为矢量 $\boldsymbol{A}$ 的模。

矢量 $\boldsymbol{A}$ 可表示为　$\boldsymbol{A} = A\boldsymbol{e}_A$

矢量的加法服从交换律和结合律

$$\boldsymbol{A} + \boldsymbol{B} = \boldsymbol{B} + \boldsymbol{A} \quad \text{（交换律）}$$

$$(\boldsymbol{A} + \boldsymbol{B}) + \boldsymbol{C} = \boldsymbol{A} + (\boldsymbol{B} + \boldsymbol{C}) \quad \text{（结合律）}$$

矢量减法

$$\boldsymbol{A} - \boldsymbol{B} = \boldsymbol{A} + (-\boldsymbol{B})$$

两个矢量的点积 $\boldsymbol{A} \cdot \boldsymbol{B}$ 是一个标量，定义为 $\boldsymbol{A}$ 和 $\boldsymbol{B}$ 的大小与它们之间较小的夹角 $\theta(0 \leqslant \theta \leqslant \pi)$ 的余弦之积，即 $\boldsymbol{A} \cdot \boldsymbol{B} = AB\cos\theta$。

矢量的点积服从交换律和分配律

$$\boldsymbol{A} \cdot \boldsymbol{B} = \boldsymbol{B} \cdot \boldsymbol{A} \quad \text{（交换律）}$$

$$\boldsymbol{A} \cdot (\boldsymbol{B} + \boldsymbol{C}) = \boldsymbol{A} \cdot \boldsymbol{B} + \boldsymbol{A} \cdot \boldsymbol{C} \quad \text{（分配律）}$$

两个矢量的叉积 $\boldsymbol{A}\times\boldsymbol{B}$ 是一个矢量，它垂直于包含矢量 $\boldsymbol{A}$ 和 $\boldsymbol{B}$ 的平面，其大小定义为 $AB\sin\theta$，方向为当右手四个手指从矢量 $\boldsymbol{A}$ 到 $\boldsymbol{B}$ 旋转 θ 时大拇指的方向，即

$$\boldsymbol{A}\times\boldsymbol{B}=\boldsymbol{e}_c AB\sin\theta$$

矢积不服从交换律，而服从分配律

$$\boldsymbol{A}\times(\boldsymbol{B}+\boldsymbol{C})=\boldsymbol{A}\times\boldsymbol{B}+\boldsymbol{A}\times\boldsymbol{C}\quad（分配律）$$

在直角坐标系中矢量的基本运算代数表示式：

$$\boldsymbol{A}\cdot\boldsymbol{B}=A_xB_x+A_yB_y+A_zB_z$$

$$\boldsymbol{A}\times\boldsymbol{B}=\begin{vmatrix}\boldsymbol{e}_x & \boldsymbol{e}_y & \boldsymbol{e}_z\\ A_x & A_y & A_z\\ B_x & B_y & B_z\end{vmatrix}$$

在圆柱坐标系中矢量的基本运算代数表示式：

$$\boldsymbol{A}\cdot\boldsymbol{B}=A_\rho B_\rho+A_\phi B_\phi+A_zB_z$$

$$\boldsymbol{A}\times\boldsymbol{B}=\begin{vmatrix}\boldsymbol{e}_\rho & \boldsymbol{e}_\phi & \boldsymbol{e}_z\\ A_\rho & A_\phi & A_z\\ B_\rho & B_\phi & B_z\end{vmatrix}$$

在球坐标系中矢量的基本运算代数表示式：

$$\boldsymbol{A}\cdot\boldsymbol{B}=A_rB_r+A_\theta B_\theta+A_\phi B_\phi$$

$$\boldsymbol{A}\times\boldsymbol{B}=\begin{vmatrix}\boldsymbol{e}_r & \boldsymbol{e}_\theta & \boldsymbol{e}_\phi\\ A_r & A_\theta & A_\phi\\ B_r & B_\theta & B_\phi\end{vmatrix}$$

直角坐标系与圆柱坐标系及球坐标系的转换关系：

$$\begin{cases}\boldsymbol{e}_\rho=\cos\phi\,\boldsymbol{e}_x+\sin\phi\,\boldsymbol{e}_y\\ \boldsymbol{e}_\phi=-\sin\phi\,\boldsymbol{e}_x+\cos\phi\,\boldsymbol{e}_y\\ \boldsymbol{e}_z=\boldsymbol{e}_z\end{cases}$$

$$\begin{cases}\boldsymbol{e}_r=\sin\theta\cos\phi\,\boldsymbol{e}_x+\sin\theta\sin\phi\,\boldsymbol{e}_y+\cos\theta\,\boldsymbol{e}_z\\ \boldsymbol{e}_\theta=\cos\theta\cos\phi\,\boldsymbol{e}_x+\cos\theta\sin\phi\,\boldsymbol{e}_y-\sin\theta\,\boldsymbol{e}_z\\ \boldsymbol{e}_\phi=-\sin\phi\,\boldsymbol{e}_x+\cos\phi\,\boldsymbol{e}_y\end{cases}$$

在直角坐标系中梯度、散度、旋度表示式：

$$\mathrm{grad}u=\frac{\partial u}{\partial x}\boldsymbol{e}_x+\frac{\partial u}{\partial y}\boldsymbol{e}_y+\frac{\partial u}{\partial z}\boldsymbol{e}_z=\nabla u\quad 是矢量$$

$$\mathrm{div}\boldsymbol{A}=\frac{\partial A_x}{\partial x}+\frac{\partial A_y}{\partial y}+\frac{\partial A_z}{\partial z}=\nabla\cdot\boldsymbol{A}\quad 是标量$$

$$\mathrm{rot}\boldsymbol{F}=\nabla\times\boldsymbol{F}=\begin{vmatrix}\boldsymbol{e}_x & \boldsymbol{e}_y & \boldsymbol{e}_z\\ \dfrac{\partial}{\partial x} & \dfrac{\partial}{\partial y} & \dfrac{\partial}{\partial z}\\ F_x & F_y & F_z\end{vmatrix}\quad 是矢量$$

斯托克斯定理 $\displaystyle\oint_C\boldsymbol{F}\cdot\mathrm{d}\boldsymbol{l}=\oint_S(\nabla\times\boldsymbol{F})\cdot\mathrm{d}\boldsymbol{S}$

1.2 典型例题解析

【例 1.1】 给定两个矢量 $\boldsymbol{A}=2\boldsymbol{e}_x+3\boldsymbol{e}_y-4\boldsymbol{e}_z$ 和 $\boldsymbol{B}=4\boldsymbol{e}_x-5\boldsymbol{e}_y+6\boldsymbol{e}_z$，求它们之间的夹角和 $\boldsymbol{A}$ 在 $\boldsymbol{B}$ 上的分量。

解：

$$|\boldsymbol{A}|=\sqrt{2^2+3^2+(-4)^2}=\sqrt{29}$$

$$|\boldsymbol{B}|=\sqrt{4^2+(-5)^2+6^2}=\sqrt{77}$$

$$|\boldsymbol{A}\cdot\boldsymbol{B}|=(2\boldsymbol{e}_x+3\boldsymbol{e}_y-4\boldsymbol{e}_z)\cdot(4\boldsymbol{e}_x-5\boldsymbol{e}_y+6\boldsymbol{e}_z)=-31$$

故 $\boldsymbol{A}$ 与 $\boldsymbol{B}$ 之间的夹角为

$$\theta_{AB}=\arccos\left(\frac{\boldsymbol{A}\cdot\boldsymbol{B}}{|\boldsymbol{A}||\boldsymbol{B}|}\right)=\arccos\left(\frac{-31}{\sqrt{29}\sqrt{77}}\right)=131^\circ$$

$\boldsymbol{A}$ 在 $\boldsymbol{B}$ 上的分量为

$$A_B=\boldsymbol{A}\cdot\frac{\boldsymbol{B}}{|\boldsymbol{B}|}=\frac{-31}{\sqrt{77}}=-3.53$$

【例 1.2】 已知 $\boldsymbol{A}=3y\boldsymbol{e}_x+2z^2\boldsymbol{e}_y+xy\boldsymbol{e}_z$，$\boldsymbol{B}=x^2\boldsymbol{e}_x-4\boldsymbol{e}_z$，求 $\nabla\times(\boldsymbol{A}\times\boldsymbol{B})$。

解：

$$\boldsymbol{A}\times\boldsymbol{B}=\begin{vmatrix}\boldsymbol{e}_x & \boldsymbol{e}_y & \boldsymbol{e}_z\\ 3y & 2z^2 & xy\\ x^2 & 0 & -4\end{vmatrix}=-8z^2\boldsymbol{e}_x+(12y+x^3y)\boldsymbol{e}_y-2x^2z^2\boldsymbol{e}_z$$

$$\nabla\times(\boldsymbol{A}\times\boldsymbol{B})=\begin{vmatrix}\boldsymbol{e}_x & \boldsymbol{e}_y & \boldsymbol{e}_z\\ \dfrac{\partial}{\partial x} & \dfrac{\partial}{\partial y} & \dfrac{\partial}{\partial z}\\ -8z^2 & 12y+x^3y & -2x^2z^2\end{vmatrix}=-4z(4-xz)\boldsymbol{e}_y+3x^2y\boldsymbol{e}_z$$

【例 1.3】 求标量函数 $\psi=x^2yz$ 的梯度及 ψ 在一个指定方向的方向导数。此方向由单位矢量 $\boldsymbol{e}_l=\frac{3}{\sqrt{50}}\boldsymbol{e}_x+\frac{4}{\sqrt{50}}\boldsymbol{e}_y+\frac{5}{\sqrt{50}}\boldsymbol{e}_z$ 定出；求(2,3,1)点的方向导数值。

解：

$$\nabla\Psi=\boldsymbol{e}_x\frac{\partial}{\partial x}(x^2yz)+\boldsymbol{e}_y\frac{\partial}{\partial y}(x^2yz)+\boldsymbol{e}_z\frac{\partial}{\partial z}(x^2yz)$$

$$=\boldsymbol{e}_x2xyz+\boldsymbol{e}_yx^2z+\boldsymbol{e}_zx^2y$$

故沿方向 $\boldsymbol{e}_l=\frac{3}{\sqrt{50}}\boldsymbol{e}_x+\frac{4}{\sqrt{50}}\boldsymbol{e}_y+\frac{5}{\sqrt{50}}\boldsymbol{e}_z$ 的方向导数为

$$\frac{\partial\Psi}{\partial l}=\nabla\Psi\cdot\boldsymbol{e}_l=\frac{6xyz}{\sqrt{50}}+\frac{4x^2z}{\sqrt{50}}+\frac{5x^2y}{\sqrt{50}}$$

点(2,3,1)处沿 $\boldsymbol{e}_l$ 的方向导数值为

$$\frac{\partial\Psi}{\partial l}=\frac{36}{\sqrt{50}}+\frac{16}{\sqrt{50}}+\frac{60}{\sqrt{50}}=\frac{112}{\sqrt{50}}$$

【例 1.4】 已知矢量 $\boldsymbol{E}=\boldsymbol{e}_x(x^2+axz)+\boldsymbol{e}_y(xy^2+by)+\boldsymbol{e}_z(z-z^2+czx-2xyz)$，试确定常数 a、b、c，使 $\boldsymbol{E}$ 为无源场。

解：由 $\nabla\cdot\boldsymbol{E}=(2x+az)+(2xy+b)+(1-2z+cx-2xy)=0$，

即 $$(2+c)x+b+1+(a-2)z=0$$

得 $$a=2,b=-1,c=-2$$

【例 1.5】 设 S 为上半球面 $x^2+y^2+z^2=a^2(z\geqslant 0)$，求矢量场 $\boldsymbol{r}=x\boldsymbol{e}_x+y\boldsymbol{e}_y+z\boldsymbol{e}_z$ 向上穿过 S 的通量 Φ[提示：注意 S 的法矢量 $\boldsymbol{n}$ 与 $\boldsymbol{r}$ 同指向]。

解：$$\Phi=\int_S\boldsymbol{r}\cdot\mathrm{d}\boldsymbol{S}=\int_S\boldsymbol{r}\cdot n\mathrm{d}\boldsymbol{S}=\int_S|\boldsymbol{r}|\mathrm{d}\boldsymbol{S}$$
$$=\int_S\sqrt{x^2+y^2+z^2}\mathrm{d}\boldsymbol{S}=a\int_S\mathrm{d}\boldsymbol{S}=a\cdot 2\pi a^2=2\pi a^3$$

【例 1.6】 设 $\boldsymbol{a}$ 为常矢量，$\boldsymbol{r}=x\boldsymbol{e}_x+y\boldsymbol{e}_y+z\boldsymbol{e}_z$，$r=|\boldsymbol{r}|$，求：

(1) $\nabla\cdot(r\boldsymbol{a})$；(2) $\nabla\cdot(r^2\boldsymbol{a})$；(3) $\nabla\cdot(r^n\boldsymbol{a})$。

解：根据公式 $\nabla\cdot(f\boldsymbol{c})=\boldsymbol{c}\cdot\nabla f$，其中 $\boldsymbol{c}$ 为常矢量，f 为标量函数。

(1) $\nabla\cdot(r\boldsymbol{a})=\boldsymbol{a}\cdot\nabla r$

其中 $$|\boldsymbol{r}|=\sqrt{x^2+y^2+z^2}$$
$$\nabla r=\boldsymbol{e}_x\frac{\partial r}{\partial x}+\boldsymbol{e}_y\frac{\partial r}{\partial y}+\boldsymbol{e}_z\frac{\partial r}{\partial z}=\frac{x\boldsymbol{e}_x+y\boldsymbol{e}_y+z\boldsymbol{e}_z}{r}=\frac{\boldsymbol{r}}{r}$$

故 $\nabla\cdot(r\boldsymbol{a})=\boldsymbol{a}\cdot\dfrac{\boldsymbol{r}}{r}$

(2) $\nabla\cdot(r^2\boldsymbol{a})=\boldsymbol{a}\cdot(\nabla r^2)=\boldsymbol{a}\cdot(2r\nabla r)=\boldsymbol{a}\cdot\left(2r\dfrac{\boldsymbol{r}}{r}\right)=2\boldsymbol{r}\cdot\boldsymbol{a}$

(3) $\nabla\cdot(r^n\boldsymbol{a})=\boldsymbol{a}\cdot(\nabla r^n)=\boldsymbol{a}\cdot(nr^{n-1}\nabla r)=\boldsymbol{a}\cdot\left(nr^{n-1}\dfrac{\boldsymbol{r}}{r}\right)=nr^{n-2}\boldsymbol{r}\cdot\boldsymbol{a}$

【例 1.7】 证明矢量场 $\boldsymbol{F}=(y\cos xy)\boldsymbol{e}_x+(x\cos xy)\boldsymbol{e}_y+\sin z\boldsymbol{e}_z$ 为有势场。

证明："有势场"⇔"无旋场"⇔"保守场"。

$$\nabla\times\boldsymbol{F}=\begin{vmatrix}\boldsymbol{e}_x & \boldsymbol{e}_y & \boldsymbol{e}_z\\ \dfrac{\partial}{\partial x} & \dfrac{\partial}{\partial y} & \dfrac{\partial}{\partial z}\\ y\cos xy & x\cos xy & \sin z\end{vmatrix}=0$$

所以 $\boldsymbol{F}$ 是无旋场，即可得出 $\boldsymbol{F}$ 是有势场。

【例 1.8】 求 $\boldsymbol{F}=x(z-y)\boldsymbol{e}_x+y(x-z)\boldsymbol{e}_y+z(y-x)\boldsymbol{e}_z$ 在点 $M(1,2,3)$ 处沿 $\boldsymbol{e}_n=\dfrac{1}{3}(\boldsymbol{e}_x+2\boldsymbol{e}_y+2\boldsymbol{e}_z)$ 方向的环量密度。

解：由题意，环量密度

$$\lim_{\Delta S_n\to 0}\frac{1}{\Delta S}\int_l\boldsymbol{F}\cdot\mathrm{d}\boldsymbol{l}=(\mathrm{rot}\boldsymbol{F})\cdot\boldsymbol{e}_n$$
$$\boldsymbol{F}=x(z-y)\boldsymbol{e}_x+y(x-z)\boldsymbol{e}_y+z(y-x)\boldsymbol{e}_z$$

则

$$\text{rot}\boldsymbol{F}=\begin{vmatrix}\boldsymbol{e}_x & \boldsymbol{e}_y & \boldsymbol{e}_z\\ \dfrac{\partial}{\partial x} & \dfrac{\partial}{\partial y} & \dfrac{\partial}{\partial z}\\ x(z-y) & y(x-z) & z(y-x)\end{vmatrix}$$
$$=\boldsymbol{e}_x(z-y)+\boldsymbol{e}_y(x-z)+\boldsymbol{e}_z(y-x)$$

$$\boldsymbol{e}_n=\frac{1}{3}(\boldsymbol{e}_x+2\boldsymbol{e}_y+2\boldsymbol{e}_z)$$

故 M 点处环量密度

$$(\text{rot}\boldsymbol{F})\cdot\boldsymbol{e}_n=[\boldsymbol{e}_x(z-y)+\boldsymbol{e}_y(x-z)+\boldsymbol{e}_z(y-x)]\cdot\frac{1}{3}(\boldsymbol{e}_x+2\boldsymbol{e}_y+2\boldsymbol{e}_z)\,|_M$$
$$=\frac{1}{3}(y-z)\,|_M=-\frac{1}{3}$$

【例 1.9】 求曲线 $\boldsymbol{r}(t)=t\boldsymbol{e}_x+t^2\boldsymbol{e}_y+t^3\boldsymbol{e}_z$ 上这样的点，使该点的切线平行于平面 $x+2y+z=4$。

解：曲线某点处的切线方程是$\dfrac{\partial \boldsymbol{r}(t)}{t}=\boldsymbol{e}_x+2t\boldsymbol{e}_y+3t^2\boldsymbol{e}_z$，

平面的法线方向 $\boldsymbol{e}_n=\boldsymbol{e}_x+2\boldsymbol{e}_y+\boldsymbol{e}_z$

若过某点的切线平行于平面，则此点处切线与平面的法线垂直。于是

$$(\boldsymbol{e}_x+2t\boldsymbol{e}_y+3t^2\boldsymbol{e}_z)\cdot(\boldsymbol{e}_x+2\boldsymbol{e}_y+\boldsymbol{e}_z)=1+4t+3t^2=0$$

解得 $t=-1$ 或 $t=-\dfrac{1}{3}$

从而得所求点为$(-1,1,-1)$和$\left(-\dfrac{1}{3},\dfrac{1}{9},-\dfrac{1}{27}\right)$

【例 1.10】 如果给定一个未知矢量与一个已知矢量的标量积和矢量积，那么便可以确定该未知量。设 $\boldsymbol{A}$ 为一已知矢量，$p=\boldsymbol{A}\cdot\boldsymbol{X}$ 而 $\boldsymbol{P}=\boldsymbol{A}\times\boldsymbol{X}$，$p$ 和 $\boldsymbol{P}$ 已知，试求 $\boldsymbol{X}$。

解：由 $\boldsymbol{P}=\boldsymbol{A}\times\boldsymbol{X}$，有 $\boldsymbol{A}\times\boldsymbol{P}=\boldsymbol{A}\times(\boldsymbol{A}\times\boldsymbol{X})=(\boldsymbol{A}\cdot\boldsymbol{X})\boldsymbol{A}-(\boldsymbol{A}\cdot\boldsymbol{A})\boldsymbol{X}=p\boldsymbol{A}-(\boldsymbol{A}\cdot\boldsymbol{A})\boldsymbol{X}$

故得
$$\boldsymbol{X}=\frac{p\boldsymbol{A}-\boldsymbol{A}\times\boldsymbol{P}}{\boldsymbol{A}\cdot\boldsymbol{A}}$$

1.3　课后习题解答

【1.1】 给定三个矢量 $\boldsymbol{A}$、$\boldsymbol{B}$ 和 $\boldsymbol{C}$ 如下：

$$\boldsymbol{A}=\boldsymbol{e}_x+2\boldsymbol{e}_y-3\boldsymbol{e}_z$$
$$\boldsymbol{B}=-4\boldsymbol{e}_y+\boldsymbol{e}_z$$
$$\boldsymbol{C}=5\boldsymbol{e}_x-2\boldsymbol{e}_z$$

求：(1) $\boldsymbol{e}_A$；(2) $|\boldsymbol{A}-\boldsymbol{B}|$；(3) $\boldsymbol{A}\cdot\boldsymbol{B}$；(4) θ_{AB}；(5) $\boldsymbol{A}\times\boldsymbol{C}$；(6) $\boldsymbol{A}\cdot(\boldsymbol{B}\times\boldsymbol{C})$和$(\boldsymbol{A}\times\boldsymbol{B})\cdot\boldsymbol{C}$；(7) $(\boldsymbol{A}\times\boldsymbol{B})\times\boldsymbol{C}$ 和 $\boldsymbol{A}\times(\boldsymbol{B}\times\boldsymbol{C})$。

解：(1) $e_A=\dfrac{\boldsymbol{A}}{|\boldsymbol{A}|}=\dfrac{\boldsymbol{e}_x+2\boldsymbol{e}_y-3\boldsymbol{e}_z}{\sqrt{1+4+9}}=\dfrac{1}{\sqrt{14}}(\boldsymbol{e}_x+2\boldsymbol{e}_y-3\boldsymbol{e}_z)$

(2) $\boldsymbol{A}-\boldsymbol{B}=\boldsymbol{e}_x+6\boldsymbol{e}_y-4\boldsymbol{e}_z$，$|\boldsymbol{A}-\boldsymbol{B}|=\sqrt{1+36+16}=\sqrt{53}$

(3) $\boldsymbol{A}\cdot\boldsymbol{B}=-8-3=-11$

(4) $\boldsymbol{A}\cdot\boldsymbol{B}=AB\cos\theta$；$-11=\sqrt{14}\times\sqrt{17}\times\cos\theta$

$\therefore\theta=\arccos\left(-\dfrac{11}{\sqrt{238}}\right)$

(5) $\boldsymbol{A}\times\boldsymbol{C}=\begin{vmatrix}\boldsymbol{e}_x & \boldsymbol{e}_y & \boldsymbol{e}_z\\ 1 & 2 & -3\\ 5 & 0 & -2\end{vmatrix}=-4\boldsymbol{e}_x-15\boldsymbol{e}_y-10\boldsymbol{e}_z+2\boldsymbol{e}_y=-4\boldsymbol{e}_x-13\boldsymbol{e}_y-10\boldsymbol{e}_z$

(6) $\boldsymbol{A}\cdot(\boldsymbol{B}\times\boldsymbol{C})$

$$\boldsymbol{B}\times\boldsymbol{C}=\begin{vmatrix}\boldsymbol{e}_x & \boldsymbol{e}_y & \boldsymbol{e}_z\\ 0 & -4 & 1\\ 5 & 0 & -2\end{vmatrix}=8\boldsymbol{e}_x+5\boldsymbol{e}_y+20\boldsymbol{e}_z$$

$\boldsymbol{A}\cdot(\boldsymbol{B}\times\boldsymbol{C})=8+10-60=-42$

$$\boldsymbol{A}\times\boldsymbol{B}=\begin{vmatrix}\boldsymbol{e}_x & \boldsymbol{e}_y & \boldsymbol{e}_z\\ 1 & 2 & -3\\ 0 & -4 & 1\end{vmatrix}=2\boldsymbol{e}_x-4\boldsymbol{e}_z-12\boldsymbol{e}_x-\boldsymbol{e}_y=-10\boldsymbol{e}_x-\boldsymbol{e}_y-4\boldsymbol{e}_z$$

$(\boldsymbol{A}\times\boldsymbol{B})\cdot\boldsymbol{C}=-50+8=-42$

(7) $(\boldsymbol{A}\times\boldsymbol{B})\times\boldsymbol{C}=\begin{vmatrix}\boldsymbol{e}_x & \boldsymbol{e}_y & \boldsymbol{e}_z\\ -10 & -1 & -4\\ 5 & 0 & -2\end{vmatrix}=2\boldsymbol{e}_x-20\boldsymbol{e}_y+5\boldsymbol{e}_z-20\boldsymbol{e}_y=2\boldsymbol{e}_x-40\boldsymbol{e}_y+5\boldsymbol{e}_z$

$$\boldsymbol{A}\times(\boldsymbol{B}\times\boldsymbol{C})=\begin{vmatrix}\boldsymbol{e}_x & \boldsymbol{e}_y & \boldsymbol{e}_z\\ 1 & 2 & -3\\ 8 & 5 & 20\end{vmatrix}=40\boldsymbol{e}_x-24\boldsymbol{e}_y+5\boldsymbol{e}_z-20\boldsymbol{e}_y+15\boldsymbol{e}_x-16\boldsymbol{e}_z=55\boldsymbol{e}_x-44\boldsymbol{e}_y-11\boldsymbol{e}_z$$

$$\begin{aligned}(\boldsymbol{A}\times\boldsymbol{B})\times\boldsymbol{C}&=-\boldsymbol{C}\times(\boldsymbol{A}\times\boldsymbol{B})=-[\boldsymbol{A}(\boldsymbol{B}\cdot\boldsymbol{C})-\boldsymbol{B}(\boldsymbol{A}\cdot\boldsymbol{C})]\\&=\boldsymbol{B}(\boldsymbol{A}\cdot\boldsymbol{C})-\boldsymbol{A}(\boldsymbol{B}\cdot\boldsymbol{C})=11(-4\boldsymbol{e}_y+\boldsymbol{e}_z)+2(\boldsymbol{e}_x+2\boldsymbol{e}_y-3\boldsymbol{e}_z)\\&=2\boldsymbol{e}_x-40\boldsymbol{e}_y+5\boldsymbol{e}_z\end{aligned}$$

【1.2】 求 $P'(-3,1,4)$ 点到 $P(2,-2,3)$ 点的距离矢量 $\boldsymbol{R}$ 及 $\boldsymbol{R}$ 的方向。

解：矢量 P' 为 $\boldsymbol{A}'=-3\boldsymbol{e}_x+\boldsymbol{e}_y+4\boldsymbol{e}_z$；矢量 P 为 $\boldsymbol{A}=2\boldsymbol{e}_x-2\boldsymbol{e}_y+3\boldsymbol{e}_z$

则距离矢量 $\boldsymbol{R}$ 为：

$$\boldsymbol{R}=\boldsymbol{A}-\boldsymbol{A}'=5\boldsymbol{e}_x-3\boldsymbol{e}_y-\boldsymbol{e}_z$$

$$|\boldsymbol{R}|=\sqrt{35}$$

$$\phi_x=\arccos\frac{5}{\sqrt{35}};\phi_y=\arccos\left(\frac{-3}{\sqrt{35}}\right);\phi_z=\arccos\left(\frac{-1}{\sqrt{35}}\right)$$

【1.3】 证明：如果 $\boldsymbol{A}\cdot\boldsymbol{B}=\boldsymbol{A}\cdot\boldsymbol{C}$ 和 $\boldsymbol{A}\times\boldsymbol{B}=\boldsymbol{A}\times\boldsymbol{C}$，则 $\boldsymbol{B}=\boldsymbol{C}$。

证明：由 $\boldsymbol{A}\times\boldsymbol{B}=\boldsymbol{A}\times\boldsymbol{C}$，则有 $\boldsymbol{A}\times(\boldsymbol{A}\times\boldsymbol{B})=\boldsymbol{A}\times(\boldsymbol{A}\times\boldsymbol{C})$，即

$\boldsymbol{A}(\boldsymbol{A}\cdot\boldsymbol{B})-\boldsymbol{B}(\boldsymbol{A}\cdot\boldsymbol{A})=\boldsymbol{A}(\boldsymbol{A}\cdot\boldsymbol{C})-\boldsymbol{C}(\boldsymbol{A}\cdot\boldsymbol{A})$

由于 $\boldsymbol{A}\cdot\boldsymbol{B}=\boldsymbol{A}\cdot\boldsymbol{C}$，即

$\boldsymbol{B}=\boldsymbol{C}$

证毕

【1.4】 证明：(1) $\nabla\cdot\boldsymbol{R}=3$，(2) $\nabla\times\boldsymbol{R}=0$，(3) $\nabla(\boldsymbol{A}\cdot\boldsymbol{R})=\boldsymbol{A}$，其中 $\boldsymbol{R}=x\boldsymbol{e}_x+y\boldsymbol{e}_y+z\boldsymbol{e}_z$，$\boldsymbol{A}$ 为一常矢量。

证明：(1)
$$\nabla\cdot\boldsymbol{R}=\nabla\cdot(x\boldsymbol{e}_x+y\boldsymbol{e}_y+z\boldsymbol{e}_z)=\left(\frac{\partial}{\partial x}\boldsymbol{e}_x+\frac{\partial}{\partial y}\boldsymbol{e}_y+\frac{\partial}{\partial z}\boldsymbol{e}_z\right)\cdot(x\boldsymbol{e}_x+y\boldsymbol{e}_y+z\boldsymbol{e}_z)=3;$$

(2)
$$\nabla\times\boldsymbol{R}=\begin{vmatrix}\boldsymbol{e}_x & \boldsymbol{e}_y & \boldsymbol{e}_z\\ \dfrac{\partial}{\partial x} & \dfrac{\partial}{\partial y} & \dfrac{\partial}{\partial z}\\ x & y & z\end{vmatrix}=0;$$

(3)
$$\begin{aligned}\nabla(\boldsymbol{A}\cdot\boldsymbol{R})&=\nabla\cdot[(A_x\boldsymbol{e}_x+A_y\boldsymbol{e}_y+A_z\boldsymbol{e}_z)\cdot(x\boldsymbol{e}_x+y\boldsymbol{e}_y+z\boldsymbol{e}_z)]\\&=\nabla\cdot(A_xx+A_yy+A_zz)\\&=A_x\boldsymbol{e}_x+A_y\boldsymbol{e}_y+A_z\boldsymbol{e}_z=\boldsymbol{A}\end{aligned}$$

【1.5】 求标量函数 $\psi=x^2yz$ 的梯度及 ψ 在一个指定方向的方向导数。此方向由单位矢量 $\frac{1}{3}\boldsymbol{e}_x+\frac{2}{3}\boldsymbol{e}_y+\frac{2}{3}\boldsymbol{e}_z$ 定出，求(2,3,1)点的导数值。

解：$\nabla\psi=\frac{\partial\psi}{\partial x}\boldsymbol{e}_x+\frac{\partial\psi}{\partial y}\boldsymbol{e}_y+\frac{\partial\psi}{\partial z}\boldsymbol{e}_z=2xyz\boldsymbol{e}_x+x^2z\boldsymbol{e}_y+x^2y\boldsymbol{e}_z$

在指定方向的方向导数

$$\because\boldsymbol{e}_l=\frac{1}{3}\boldsymbol{e}_x+\frac{2}{3}\boldsymbol{e}_y+\frac{2}{3}\boldsymbol{e}_z$$

$$\therefore\frac{\partial\psi}{\partial l}(2,3,1)=\frac{2}{3}\times2\times3\times1+\frac{2}{3}\times4\times1+\frac{2}{3}\times4\times3=4+\frac{8}{3}+8=\frac{44}{3}$$

【1.6】 三个矢量 $\boldsymbol{A}$、$\boldsymbol{B}$、$\boldsymbol{C}$，$\boldsymbol{A}=\sin\theta\cos\phi\boldsymbol{e}_r+\cos\theta\cos\phi\boldsymbol{e}_\theta-\sin\phi\boldsymbol{e}_\phi$，$\boldsymbol{B}=z^2\sin\phi\boldsymbol{e}_\rho+z^2\cos\phi\boldsymbol{e}_\phi+2\rho z\sin\phi\boldsymbol{e}_z$，$\boldsymbol{C}=(3y^2-2x)\boldsymbol{e}_x+x^2\boldsymbol{e}_y+2z\boldsymbol{e}_z$。(1) 哪些矢量可以由一个标量函数的梯度表示？哪些矢量可以由一个矢量函数的旋度表示？(2) 求出这些矢量的源分布。

解：(1) 证明：$\boldsymbol{A}=\sin\theta\cos\phi\boldsymbol{e}_r+\cos\theta\cos\phi\boldsymbol{e}_\theta-\sin\phi\boldsymbol{e}_\phi$

$$\begin{aligned}\nabla\cdot\boldsymbol{A}&=\frac{1}{r^2}\frac{\partial}{\partial r}(r^2A_r)+\frac{1}{r\sin\theta}\frac{\partial}{\partial\theta}(\sin\theta A_\theta)+\frac{1}{r\sin\theta}\frac{\partial A_\phi}{\partial_\phi}\\&=\frac{1}{r^2}\frac{\partial}{\partial r}(r^2\sin\theta\cos\phi)+\frac{1}{r\sin\theta}\frac{\partial}{\partial\theta}(\sin\theta\cos\theta\cos\phi)+\frac{1}{r\sin\theta}\frac{\partial}{\partial\phi}(-\sin\phi)\end{aligned}$$

$$=\frac{2}{r}\sin\theta\cos\phi+\frac{\cos\phi\cos 2\theta}{r\sin\theta}-\frac{\cos\phi}{r\sin\theta}=0$$

$$\nabla\times\boldsymbol{A}=\frac{1}{r^2\sin\theta}\begin{vmatrix}\boldsymbol{e}_r & r\boldsymbol{e}_\theta & r\sin\theta\boldsymbol{e}_\phi\\ \frac{\partial}{\partial r} & \frac{\partial}{\partial\theta} & \frac{\partial}{\partial\phi}\\ A_r & rA_\theta & r\sin\theta A_\phi\end{vmatrix}$$

$$=\frac{1}{r^2\sin\theta}\begin{vmatrix}\boldsymbol{e}_r & r\boldsymbol{e}_\theta & r\sin\theta\boldsymbol{e}_\phi\\ \frac{\partial}{\partial r} & \frac{\partial}{\partial\theta} & \frac{\partial}{\partial\phi}\\ \sin\theta\cos\phi & r\cos\theta\cos\phi & -r\sin\theta\sin\phi\end{vmatrix}=0$$

故矢量既可用标量函数的梯度表示,又可用矢量函数的旋度来表示。

$\nabla\times\boldsymbol{A}=0$ 则 $\boldsymbol{A}$ 可由一个标量函数的梯度表示;

$\nabla\cdot\boldsymbol{A}=0$ 则 $\boldsymbol{A}$ 可由一个矢量函数的旋度表示。

圆柱坐标系中

$$\boldsymbol{B}=z^2\sin\phi\boldsymbol{e}_\rho+z^2\cos\phi\boldsymbol{e}_\phi+2\rho z\sin\phi\boldsymbol{e}_z$$

$$\nabla\cdot\boldsymbol{B}=\frac{1}{\rho}\frac{\partial(\rho B_\rho)}{\partial\rho}+\frac{1}{\rho}\left(\frac{\partial B_\phi}{\partial\phi}\right)+\frac{\partial B_z}{\partial z}$$

$$=\frac{z^2}{\rho}\sin\phi+\frac{z^2}{\rho}(-\sin\phi)+2\rho\sin\phi$$

$$=2\rho\sin\phi$$

$$\nabla\times\boldsymbol{B}=\frac{1}{\rho}\begin{vmatrix}\boldsymbol{e}_\rho & \rho\boldsymbol{e}_\phi & \boldsymbol{e}_z\\ \frac{\partial}{\partial\rho} & \frac{\partial}{\partial\phi} & \frac{\partial}{\partial z}\\ A_\rho & \rho A_\phi & A_z\end{vmatrix}=0.$$

故矢量 $\boldsymbol{B}$ 可用一个标量函数的梯度表示。

直角坐标系中:

$$\boldsymbol{C}=(3y^2-2x)\boldsymbol{e}_x+x^2\boldsymbol{e}_y+2z\boldsymbol{e}_z$$

$$\nabla\cdot\boldsymbol{C}=\frac{\partial C}{\partial x}+\frac{\partial C}{\partial y}+\frac{\partial C}{\partial z}=-2+0+2=0$$

$$\nabla\times\boldsymbol{C}=\begin{vmatrix}\boldsymbol{e}_x & \boldsymbol{e}_y & \boldsymbol{e}_z\\ \frac{\partial}{\partial x} & \frac{\partial}{\partial y} & \frac{\partial}{\partial z}\\ A_x & A_y & A_z\end{vmatrix}=\boldsymbol{e}_z(2x-6y)$$

故 $\boldsymbol{C}$ 可以由一个矢量函数的旋度表示。

(2) 这些矢量的源分布为

$$\nabla\cdot\boldsymbol{A}=0,\nabla\times\boldsymbol{A}=0$$

$$\nabla\cdot\boldsymbol{B}=2\rho\sin\phi,\nabla\times\boldsymbol{B}=0$$

$$\nabla\cdot\boldsymbol{C}=0,\nabla\times\boldsymbol{C}=(2x-6y)\boldsymbol{e}_z$$

【1.7】 若在标量场 $u=u(M)$ 中恒有 ∇u，证明 $u=$常数。

证明：标量场的梯度为

$$\nabla u = \boldsymbol{e}_1 \frac{\partial u}{\partial u_1} + \boldsymbol{e}_2 \frac{\partial u}{\partial u_2} + \boldsymbol{e}_3 \frac{\partial u}{\partial u_3}$$

如果在标量场 $u=u(M)$ 中恒有 $\nabla u=0$，则

$$\frac{\partial u}{\partial u_1}=0, \frac{\partial u}{\partial u_2}=0, \frac{\partial u}{\partial u_3}=0$$

所以 u 与坐标无关，故 $u=C$ 为常数。

【1.8】 利用直角坐标，证明 $\nabla\cdot(f\boldsymbol{A})=f\nabla\cdot\boldsymbol{A}+\boldsymbol{A}\cdot\nabla f$。

证明：在直角坐标系中

$$\begin{aligned}
f\nabla\cdot\boldsymbol{A}+\boldsymbol{A}\cdot\nabla f &= f\left(\frac{\partial \boldsymbol{A}_x}{\partial x}+\frac{\partial \boldsymbol{A}_y}{\partial y}+\frac{\partial \boldsymbol{A}_z}{\partial z}\right)+\left(\boldsymbol{A}_x\frac{\partial f}{\partial x}+\boldsymbol{A}_y\frac{\partial f}{\partial y}+\boldsymbol{A}_z\frac{\partial f}{\partial z}\right) \\
&= \left(f\frac{\partial \boldsymbol{A}_x}{\partial x}+\boldsymbol{A}_x\frac{\partial f}{\partial x}\right)+\left(f\frac{\partial \boldsymbol{A}_y}{\partial y}+\boldsymbol{A}_y\frac{\partial f}{\partial y}\right)+\left(f\frac{\partial \boldsymbol{A}_z}{\partial z}+\boldsymbol{A}_z\frac{\partial f}{\partial z}\right) \\
&= \frac{\partial}{\partial x}(f\boldsymbol{A}_x)+\frac{\partial}{\partial y}(f\boldsymbol{A}_y)+\frac{\partial}{\partial z}(f\boldsymbol{A}_z) \\
&= \nabla\cdot(f\boldsymbol{A})
\end{aligned}$$

证毕

【1.9】 证明　$\nabla\cdot(\boldsymbol{A}\times\boldsymbol{H})=\boldsymbol{H}\cdot\nabla\times\boldsymbol{A}-\boldsymbol{A}\cdot\nabla\times\boldsymbol{H}$

证明：根据算子的微分运算性质，有

$\nabla\cdot(\boldsymbol{A}\times\boldsymbol{H})=\nabla_A\cdot(\boldsymbol{A}\times\boldsymbol{H})+\nabla_H\cdot(\boldsymbol{A}\times\boldsymbol{H})$

由 $\boldsymbol{A}\cdot(\boldsymbol{B}\times\boldsymbol{C})=\boldsymbol{C}\cdot(\boldsymbol{A}\times\boldsymbol{B})$，可得：

$\nabla_{\boldsymbol{A}}\cdot(\boldsymbol{A}\times\boldsymbol{H})=\boldsymbol{H}\cdot(\nabla_A\cdot\boldsymbol{A})=\boldsymbol{H}\cdot(\nabla\times\boldsymbol{A})$

$\nabla_{\boldsymbol{H}}\cdot(\boldsymbol{A}\times\boldsymbol{H})=-\boldsymbol{A}\cdot(\nabla_H\cdot\boldsymbol{H})=-\boldsymbol{A}\cdot(\nabla\times\boldsymbol{H})$

则：$\nabla\cdot(\boldsymbol{A}\times\boldsymbol{H})=\boldsymbol{H}\cdot\nabla\times\boldsymbol{A}-\boldsymbol{A}\cdot\nabla\times\boldsymbol{H}$

证毕

【1.10】 利用直角坐标，证明 $\nabla\times(f\boldsymbol{G})=f\nabla\times\boldsymbol{G}+\nabla f\times\boldsymbol{G}$。

证明：在直角坐标系中

$$f\nabla\times\boldsymbol{G}=f\left[\boldsymbol{e}_x\left(\frac{\partial G_z}{\partial y}-\frac{\partial G_y}{\partial z}\right)+\boldsymbol{e}_y\left(\frac{\partial G_x}{\partial z}-\frac{\partial G_z}{\partial x}\right)+\boldsymbol{e}_z\left(\frac{\partial G_y}{\partial x}-\frac{\partial G_x}{\partial y}\right)\right]$$

$$\nabla f\times\boldsymbol{G}=\boldsymbol{e}_x\left(G_z\frac{\partial f}{\partial y}-G_y\frac{\partial f}{\partial z}\right)+\boldsymbol{e}_y\left(G_x\frac{\partial f}{\partial z}-G_z\frac{\partial f}{\partial x}\right)+\boldsymbol{e}_z\left(G_y\frac{\partial f}{\partial x}-G_x\frac{\partial f}{\partial y}\right)$$

则

$$\begin{aligned}
f\nabla\times\boldsymbol{G}+\nabla f\times\boldsymbol{G} &= \boldsymbol{e}_x\left[\frac{\partial(fG_z)}{\partial y}-\frac{\partial(fG_y)}{\partial z}\right]+\boldsymbol{e}_y\left[\frac{\partial(fG_x)}{\partial z}-\frac{\partial(fG_z)}{\partial x}\right] \\
&\quad+\boldsymbol{e}_z\left[\frac{\partial(fG_y)}{\partial x}-\frac{\partial(fG_x)}{\partial y}\right] \\
&=\nabla\times(f\boldsymbol{G})
\end{aligned}$$

证毕

【1.11】 求矢量场 $\boldsymbol{A}=xyz\boldsymbol{e}_x-2xy^2\boldsymbol{e}_y+2yz^2\boldsymbol{e}_z$ 在点 $M(1,1,-2)$ 处沿矢量 $\boldsymbol{n}=2\boldsymbol{e}_x+3\boldsymbol{e}_y+6\boldsymbol{e}_z$ 方向的环流面密度。

解：矢量场 $\boldsymbol{A}$ 沿方向 $\boldsymbol{e}_n$ 的环流面密度 $\mathrm{rot}_n\boldsymbol{A}$ 等于 $\mathrm{rot}\boldsymbol{A}$ 在该方向上的投影

$$\mathrm{rot}_n\boldsymbol{A}=\boldsymbol{e}_n\cdot\mathrm{rot}\boldsymbol{A}$$

$$\mathrm{rot}\boldsymbol{A}=\nabla\times\boldsymbol{A}=\begin{vmatrix}\boldsymbol{e}_x & \boldsymbol{e}_y & \boldsymbol{e}_z\\ \dfrac{\partial}{\partial x} & \dfrac{\partial}{\partial y} & \dfrac{\partial}{\partial z}\\ xyz & -2xy^2 & 2yz^2\end{vmatrix}=2z^2\boldsymbol{e}_x+xy\boldsymbol{e}_y-(2y^2+xz)\boldsymbol{e}_z$$

则沿矢量 $\boldsymbol{n}$ 的环流面密度为：$\boldsymbol{n}$ 方向的单位矢量

$$\boldsymbol{e}_n=\frac{\boldsymbol{n}}{\sqrt{2^2+3^2+6^2}}=\frac{1}{7}\boldsymbol{n}=\frac{2}{7}\boldsymbol{e}_x+\frac{3}{7}\boldsymbol{e}_y+\frac{6}{7}\boldsymbol{e}_z$$

$$\mathrm{rot}_n\boldsymbol{A}=\boldsymbol{e}_n\cdot\mathrm{rot}\boldsymbol{A}=\frac{1}{7}(2\boldsymbol{e}_x+3\boldsymbol{e}_y+6\boldsymbol{e}_z)\cdot\mathrm{rot}\boldsymbol{A}$$

$$=[4z^2+3xy-6(2y^2+xz)]/7$$

在 $\boldsymbol{M}(1,1,-2)$ 处环流面密度为 $\mathrm{rot}_n\boldsymbol{A}=19/7$。

注意：$\boldsymbol{e}_n$ 为 $\boldsymbol{n}$ 方向的单位矢量。

【1.12】 一径向矢量场用 $\boldsymbol{F}=f(r)\boldsymbol{e}_r$ 表示，如果 $\nabla\cdot\boldsymbol{F}=0$，那么函数 $f(r)$ 会有什么特点呢？

解：在圆柱坐标系中

$$\nabla\cdot\boldsymbol{F}=\frac{1}{\rho}\frac{\mathrm{d}}{\mathrm{d}\rho}[\rho\cdot f(\rho)]=0$$

可得到

$f(\rho)=\dfrac{C}{\rho}$，C 为任意常数。

在球坐标系中，由

$$\nabla\cdot\boldsymbol{F}=\frac{1}{r^2}\frac{\partial}{\partial r}[r^2\cdot f(r)]=0$$

可得到

$f(r)=\dfrac{C}{r^2}$，C 为任意常数。

【1.13】 给定矢量函数 $\boldsymbol{E}_x=y\boldsymbol{e}_x+x\boldsymbol{e}_y$，计算从点 $P_1(2,1,-1)$ 到 $P_2(8,2,-1)$ 的线积分 $\int\boldsymbol{E}\cdot\mathrm{d}\boldsymbol{l}$。(1) 沿抛物线 $x=2y^2$；(2) 沿连接该两点的直线，这个 $\boldsymbol{E}$ 是保守场吗？

解：(1) $\int_c\boldsymbol{E}\cdot\mathrm{d}\boldsymbol{l}=\int_c(y\boldsymbol{e}_x+x\boldsymbol{e}_y)\cdot\mathrm{d}\boldsymbol{l}=\int_c(y\mathrm{d}x+x\mathrm{d}y)$

$$=\int_1^2[y\mathrm{d}(2y^2)+2y^2\mathrm{d}y]=\int_1^2 6y^2\mathrm{d}y=14$$

(2) 连接点 $P_1(2,1,-1)$ 到 $P_2(8,2,-1)$ 的直线方程为 $\frac{x-2}{y-1}=\frac{x-8}{y-2}$ 即 $x-6y+4=0$

故

$$\int_c \boldsymbol{E}\cdot \mathrm{d}\boldsymbol{l}=\int_1^2[y\mathrm{d}(6y-4)+(6y-4)\mathrm{d}y]$$
$$=\int_1^2(12y-4)\mathrm{d}y=14$$

由此可见积分与路径无关，故是保守场。

【1.14】 已知 $\boldsymbol{R}=(x-x')\boldsymbol{e}_x+(y-y')\boldsymbol{e}_y+(z-z')\boldsymbol{e}_z, R=|\boldsymbol{R}|$。证明：(1) $\nabla R=\frac{\boldsymbol{R}}{R}$，(2) $\nabla\frac{1}{R}=-\frac{\boldsymbol{R}}{R^3}$，(3) $\nabla f(R)=-\nabla' f(R)$。其中 $\nabla=\frac{\partial}{\partial x}\boldsymbol{e}_x+\frac{\partial}{\partial y}\boldsymbol{e}_y+\frac{\partial}{\partial z}\boldsymbol{e}_z$ 表示对 x,y 和 z 的运算，$\nabla'=\frac{\partial}{\partial x'}\boldsymbol{e}_x+\frac{\partial}{\partial y'}\boldsymbol{e}_y+\frac{\partial}{\partial z'}\boldsymbol{e}_z$ 表示对 x',y' 和 z' 的运算。

证明：(1) $|\boldsymbol{R}|=R=\sqrt{(x-x')^2+(y-y')^2+(z-z')^2}$

$$\nabla R=\frac{\partial R}{\partial x}\boldsymbol{e}_x+\frac{\partial R}{\partial y}\boldsymbol{e}_y+\frac{\partial R}{\partial z}\boldsymbol{e}_z$$
$$=\frac{1}{2}[(x-x')^2+(y-y')^2+(z-z')^2]^{-\frac{1}{2}}\cdot 2(x-x')\boldsymbol{e}_x+$$
$$\frac{1}{2}[(x-x')^2+(y-y')^2+(z-z')^2]^{-\frac{1}{2}}\cdot 2(y-y')\boldsymbol{e}_y+$$
$$\frac{1}{2}[(x-x')^2+(y-y')^2+(z-z')^2]^{-\frac{1}{2}}\cdot 2(z-z')\boldsymbol{e}_z$$
$$=\frac{1}{R}[(x-x')\boldsymbol{e}_x+(y-y')\boldsymbol{e}_y+(z-z')\boldsymbol{e}_z]$$
$$=\frac{\boldsymbol{R}}{R}$$

(2) $\nabla f(u)=f'(u)\nabla u$

$$\nabla\frac{1}{R}=\frac{\partial}{\partial x}\left(\frac{1}{R}\right)\boldsymbol{e}_x+\frac{\partial}{a y}\left(\frac{1}{R}\right)\boldsymbol{e}_y+\frac{\partial}{\partial z}\left(\frac{1}{R}\right)\boldsymbol{e}_z$$
$$=\frac{\partial}{\partial x}\left[\frac{1}{\sqrt{(x-x')^2+(y-y')^2+(z-z')^2}}\right]\boldsymbol{e}_x$$
$$+\frac{\partial}{\partial y}\left[\frac{1}{\sqrt{(x-x')^2+(y-y')^2+(z-z')^2}}\right]\boldsymbol{e}_y$$
$$+\frac{\partial}{\partial z}\left[\frac{1}{\sqrt{(x-x')^2+(y-y')^2+(z-z')^2}}\right]\boldsymbol{e}_z$$
$$=\frac{1}{2}[(x-x')^2+(y-y')^2+(z-z')^2]^{-\frac{3}{2}}\cdot 2(x-x')\boldsymbol{e}_x+$$
$$\frac{1}{2}[(x-x')^2+(y-y')^2+(z-z')^2]^{-\frac{3}{2}}\cdot 2(y-y')\boldsymbol{e}_y+$$

电磁场与微波技术学习指导

$$\frac{1}{2}[(x-x')^2+(y-y')^2+(z-z')^2]^{-\frac{3}{2}}\cdot 2(z-z')\boldsymbol{e}_z$$

$$=-[(x-x')^2+(y-y')^2+(z-z')^2]^{-\frac{3}{2}}$$

$$=\frac{\boldsymbol{R}}{R}[(x-x')\boldsymbol{e}_x+(y-y')\boldsymbol{e}_y+(z-z')\boldsymbol{e}_z]$$

$$=-\frac{\boldsymbol{R}}{R^3}$$

另解:因为$\nabla f(u)=f'(u)\nabla u$

所以$\nabla\frac{1}{R}=-\frac{1}{R^2}\nabla R=-\frac{1}{R^2}\cdot\frac{\boldsymbol{R}}{R}$

(3) $\nabla f(R)=\frac{\partial f(R)}{\partial R}\frac{\partial R}{\partial x}\boldsymbol{e}_x+\frac{\partial f(R)}{\partial R}\frac{\partial R}{\partial y}\boldsymbol{e}_y+\frac{\partial f(R)}{\partial R}\frac{\partial R}{\partial z}\boldsymbol{e}_z$

$$=\frac{\partial f(R)}{\partial R}\left[\frac{1}{2}\frac{2(x-x')}{\sqrt{(x-x')^2+(y-y')^2+(z-z')^2}}\right]\boldsymbol{e}_x$$

$$+\left[\frac{1}{2}\frac{2(y-y')}{\sqrt{(x-x')^2+(y-y')^2+(z-z')^2}}\right]\boldsymbol{e}_y$$

$$+\left[\frac{1}{2}\frac{2(z-z')}{\sqrt{(x-x')^2+(y-y')^2+(z-z')^2}}\right]\boldsymbol{e}_z$$

$$=\frac{\partial f(R)}{\partial R}\left[\frac{1}{\sqrt{(x-x')^2+(y-y')^2+(z-z')^2}}\left[(x-x')\boldsymbol{e}_x+(y-y')\boldsymbol{e}_y\right.\right.$$

$$\left.+(z-z')\boldsymbol{e}_z\right]-\nabla' f(R)$$

$$=-\left[\frac{\partial f(R)}{\partial R}\frac{\partial(R)}{\partial x'}\boldsymbol{e}_x+\frac{\partial f(R)}{\partial R}\frac{\partial(R)}{\partial y'}\boldsymbol{e}_y+\frac{\partial f(R)}{\partial R}\frac{\partial(R)}{\partial z'}\boldsymbol{e}_z\right]$$

$$=-\frac{\partial f(R)}{\partial R}\left[\frac{1}{2}\frac{-2(x-x')}{\sqrt{(x-x')^2+(y-y')^2+(z-z')^2}}\right]\boldsymbol{e}_x$$

$$+\left[\frac{1}{2}\frac{-2(y-y')}{\sqrt{(x-x')^2+(y-y')^2+(z-z')^2}}\right]\boldsymbol{e}_y$$

$$+\left[\frac{1}{2}\frac{-2(z-z')}{\sqrt{(x-x')^2+(y-y')^2+(z-z')^2}}\right]\boldsymbol{e}_z$$

$$=\frac{\partial f(R)}{\partial R}\left[\frac{1}{\sqrt{(x-x')^2+(y-y')^2+(z-z')^2}}\right][(x-x')\boldsymbol{e}_x+(y-y')$$

$$\boldsymbol{e}_y+(z-z')\boldsymbol{e}_z]$$

因此 $\nabla f(R)=-\nabla' f(R)$

另解:因为 $\nabla f(R)=f'(R)\nabla R$

$\nabla' f(R)=f'(R)\nabla' R$

而 $\nabla' R=-\nabla R$

所以
$$\nabla f(R)=-\nabla' f(R)$$

【1.15】　已知标量函数 $u=x^2+2y^2+3z^2-2y-6z$。(1) 求 ∇u；(2) 在哪些点上 ∇u 等于零？

解：(1) $\nabla u=\dfrac{\partial u}{\partial x}\boldsymbol{e}_x+\dfrac{\partial u}{\partial y}\boldsymbol{e}_y+\dfrac{\partial u}{\partial z}\boldsymbol{e}_z$
$=2x\boldsymbol{e}_x+(4y-2)\boldsymbol{e}_y+(6z-6)\boldsymbol{e}_z$

(2) $\nabla u=0$ 时，三个分量分别为 0

$$\begin{cases}2x=0\\4y-2=0\\6z-6=0\end{cases}\quad \text{得 } x=0,y=0.5,z=1$$

∴在 $\left(0,\dfrac{1}{2},1\right)$ 点 $\nabla u=0$

【1.16】　已知 $\boldsymbol{R}=(x-x')\boldsymbol{e}_x+(y-y')\boldsymbol{e}_y+(z-z')\boldsymbol{e}_z$，$R=|\boldsymbol{R}|$。求矢量 $D=\dfrac{\boldsymbol{R}}{R^3}$ 在 $R\neq 0$ 处的旋度。

解：由
$$\nabla\times(f\boldsymbol{G})=f\nabla\times\boldsymbol{G}+\nabla f\times\boldsymbol{G}$$
则
$$\nabla\times\boldsymbol{D}=\nabla\times\frac{\boldsymbol{R}}{R^3}=\frac{1}{R^3}\nabla\times\boldsymbol{R}+\nabla\frac{1}{R^3}\times\boldsymbol{R}$$
$$=\frac{1}{R^8}\begin{vmatrix}\boldsymbol{e}_x & \boldsymbol{e}_y & \boldsymbol{e}_z\\ \dfrac{\partial}{\partial x} & \dfrac{\partial}{\partial y} & \dfrac{\partial}{\partial z}\\ x-x' & y-y' & z-z'\end{vmatrix}+\begin{vmatrix}\boldsymbol{e}_x & \boldsymbol{e}_y & \boldsymbol{e}_z\\ -6R^{-4}(x-x') & -6R^{-4}(y-y') & -6R^{-4}(z-z')\\ x-x' & y-y' & z-z'\end{vmatrix}$$
$$=0$$

另解：由本章习题 1.14 知　$\nabla R=\dfrac{\boldsymbol{R}}{R}$

$\because \nabla\dfrac{1}{R^3}=-\dfrac{3\nabla R}{R^4}=-\dfrac{3\boldsymbol{R}}{R^5}$

$\dfrac{\boldsymbol{R}}{R^3}=-\nabla\dfrac{1}{R}\Rightarrow\nabla\times\boldsymbol{D}=0$

【1.17】　证明 $\nabla\times(\boldsymbol{C}\times\boldsymbol{r})=2\boldsymbol{C}$，式中 $\boldsymbol{C}$ 为常矢量，$\boldsymbol{r}$ 为位置矢量。

证明：因为 $\boldsymbol{C}$ 为常矢量，$\boldsymbol{r}$ 为位置矢量，

所以，设 $\boldsymbol{C}=C\boldsymbol{e}_x$，$\boldsymbol{r}=x\boldsymbol{e}_x+y\boldsymbol{e}_y+z\boldsymbol{e}_z$

$$\boldsymbol{C}\times\boldsymbol{r}=\begin{vmatrix}\boldsymbol{e}_x & \boldsymbol{e}_y & \boldsymbol{e}_z\\ C & 0 & 0\\ x & y & z\end{vmatrix}=yC\boldsymbol{e}_z-zC\boldsymbol{e}_y$$

$$\nabla\times(\boldsymbol{C}\times\boldsymbol{r})=\begin{vmatrix}\boldsymbol{e}_x & \boldsymbol{e}_y & \boldsymbol{e}_z\\ \dfrac{\partial}{\partial x} & \dfrac{\partial}{\partial y} & \dfrac{\partial}{\partial z}\\ 0 & -zC & yC\end{vmatrix}=C\boldsymbol{e}_x+C\boldsymbol{e}_x=2\boldsymbol{C}$$

【1.18】 已知圆柱坐标系中某点的位置为$\left(4,\dfrac{2}{3}\pi,3\right)$，试求该点在相应的直角坐标系及球坐标系中的位置。

解：(1) 设该点在直角坐标系中的位置为(x,y,z)，则由直角坐标系和圆柱坐标系的关系得：

$$x=\rho\cdot\cos\phi=4\cos\left(\frac{2}{3}\pi\right)=4\times\left(-\frac{1}{2}\right)=-2$$

$$y=\rho\cdot\sin\phi=4\sin\left(\frac{2}{3}\pi\right)=4\times\frac{\sqrt{3}}{2}=2\sqrt{3}$$

$$z=z=3$$

∴该点在直角坐标系中的位置为$(-2,2\sqrt{3},3)$。

(2) 在球坐标系中

$$r=\sqrt{4^2+3^2}=5,\theta=\arctan\left(\frac{4}{3}\right)=53.1^\circ,\phi=\frac{2\pi}{3}=120^\circ$$

在球坐标系中的位置为$(5,53.1^\circ,120^\circ)$。

【1.19】 已知直角坐标系中的矢量$\boldsymbol{A}=a\boldsymbol{e}_x+b\boldsymbol{e}_y+c\boldsymbol{e}_z$，式中$a$、$b$、$c$均为常数，$\boldsymbol{A}$是常矢量吗？试求该矢量在圆柱坐标系及球坐标系中的表达式。

解：在直角坐标系中，$A=|\boldsymbol{A}|=\sqrt{a^2+b^2+c^2}$

即矢量$\boldsymbol{A}=a\boldsymbol{e}_x+b\boldsymbol{e}_y+c\boldsymbol{e}_z$的模为常数。

矢量$\boldsymbol{A}=a\boldsymbol{e}_x+b\boldsymbol{e}_y+c\boldsymbol{e}_z$中，$a$、$b$、$c$均为常数，所以$\boldsymbol{A}$是常矢量。

在圆柱坐标系中　　$\rho=\sqrt{x^2+y^2}=\sqrt{a^2+b^2}$

$$\phi=\arctan\left(\frac{b}{a}\right)\quad z=z$$

在球坐标系中　　$r=\sqrt{a^2+b^2+c^2}$，

$$\theta=\arccos\sqrt{a^2+b^2+c^2},$$

$$\phi=\arctan\frac{b}{a}$$

【1.20】 已知圆柱坐标系中的矢量$\boldsymbol{A}=a\boldsymbol{e}_\rho+b\boldsymbol{e}_\phi+c\boldsymbol{e}_z$，式中$a$、$b$、$c$均为常数，$\boldsymbol{A}$是常矢量吗？试求$\nabla\cdot\boldsymbol{A}$、$\nabla\times\boldsymbol{A}$以及$\boldsymbol{A}$在相应的直角坐标系及球坐标系中的表达式。

解：$A=|\boldsymbol{A}|=\sqrt{a^2+b^2+c^2}$

即矢量$\boldsymbol{A}=a\boldsymbol{e}_\rho+b\boldsymbol{e}_\phi+c\boldsymbol{e}_z$的模为常数。

将矢量$\boldsymbol{A}=a\boldsymbol{e}_\rho+b\boldsymbol{e}_\phi+c\boldsymbol{e}_z$用直角坐标表示，有

$$\begin{aligned}\boldsymbol{A} &= \rho\cos\phi\boldsymbol{e}_x + \rho\sin\phi\boldsymbol{e}_y + \boldsymbol{e}_z \\ &= a(\cos\phi\boldsymbol{e}_x + \sin\phi\boldsymbol{e}_y) + b(-\sin\phi\boldsymbol{e}_x + \cos\phi\boldsymbol{e}_y) + c\boldsymbol{e}_z \\ &= (a\cos\phi - b\sin\phi)\boldsymbol{e}_x + (a\sin\phi + b\cos\phi)\boldsymbol{e}_y + c\boldsymbol{e}_z\end{aligned}$$

由此可见，矢量 $\boldsymbol{A}$ 的方向随 ϕ 变化，故矢量 $\boldsymbol{A}$ 不是常矢量。

由直角坐标系和圆柱坐标系坐标变量之间的转换关系，可求得：

$$r = \sqrt{a^2 + b^2}, \phi = \arctan\frac{b}{a}, z = c,$$

$$\sin\phi = \frac{b}{\sqrt{a^2 + b^2}}, \cos\phi = \frac{a}{\sqrt{a^2 + b^2}}$$

又根据矢量在直角坐标与圆柱坐标系中的变换关系为(参考教材 P5 式 1.26)

$$\begin{bmatrix}\boldsymbol{A}_\rho \\ \boldsymbol{A}_\phi \\ \boldsymbol{A}_z\end{bmatrix} = \begin{bmatrix}\cos\phi & \sin\phi & 0 \\ -\sin\phi & \cos\phi & 0 \\ 0 & 0 & 1\end{bmatrix}\begin{bmatrix}\boldsymbol{A}_x \\ \boldsymbol{A}_y \\ \boldsymbol{A}_z\end{bmatrix}$$

把上面结果代入，可求得

$$\begin{bmatrix}\boldsymbol{A}_\rho \\ \boldsymbol{A}_\phi \\ \boldsymbol{A}_z\end{bmatrix} = \begin{bmatrix}\frac{a}{\sqrt{a^2 + b^2}} & \frac{b}{\sqrt{a^2 + b^2}} & 0 \\ -\frac{b}{\sqrt{a^2 + b^2}} & \frac{a}{\sqrt{a^2 + b^2}} & 0 \\ 0 & 0 & 1\end{bmatrix}\begin{bmatrix}a \\ b \\ c\end{bmatrix} = \begin{bmatrix}\sqrt{a^2 + b^2} \\ 0 \\ c\end{bmatrix}$$

即在圆柱坐标系下的表达式为

$$\boldsymbol{A} = \sqrt{a^2 + b^2}\boldsymbol{e}_r + c\boldsymbol{e}_z$$

由直角坐标系和球坐标系的变换关系，可求得：

$$r = \sqrt{a^2 + b^2 + c^2}, \theta = \arctan\left(\frac{\sqrt{a^2 + b^2}}{c}\right), \phi = \arctan\frac{b}{a}$$

又根据矢量在直角坐标与球坐标系中的变换关系为(参考教材 P7 式 1.40)

$$\begin{bmatrix}\boldsymbol{A}_r \\ \boldsymbol{A}_\theta \\ \boldsymbol{A}_\phi\end{bmatrix} = \begin{bmatrix}\sin\theta\cos\phi & \sin\theta\sin\phi & \cos\theta \\ \cos\theta\cos\phi & \cos\theta\sin\phi & -\sin\theta \\ -\sin\phi & \cos\phi & 0\end{bmatrix}\begin{bmatrix}\boldsymbol{A}_x \\ \boldsymbol{A}_y \\ \boldsymbol{A}_z\end{bmatrix}$$

把上面结果代入，可求得

$$\begin{bmatrix}\boldsymbol{A}_r \\ \boldsymbol{A}_\theta \\ \boldsymbol{A}_\phi\end{bmatrix} = \begin{bmatrix}\sin\theta\cos\phi & \sin\theta\sin\phi & \cos\theta \\ \cos\theta\cos\phi & \cos\theta\sin\phi & -\sin\theta \\ -\sin\phi & \cos\phi & 0\end{bmatrix}\begin{bmatrix}a \\ b \\ c\end{bmatrix} = \begin{bmatrix}\sqrt{a^2 + b^2 + c^2} \\ 0 \\ 0\end{bmatrix}$$

即在球坐标系下的表达式为

$$\boldsymbol{A} = \sqrt{a^2 + b^2 + c^2}\boldsymbol{e}_r$$

【1.21】 已知球坐标系中矢量 $\boldsymbol{A} = a\boldsymbol{e}_r + b\boldsymbol{e}_\theta + c\boldsymbol{e}_\phi$，式中 a、b、c 均为常数，$\boldsymbol{A}$ 是常矢量吗？试求 $\nabla\cdot\boldsymbol{A}$、$\nabla\times\boldsymbol{A}$ 以及 $\boldsymbol{A}$ 在相应的直角坐标系及圆柱坐标系中的表达式。

解：$A=|\boldsymbol{A}|=\sqrt{a^2+b^2+c^2}$

即矢量 $\boldsymbol{A}=a\boldsymbol{e}_r+b\boldsymbol{e}_\theta+c\boldsymbol{e}_\phi$ 的模为常数。

将矢量 $\boldsymbol{A}=a\boldsymbol{e}_r+b\boldsymbol{e}_\theta+c\boldsymbol{e}_\phi$ 用直角坐标系表示，有

$$\begin{aligned}\boldsymbol{A}&=a\boldsymbol{e}_r+b\boldsymbol{e}_\theta+c\boldsymbol{e}_\phi\\&=\boldsymbol{e}_x(a\sin\theta\cos\phi+b\cos\theta\cos\phi-c\sin\phi)+\\&\quad\boldsymbol{e}_y(a\sin\theta\sin\phi+b\cos\theta\sin\phi+c\cos\phi)+\boldsymbol{e}_z(a\cos\theta-b\sin\theta)\end{aligned}$$

由此可见，矢量 $\boldsymbol{A}$ 的方向随 θ 和 ϕ 变化，故矢量 $\boldsymbol{A}$ 不是常矢量。

由上述结果可知，一个常矢量 $\boldsymbol{C}$ 在球坐标系中不能表示为 $\boldsymbol{C}=a\boldsymbol{e}_r+b\boldsymbol{e}_\theta+c\boldsymbol{e}_\phi$。

在球坐标系中，矢量 $\boldsymbol{A}$ 的散度为：

$$\nabla\cdot\boldsymbol{A}=\frac{1}{r^2}\frac{\partial}{\partial r}(r^2A_r)+\frac{1}{r\sin\theta}\frac{\partial}{\partial\theta}(\sin\theta A_\theta)+\frac{1}{r\sin\theta}\left(\frac{\partial A_\phi}{\partial\phi}\right)$$

代入各个分量，即可得 $\nabla\cdot\boldsymbol{A}=\dfrac{2a}{r}+\dfrac{b}{r}\cot\theta$

在球坐标系中，矢量 $\boldsymbol{A}$ 的旋度为：

$$\nabla\times\boldsymbol{A}=\frac{1}{r^2\sin\theta}\begin{vmatrix}\boldsymbol{e}_r & r\boldsymbol{e}_\theta & r\sin\theta\boldsymbol{e}_\phi\\ \dfrac{\partial}{\partial r} & \dfrac{\partial}{\partial\theta} & \dfrac{\partial}{\partial\phi}\\ A_r & rA_\theta & r\sin\theta A_\phi\end{vmatrix}$$

代入各个分量，即可得 $\nabla\times\boldsymbol{A}=\dfrac{b}{r}\boldsymbol{e}_\phi$

根据矢量在直角坐标与球坐标系中的变换关系，如下

$$\begin{bmatrix}\boldsymbol{A}_x\\\boldsymbol{A}_y\\\boldsymbol{A}_z\end{bmatrix}=\begin{bmatrix}\sin\theta\cos\phi & \cos\theta\cos\phi & -\sin\phi\\\sin\theta\sin\phi & \cos\theta\sin\phi & \cos\phi\\\cos\theta & -\sin\theta & 0\end{bmatrix}\begin{bmatrix}\boldsymbol{A}_r\\\boldsymbol{A}_\theta\\\boldsymbol{A}_\phi\end{bmatrix}$$

其中 $\cos\phi=\dfrac{x}{\sqrt{x^2+y^2}}$，$\sin\phi=\dfrac{y}{\sqrt{x^2+y^2}}$，

$$\sin\theta=\frac{\sqrt{x^2+y^2}}{\sqrt{x^2+y^2+z^2}}=\frac{\sqrt{x^2+y^2}}{a},\cos\theta=\frac{z}{\sqrt{x^2+y^2+z^2}}=\frac{z}{a},$$

则在直角坐标系下的表达式为：

$$\boldsymbol{A}=\left(x+\frac{bxz}{a\sqrt{x^2+y^2}}-\frac{cy}{x^2+y^2}\right)\boldsymbol{e}_x+\left(y+\frac{bxz}{a\sqrt{x^2+y^2}}+\frac{cx}{\sqrt{x^2+y^2}}\right)\boldsymbol{e}_y+\left(z-\frac{b\sqrt{x^2+y^2}}{a}\right)\boldsymbol{e}_z$$

根据圆柱坐标系和球坐标系坐标分量的转换关系，

$$\begin{bmatrix}A_\rho\\A_\phi\\A_z\end{bmatrix}=\begin{bmatrix}\sin\theta & \cos\theta & 0\\0 & 0 & 1\\\cos\theta & -\sin\theta & 0\end{bmatrix}\begin{bmatrix}A_r\\A_\theta\\A_\phi\end{bmatrix}=\begin{bmatrix}\frac{r}{a} & \frac{z}{a} & 0\\0 & 0 & 1\\\frac{z}{a} & -\frac{r}{a} & 0\end{bmatrix}\begin{bmatrix}a\\b\\c\end{bmatrix}=\begin{bmatrix}r+\frac{b}{a}z\\c\\z-\frac{b}{a}r\end{bmatrix}$$

因此在圆柱坐标系下的表达式为

$$\boldsymbol{A}=\left(r+\frac{b}{a}z\right)\boldsymbol{e}_r+c\boldsymbol{e}_\phi+\left(z-\frac{b}{a}r\right)\boldsymbol{e}_z$$

【1.22】 求下列矢量场的散度和旋度：

(1) $\boldsymbol{F}=(3x^2y+z)\boldsymbol{e}_x+(y^3-xz^2)\boldsymbol{e}_y+2xyz\boldsymbol{e}_z$；

(2) $\boldsymbol{F}=\rho\cos^2\phi\boldsymbol{e}_\rho+\rho\sin\phi\boldsymbol{e}_\phi$；

(3) $\boldsymbol{F}=yz^2\boldsymbol{e}_x+zx^2\boldsymbol{e}_y+xy^2\boldsymbol{e}_z$；

(4) $\boldsymbol{F}=P(x)\boldsymbol{e}_x+Q(y)\boldsymbol{e}_y+R(z)\boldsymbol{e}_z$。

解：(1) $\nabla\cdot\boldsymbol{A}=\dfrac{\partial F_x}{\partial x}+\dfrac{\partial F_y}{\partial y}+\dfrac{\partial F_z}{\partial z}=6xy+3y^2+2xy=8xy+3y^2$

$$\nabla\times\boldsymbol{F}=\begin{vmatrix}\boldsymbol{e}_x & \boldsymbol{e}_y & \boldsymbol{e}_z\\\frac{\partial}{\partial x} & \frac{\partial}{\partial y} & \frac{\partial}{\partial z}\\3x^2y+z & y^3-xz^2 & 2xyz\end{vmatrix}=-(3x^2+z^2)\boldsymbol{e}_z+4xz\boldsymbol{e}_x-(2yz-1)\boldsymbol{e}_y$$

(2) $\nabla\cdot\boldsymbol{F}=\dfrac{1}{\rho}\dfrac{\partial}{\partial\rho}(\rho A_\rho)+\dfrac{1}{\rho}\dfrac{\partial A_\phi}{\partial\phi}+\dfrac{\partial A_z}{\partial z}=\dfrac{1}{\rho}\dfrac{\partial}{\partial\rho}(\rho^2\cos^2\phi)+\dfrac{1}{\rho}\cos\phi\cdot\rho=\dfrac{2\rho}{\rho}\cos^2\phi+\dfrac{1}{\rho}\cos\phi\rho=\dfrac{2\rho}{\rho}\cos^2\phi+\cos\phi=2\cos^2\phi+\cos\phi$

$$\nabla\times\boldsymbol{F}=\frac{1}{\rho}\begin{vmatrix}\boldsymbol{e}_\rho & \rho\boldsymbol{e}_\phi & \boldsymbol{e}_z\\\frac{\partial}{\partial\rho} & \frac{\partial}{\partial\phi} & \frac{\partial}{\partial z}\\\rho\cos^2\phi & \rho\sin^2\phi & 0\end{vmatrix}=(2\sin\phi+\sin2\phi)\boldsymbol{e}_z$$

(3) $\nabla\cdot\boldsymbol{F}=0$

$$\nabla\times\boldsymbol{F}=\begin{vmatrix}\boldsymbol{e}_x & \boldsymbol{e}_y & \boldsymbol{e}_z\\\frac{\partial}{\partial x} & \frac{\partial}{\partial y} & \frac{\partial}{\partial z}\\yz^2 & zx^2 & xy^2\end{vmatrix}=(-x^2+2xy)\boldsymbol{e}_x$$

$$+(-y^2+2yz)\boldsymbol{e}_y+(-z^2+2xz)\boldsymbol{e}_z$$

(4) $\nabla\cdot\boldsymbol{F}=P'(x)+Q'(y)+R'(z)$

$$\nabla\times\boldsymbol{F}=\begin{vmatrix}\boldsymbol{e}_x & \boldsymbol{e}_y & \boldsymbol{e}_z\\\frac{\partial}{\partial x} & \frac{\partial}{\partial y} & \frac{\partial}{\partial z}\\P(x) & Q(y) & R(z)\end{vmatrix}=0$$

【拓展训练】

1—1 给定两个矢量 $\boldsymbol{A}=2\boldsymbol{e}_x+3\boldsymbol{e}_y-4\boldsymbol{e}_z$ 和 $\boldsymbol{B}=-6\boldsymbol{e}_x-4\boldsymbol{e}_y+\boldsymbol{e}_z$，求 $\boldsymbol{A}\times\boldsymbol{B}$ 在 $\boldsymbol{C}=\boldsymbol{e}_x-\boldsymbol{e}_y+\boldsymbol{e}_z$ 上的分量。

1—2 利用直角坐标系证明 $\nabla(uv)=u\nabla v+v\nabla u$。

1—3 $\boldsymbol{r}=x\boldsymbol{e}_x+y\boldsymbol{e}_y+z\boldsymbol{e}_z$，$r=|\boldsymbol{r}|$，求使 $\nabla\cdot(r^n\boldsymbol{r})=0$ 的整数 n。

1—4 已知 $\boldsymbol{A}=3y\boldsymbol{e}_x+2z\boldsymbol{e}_y+xy\boldsymbol{e}_z$，$\boldsymbol{B}=x^2\boldsymbol{e}_x-4\boldsymbol{e}_z$，求 $\nabla\times(\boldsymbol{A}\times\boldsymbol{B})$。

1—5 证明矢量场 $\boldsymbol{F}=(2x\cos y-y^2\sin x)\boldsymbol{e}_x+(2y\cos x-x^2\sin y)\boldsymbol{e}_y$ 为有势场。

1—6 求下列标量场的梯度：

(1) $f(\rho,\varphi,z)=\rho^2\cos\varphi+z^2\sin\varphi$；

(2) $f(r,\theta,\varphi)=2r\sin\varphi+r^2\cos\varphi$。

1—7 求下列矢量场的散度和旋度：

(1) $\boldsymbol{F}=(3x^2y+z)\boldsymbol{e}_x+(y^3-xz^2)\boldsymbol{e}_y+2xyz\boldsymbol{e}_z$；

(2) $\boldsymbol{F}=\rho\cos^2\varphi\boldsymbol{e}_\rho+\rho\sin\varphi\boldsymbol{e}_\varphi$；

(3) $\boldsymbol{F}=P(x)\boldsymbol{e}_x+Q(y)\boldsymbol{e}_y+R(z)\boldsymbol{e}_z$。

1—8 证明任何一个标量场的梯度的旋度恒为零，即 $\nabla\times(\nabla u)=0$。

1—9 证明任何一个矢量场的旋度的散度恒为零，即 $\nabla\cdot(\nabla\times\boldsymbol{A})=0$。

1—10 已知矢量 $\boldsymbol{A}=\boldsymbol{e}_x x^2yz+\boldsymbol{e}_y xy^2z+\boldsymbol{e}_z xyz^2$，求 $\nabla\cdot\boldsymbol{A}$。

2 宏观电磁现象的基本原理

2.1 基本内容概述

麦克斯韦方程是宏观电磁现象的基本方程，所有的电磁问题都是归结为求麦克斯韦方程的解。

1. 电磁场基本定律

(1) 库仑定律

库仑定律(Coulomb's Law)是关于两个点电荷之间作用力的定量描述，它以点电荷模型为基础，其数学表示为

$$\boldsymbol{F}_{12}=\frac{1}{4\pi\varepsilon_0}\frac{q_1q_2}{R^2}\boldsymbol{e}_R=\frac{1}{4\pi\varepsilon_0}\frac{q_1q_2}{R^3}\boldsymbol{R}$$

式中，$\boldsymbol{F}_{12}$表示点电荷 q_1 作用在点电荷 q_2 上的力。$\boldsymbol{R}$ 表示由源点 $\boldsymbol{r}_1$ 出发引向场点 $\boldsymbol{r}_2$ 的矢量，R 表示该矢量的模，$\boldsymbol{e}_R$ 表示该矢量方向的单位矢量。

(2) 高斯定律

高斯定律(Gauss's Law)是库仑定律的必然结果。设 S 为真空中某一闭合曲面，若 S 包围着一个点电荷 q，则穿过 S 的电场强度通量依库仑定律导出为

$$\oint_S \boldsymbol{E}\cdot \mathrm{d}\boldsymbol{S}=\frac{q}{\varepsilon_0}$$

考虑更一般情况，若在真空中某闭合曲面 S 内包围有 N 个离散的点电荷 $q_1, q_2, \cdots q_n$，或者包围有密度为 ρ 的体电荷分布，则高斯定律分别推广为

$$\oint_S \boldsymbol{E}\cdot \mathrm{d}\boldsymbol{S}=\frac{1}{\varepsilon_0}\sum_{n=1}^{N}q_n$$

$$\oint_S \boldsymbol{E}\cdot \mathrm{d}\boldsymbol{S}=\frac{1}{\varepsilon_0}\oint_V \rho \mathrm{d}V$$

式中，闭合曲面 S 常称为高斯面，V 是高斯面所包围的体积。

(3) 电荷守恒定律

假如在分布着体电流密度 $\boldsymbol{J}$ 的空间内任取一个界面为 S 的体积 V，依电荷守恒定

律，单位时间内流出闭合曲面 S 的电荷量 $\oint_S \boldsymbol{J}\cdot\mathrm{d}\boldsymbol{S}$ 就等于单位时间内 S 内电荷的减少量 $-\frac{\mathrm{d}q}{\mathrm{d}t}$，即

$$\oint_S \boldsymbol{J}\cdot\mathrm{d}\boldsymbol{S}=-\frac{\mathrm{d}q}{\mathrm{d}t}$$

设体积 V 内的体电荷密度为 ρ，则上式写成为

$$\oint_S \boldsymbol{J}\cdot\mathrm{d}\boldsymbol{S}=-\frac{\mathrm{d}}{\mathrm{d}t}\oint_V \rho\mathrm{d}V$$

若体积 V 是固定的，不随时间变化，则有

$$\oint_S \boldsymbol{J}\cdot\mathrm{d}\boldsymbol{S}=-\frac{\mathrm{d}q}{\mathrm{d}t}=-\oint_V \frac{\partial\rho}{\partial t}\mathrm{d}V$$

(4) 安培定律与比奥－萨伐定律

如果电流分布在面积 S 上，其面电流密度为 $\boldsymbol{J}_S$，则同样可以得出已知面电流密度时的比奥－萨伐定律表示式为

$$\boldsymbol{B}(\boldsymbol{r})=\frac{\mu_0}{4\pi}\oint_S \frac{\boldsymbol{J}_S(\boldsymbol{r}')\times(\boldsymbol{r}-\boldsymbol{r}')}{|\boldsymbol{r}-\boldsymbol{r}'|^3}\mathrm{d}S'$$

(5) 磁通连续性定律

穿过任何一个闭合曲面的磁通量(Magnetic Flux)必等于零，即

$$\oint_S \boldsymbol{B}\cdot\mathrm{d}\boldsymbol{S}=0$$

(6) 安培环路定律

在恒定的磁场中，安培环路定律可以表述如下：设 $\boldsymbol{B}$ 为真空中的磁感应强度，l 为在该磁场中任取的一个闭合回路，则 $\boldsymbol{B}$ 沿闭合回路的环量等于真空磁导率 μ_0 乘以穿过 l 所限定面积上的恒定电流的代数和，即

$$\oint_l \boldsymbol{B}\cdot\mathrm{d}\boldsymbol{l}=\mu_0\sum_{n=1}^{N}I_n$$

式中 $I_1,I_2,\cdots,I_N$ 表示穿过回路所限定面积上的电流。在这些电流上，那些流向与积分回路绕行方向符合右手螺旋法则的电流取正号，反之电流取负号。

(7) 法拉第电磁感应定律

当穿过闭合导体回路所限定面积的磁通量发生变化时，在该回路上将产生感应电动势及其感应电流。导体回路上感应电动势的大小与所交链磁通量随时间变化率成正比。在国际单位制下，法拉第电磁感应定律的数学表达式为

$$\varepsilon=-\frac{\mathrm{d}\Phi_m}{\mathrm{d}t}=-\frac{\mathrm{d}}{\mathrm{d}t}\int_S \boldsymbol{B}\cdot\mathrm{d}\boldsymbol{S}$$

式中，ε 表示导体回路 l 上产生的感应电动势，单位是伏特(V)；S 表示回路 l 所限定的面积；Φ_m 表示穿过 S 的磁通量，单位是韦伯(Wb)。

2. 麦克斯韦方程组

积分形式：

$$\oint_l \boldsymbol{H} \cdot \mathrm{d}\boldsymbol{l} = \int_S \left(\boldsymbol{J} + \frac{\partial \boldsymbol{D}}{\partial t}\right) \cdot \mathrm{d}\boldsymbol{S}$$

$$\oint_l \boldsymbol{E} \cdot \mathrm{d}\boldsymbol{l} = -\int_S \frac{\partial \boldsymbol{B}}{\partial t} \cdot \mathrm{d}\boldsymbol{S}$$

$$\oint_S \boldsymbol{B} \cdot \mathrm{d}\boldsymbol{S} = 0$$

$$\oint_S \boldsymbol{D} \cdot \mathrm{d}\boldsymbol{S} = \int_V \rho \mathrm{d}V$$

$$\boldsymbol{D} = \varepsilon \boldsymbol{E} \quad \boldsymbol{B} = \mu \boldsymbol{H} \quad \boldsymbol{J} = \sigma \boldsymbol{E}$$

微分形式：

$$\nabla \times \boldsymbol{H} = \boldsymbol{J} + \frac{\partial \boldsymbol{D}}{\partial t}$$

$$\nabla \times \boldsymbol{E} = -\frac{\partial \boldsymbol{B}}{\partial t}$$

$$\nabla \cdot \boldsymbol{B} = 0$$

$$\nabla \cdot \boldsymbol{D} = \rho$$

3. 电磁场的边界条件

(1) 不同介质分界面的边界条件

一般情况下，不同媒质分界面上的电磁场边界条件可以用矢量形式表示为

$$\boldsymbol{e}_n \times (\boldsymbol{H}_1 - \boldsymbol{H}_2) = \boldsymbol{J}_S$$

$$\boldsymbol{e}_n \times (\boldsymbol{E}_1 - \boldsymbol{E}_2) = 0$$

$$\boldsymbol{e}_n \cdot (\boldsymbol{B}_1 - \boldsymbol{B}_2) = 0$$

$$\boldsymbol{e}_n \cdot (\boldsymbol{D}_1 - \boldsymbol{D}_2) = \rho_S$$

式中，$\boldsymbol{e}_n$ 表示分界面法线单位矢量，方向由媒质 2 指向媒质 1。

(2) 理想导体表面的边界条件

$$\boldsymbol{e}_n \times \boldsymbol{H} = \boldsymbol{J}_S$$

$$\boldsymbol{e}_n \times \boldsymbol{E} = 0$$

$$\boldsymbol{e}_n \cdot \boldsymbol{B} = 0$$

$$\boldsymbol{e}_n \cdot \boldsymbol{D} = \rho_S$$

2.2　典型例题解析

【例 2.1】　点电荷 $q_1 = q$ 位于点 $P_1(-a,0,0)$ 处，另一个点电荷 $q_2 = -2q$ 位于点 $P_2(a,0,0)$ 处，试问空间中是否存在 $\boldsymbol{E}=0$ 的点？

解：$q_1 = q$ 在空间任意点 $P(x,y,z)$ 处产生的电场为

$$\boldsymbol{E}_1 = \frac{q}{4\pi\varepsilon_0}\frac{\boldsymbol{e}_x(x+a)+\boldsymbol{e}_y y+\boldsymbol{e}_z z}{[(x+a)^2+y^2+z^2]^{3/2}}$$

电荷 $q_2=-2q$ 在点 $P(x,y,z)$ 处产生的电场为

$$\boldsymbol{E}_2 = \frac{-2q}{4\pi\varepsilon_0}\frac{\boldsymbol{e}_x(x-a)+\boldsymbol{e}_y y+\boldsymbol{e}_z z}{[(x-a)^2+y^2+z^2]^{3/2}}$$

故在点 $P(x,y,z)$ 处的电场则为 $\boldsymbol{E}=\boldsymbol{E}_1+\boldsymbol{E}_2$。令 $\boldsymbol{E}=0$，则有

$$\frac{\boldsymbol{e}_x(x+a)+\boldsymbol{e}_y y+\boldsymbol{e}_z z}{[(x+a)^2+y^2+z^2]^{3/2}} = \frac{2[\boldsymbol{e}_x(x-a)+\boldsymbol{e}_y y+\boldsymbol{e}_z z]}{[(x-a)^2+y^2+z^2]^{3/2}}$$

由此得

$$(x+a)[(x-a)^2+y^2+z^2]^{3/2} = 2(x-a)[(x+a)^2+y^2+z^2]^{3/2} \tag{1}$$

$$y[(x-a)^2+y^2+z^2]^{3/2} = 2y[(x+a)^2+y^2+z^2]^{3/2} \tag{2}$$

$$z[(x-a)^2+y^2+z^2]^{3/2} = 2z[(x+a)^2+y^2+z^2]^{3/2} \tag{3}$$

当 $y\neq0$ 或 $z\neq0$ 时，将式(2)或式(3)代入式(1)，得 $a=0$。

所以，当 $y\neq0$ 或 $z\neq0$ 时无解。

当 $y=0$ 且 $z=0$ 时，由式(1)有

$$(x+a)(x-a)^3 = 2(x-a)(x+a)^3$$

得

$$x=(-3\pm2\sqrt{2})a$$

但 $x=-3a+2\sqrt{2}a$ 不合题意，所以仅在 $(-3a-2\sqrt{2}a,0,0)$ 处电场强度 $\boldsymbol{E}=0$。

【例 2.2】 同轴线的内导体半径 $a=1$ mm，外导体的内径 $b=4$ mm，内、外导体间为空气。假设内外导体间的电场强度为 $\boldsymbol{E}=\boldsymbol{e}_\rho\frac{100}{\rho}\cos(10^8t-kz)$ V/m。(1) 求与 $\boldsymbol{E}$ 相伴的 $\boldsymbol{H}$；(2) 确定 k 的值；(3) 求内导体表面的电流密度；(4) 求沿轴线 $0\leqslant z\leqslant1$ m 区域内的位移电流。

解：(1) 利用麦克斯韦方程 $\nabla\times\boldsymbol{E}=-\mu_0\frac{\partial\boldsymbol{H}}{\partial t}$ 在圆柱坐标系的表达式

$$\frac{\partial\boldsymbol{H}}{\partial t} = -\frac{1}{\mu_0}\nabla\times\boldsymbol{E} = -\boldsymbol{e}_\phi\frac{1}{\mu_0}\frac{\partial E_\rho}{\partial z}$$

$$= -\boldsymbol{e}_\phi\frac{100k}{\mu_0\rho}\sin(10^8t-kz)$$

将上式对时间积分，得

$$\boldsymbol{H} = \boldsymbol{e}_\phi\frac{100k}{\mu_0\rho\times10^8}\cos(10^8t-kz)$$

(2) 为确定 k 值，由 $\nabla\times\boldsymbol{H}=\varepsilon_0\frac{\partial\boldsymbol{E}}{\partial t}$，得

$$\frac{\partial\boldsymbol{E}}{\partial t} = \frac{1}{\varepsilon_0}\nabla\times\boldsymbol{H} = \frac{1}{\varepsilon_0}\frac{\boldsymbol{e}_\rho}{\rho}\left[-\frac{\partial}{\partial z}(\rho H_\phi)\right] = -\boldsymbol{e}_\rho\frac{100k^2}{\mu_0\varepsilon_0\rho\times10^8}\sin(10^8t-kz)$$

将上式对时间积分，得

$$\boldsymbol{E} = \boldsymbol{e}_\rho \frac{100k^2}{\mu_0\varepsilon_0\rho \times (10^8)^2}\cos(10^8 t - kz)$$

题中已知 $\boldsymbol{E}=\boldsymbol{e}_\rho \dfrac{100}{\rho}\cos(10^8 t-kz)$，则

$$k^2 = (10^8)^2\mu_0\varepsilon_0$$

所以 $k=10^8\sqrt{\mu_0\varepsilon_0}=\dfrac{10^8}{3\times 10^8}\text{rad/m}=\dfrac{1}{3}\text{rad/m}$

因此，同轴线内、外导体之间的电场和磁场表示式分别为

$$\boldsymbol{E} = \boldsymbol{e}_\rho \frac{100}{\rho}\cos\left(10^8 t - \frac{1}{3}z\right)\text{V/m}$$

$$\boldsymbol{H} = \boldsymbol{e}_\phi \frac{100}{120\pi\rho}\cos\left(10^8 t - \frac{1}{3}z\right)\text{A/m}$$

(3) 将内导体视为理想导体，利用理想导体的边界条件即可求出内导体表面的电流密度

$$\begin{aligned}\boldsymbol{J}_S &= \boldsymbol{e}_n \times \boldsymbol{H}\,|_{\rho=a} = \boldsymbol{e}_\rho \times \boldsymbol{e}_\phi \frac{100}{120\pi\rho}\cos\left(10^8 t - \frac{1}{3}z\right)\\ &= \boldsymbol{e}_z 265.3\cos\left(10^8 t - \frac{1}{3}z\right)\text{A/m}^2\end{aligned}$$

位移电流密度为

$$\begin{aligned}\boldsymbol{J}_d &= \varepsilon_0\frac{\partial \boldsymbol{E}}{\partial t} = \varepsilon_0\frac{\partial}{\partial t}\left[\boldsymbol{e}_\rho \frac{100}{\rho}\cos\left(10^8 t - \frac{1}{3}z\right)\right]\\ &= \boldsymbol{e}_\rho \frac{8.85\times 10^{-2}}{\rho}\sin\left(10^8 t - \frac{1}{3}z\right)\text{A/m}^2\end{aligned}$$

(4) 在 $0\leqslant z\leqslant 1$ m 区域内的位移电流为

$$\begin{aligned}i_d &= \int_S \boldsymbol{J}_d \cdot \mathrm{d}\boldsymbol{S} = \int_0^1 \boldsymbol{J}_d \cdot \boldsymbol{e}_\rho 2\pi\rho\mathrm{d}\rho = -2\pi\times 8.85\times 10^{-2}\int_0^1 \sin\left(10^8 t - \frac{1}{3}z\right)\mathrm{d}z\\ &= 2\pi\times 8.85\times 10^{-2}\times 3\left[\cos\left(10^8 t - \frac{1}{3}z\right)\right]\Big|_0^1\\ &= 0.55\sin\left(10^8 t - \frac{1}{6}\right)\text{ A}\end{aligned}$$

【例 2.3】 真空中无限长的半径为 a 的半边圆筒上电荷密度为 ρ_S，求轴线上的电场强度。

解：在无限长的半边圆筒上取宽度为 $a\mathrm{d}\varphi$ 的窄条，此窄条可看作无限长的线电荷，电荷线密度为 $\rho_l=\rho_S a\,\mathrm{d}\phi$，可得真空中无限长的半径为 a 的半边圆筒在轴线上的电场强度为

$$\boldsymbol{E} = \int_0^\pi \frac{\rho_S a\boldsymbol{e}_r\mathrm{d}\phi}{2\pi a\varepsilon_0} = \frac{\rho_S}{2\pi\varepsilon_0}\int_0^\pi(-\sin\phi\boldsymbol{e}_y - \cos\phi\boldsymbol{e}_x)\mathrm{d}\phi = -\frac{\rho_S}{\pi\varepsilon_0}\boldsymbol{e}_y$$

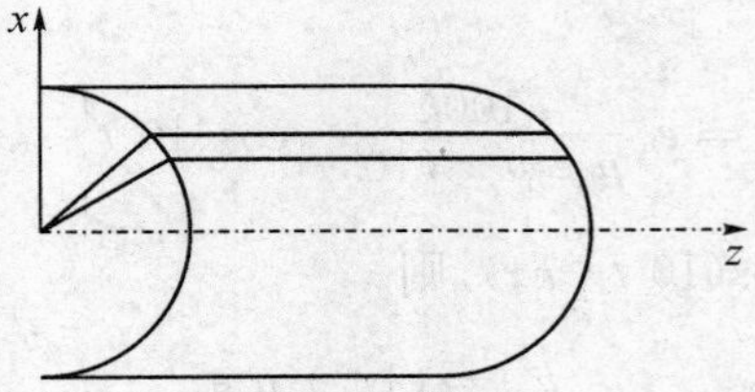

题 2.3 图

【例 2.4】（西安电子科技大学 2004 年考研真题）有半径为 a 的圆形线电荷，其密度为 ρ，如图所示，现求中心轴各处的电场强度 $\boldsymbol{E}$，并讨论在 $d=0$ 处的 $\boldsymbol{E}$。

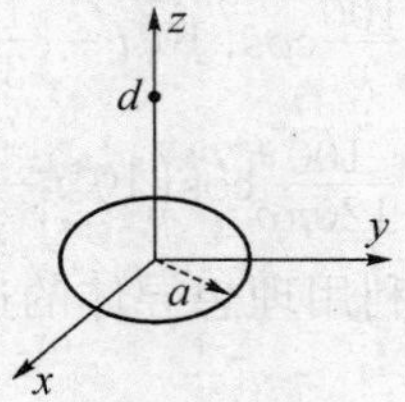

例 2.4 图

解：由库仑公式 $\boldsymbol{E}=\int_l \frac{\rho(\boldsymbol{r}-\boldsymbol{r}')}{4\pi\varepsilon_0|\boldsymbol{r}-\boldsymbol{r}'|^3}\mathrm{d}l$，其中 $\mathrm{d}l=a\cdot\mathrm{d}\theta$，$\boldsymbol{r}=d\cdot\boldsymbol{e}_z$，$\boldsymbol{r}'=a\cos\theta\boldsymbol{e}_x+a\sin\theta\boldsymbol{e}_y=a\boldsymbol{e}_\rho$，$|\boldsymbol{r}-\boldsymbol{r}'|=\sqrt{a^2+d^2}$

$$\boldsymbol{E}=\frac{\rho a}{4\pi\varepsilon_0(a^2+d^2)^{3/2}}\int_0^{2\pi}(d\boldsymbol{e}_z-a\boldsymbol{e}_\rho)\mathrm{d}\theta=\frac{\rho a d}{2\varepsilon_0(a^2+d^2)^{3/2}}\boldsymbol{e}_z$$

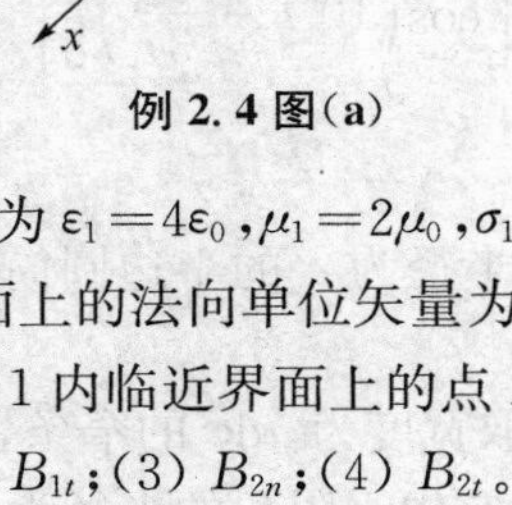

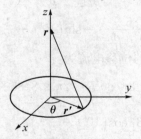

例 2.4 图(a)

【例 2.5】 媒质 1 的电参数为 $\varepsilon_1=4\varepsilon_0$，$\mu_1=2\mu_0$，$\sigma_1=0$，媒质 2 的电参数为 $\varepsilon_2=2\varepsilon_0$，$\mu_2=3\mu_0$，$\sigma_2=0$。两种媒质分界面上的法向单位矢量为 $\boldsymbol{e}_n=\boldsymbol{e}_x0.64+\boldsymbol{e}_y0.6-\boldsymbol{e}_z0.48$，由媒质 2 指向媒质 1。若已知媒质 1 内临近界面上的点 P 处 $\boldsymbol{B}_1=\boldsymbol{e}_x-2\boldsymbol{e}_y+3\boldsymbol{e}_z$(T)，求 P 点处下列量的大小：(1) B_{1n}；(2) B_{1t}；(3) B_{2n}；(4) B_{2t}。

解：(1) $B_{1n}=|\boldsymbol{B}_1\cdot\boldsymbol{e}_n|=|(\boldsymbol{e}_x-2\boldsymbol{e}_y+3\boldsymbol{e}_z)\cdot(\boldsymbol{e}_x0.64+\boldsymbol{e}_y0.6-\boldsymbol{e}_z0.48)|=2$(T)

(2) $B_{1t}=\left|\sqrt{B_1^2-B_{1n}^2}\right|=\left|\sqrt{1+2^2+3^2-2^2}\right|(T)=3.16$(T)

(3) 利用磁场边界条件，得

$$B_{2n}=B_{1n}=2(\mathrm{T})$$

(4) 利用磁场边界条件，得

$$B_{2t}=\frac{\mu_2}{\mu_1}\cdot B_{1t}=\frac{3\mu_0}{2\mu_0}\times 3.16=4.74(\mathrm{T})$$

【例 2.6】 已知无源的真空中电磁波的电场

$$\boldsymbol{E}=\boldsymbol{e}_x E_m\cos\left(\omega t-\frac{\omega}{c}z\right)\mathrm{V/m}$$

证明：$\boldsymbol{S}_{av}=\boldsymbol{e}_z\omega_{av}c$，其中 ω_{av} 是电磁场能量密度的时间平均值，$c=\frac{1}{\sqrt{\mu_0\varepsilon_0}}$ 为电磁波在真空中的传播速度。

证：电场复矢量为

$$\boldsymbol{E}=\boldsymbol{e}_x E_m\mathrm{e}^{-\mathrm{j}\frac{\omega}{c}z}$$

由 $\nabla\times\boldsymbol{E}=-j\omega\mu_0\boldsymbol{H}$，得磁场强度复矢量

$$\boldsymbol{H}=\frac{j}{\omega\mu_0}\nabla\times\boldsymbol{E}=\frac{j}{\omega\mu_0}\boldsymbol{e}_z\times\boldsymbol{e}_x\frac{\partial}{\partial z}(E_m\mathrm{e}^{-\mathrm{j}\frac{\omega}{c}z})=ey\sqrt{\frac{\varepsilon_0}{\mu_0}}E_m\mathrm{e}^{-\mathrm{j}\frac{\omega}{c}z}$$

所以

$$\boldsymbol{S}_{av}=\frac{1}{2}\mathrm{Re}[\boldsymbol{E}\times\boldsymbol{H}^*]=\boldsymbol{e}_z\frac{1}{2}\sqrt{\frac{\varepsilon_0}{\mu_0}}E_m^2$$

另一方面

$$w_{av}=\frac{1}{2}\mathrm{Re}\left[\frac{\varepsilon_0}{2}\boldsymbol{E}\cdot\boldsymbol{E}^*+\frac{\mu_0}{2}\boldsymbol{H}\cdot\boldsymbol{H}^*\right]=\frac{\varepsilon_0}{2}E_m^2$$

由于

$$\sqrt{\frac{\varepsilon_0}{\mu_0}}=\frac{\varepsilon_0}{\sqrt{\mu_0\varepsilon_0}}=\varepsilon_0 c,$$

故有

$$\boldsymbol{S}_{av}=\boldsymbol{e}_z\frac{\varepsilon_0}{2}E_m^2 c=\boldsymbol{e}_z w_{av}c$$

【例 2.7】 (北京理工大学 2003 年考研真题)真空中两根半径为 a 的无限长平行导体圆柱上带有静电荷，单位长度电量为 ρ_l 和 $-\rho_l$，问空间一点处的电场强度是否可以用单根带电导体圆柱的电场公式叠加？即

$$E_1+E_2=\frac{\rho_l}{2\pi\varepsilon_0 r_1}\boldsymbol{e}_{r_1}+\frac{-\rho_l}{2\pi\varepsilon_0 r_2}\boldsymbol{e}_{r_2}$$

(r_1，r_2，$\boldsymbol{e}_{r1}$，$\boldsymbol{e}_{r2}$ 分别是两个圆柱轴线到场点的距离和单位矢量)，试简述原因。

解：带异号电荷的两导线平行放置后，由于异号电荷的吸引作用，每根导线上的电荷在横截面不再是均匀分布，靠近的一侧分布密度大。因此，当场点与任一导线轴线的距离与导线半径 a 可比拟时，总的电场强度不能用单根带电圆柱的电场公式相叠加表示，当场点与任一导线轴的距离远大于导线半径 a 时，可以将单根导线上的分布电荷视为分布在轴线上，此时，总的电场强度可以用单根圆柱的电场公式相叠加表示。

【例 2.8】（北京理工大学 2003 年考研真题）试证明：静电场中电介质与导体分界面上一定存在极化面电荷 ρ_{ps}。

证明：在分界面上，若设导体表面的法矢量为 $\boldsymbol{e}_n$，则电介质表面的法矢量为 $-\boldsymbol{e}_n$。于是分界面上的极化面电荷为

$$\rho_{ps}=-\boldsymbol{e}_n\cdot\boldsymbol{P}=-\frac{\boldsymbol{e}_n\cdot(\varepsilon_0\varepsilon_r\boldsymbol{E})}{\varepsilon_r}X_e=\frac{\boldsymbol{e}_n\cdot\boldsymbol{D}}{\varepsilon_r}(\varepsilon_r-1)$$

在分界面上有 $$\boldsymbol{e}_n\cdot\boldsymbol{D}=\rho_s$$

所以 $$\rho_{ps}=\left(\frac{1}{\varepsilon_r}-1\right)\rho_s$$

【例 2.9】 两异性点电荷 Q_1 和 Q_2 分别位于原点和 $x=-L$ 处，试证明电位等于零的曲面为一球面，此球面中心坐标为 $x=-LQ_1^2/(Q_1^2-Q_2^2)$，半径等于 $LQ_1Q_2/(Q_1^2-Q_2^2)$。

证明：假定在空间任意一点，由 Q_1 产生的电位是 U_1，由 Q_2 产生的电位是 U_2，那么，U_1、U_2 分别表示为

$$U_1=\frac{Q_1}{4\pi\varepsilon_0}[x^2+y^2+z^2]^{-\frac{1}{2}}$$

$$U_2=\frac{Q_2}{4\pi\varepsilon_0}[(x+L)^2+y^2+z^2]^{-\frac{1}{2}}$$

空间任意一点电位 $U=0$ 时，$U_1+U_2=0$

即 $$Q_1(x^2+y^2+z^2)=Q_2[(x+L)^2+y^2+z^2]$$

整理后得到零电位面方程

$$\left(x+\frac{Q_1^2L}{Q_1^2-Q_2^2}\right)^2+y^2+z^2=\frac{Q_1^2Q_2^2L^2}{(Q_1^2-Q_2^2)^2}$$

证毕。

【例 2.10】 线电荷以密度 ρ_l 均匀分布在半径为 a 的半圆弧上，求圆心处的电场强度；设想所有的电荷集中于一点，并在圆心处产生相同的电场，求此点的位置。

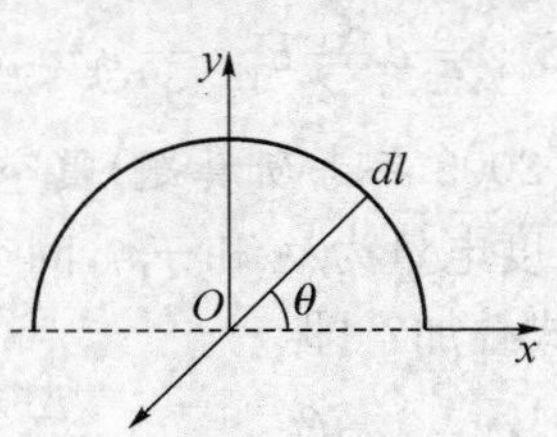

例 2.10 图

解：以圆心为原点建立如图所示坐标系，由对称性可知，原点处的电场强度沿 y 轴方向，圆弧上的微元 $\rho_l\mathrm{d}l$ 对此电场的贡献为

$$\mathrm{d}\boldsymbol{E}=-\boldsymbol{e}_y\frac{1}{4\pi\varepsilon_0}\frac{\rho_l\mathrm{d}l}{a^2}\sin\theta$$

$$=-\boldsymbol{e}_y\frac{\rho_l}{2\pi\varepsilon_0a}$$

若将电荷集中于点$(0,y)$，并且$\boldsymbol{E}_Q=\boldsymbol{E}$，则有

$$\frac{1}{4\pi\varepsilon_0}\frac{\rho_l\pi a}{y^2}=\frac{\rho_l}{2\pi\varepsilon_0 a}$$

解得
$$y=\sqrt{\frac{\pi}{2}}a$$

2.3　课后习题解答

【2.1】　真空中有两个同号电荷$q_1=q,q_2=3q$。它们之间距离为d，试决定在连接两电荷的连线上，哪一点的电场强度为零？哪一点上由两电荷所产生的电场强度恰好大小相等，方向相同？

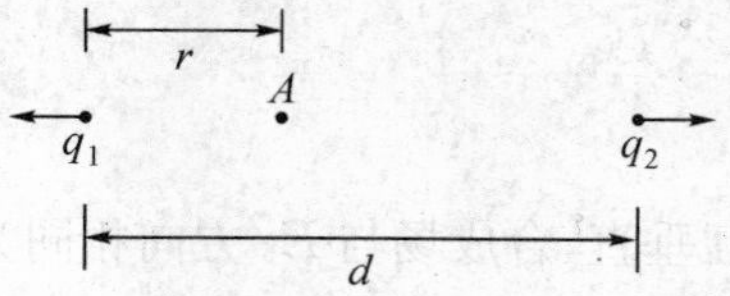

题 2.1 图

解：设在A点处的电场强度为 0，A点距q_1距离为r

$$\boldsymbol{E}=\frac{\boldsymbol{F}}{q}=\frac{q}{4\pi\varepsilon_0 r^2}\boldsymbol{e}_r$$

因为两个电荷同号，为斥力，力的方向沿径向$\boldsymbol{e}_r$，电场的方向也分别沿$\boldsymbol{e}_r$、$-\boldsymbol{e}_r$，在A点处共同产生的电场为(叠加)

$$\frac{q_1}{4\pi\varepsilon r^2}\boldsymbol{e}_r-\frac{q_2}{4\pi\varepsilon(d-r)^2}\boldsymbol{e}_r=0$$

$$q_1=q,q_2=3q$$

解得：
$$x=\frac{d(\sqrt{3}-1)}{2}\quad(另一根舍去)$$

在连线上，q_1在左侧或q_2在右侧场强方向相同，有可能为最大

$$\frac{q_1}{4\pi\varepsilon x^2}\boldsymbol{e}_r=\frac{q_2}{4\pi\varepsilon(d+x)^2}\boldsymbol{e}_r$$

解得：
$$x=\frac{d(\sqrt{3}+1)}{2}\quad(另一根舍去)$$

【2.2】　边长为a的正方形的 3 个顶点上各放置带电量为q_0的点电荷，试求第四个顶点上的电场强度$\boldsymbol{E}$。

解：如图(题 2.2 图)所示，建立直角坐标系，设第四个顶点上的电场强度为$\boldsymbol{E}$

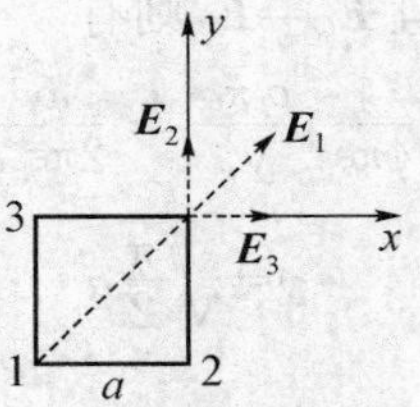

题 2.2 图

$\boldsymbol{E}=\boldsymbol{E}_1+\boldsymbol{E}_2+\boldsymbol{E}_3$

$\boldsymbol{E}_1=\dfrac{q_0}{4\pi\varepsilon\cdot 2a^2}\boldsymbol{e}_1$

$\boldsymbol{E}_2=\dfrac{q_0}{4\pi\varepsilon a^2}\boldsymbol{e}_2$

$\boldsymbol{E}_3=\dfrac{q_0}{4\pi\varepsilon a^2}\boldsymbol{e}_3$

$\boldsymbol{E}_2$ 与 $\boldsymbol{E}_3$ 大小相等，相互垂直，合成场与 E_1 方向相同为：$\sqrt{2}\dfrac{q_0}{4\pi\varepsilon\cdot a^2}\boldsymbol{e}_1$

$\therefore \boldsymbol{E}=\left(\dfrac{q_0}{8\pi\varepsilon a^2}+\dfrac{\sqrt{2}q_0}{4\pi\varepsilon a^2}\right)\boldsymbol{e}_1=\dfrac{(2\sqrt{2}+1)q_0}{8\pi\varepsilon a^2}\boldsymbol{e}_1$

或分解到 $\boldsymbol{e}_x,\boldsymbol{e}_y$，即 $\boldsymbol{e}_2,\boldsymbol{e}_3$ 也可得 $\boldsymbol{E}=\dfrac{(2\sqrt{2}+1)q_0}{8\sqrt{2}\pi\varepsilon_0 a^2}(\boldsymbol{e}_x+\boldsymbol{e}_y)$

【2.3】 半径为 a 的细圆环上分布着均匀的电荷，总电量为 Q，求圆环轴线上的电场强度；若同样的电量呈均匀分布在同样半径的薄圆盘上，求轴线上的电场强度。

解：根据题意可知细圆环线电荷密度为 $\rho_l=\dfrac{Q}{2\pi a}$，如图建立直角坐标系，点电荷 $\rho_l\mathrm{d}l$ 在 z 轴上 P 点产生的电位为：

$$\varphi=\frac{\rho_l\mathrm{d}l}{4\pi\varepsilon_0 r}$$

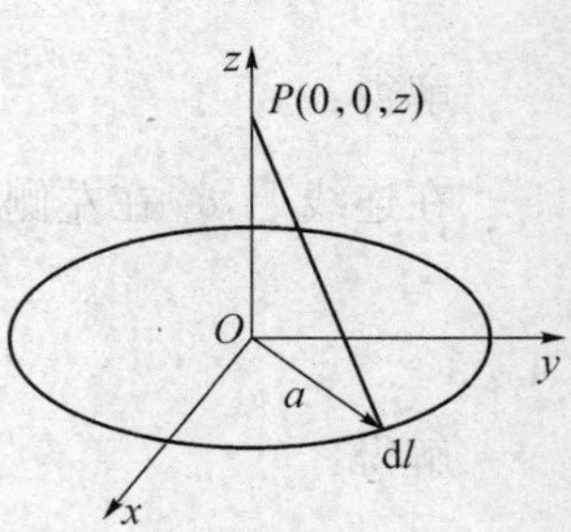

那么圆环在 P 点产生的总电位为

$$\varphi(z)=\frac{1}{4\pi\varepsilon_0}\int_0^{2\pi a}\frac{\rho_l\mathrm{d}l}{\sqrt{z^2+a^2}}=\frac{\rho_l a}{2\varepsilon_0\sqrt{z^2+a^2}}$$

由于电场强度是电位的负梯度，因此圆环线电荷在 P 点产生的电场强度为

$$\boldsymbol{E}=-\boldsymbol{e}_z\frac{\partial\phi(z)}{\partial z}=\boldsymbol{e}_z\frac{\rho_l az}{2\varepsilon_0(z^2+a^2)^{3/2}}=\boldsymbol{e}_z\frac{Qz}{4\pi\varepsilon_0(z^2+a^2)^{3/2}}$$

若同样的电量呈均匀分布在同样半径的薄圆盘上，如右图。

带电圆盘面电荷密度为 $\rho_S=\dfrac{Q}{\pi a^2}$

在圆盘上取一半径为 r，宽度为 $\mathrm{d}r$ 的圆环，该圆环具有的电荷量为 $\mathrm{d}q=\rho_S 2\pi r\mathrm{d}r$。

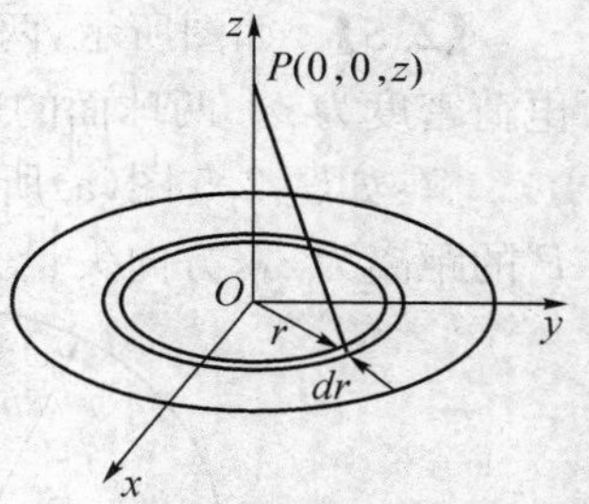

由于对称性，该圆环电荷在 z 轴上任一点 P 产生的电场强度仅有 z 分量，此圆环在 P 点产生的电场强度为

$$dE_z=\frac{zr\rho_S dr}{2\varepsilon_0(r^2+z^2)^{3/2}}$$

则整个圆盘电荷在 P 点产生的电场强度为

$$\boldsymbol{E}=\boldsymbol{e}_z\frac{\rho_S}{2\varepsilon_0}\int_0^a\frac{zr\,dr}{(r^2+z^2)^{3/2}}=\boldsymbol{e}_z\frac{\rho_S}{2\varepsilon_0}\left(\frac{z}{|z|}-\frac{z}{\sqrt{a^2+z^2}}\right)$$

$$=\boldsymbol{e}_z\frac{Q}{2\pi a^2\varepsilon_0}\left(\frac{z}{|z|}-\frac{z}{\sqrt{a^2+z^2}}\right)$$

【2.4】 在自由空间里，已知分布在半径为 $R=10$ cm 的球内的体电荷密度 $\rho=10\times10^{-10}\frac{1}{r}$ C/cm³，求该体电荷产生的电场强度和电位分布(除 $r=0$ 点)。

解：

$$\rho=10\times10^{-10}\frac{1}{r}(\mathrm{C/cm^3})=10^{-3}\frac{1}{r}(\mathrm{C/m^3}),\varepsilon_0=\frac{10^{-9}}{36\pi},$$

当 $r<R$ 时，由高斯定律得

$$\varepsilon_0E_1\cdot4\pi r^2=\int_0^r\rho4\pi r^2dr=4\pi\times10^{-3}\times\frac{r^2}{2}$$

得
$$E_1=\frac{10^{-3}}{2\varepsilon_0}(\mathrm{V/m})$$

当 $r>R$ 时，由高斯定律得

$$\varepsilon_0E_2\cdot4\pi r^2=\int_0^R\rho4\pi r^2dr=4\pi\times10^{-3}\times\frac{r^2}{2}\bigg|_0^R$$

得
$$E_2=\frac{10^{-3}R^2}{2\varepsilon_0r^2}=\frac{10^{-5}}{2\varepsilon_0r^2}(\mathrm{V/m})$$

当 $r<R$ 时，电位取无穷远处为零电位点

$$\varphi_1=\int_r^\infty E\,dr=\int_r^R E_1dr+\int_r^\infty E_2dr$$

$$=\int_r^R\frac{10^{-3}}{2\varepsilon_0}dr+\int_r^\infty\frac{10^{-5}}{2\varepsilon_0r}dr$$

$$=\frac{10^{-3}}{2\varepsilon_0}(10^{-1}-r)+\frac{10^{-4}}{2\varepsilon_0}$$

当 $r>R$ 时，

$$\varphi_2=\int_r^\infty E_2dr=\int_r^\infty\frac{10^{-5}}{2\varepsilon_0r^2}dr$$

$$=\frac{10^{-5}}{2\varepsilon_0}\left(\frac{1}{r}\right)\bigg|_r^\infty=\frac{10^{-5}}{2\varepsilon_0r}$$

【2.5】 如图所示，两个半径分别为 a 和 $b(b>a)$ 的球面之间均匀分布着体电荷，电荷密度为 ρ。两球面的球心相距为 d，且 $d>a$。试求空腔内的电场。

解：如题 2.5 图(a)所示，大球圆心为 O_1，小球圆心为 O_2，小球中任意一点 P，O_1 到 P 的距离为 r_1，方向矢量为 $\boldsymbol{e}_{r1}$，O_2 到 P 的距离为 r_2，方向矢量为 $\boldsymbol{e}_{r2}$，且 $\boldsymbol{r}_1-\boldsymbol{r}_2=\boldsymbol{d}$。

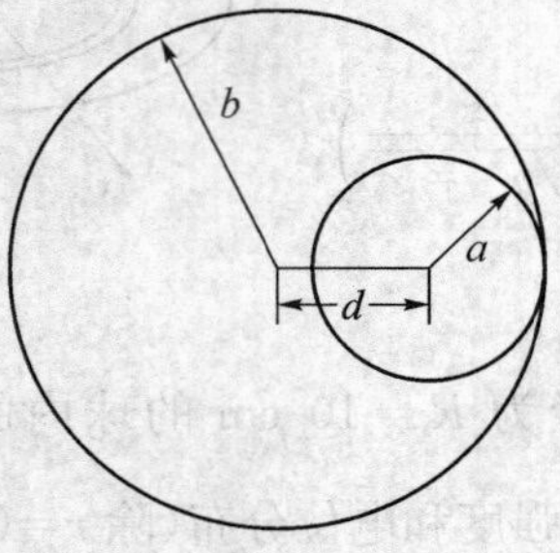

题 2.5 图

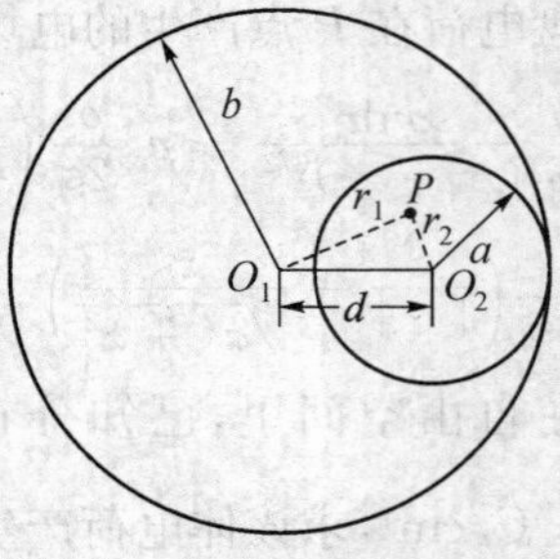

题 2.5 图(a)

小球产生的电场 E_1，由高斯定律

$$4\pi r_1^2 E_1=\frac{\rho}{\varepsilon_0}\cdot\frac{4}{3}\pi r_1^3$$

$$\boldsymbol{E}_1=\frac{\rho r_1}{3\varepsilon_0}\boldsymbol{e}_{r1}$$

大球产生的电场 E_2，由高斯定理

$$4\pi r_2^2 E_2=\frac{-\rho}{\varepsilon_0}\frac{4}{3}\pi r_2^3$$

$$\boldsymbol{E}_2=\frac{-\rho r_2}{3\varepsilon_0}\boldsymbol{e}_{r2}$$

$$\boldsymbol{E}=\boldsymbol{E}_1+\boldsymbol{E}_2=\frac{\rho}{3\varepsilon_0}(r_1\boldsymbol{e}_{r1}-r_2\boldsymbol{e}_{r2})=\frac{\rho}{3\varepsilon_0}(\boldsymbol{r}_1-\boldsymbol{r}_2)=\frac{\rho}{3\varepsilon_0}\boldsymbol{d}$$

该题可以变为中间挖去一个小球，结果相同。

【2.6】 一对半径为 r 的无限长平行导线，导线间距离为 $D(D\gg r)$，其上带有等值异号电荷，其线电荷密度为 ρ 及 $-\rho$，求它们周围的电位分布。

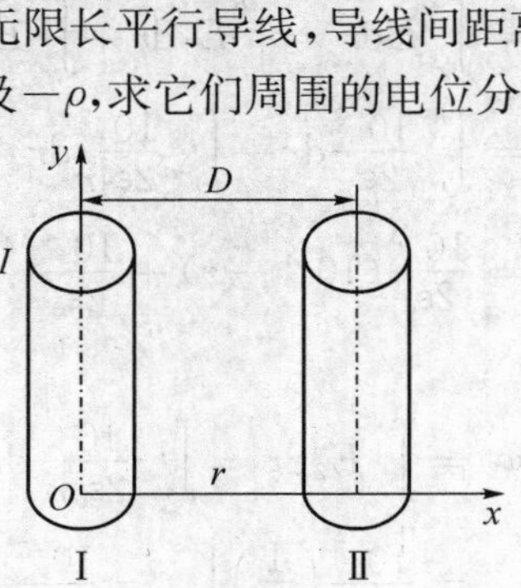

题 2.6 图

解：电场柱对称分布，垂直于导线，由高斯定律：

$$E_1 \cdot 2\pi x \cdot h = \frac{\rho \cdot h}{\varepsilon}, E_1 = \frac{\rho}{2\pi\varepsilon x}$$

$$E_2 \cdot 2\pi(D-x) \cdot h = \frac{\rho \cdot h}{\varepsilon}, E_2 = \frac{\rho}{2\pi\varepsilon(D-x)}$$

$$\therefore E = \frac{\rho}{2\pi\varepsilon}\left(\frac{1}{x} + \frac{1}{D-x}\right)$$

$$\varphi = \int_r^{D-r} \frac{\rho}{2\pi\varepsilon}\left(\frac{1}{x} + \frac{1}{D-x}\right)\mathrm{d}x = \frac{\rho}{2\pi\varepsilon}\ln\frac{x}{D-x}\bigg|_r^{D-r} = \frac{\rho}{2\pi\varepsilon}\left(\ln\frac{D-r}{r} - \ln\frac{r}{D-r}\right)$$

$$= \frac{\rho}{2\pi\varepsilon}\ln\frac{D-r}{r} \approx \frac{\rho}{\pi\varepsilon}\ln\frac{D}{r}$$

【2.7】 设平行双线的两根导线半径均为 r，两线间距离为 D，周围媒质为空气介质。求平行双线单位长度上的分布电容。

解：由上题(2.6 题)知

$$\varphi = \frac{\rho}{\pi\varepsilon}\ln\frac{D}{r}$$

$$\therefore C = \frac{\rho}{\varphi} = \frac{\pi\varepsilon}{\ln\dfrac{D}{r}}$$

【2.8】 求半径为 a、长为 L 的圆柱面的轴线上的磁感应强度 $\boldsymbol{B}$。柱面上的面电流密度为：

(1) $\boldsymbol{J}_S = J_{S0}\boldsymbol{e}_z$；(2) $\boldsymbol{J}_S = J_{S0}\boldsymbol{e}_\phi$

解：(1) 电流在圆柱面上的分布是均匀的，若圆柱形导体很长，则在导体的中部，磁场的分布是对称的，设 p 点离圆柱体轴线的垂直距离为 r，通过点 p 作半径为 r 的圆，圆面与圆柱体的轴线垂直，由于对称性，在以 r 为半径的圆周上，$\boldsymbol{B}$ 的值相等，方向都是沿圆的切线

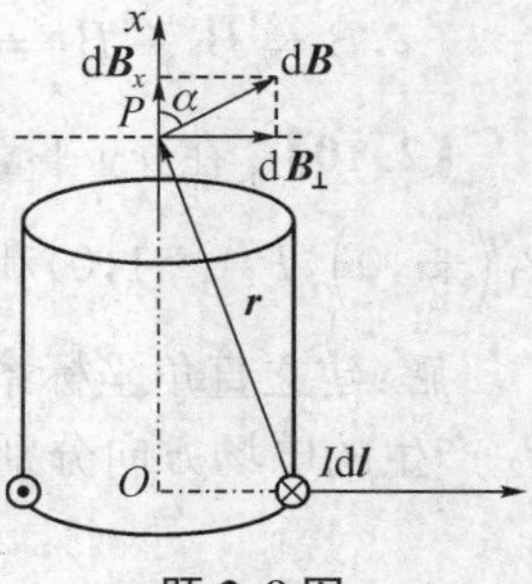

题 2.8 图

$$\therefore \boldsymbol{B} \cdot \mathrm{d}\boldsymbol{l} = B \cdot \mathrm{d}l$$

$$\boldsymbol{B}(r) = \frac{\mu_0}{4\pi}\oint_S \frac{J_S\boldsymbol{r}' \times (\boldsymbol{r}-\boldsymbol{r}')}{|\,r-r'\,|^3}\mathrm{d}S'$$

$\boldsymbol{J}_S = J_{S0}\boldsymbol{e}_z$ 与面元法向垂直

$\therefore B=0$

(2) 可以看成是若干个圆形载流导线产生的磁场(长度为 L)。选取坐标系，Ox 轴通过圆心，并垂直于圆形导线的平面，在圆上任取一电流元 $I\mathrm{d}l$，这个电流元到 p 点的矢径为 $\boldsymbol{r}$，在 p 点产生的磁感应强度为

$$\mathrm{d}\boldsymbol{B} = \frac{\mu_0}{4\pi}\frac{I\mathrm{d}\boldsymbol{l} \times \boldsymbol{r}}{r^3}$$

由于 $\mathrm{d}\boldsymbol{l}$ 与 $\boldsymbol{r}$ 垂直，所以 $\theta=90°$

$$\mathrm{d}\boldsymbol{B}=\frac{\mu_0}{4\pi}\frac{I\mathrm{d}l}{r^2}$$

$\mathrm{d}\boldsymbol{B}$ 的方向垂直于电流元 $I\mathrm{d}\boldsymbol{l}$ 与矢径 $\boldsymbol{r}$ 所组成的平面，即 $\mathrm{d}\boldsymbol{B}$ 与 Ox 轴夹角为 α

$$\mathrm{d}\boldsymbol{B}_x=\mathrm{d}\boldsymbol{B}\cos\alpha \quad \mathrm{d}\boldsymbol{B}_\perp=\mathrm{d}\boldsymbol{B}\sin\alpha$$

∵任一直径两端的电流元对 Ox 轴的对称性，所在电流元在点 p 产生的 $\mathrm{d}\boldsymbol{B}_\perp$ 总和为零

$$\therefore \boldsymbol{B}=\int_l \mathrm{d}\boldsymbol{B}_x=\int_l \mathrm{d}\boldsymbol{B}\cos\alpha=\int_l \frac{\mu_0}{4\pi}\frac{I\mathrm{d}\boldsymbol{l}}{r^2}\cos\alpha$$

$$\cos\alpha=\frac{R}{r}$$

$$B=\frac{\mu_0}{4\pi}\frac{IR}{r^3}\int_0^{2\pi r}\mathrm{d}l=\frac{\mu_0}{2}\frac{R^2 I}{r^3}=\frac{\mu_0}{2}\frac{R^2 I}{(R^2+x^2)^{\frac{3}{2}}}$$

【2.9】 两根平行长直导线，截面半径为 R，轴线距离为 D。当通有电流 I 时，试求在通过两导线轴线之平面上 $\boldsymbol{B}$ 的表示式。

解：设两导线电流方向相反，在所求平面处产生的磁场方向相同，垂直纸面向内，总的磁场是两者的叠加。在 P 点处，由安培环路定律：

$$B_1 2\pi r=\mu I \qquad B_1=\frac{\mu I}{2\pi r}$$

$$B_2 2\pi(D-r)=\mu I \qquad B_2=\frac{\mu I}{2\pi(D-r)}$$

$$\therefore B=B_1+B_2=\frac{\mu I}{2\pi}\left(\frac{1}{r}+\frac{1}{D-r}\right)$$

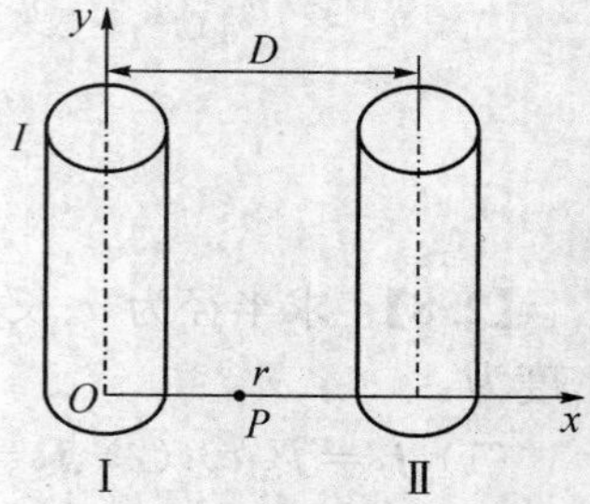

题 2.9 图

【2.10】 在 xy 平面内有点电荷 $Q_1=Q$，$Q_2=2Q$ 和 $Q_3=-3Q$，它们分别位于点 $P_1\left(\frac{1}{2},0\right)$，$P_2(-1,0)$ 和 $P_3(0,1)$ 处。求坐标圆点上的电场强度。

解：建立直角坐标系如图(题 2.10 图)，设 P_1，P_2，P_3 距圆点分别为 r_1，r_2，r_3，P_1、P_2 产生的电场方向分别为 $-\boldsymbol{e}_x$、$\boldsymbol{e}_x$，P_3 产生的电场方向为 $\boldsymbol{e}_y$

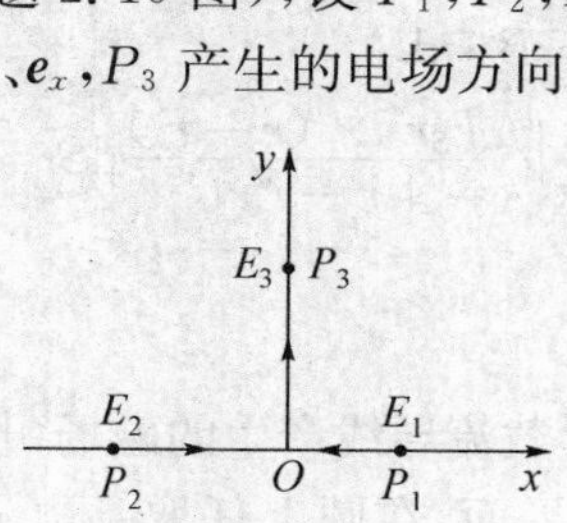

题 2.10 图

$$E=\frac{Q}{4\pi\varepsilon}\left[\left(-\frac{1}{r_1^2}+\frac{1}{r_2^2}\right)\boldsymbol{e}_x+\frac{1}{r_3^2}\boldsymbol{e}_y\right]=\frac{Q}{4\pi\varepsilon}[-2\boldsymbol{e}_x+3\boldsymbol{e}_y]$$

【2.11】　在以下均匀电介质里有两个相同的点电荷 $Q=10^{-8}$C，电荷之间相距 $R=0.1$ m，试计算两电荷的相互作用力。(1) 空气($\varepsilon_r=1$)；(2) 变压器油($\varepsilon_r=2.2$)；(3) 蒸馏水($\varepsilon_r=81$)。

解：由库仑定律知：

$$\boldsymbol{F}_{12}=\frac{1}{4\pi\varepsilon}\frac{q_1q_2}{R^2}\boldsymbol{e}_r$$

(1) 空气

$$\boldsymbol{F}_{12}=\frac{1}{4\pi\varepsilon_0}\frac{q_1q_2}{R^2}\boldsymbol{e}_r=\frac{1}{4\pi\times\frac{1}{36\pi}\times10^{-9}}\times\frac{10^{-16}}{10^{-2}}\boldsymbol{e}_r=9\times10^{-5}\boldsymbol{e}_r(\text{N})$$

(2) 变压器油

$$\boldsymbol{F}_{12}=\frac{1}{4\pi\varepsilon_0\varepsilon_r}\frac{q_1q_2}{R^2}\boldsymbol{e}_r=\frac{1}{4\pi\times\frac{1}{36\pi}\times10^{-9}\times2.2}\times\frac{10^{-16}}{10^{-2}}\boldsymbol{e}_r=4.09\times10^{-5}\boldsymbol{e}_r(\text{N})$$

(3) 蒸馏水

$$\boldsymbol{F}_{12}=\frac{1}{4\pi\varepsilon_0\varepsilon_r}\frac{q_1q_2}{R^2}\boldsymbol{e}_r=\frac{1}{4\pi\times\frac{1}{36\pi}\times10^{-9}\times81}\times\frac{10^{-16}}{10^{-2}}\boldsymbol{e}_r=1.11\times10^{-6}\boldsymbol{e}_r(\text{N})$$

【2.12】　一个半径为 8 cm 的导体球上套一层厚度为 2 cm 的介质层，假设导体球带电荷 4×10^{-6} C，介质的 $\varepsilon_r=2$，计算距离球心 250 cm 处的电位。

解：导体球电荷只分布在球外表面，由高斯定理知

$$E=\begin{cases}0 & r<8\text{ cm}\\ \dfrac{q_1}{4\pi\varepsilon r^2} & 8\text{ cm}<r<10\text{ cm}\\ \dfrac{q_1}{4\pi\varepsilon_0 r^2} & r>10\text{ cm}\end{cases}$$

其中　　$q_1=4\times10^{-6}$ C；$r=250$ cm，$\varepsilon_r=2$，

$$\therefore\varphi=\int_r^\infty E\cdot\mathrm{d}r=\int_r^\infty\frac{q_1}{4\pi\varepsilon_0 r^2}\mathrm{d}r=\frac{q_1}{4\pi\varepsilon_0 r}=\frac{4\times10^{-6}}{4\pi\times\frac{1}{36\pi}\times10^{-9}\times2.5}$$

$$=14.4\times10^3\text{ V}$$

【2.13】　假设真空中有均匀电场 $\boldsymbol{E}_0$，若在其中放置一厚度为 d，介电常数为 ε_r，法线与 $\boldsymbol{E}_0$ 的夹角为 θ_0 的大介质片，求介质片中的电场强度 $\boldsymbol{E}$。

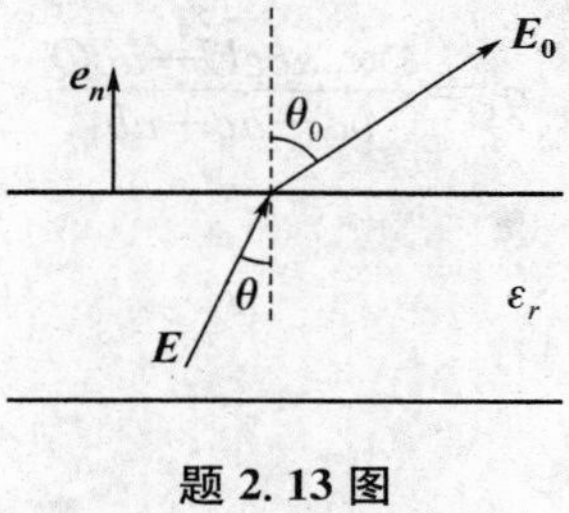

题 2.13 图

解：根据边界条件求解 $\boldsymbol{E}$。由电位移矢量法线分量连续，即 $D_{0n}=D_n$，得

$$E_n=\frac{1}{\varepsilon_r}E_0\cos\theta_0$$

由电场强度矢量的切线法线连续，即 $E_{0t}=E_t$

得

$$E_t=E_0\sin\theta_0$$

所以

$$E=\sqrt{E_n^2+E_t^2}=E_0\sqrt{\sin^2\theta_0+\frac{1}{\varepsilon_r^2}\cos^2\theta_0}$$

$$\tan\theta=\frac{E_t}{E_n}=\frac{\varepsilon_r\sin\theta_0}{\cos\theta_0}=\varepsilon_r\tan\theta_0$$

$$\theta=\arctan(\varepsilon_r\tan\theta_0)$$

【2.14】 一导体球半径为 a，其外罩为内外半径分别为 b 和 c 的同心厚导体壳，此系统带电后内球的电位为 U，外球所带总电量为 Q，求此系统各处的电位和电场分布（假设内球带电量为 q_1）。

解：假设内球带电量为 q_1，根据高斯定律求解空间电场分布。

$r<a$ $\qquad \boldsymbol{E}=0$

$a\leqslant r<b$ $\qquad \boldsymbol{E}=\dfrac{q_1}{4\pi\varepsilon_0 r^2}\boldsymbol{e}_r$

$b\leqslant r<c$ $\qquad \boldsymbol{E}=0$

$r\geqslant c$ $\qquad \boldsymbol{E}=\dfrac{Q+q_1}{4\pi\varepsilon_0 r^2}\boldsymbol{e}_r$

对应的空间电位分布可根据 $U(r)=\int_r^\infty \boldsymbol{E}\cdot \mathrm{d}\boldsymbol{r}$ 求得

$r<a$ $\qquad U(r)=U$

$a\leqslant r<b$ $\qquad U(r)=\dfrac{q_1}{4\pi\varepsilon_0 r}-\dfrac{q_1}{4\pi\varepsilon_0 b}+\dfrac{Q+q_1}{4\pi\varepsilon_0 c}$

$b\leqslant r<c$ $\qquad U(r)=\dfrac{Q+q_1}{4\pi\varepsilon_0 c}$

$r\geqslant c$ $\qquad U(r)=\dfrac{Q+q_1}{4\pi\varepsilon_0 r}$

比较 $r<a$，$a\leqslant r<b$ 时的电位表达式可得

$$U=\frac{q_1}{4\pi\varepsilon_0 a}-\frac{q_1}{4\pi\varepsilon_0 b}+\frac{Q+q_1}{4\pi\varepsilon_0 c}$$

解得

$$q_1=\frac{4\pi\varepsilon_0 abcU-abQ}{bc-ac+ab}$$

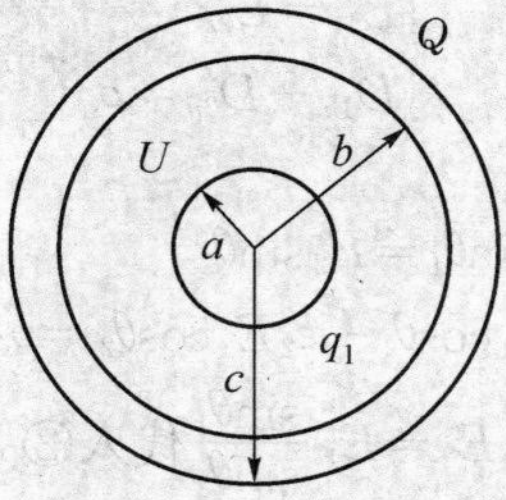

题 2.14 图

【2.15】　一同轴线的内导体半径为 a，外导体的内半径为 b，ab 之间填充两种绝缘材料，$a<r<r_0$ 时为 ε_1，$r_0<r<b$ 时为 ε_2。若要求两种介质中电场强度的最大值相等，介质分界面的半径 r_0 应当等于多少？

解：以轴线为 z 轴建立柱坐标系，并假设同轴线单位长度带电 ρ_l。根据高斯定律，可以求得两介质中距轴线 r 处的电场强度 $\boldsymbol{E}$

当 $a<r<r_0$ 时，$E_1=\dfrac{\rho_l}{2\pi r\varepsilon_1}$

当 $r_0<r<b$ 时，$E_2=\dfrac{\rho_l}{2\pi r\varepsilon_2}$

如要求两种介质中的电场强度最大值相等，则有

$$\frac{\rho_l}{2\pi a\varepsilon_1}=\frac{\rho_l}{2\pi r\varepsilon_2}$$

此时要求

$$r_0=\frac{\varepsilon_1}{\varepsilon_2}a$$

【2.16】　两种介电常数分别为 ε_1，ε_2 的电介质的分界面上，有密度为 ρ_s 的面电荷，界面两侧的电场为 $\boldsymbol{E}_1$ 和 $\boldsymbol{E}_2$。证明 $\boldsymbol{E}_1$、$\boldsymbol{E}_2$ 与界面法线 $\boldsymbol{e}_n$ 的夹角 θ_1、θ_2 之间有如下关系：

$$\tan\theta_2=\frac{\varepsilon_2\tan\theta_1}{\varepsilon_1[1-\rho_s/(\varepsilon_1E_1\cos\theta_1)]}$$

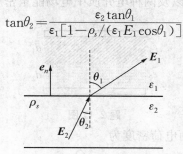

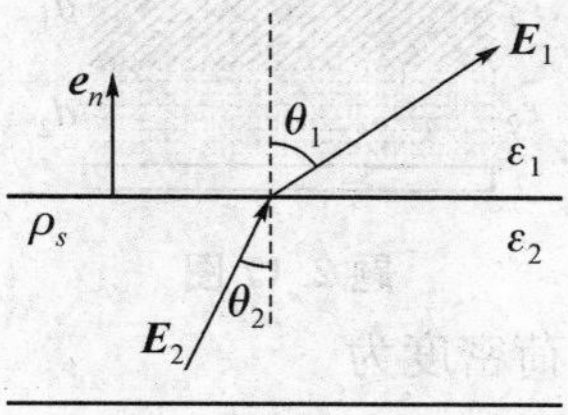

题 2.16 图

证明：由边界条件
$$\begin{cases}E_{1t}=E_{2t}\\ D_{1n}-D_{2n}=\rho_s\end{cases}$$

把 E_1、E_2 分解
$$\begin{cases}E_1\sin\theta_1=E_2\sin\theta_2 & ①\\ \varepsilon_1E_1\cos\theta_1-\varepsilon_2E_2\cos\theta_2=\rho_s & ②\end{cases}$$

由①得
$$E_2=E_1\frac{\sin\theta_1}{\sin\theta_2}\text{代入②}$$

$$\varepsilon_1E_1\cos\theta_1-\varepsilon_2E_1\frac{\sin\theta_1}{\sin\theta_2}\cos\theta_2=\rho_s$$

两边同除以 $\sin\theta_1$
$$\varepsilon_1E_1\cot\theta_1-\varepsilon_2E_1\cot\theta_2=\frac{\rho_s}{\sin\theta_1}$$

$$\therefore\varepsilon_2E_1\cot\theta_2=\varepsilon_1E_1\cot\theta_1-\frac{\rho_s}{\sin\theta_1}$$

$$\cot\theta_2=\frac{\varepsilon_1E_1\cot\theta_1-\dfrac{\rho_s}{\sin\theta_1}}{\varepsilon_2E_1}$$

$$\therefore\tan\theta_2=\frac{\varepsilon_2E_1}{\varepsilon_1E_1\cot\theta_1-\dfrac{\rho_s}{\sin\theta_1}}=\frac{\varepsilon_2}{\varepsilon_1\cot\theta_1-\dfrac{\rho_s}{E_1\sin\theta_1}}$$

$$=\frac{\varepsilon_2\tan\theta_1}{\varepsilon_1-\dfrac{\rho_s}{E_1\cos\theta_1}}=\frac{\varepsilon_2\tan\theta_1}{\varepsilon_1[1-\rho_s/(\varepsilon_1E_1\cos\theta_1)]}$$

证毕

【2.17】 一平行板电容器的极板面积为 S，电极之间距离为 d，电极之间绝缘材料是由两种电介质 ε_1 和 ε_2 组成，它们的厚度分别为 d_1 和 d_2。假设电极之间电压为 U_0，求每种电介质界面之间电压以及两种电介质中电场能量密度之比。

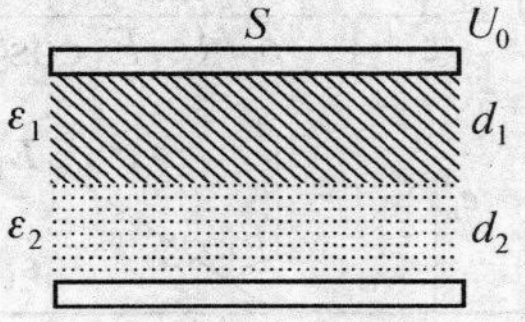

题 2.17 图

解：设平行板电容器里面电荷密度为
$$\sigma=\frac{Q}{S}$$

由高斯定律
$$E\cdot S=\frac{\sigma S}{\varepsilon}$$

$$\therefore E=\frac{\sigma}{\varepsilon}$$

$$\therefore E_1=\frac{\sigma}{\varepsilon_1}, E_2=\frac{\sigma}{\varepsilon_2}$$

$$U_0=\int \boldsymbol{E}_1 \mathrm{d}\boldsymbol{l}+\int \boldsymbol{E}_2 \mathrm{d}\boldsymbol{l}=E_1 d_1+E_2 d_2$$

$\because$ 极板上 $Q_1=Q_2=Q$

$\therefore S\varepsilon_1 E_1=S\varepsilon_2 E_2$

解得

$$U_1=\frac{\varepsilon_2 d_1}{\varepsilon_2 d_1+\varepsilon_1 d_2}U_0$$

$$U_2=\frac{\varepsilon_1 d_2}{\varepsilon_2 d_1+\varepsilon_1 d_2}U_0$$

$$W_1=\frac{1}{2}\varepsilon_1 E_1^2=\frac{1}{2}\varepsilon_1\left(\frac{\sigma}{\varepsilon_1}\right)^2$$

$$W_2=\frac{1}{2}\varepsilon_2 E_2^2=\frac{1}{2}\varepsilon_2\left(\frac{\sigma}{\varepsilon_2}\right)^2$$

所以

$$\frac{W_1}{W_2}=\frac{\varepsilon_2}{\varepsilon_1}$$

【2.18】 验证无限长细线电流 I 所产生的磁场满足 $\oint_S \boldsymbol{B}\cdot \mathrm{d}\boldsymbol{S}=0$，其中 S 为：

(1) 半径为 a 的球面，球心距电流为 $D(D>a)$；

(2) 垂直于电流方向、边长为 a 的正方体，中心与电流重合。

证明：

根据比奥-萨伐定律，单个电流元 $I\mathrm{d}l$ 产生的磁感线是以 $\mathrm{d}l$ 方向为轴线的圆，如图，圆周上微元磁场的数值处处相等：$\mathrm{d}B=\frac{\mu_0}{4\pi}\frac{I\mathrm{d}l\sin\theta}{r^2}$

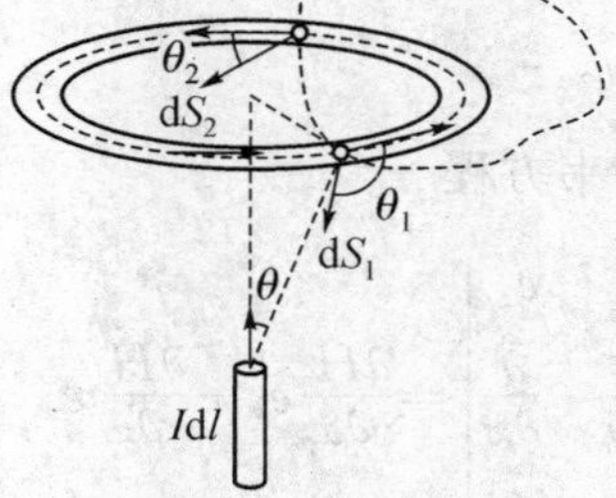

题 2.18 图

在磁感线穿入处取一面元 $\mathrm{d}S_1$，穿出处取另一面元 $\mathrm{d}S_2$，$I\mathrm{d}l$ 产生的磁场通过两面元的磁通量分别为：

$$\mathrm{d}\phi_{B1}=\frac{\mu_0}{4\pi}\frac{I\mathrm{d}l\sin\theta}{r^2}\mathrm{d}S_1\cos\theta_1=\frac{\mu_0}{4\pi}\frac{I\mathrm{d}l\sin\theta}{r^2}\mathrm{d}S_1^*$$

$$\mathrm{d}\phi_{B2}=\frac{\mu_0}{4\pi}\frac{I\mathrm{d}l\sin\theta}{r^2}\mathrm{d}S_2\cos\theta_2=\frac{\mu_0}{4\pi}\frac{I\mathrm{d}l\sin\theta}{r^2}\mathrm{d}S_2^*$$

$$\mathrm{d}S_1^*=\mathrm{d}S_1\cos\theta_1;\mathrm{d}S_2^*=\mathrm{d}S_2\cos\theta_2$$

由于磁感应管呈严格的圆环状，其正截面处处相等，故 $dS_1^* = dS_2^*$，

所以 $d\phi_{B1} = -d\phi_{B2}$，即 $d\phi_{B1} + d\phi_{B2} = 0$。所以高斯定理对单个电流元成立。

根据磁场叠加原理，任意载流回路产生的总磁场 B 是各电流元产生的元磁场 dB 的矢量和，从而通过某一面元 dS 的总磁通量是各电流元产生元磁通的代数和。至此，磁场的“高斯定理”得到了完全证明。

【2.19】 已知无源的自由空间内 $\boldsymbol{E} = E_0\cos(\omega t - \beta z)\boldsymbol{e}_x$，其中 E_0，β 和 ω 为常数，试求 $\boldsymbol{H}$ 和位移电流 $\boldsymbol{J}_d$。

解：$\because \nabla\times\boldsymbol{E} = -\dfrac{\partial \boldsymbol{B}}{\partial t} \quad \boldsymbol{B} = \mu_0\boldsymbol{H}$

$$\therefore -\mu_0\frac{\partial \boldsymbol{H}}{\partial t} = \nabla\times\boldsymbol{E} = \begin{vmatrix} \boldsymbol{e}_x & \boldsymbol{e}_y & \boldsymbol{e}_z \\ \dfrac{\partial}{\partial x} & \dfrac{\partial}{\partial y} & \dfrac{\partial}{\partial z} \\ E_x & 0 & 0 \end{vmatrix}$$

$$= \frac{\partial E_x}{\partial z}\boldsymbol{e}_y - \frac{\partial E_x}{\partial y}\boldsymbol{e}_z$$

$$= -\beta E_0\sin(\omega t - \beta z)\boldsymbol{e}_y$$

$$\therefore \frac{\partial \boldsymbol{H}}{\partial t} = \frac{\beta E_0}{\mu_0}\sin(\omega t - \beta z)\boldsymbol{e}_y$$

$$\boldsymbol{H} = \int\frac{\partial \boldsymbol{H}}{\partial t}dt = \frac{\beta E_0}{\omega\mu_0}\cos(\omega t - \beta z)\boldsymbol{e}_y$$

$$\boldsymbol{J}_d = \frac{\partial \boldsymbol{D}}{\partial t} = \varepsilon\frac{\partial \boldsymbol{E}}{\partial t} = -\omega\varepsilon_0 E_0\sin(\omega t - \beta z)\boldsymbol{e}_x$$

【2.20】 已知无源的自由空间内 $\boldsymbol{H} = H_0\cos\left(\dfrac{\pi x}{a}\right)\sin(\omega t - \beta z)\boldsymbol{e}_y$，其中 H_0，a，β 和 ω 为常数，试求 $\boldsymbol{E}$ 和位移电流 $\boldsymbol{J}_d$。

解：$\because \nabla\times\boldsymbol{H} = \dfrac{\partial \boldsymbol{D}}{\partial t}$ 由麦克斯韦方程

$$\therefore \varepsilon\frac{\partial \boldsymbol{E}}{\partial t} = \nabla\times\boldsymbol{H} = \begin{vmatrix} \boldsymbol{e}_x & \boldsymbol{e}_y & \boldsymbol{e}_z \\ \dfrac{\partial}{\partial x} & \dfrac{\partial}{\partial y} & \dfrac{\partial}{\partial z} \\ 0 & H_y & 0 \end{vmatrix} = \frac{\partial H_y}{\partial x}\boldsymbol{e}_z - \frac{\partial H_y}{\partial z}\boldsymbol{e}_x$$

$$= -H_0\frac{\pi}{a}\sin\left(\frac{\pi}{a}x\right)\sin(\omega t - \beta z)\boldsymbol{e}_z + \beta H_0\cos\left(\frac{\pi}{a}x\right)\cos(\omega t - \beta z)\boldsymbol{e}_x$$

$$\therefore \frac{\partial \boldsymbol{E}}{\partial t} = \frac{1}{\varepsilon}\left[-\frac{\pi H_0}{a}\sin\left(\frac{\pi}{a}x\right)\sin(\omega t - \beta z)\boldsymbol{e}_z + \beta H_0\cos\left(\frac{\pi}{a}x\right)\cos(\omega t - \beta z)\boldsymbol{e}_x\right]$$

$$\therefore \boldsymbol{E} = \int\frac{\partial \boldsymbol{E}}{\partial t}dt = \frac{1}{\omega\varepsilon}\left[\frac{\pi H_0}{a}\sin\left(\frac{\pi}{a}x\right)\cos(\omega t - \beta z)\boldsymbol{e}_z + \beta H_0\cos\left(\frac{\pi}{a}x\right)\sin(\omega t - \beta z)\boldsymbol{e}_x\right]$$

$$\boldsymbol{J}_d = \frac{\partial \boldsymbol{D}}{\partial t} = \frac{\pi H_0}{a}\sin\left(\frac{\pi}{a}x\right)\sin(\omega t - \beta z)\boldsymbol{e}_z + \beta H_0\cos\left(\frac{\pi}{a}x\right)\cos(\omega t - \beta z)\boldsymbol{e}_x$$

【2.21】 已知介电常数为 ε，磁导率为 μ 的空间内

$$\boldsymbol{E}=E_0\cos(\omega t-k_x x-k_z z)\boldsymbol{e}_y$$

试求：电荷密度 ρ 和电流密度 $\boldsymbol{J}$，$\boldsymbol{J}=0$ 的条件是什么？

解：(1) 在简单媒质中，

$$\nabla\cdot\boldsymbol{E}=\frac{\rho}{\varepsilon}$$

$$\frac{\partial E_x}{\partial x}+\frac{\partial E_y}{\partial y}+\frac{\partial E_z}{\partial z}=\frac{\rho}{\varepsilon}$$

$$\therefore\frac{\rho}{\varepsilon}=0$$

所以 $$\rho=0$$

(2) 由麦克斯韦方程

$$\nabla\times\boldsymbol{E}=-\frac{\partial\boldsymbol{B}}{\partial t}$$

$$\frac{\partial\boldsymbol{B}}{\partial t}=-\nabla\times\boldsymbol{E}=\frac{\partial E_y}{\partial z}\boldsymbol{e}_x-\frac{\partial E_y}{\partial x}\boldsymbol{e}_z$$

$$=E_0k_z\sin(\omega t-k_x x-k_z z)\boldsymbol{e}_x-E_0k_x\sin(\omega t-k_x x-k_z z)\boldsymbol{e}_z$$

$$\boldsymbol{B}=\int\frac{\partial\boldsymbol{B}}{\partial t}\mathrm{d}t=-\frac{E_0k_z}{\omega}\cos(\omega t-k_x x-k_z z)\boldsymbol{e}_x+\frac{E_0k_x}{\omega}\cos(\omega t-k_x x-k_z z)\boldsymbol{e}_z$$

$$\boldsymbol{H}=\frac{\boldsymbol{B}}{\mu}=-\frac{E_0k_z}{\omega\mu}\cos(\omega t-k_x x-k_z z)\boldsymbol{e}_x+\frac{E_0k_x}{\omega\mu}\cos(\omega t-k_x x-k_z z)\boldsymbol{e}_z$$

$$\nabla\times\boldsymbol{H}=\left(\frac{\partial\boldsymbol{H}_x}{\partial z}-\frac{\partial\boldsymbol{H}_z}{\partial x}\right)\boldsymbol{e}_y$$

$$=-\frac{E_0k_z^2}{\omega\mu}\sin(\omega t-k_x x-k_z z)\boldsymbol{e}_y-\frac{E_0k_x^2}{\omega\mu}\sin(\omega t-k_x x-k_z z)\boldsymbol{e}_y$$

$$\boldsymbol{D}=\varepsilon\boldsymbol{E}=\varepsilon E_0\cos(\omega t-k_x x-k_z z)\boldsymbol{e}_y$$

$$\frac{\partial\boldsymbol{D}}{\partial t}=-\varepsilon\omega E_0\sin(\omega t-k_x x-k_z z)\boldsymbol{e}_y$$

由麦克斯韦方程知 $$\nabla\times\boldsymbol{H}=\boldsymbol{J}+\frac{\partial\boldsymbol{D}}{\partial t}$$

$$\boldsymbol{J}=\nabla\times\boldsymbol{H}-\frac{\partial\boldsymbol{D}}{\partial t}$$

$$=-\frac{E_0k_z^2}{\omega\mu}\sin(\omega t-k_x x-k_z z)\boldsymbol{e}_y-\frac{E_0k_x^2}{\omega\mu}\sin(\omega t-k_x x-k_z z)\boldsymbol{e}_y$$

$$+\varepsilon\omega E_0\sin(\omega t-k_x x-k_z z)\boldsymbol{e}_y$$

$$=\left(\varepsilon\omega-\frac{k_z^2}{\omega\mu}-\frac{k_x^2}{\omega\mu}\right)E_0\sin(\omega t-k_x x-k_z z)\boldsymbol{e}_y$$

【2.22】 有一半径为 R 的两块圆形平行平板电容器，电场强度增加率为$\dfrac{\mathrm{d}E}{\mathrm{d}t}$,求：(1) 两极板间的位移电流；(2) 两极板间磁场分布。

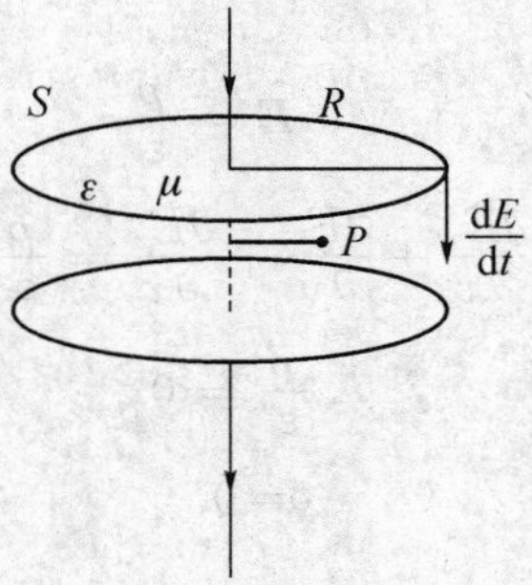

题 2.22 图

解：(1) 位移电流密度 $\qquad \boldsymbol{J}_d=\dfrac{\partial \boldsymbol{D}}{\partial t}=\varepsilon\dfrac{\partial \boldsymbol{E}}{\partial t}$

位移电流 $\qquad I_d=J_d\cdot S=\varepsilon\dfrac{\partial E}{\partial t}\cdot\pi R^2=\varepsilon\pi R^2\dfrac{\partial E}{\partial t}$

(2) 由麦克斯韦方程

$$\oint \boldsymbol{H}\mathrm{d}\boldsymbol{l}=\int_S \boldsymbol{J}\cdot\mathrm{d}\boldsymbol{S}$$

当 $r<R$ 时：$H\cdot 2\pi r=J\cdot\pi r^2\Rightarrow H=\dfrac{r\varepsilon}{2}\dfrac{\mathrm{d}E}{\mathrm{d}t}$,则 $B=\dfrac{r\varepsilon\mu}{2}\dfrac{\mathrm{d}E}{\mathrm{d}t}$

当 $r>R$ 时：$H\cdot 2\pi R=J\cdot\pi r^2\Rightarrow H=\dfrac{R^2\varepsilon}{2r}\dfrac{\mathrm{d}E}{\mathrm{d}t}$,则 $B=\dfrac{R^2\varepsilon\mu}{2r}\dfrac{\mathrm{d}E}{\mathrm{d}t}$

【2.23】 有一半径为 $R=0.3$ cm 的圆形平行平板空气电容器，现对该电容器充电，使阳极板上的电荷随时间的变化率，即充电回路上的传导电流 $I_c=\mathrm{d}Q/\mathrm{d}t=2.5$ A。若略去电容器的边缘效应，求(1) 两极板间的位移电流；(2) 两极板间离开轴线的距离为 $r=2.0$ cm 的点 P 处的磁感应强度。

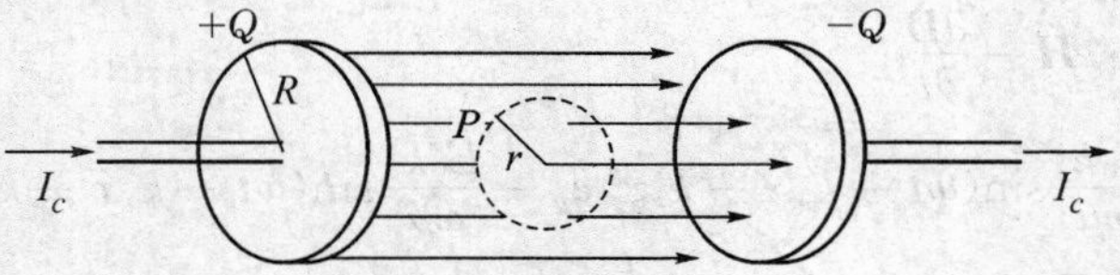

题 2.23 图

解：(1) 位移电流 $\quad I_d=\dfrac{r^2}{R^2}\cdot\dfrac{\mathrm{d}Q}{\mathrm{d}t}=\left(\dfrac{0.2}{0.3}\right)^2\times 2.5=1.1$ A

(2) 由麦克斯韦方程

$$\int_l \boldsymbol{H}\cdot \mathrm{d}\boldsymbol{l} = I_d$$

$$H\cdot 2\pi r = \frac{r^2}{R^2}\frac{\mathrm{d}Q}{\mathrm{d}t} \Rightarrow H = \frac{r}{2\pi R^2}\frac{\mathrm{d}Q}{\mathrm{d}t}$$

$$B = \mu H = \frac{\mu r}{2\pi R^2}\frac{\mathrm{d}Q}{\mathrm{d}t} = \frac{4\pi\times 10^{-7}\times 2}{2\pi\times 0.3^2}\times 2.5 = 1.11\times 10^{-5}\,\mathrm{T}$$

【2.24】 在内半径为 a，外半径为 b 的介质($\varepsilon=4\varepsilon_0$)球壳空腔内，均匀分布着体密度为 ρ 的电荷，球壳内外均为空气，求以下 3 个区域内的电场分布：(1) $r<a$；(2) $a<r<b$；(3) $r>b$，并求以上 3 个区域内的 $\nabla\times\boldsymbol{E}$ 和 $\nabla\cdot\boldsymbol{D}$。

解：(1) 当 $r<a$，球壳内无电荷分布

$\rho_1 = 0$

$\therefore \oint_S \boldsymbol{D}\cdot \mathrm{d}\boldsymbol{S} = 0, \boldsymbol{E}_1 = 0$

$\nabla\times\boldsymbol{E}_1 = 0, \nabla\cdot\boldsymbol{D}_1 = 0$

(2) 当 $a<r<b$，作一高斯球面半径为 r

$$\oint_S \boldsymbol{D}\cdot \mathrm{d}\boldsymbol{S} = \int \rho_2 \mathrm{d}V$$

$$\boldsymbol{D}_2\cdot 4\pi r^2 = \rho\cdot\frac{4}{3}\pi(r^3-a^3)$$

$$\therefore D_2 = \frac{\rho(r^3-a^3)}{3r^3}, E_2 = \frac{\rho(r^3-a^3)}{3\varepsilon r^2} = \frac{\rho(r^3-a^3)}{12\varepsilon_0 r^2}$$

因为是静电场，　$\nabla\times E_2 = 0$，

$\nabla\cdot D_2 = \rho$

$$\left(\text{由球坐标系}, \nabla\cdot D = \frac{1}{r^2}\frac{\partial}{\partial r}(r^2 D_2) = \frac{1}{r^2}\frac{\partial}{\partial r}\left(r^2\,\frac{\rho}{3r^2}(r^3-a^3)\right)\right)$$

$$= \frac{\rho}{3r^2}\frac{\partial}{\partial r}(r^3-a^3) = \frac{\rho}{3r^2}3r^2 = \rho$$

(3) 当 $r>b$

$$\int D_3\cdot \mathrm{d}s = \int \rho_3 \mathrm{d}v$$

$$D_3\cdot 4\pi r^2 = \rho\cdot\frac{4}{3}\pi(b^3-a^3)$$

$$D_3 = \frac{\rho(b^3-a^3)}{3r^3}, E_3 = \frac{\rho(b^3-a^3)}{3\varepsilon_0 r^2}$$

因为是静电场，　$\nabla\times\boldsymbol{E}_3 = 0$

由球坐标系得

$$\nabla\cdot\boldsymbol{D}_3 = \frac{1}{r^2}\frac{\partial}{\partial r}(r^2 D_3) = \frac{1}{r^2}\frac{\partial}{\partial r}\left(r^2\,\frac{\rho(b^3-a^3)}{3r^2}\right) = 0$$

【拓展训练】

2—1　一根长度为 L，线电荷密度分别为 ρ_{l1}、ρ_{l2}、ρ_{l3} 的线电荷构成一个等边三角形，设 $\rho_{l1}=2\rho_{l2}=2\rho_{l3}$，试求三角形中心的电场强度。

2—2　媒质 1 的电参数为 $\varepsilon_1=5\varepsilon_0$、$\mu_1=3\mu_0$、$\sigma_1=0$，媒质 2 可视为理想导体（$\sigma_2=\infty$）。设 $y=0$ 为理想导体表面，$y>0$ 的区域（媒质 1）内的电场强度

$$\boldsymbol{E}=\boldsymbol{e}_y 20\cos(2\times10^8 t-2.58z)\,\mathrm{V/m}$$

试计算 $t=6$ ns 时：(1) 点 $P(2,0,0.3)$ 处的面电荷密度 ρ_s；(2) 点 P 处的 $\boldsymbol{H}$；(3) 点 P 处的面电流密度 $\boldsymbol{J}_s$。

2—3　两电介质的分界面为 $z=0$ 的平面，已知 $\varepsilon_{r1}=2$ 和 $\varepsilon_{r2}=3$，如果已知区域 1 中的 $E_1=2y\boldsymbol{e}_x-3x\boldsymbol{e}_y+(5+z)\boldsymbol{e}_z$，我们能求出区域 2 中哪些地方的 $\boldsymbol{E}_2$ 和 $\boldsymbol{D}_2$？能求出区域 2 中任意点的 $\boldsymbol{E}_2$ 和 $\boldsymbol{D}_2$ 吗？

2—4　自由空间有三个无限大的均匀带电平面：位于点 $A(0,0,-4)$ 处的平面上 $\rho_{s1}=3n\ \mathrm{C/m^2}$，位于点 $B(0,0,1)$ 处的平面上 $\rho_{s2}=6n\ \mathrm{C/m^2}$，位于点 $C(0,0,4)$ 处的平面上 $\rho_{s3}=-8n\ \mathrm{C/m^2}$。试求以下各点的电场强度 $\boldsymbol{E}$：(1) $P_1(2,5,-5)$；(2) $P_2(-2,4,5)$；(3) $P_3(-1,-5,2)$。

2—5　下面的矢量函数中哪些可能是磁场？如果是，求出其源量 $\boldsymbol{J}$。

(1) $\boldsymbol{H}=\boldsymbol{e}_\rho a\rho$，$\boldsymbol{B}=\mu_0\boldsymbol{H}$（圆柱坐标系）；

(2) $\boldsymbol{H}=\boldsymbol{e}_x(-ay)+\boldsymbol{e}_y(ax)$，$\boldsymbol{B}=\mu_0 H$；

(3) $\boldsymbol{H}=\boldsymbol{e}_x ax-\boldsymbol{e}_y ay$，$\boldsymbol{B}=\mu_0\boldsymbol{H}$。

3 静电场和恒定电场

3.1 基本内容概述

1. 静电场方程

积分形式：

$$\oint_S \boldsymbol{D} \cdot \mathrm{d}\boldsymbol{S} = \oint_V \rho_V \mathrm{d}V \qquad \text{静电场高斯定律}$$

$$\oint_l \boldsymbol{E} \cdot \mathrm{d}\boldsymbol{l} = 0 \qquad \text{静电场是保守场}$$

微分形式：

$$\nabla \cdot \boldsymbol{D} = \rho_V$$

$$\nabla \times \boldsymbol{E} = 0 \qquad \text{静电场是有散无旋场}$$

介质结构方程：

$$\boldsymbol{D} = \varepsilon \boldsymbol{E}$$

2. 电位

静电场是无旋场，因此可以用标量场（电位）的梯度表示

$$\boldsymbol{E} = -\nabla \varphi$$

电场强度是从力的角度描述电场，而电位是从能量（做功的能力）的角度描述电场。电场中一点 a 的电位等于电场强度从该点到电位参考点 P（电位零点）的线积分

$$\varphi(a) = \int_a^P \boldsymbol{E} \cdot \mathrm{d}\boldsymbol{l}$$

在均匀介质中，电位方程为

$$\nabla^2 \varphi = -\frac{\rho}{\varepsilon}$$

3. 导体

电导率是表征材料导电特性的一个物理量。

导电体放在静电场中，导体中的电荷在电场的作用下运动，达到静电平衡后，导体内的电场强度为零，电荷密度为零，电荷仅分布在导体表面上。

由于导体中的静电场强度为零，因此封闭的导电体壳具有静电屏蔽作用。

孤立导体的电容：

$$C = \frac{q}{\varphi}$$

孤立导体的电容与导体的几何形状、尺寸以及周围介质的特性有关，而与导体的带电量无关。两导体之间的电容

$$C = \frac{q}{|\varphi_1 - \varphi_2|}$$

电容不仅仅表示两个导体在一定的电压下存储电荷或电能的大小，而且反映了两个导体中的一个导体对另一个导体电场的影响，或者说反映了两个导体电耦合的程度。

多个导体的电容：

C_{ii} 称为第 i 个导体的固有部分电容。

$$C_{ii} = \frac{q_i}{\varphi_i}\bigg|_{\varphi_k=\varphi_i(k=1,2,\cdots,n)}$$

它表示当使 n 个导体电位相同时，第 i 个导体与地之间的电容；C_{ki} 表示第 k 个导体与第 i 个导体之间的互有部分电容

$$C_{ki} = \frac{q_k}{\varphi_k - \varphi_i}\bigg|_{\varphi_k=0(k=1,2,\cdots,n)}$$

部分电容仅与导体系统的几何结构及介质有关，与导体的带电状态无关。

4. 边界条件

$$D_{1n} - D_{2n} = \rho_s$$
$$E_{1t} = E_{2t}$$

不同介质边界的边界条件（$\rho_s = 0$）

$$D_{1n} = D_{2n}$$
$$E_{1t} = E_{2t}$$

导体表面的边界条件

$$D_n = \rho_s$$
$$E_t = 0$$

5. 恒定电场

恒定电流场方程积分形式 $\oint_S \boldsymbol{J} \cdot \mathrm{d}\boldsymbol{S} = 0$

电流连续性定理 $\oint_l \boldsymbol{E} \cdot \mathrm{d}\boldsymbol{l} = 0$

微分形式

$$\nabla \cdot \boldsymbol{J} = 0$$
$$\nabla \times \boldsymbol{E} = 0$$

恒定电流场是无旋场。

恒定电流场的边界条件

$$J_{1n}=J_{2n}$$
$$E_{1t}=E_{2t}$$

6. 静电场的求解方法

(1) 在真空中或无限大均匀介质中,已知点电荷分布时,可直接计算:

$$E_r=\frac{q}{4\pi\varepsilon_0 R^2}$$

(2) 通过电位计算电场　　　$\boldsymbol{E}=-\nabla\varphi$

(3) 当电荷和介质分布具有球对称或轴对称等特殊对称性时,可采用高斯定律计算电场。

$$\oint_S \boldsymbol{D}\cdot \mathrm{d}\boldsymbol{S}=\oint_V \rho_V \mathrm{d}V$$

(4) 镜像法

(5) 分离变量法

3.2　典型例题解析

【例 3.1】　$z=0$ 平面将无限大空间分为两个区域:$z<0$ 区域为空气,$z>0$ 区域为相对磁导率 $\mu_r=1$,相对介电常数 $\varepsilon_r=4$ 的理想介质,若知空气中的电场强度为 $\boldsymbol{E}_1=\boldsymbol{e}_x+4\boldsymbol{e}_z$ V/m,试求:

(1) 理想介质中的电场强度 $\boldsymbol{E}_2$;

(2) 理想介质中电位移矢量 $\boldsymbol{D}_2$ 与界面间的夹角 α;

(3) $z=0$ 平面上的极化面电荷 ρ_{sp}(2009 年西安电子科技大学真题)。

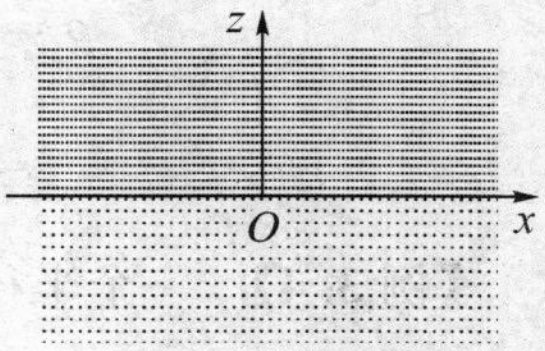

例 3.1 图

解:(1) ∵分界面上场强 $\boldsymbol{E}$ 的切向连续,

∴$\boldsymbol{E}_{2x}=\boldsymbol{E}_{1x}=\boldsymbol{e}_x$　(V/m)

∵分界面是理想介质　∴不存在自由面电荷,即

$\boldsymbol{D}_{2n}-\boldsymbol{D}_{1n}=\rho_s=0$

$\varepsilon_r\varepsilon_0 E_{2z}=\varepsilon_0 E_{1z}$

∴$\boldsymbol{E}_2=\boldsymbol{E}_{2x}+\boldsymbol{E}_{2z}=\boldsymbol{e}_x+\boldsymbol{e}_z$(V/m)

(2) $\boldsymbol{D}_2=\varepsilon_r\varepsilon_0\boldsymbol{E}_{2z}=4\varepsilon_0(\boldsymbol{e}_x+\boldsymbol{e}_z)$(C/m^2)

$\alpha=\arctan 1=45^\circ$

(3) $\rho_{sp}=\boldsymbol{P}\cdot\boldsymbol{n}$

$\boldsymbol{D}=\varepsilon_0\boldsymbol{E}+\boldsymbol{P}$

介质中 $\boldsymbol{P}=(\varepsilon_r-1)\varepsilon_0\boldsymbol{E}_2=3\varepsilon_0\boldsymbol{E}_2$

分界面上 $\boldsymbol{n}=-\boldsymbol{e}_z$

所以 $\rho_{sp}=3\varepsilon_0\boldsymbol{E}_2\cdot(-\boldsymbol{e}_z)=-3\varepsilon_0\quad \mathrm{C/m^2}$

本题涉及理想介质性质，静电场边界条件，极化电荷 $\rho_P=-\nabla\boldsymbol{P}$，$\rho_{sp}=\boldsymbol{P}\cdot\boldsymbol{n}$，这里要注意区别自由面电荷和极化面电荷的概念；注意公式中的 $\boldsymbol{n}$ 为介质面的外法线方向。

本题涉及理想介质性质，静电场边界条件，极化电荷。

【例 3.2】 一个半径为 a 的球体充满密度为 $\rho=a^2-r^2$ 的体分布电荷，用高斯定律求任意点的电场强度。

解：由高斯定律：
$$\oint\boldsymbol{E}\cdot\mathrm{d}\boldsymbol{S}=Q$$

考虑到球的对称性，当 $0\leqslant r\leqslant a$ 时，高斯定律表示为
$$4\pi r^2\cdot\varepsilon_0 E_r=\int_0^r(a^2-r^2)4\pi r^2\mathrm{d}r$$

解得
$$E_r=\frac{1}{\varepsilon_0}\left(\frac{a^2r}{3}-\frac{r^3}{5}\right)$$

当 $r>a$ 时，$4\pi r^2\cdot\varepsilon_0 E_r=\int_0^a(a^2-r^2)4\pi r^2\mathrm{d}r$

解得
$$E_r=\frac{2a^2}{15\varepsilon_0 r^2}$$

【例 3.3】 假设真空中电位按照下面规律分布 $\varphi=\dfrac{\mathrm{e}^{-ar}}{r}$，求对应的电荷分布。

解：由静电场泊松方程
$$\nabla^2\varphi=-\frac{\rho}{\varepsilon_0}$$

得
$$\rho=-\varepsilon_0\nabla^2\varphi=-\varepsilon_0\frac{1}{r^2\sin\theta}\frac{\partial}{\partial r}\left[r^2\sin\theta\frac{\partial}{\partial r}\left(\frac{\mathrm{e}^{-ar}}{r}\right)\right]$$
$$=\frac{\varepsilon_0}{r^2}\frac{\partial}{\partial r}\left[(ar+1)\mathrm{e}^{-ar}\right]=-\varepsilon_0 a^2\frac{\mathrm{e}^{-ar}}{r}$$

【例 3.4】 一个半径为 a 的电介质球含有均匀分布的自由电荷 ρ，证明其中心点的电位是 $\dfrac{2\varepsilon_r+1}{2\varepsilon_r}\cdot\dfrac{\rho a^2}{3\varepsilon_0}$。

证明：根据高斯定律求出空间的电场分布

当 $0\leqslant r\leqslant a$ 时 $\quad\varepsilon_0\varepsilon_r E_1\cdot4\pi r^2=\dfrac{4\pi r^3}{3}\rho$

$$E_1=\frac{r\rho}{3\varepsilon_0\varepsilon_r}$$

当 $r>a$ 时 $\quad\varepsilon_0 E_2\cdot4\pi r^2=\dfrac{4\pi a^3\rho}{3}$

$$E_2=\frac{\rho a^3}{3\varepsilon_0 r^2}$$

球心处的电位可以积分求得
$$\varphi\big|_{r=0}=\int_0^\infty\boldsymbol{E}\cdot\mathrm{d}\boldsymbol{r}=\int_0^a E_1\mathrm{d}r+\int_a^\infty E_2\mathrm{d}r$$

$$=\int_0^a \frac{r\rho}{3\varepsilon_0\varepsilon_r}\mathrm{d}r+\int_a^{\infty}\frac{\rho a^3}{3\varepsilon_0 r^2}\mathrm{d}r$$

$$=\frac{\rho}{3\varepsilon_0\varepsilon_r}\frac{a^2}{2}+\frac{\rho a^2}{3\varepsilon_0}$$

$$=\frac{2\varepsilon_r+1}{2\varepsilon_r}\cdot\frac{\rho a^2}{3\varepsilon_0}$$

【例 3.5】　（西安电子科技大学 2004 年考研真题）在真空中，有一半径为 a 的导体球，带电荷为 Q，求这一孤立导体的电容 C。

解：由高斯定理：

$$\boldsymbol{E}=\frac{Q}{4\pi\varepsilon_0 r^2}\boldsymbol{e}_r$$

∴电势　　$U=\int_a^{+\infty}E\mathrm{d}r=\frac{Q}{4\pi\varepsilon_0 a}$，

∴电容　　$C=\frac{Q}{U}=4\pi\varepsilon_0 a$

【例 3.6】　如图（例 3.6 图）为球心在两种介质的界面上，半径为 a 的导体球的带电量为 Q，两种介质的介电常数分别为 ε_1 和 ε_2，试求：

（1）导体球外的电场强度 $\boldsymbol{E}$；

（2）球面上的自由面电荷密度 ρ_S；

（3）导体球的孤立电容 C_0。（西安电子科技大学 2008 年考研真题，15 分）

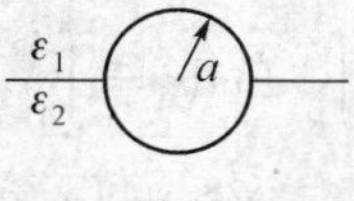

例 3.6 图

解：（1）由分界面边界条件 $\boldsymbol{n}\times(\boldsymbol{E}_2-\boldsymbol{E}_1)=0$ 知 $E_{2t}=E_{1t}$，分界面两侧电场强度大小相等。

∴区域 1 和区域 2 中有：$|E_{2t}|=|E_{1t}|=|E|$

由高斯定理得：　　$2\pi r^2 D_1+2\pi r^2 D_2=Q$

∴$2\pi r^2(\varepsilon_1+\varepsilon_2)\,|\,E\,|=Q$　∴$\boldsymbol{E}=\frac{Q}{2\pi r^2(\varepsilon_1+\varepsilon_2)}\boldsymbol{e}_r$

（2）∵$\boldsymbol{n}\cdot(\boldsymbol{D}_{out}-\boldsymbol{D}_{in})=\rho_S$，导体球内 $\boldsymbol{D}_{in}=0$

∴上球面　　$\rho_{S上}=\boldsymbol{n}\cdot\boldsymbol{D}_1=\boldsymbol{e}_r\frac{\varepsilon_1 Q}{2\pi a^2(\varepsilon_1+\varepsilon_2)}\cdot\boldsymbol{e}_r=\frac{\varepsilon_1 Q}{2\pi a^2(\varepsilon_1+\varepsilon_2)}$

下球面　　$\rho_{S下}=\boldsymbol{n}\cdot\boldsymbol{D}_2=\boldsymbol{e}_r\frac{\varepsilon_2 Q}{2\pi a^2(\varepsilon_1+\varepsilon_2)}\cdot\boldsymbol{e}_r=\frac{\varepsilon_2 Q}{2\pi a^2(\varepsilon_1+\varepsilon_2)}$

（3）以无穷远处为电势零点，导体球上电势为：

$$U=\int_a^{+\infty}E\mathrm{d}r=\frac{Q}{2\pi a^2(\varepsilon_1+\varepsilon_2)}\int_a^{+\infty}\frac{1}{r^2}\mathrm{d}r=\frac{Q}{2\pi a(\varepsilon_1+\varepsilon_2)}$$

∴导体孤立电容 $C_0=\dfrac{Q}{U}=2\pi a(\varepsilon_1+\varepsilon_2)$

此类题目一定要注意具体问题具体分析，利用边界条件仔细判断分界面上的变换情况。明确理想导体和理想介质的区别，导体中场量都为零，理想介质面上没有自由电荷和电流，但可以有极化电荷和极化电流。

计算电容时本题中导体内电场强度为零才可以忽略内部而直接从 a 开始积分，若是空心球则还要判断 $0\sim a$ 的部分。

【例 3.7】 一半径为 R_0 的介质球，介电常数为 $\varepsilon_r\varepsilon_0$，其内均匀分布自由电荷 ρ，试证明该介质球中心的电位为 $\dfrac{2\varepsilon_r+1}{2\varepsilon_t}\left(\dfrac{\rho}{3\varepsilon_0}\right)R_0^2$。

证：根据高斯定律 $\oint_S \boldsymbol{D}\cdot \mathrm{d}\boldsymbol{S}=q$，得

$$r<R_0\text{ 时},4\pi r^2 D_1=\frac{4\pi r^3}{3}\rho$$

即
$$D_1=\frac{\rho r}{3},E_1=\frac{D_1}{\varepsilon_r\varepsilon_0}=\frac{\rho r}{3\varepsilon_r\varepsilon_0}$$

$$r>R_0\text{ 时},4\pi r^2 D_2=\frac{4\pi R_0^3}{3}\rho$$

故
$$D_2=\frac{\rho R_0^3}{3r^2},E_2=\frac{D_1}{\varepsilon_0}=\frac{\rho R_0^3}{3\varepsilon_0 r^2}$$

则中心点的电位为

$$\varphi(0)=\int_0^{R_0}E_1\,\mathrm{d}r+\int_{R_0}^{\infty}E_2\,\mathrm{d}r=\int_0^{R_0}\frac{\rho r}{3\varepsilon_r\varepsilon_0}+\int_{R_0}^{\infty}\frac{\rho R_0^3}{3\varepsilon_0 r^2}\mathrm{d}r$$
$$=\frac{\rho R_0^2}{6\varepsilon_r\varepsilon_0}+\frac{\rho R_0^2}{3\varepsilon_0}=\frac{2\varepsilon_r+1}{3\varepsilon_r}\left(\frac{\rho}{2\varepsilon_0}\right)R_0^2$$

【例 3.8】 无限大导体平板分别置于 $x=0$ 和 $x=d$ 处，板间充满电荷，其电荷密度为 $\rho=\dfrac{\rho_0 x}{d}$，极板的电位分别为 0 和 U_0，如图(例 3.8 图)所示，求两极板之间的电位和电场强度。

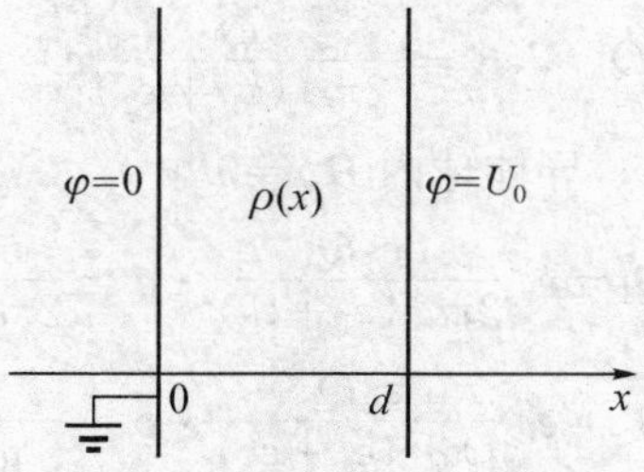

例 3.8 图

解：两导体板之间的电位满足泊松方程 $\nabla^2\varphi=-\dfrac{\rho}{\varepsilon_0}$，故得

$$\frac{\mathrm{d}^2\varphi}{\mathrm{d}x^2}=-\frac{1}{\varepsilon_0}\frac{\rho_0 x}{d}$$

解此方程，得

$$\varphi=-\frac{\rho_0 x^3}{6\varepsilon_0 d}+Ax+B$$

在 $x=0$ 处，$\varphi=0$，故 $\boldsymbol{B}=0$

在 $x=d$ 处，$\varphi=U_0$，故 $U_0=\dfrac{\rho_0 d^3}{6\varepsilon_0 d}+Ad$

得
$$A=\frac{U_0}{d}+\frac{\rho_0 d}{6\varepsilon_0}$$

故
$$\varphi=-\frac{\rho_0 x^3}{6\varepsilon_0 d}+\left(\frac{U_0}{d}+\frac{\rho_0 d}{6\varepsilon_0}\right)x$$

$$\boldsymbol{E}=-\nabla\varphi=-\boldsymbol{e}_x\frac{\partial\varphi}{\partial x}=\boldsymbol{e}_x\left[\frac{\rho_0 x^2}{2\varepsilon_0 d}-\left(\frac{U_0}{d}+\frac{\rho_0 d}{6\varepsilon_0}\right)\right]$$

【例 3.9】 证明：同轴线单位长度的静电储能 $W_e=\dfrac{q_l^2}{2C}$。式中 q_l 为单位长度上的电荷量，C 为单位长度上的电容。

证明：由高斯定律可求得同轴线内、外导体间的电场强度为

$$E(\rho)=\frac{q_l}{2\pi\varepsilon\rho}$$

内外导体间的电压为

$$U=\int_a^b E\mathrm{d}\rho=\int_a^b\frac{q_l}{2\pi\varepsilon\rho}\mathrm{d}\rho=\frac{q_l}{2\pi\varepsilon}\ln\frac{b}{a}$$

则同轴线单位长度的电容为

$$C=\frac{q_l}{U}=\frac{2\pi\varepsilon}{\ln(b/a)}$$

则得同轴线单位长度的静电储能为

$$W_e=\frac{1}{2}\int_V\varepsilon E^2\mathrm{d}V=\frac{1}{2}\int_a^b\varepsilon\left(\frac{q_l}{2\pi\varepsilon\rho}\right)^2 2\pi\rho\mathrm{d}\rho$$
$$=\frac{1}{2}\frac{q_l^2}{2\pi\varepsilon}\ln(b/a)=\frac{1}{2}\frac{q_l^2}{C}$$

【例 3.10】 同轴电缆的内导体半径为 a，外导体内半径为 c；内、外导体之间填充两层损耗介质，其介电常数分别为 ε_1 和 ε_2，电导率分别为 σ_1 和 σ_2，两层介质的分界面为同轴圆柱面，分界面半径为 b。当外加电压为 U_0 时，试求：(1) 介质中的电流密度和电场强度分布；(2) 同轴电缆单位长度的电容及漏电阻。

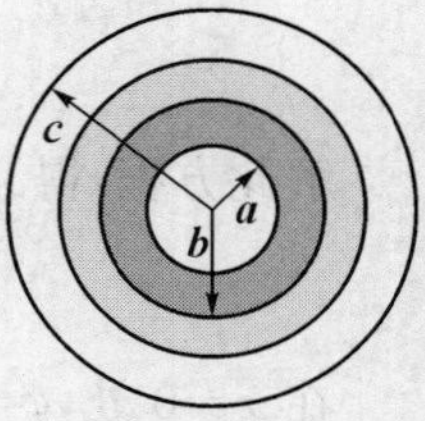

例 3.10 图

解：(1) 设同轴电缆中单位长度的径向电流为 I，则由 $\oint_S \boldsymbol{J} \cdot \mathrm{d}\boldsymbol{S} = I$，得电流密度

$$\boldsymbol{J} = \boldsymbol{e}_\rho \frac{I}{2\pi\rho} \quad (a < \rho < c)$$

介质中的电场

$$\boldsymbol{E}_1 = \frac{\boldsymbol{J}}{\sigma_1} = \boldsymbol{e}_\rho \frac{I}{2\pi\rho\sigma_1} \quad (a < \rho < b)$$

$$\boldsymbol{E}_2 = \frac{\boldsymbol{J}}{\sigma_2} = \boldsymbol{e}_\rho \frac{I}{2\pi\rho\sigma_2} \quad (b < \rho < c)$$

而

$$U_0 = \int_a^b \boldsymbol{E}_1 \cdot \mathrm{d}\boldsymbol{\rho} + \int_b^c \boldsymbol{E}_2 \cdot \mathrm{d}\boldsymbol{\rho} = \frac{I}{2\pi\sigma_1} \ln \frac{b}{a} + \frac{I}{2\pi\sigma_2} \ln \frac{c}{b}$$

故

$$I = \frac{2\pi\sigma_1\sigma_2 U_0}{\sigma_2 \ln(b/a) + \sigma_1 \ln(c/b)}$$

则得到两种介质中的电流密度和电场强度分别为

$$\boldsymbol{J} = \boldsymbol{e}_\rho \frac{\sigma_1\sigma_2 U_0}{\rho\left[\sigma_2 \ln \dfrac{b}{a} + \sigma_1 \ln \dfrac{c}{b}\right]} \quad (a < \rho < c)$$

$$\boldsymbol{E}_1 = \boldsymbol{e}_\rho \frac{\sigma_2 U_0}{\rho\left[\sigma_2 \ln \dfrac{b}{a} + \sigma_1 \ln \dfrac{c}{b}\right]} \quad (a < \rho < b)$$

$$\boldsymbol{E}_2 = \boldsymbol{e}_\rho \frac{\sigma_1 U_0}{\rho\left[\sigma_2 \ln \dfrac{b}{a} + \sigma_1 \ln \dfrac{c}{b}\right]} (b < \rho < c)$$

(2) 同轴电缆单位长度的漏电阻为

$$R = \frac{U_0}{I} = \frac{\sigma_2 \ln \dfrac{b}{a} + \sigma_1 \ln \dfrac{c}{b}}{2\pi\sigma_1\sigma_2}$$

由静电比拟，可得同轴电缆单位长度的电容为

$$C = \frac{2\pi\varepsilon_1\varepsilon_2}{\varepsilon_2 \ln(b/a) + \varepsilon_1 \ln(c/b)}$$

【例 3.11】 如图(例 3.11 图)所示，一个点电荷 q 放在 $60°$ 的接地导体角域内的点 (1,1,0) 处。试求：(1) 所有镜像电荷的位置和大小；(2) 点 $P(2,1,0)$ 处的电位。

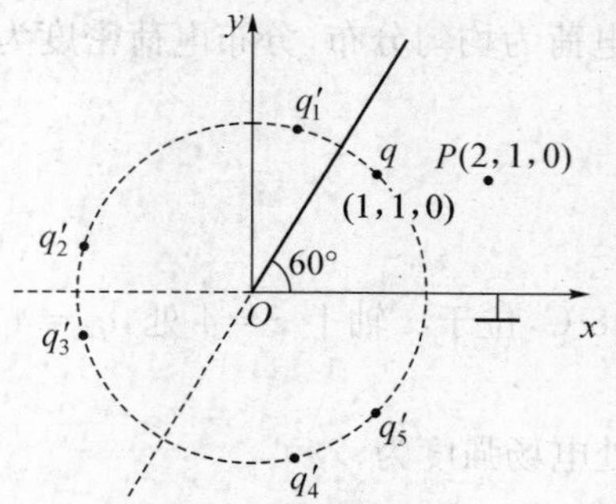

例 3.11 图

解：(1) 这是一个多重镜像问题，共有$(2n-1)=2\times3-1=5$个像电荷，分布在以点电荷q到角域顶点的距离（即$\sqrt{2}$）为半径的圆周上，并且关于导体平面对称，如图所示。

$$q'_1=-q,\begin{cases}x'_1=\sqrt{2}\cos75^\circ=0.366\\y'_1=\sqrt{2}\sin75^\circ=1.366\end{cases}$$

$$q'_2=q,\begin{cases}x'_2=\sqrt{2}\cos165^\circ=-1.366\\y'_2=\sqrt{2}\sin165^\circ=0.366\end{cases}$$

$$q'_3=-q,\begin{cases}x'_3=\sqrt{2}\cos195^\circ=-1.366\\y'_3=\sqrt{2}\sin195^\circ=-0.366\end{cases}$$

$$q'_4=q,\begin{cases}x'_4=\sqrt{2}\cos285^\circ=0.366\\y'_4=\sqrt{2}\sin285^\circ=-1.366\end{cases}$$

$$q'_5=-q,\begin{cases}x'_5=\sqrt{2}\cos315^\circ=1\\y'_5=\sqrt{2}\sin315^\circ=-1\end{cases}$$

(2) 点$P(2,1,0)$处的电位

$$\begin{aligned}\varphi(2,1,0)&=\frac{1}{4\pi\varepsilon_0}\left(\frac{q}{R}+\frac{q'_1}{R_1}+\frac{q'_2}{R_2}+\frac{q'_3}{R_3}+\frac{q'_4}{R_4}+\frac{q'_5}{R_5}\right)\\&=\frac{q}{4\pi\varepsilon_0}(1-0.597+0.292-0.275+0.348-0.447)\\&=\frac{0.321}{4\pi\varepsilon_0}q=2.89\times10^9q(\text{V})\end{aligned}$$

【例 3.12】 （北京理工大学 2003 年考研真题）一个内外半径分别为a和b的导体球壳位于坐标系原点，壳内任意点$(r<a)$有一个点电荷Q，写出$a<r<b$、$r>b$两个区域的电场强度和$r=b$表面上的电荷分布。

解：

$$\boldsymbol{E}=\begin{cases}0 & a<r<b\\ \dfrac{Q}{4\pi\varepsilon_0 r^2}\boldsymbol{e}_r & r>b\end{cases}$$

$r=b$ 时金属球壳表面电荷为均匀分布，分布电荷密度为 $\rho_s=\dfrac{Q}{4\pi b^2}$

3.3 课后习题解答

【3.1】 两点电荷 $q_1=8$ C，位于 z 轴上 $z=4$ 处，$q_2=4$ C，位于 y 轴上 y=4 处，求(4,0,0)处的电场强度。

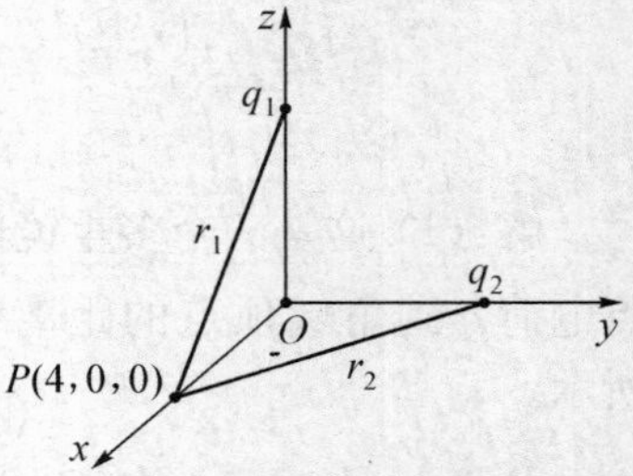

题 3.1 图

解：点电荷 q_1 在 P 点处电场强度为

$$\boldsymbol{E}_1=\frac{q_1}{4\pi\varepsilon_0 r_1^2}\boldsymbol{e}_{r1}=\frac{q_1}{4\pi\varepsilon_0(4\sqrt{2})^2}\boldsymbol{e}_{r1}=\frac{q_1}{4\pi\varepsilon_0 32}\boldsymbol{e}_{r1}$$

其中 $$\boldsymbol{e}_{r_1}=\frac{1}{4\sqrt{2}}(\boldsymbol{e}_x-\boldsymbol{e}_z)$$

点电荷 q_2 在 P 点处电场强度为

$$\boldsymbol{E}_2=\frac{q_2}{4\pi\varepsilon_0 r_2^2}\boldsymbol{e}_{r2}=\frac{q_2}{4\pi\varepsilon_0(4\sqrt{2})^2}\boldsymbol{e}_{r2}=\frac{q_2}{4\pi\varepsilon_0 32}\boldsymbol{e}_{r2}$$

其中 $\boldsymbol{e}_{r2}=\dfrac{1}{4\sqrt{2}}(\boldsymbol{e}_x-\boldsymbol{e}_y)$

因此，$P(4,0,0)$处的电场强度为

$$\boldsymbol{E}=\boldsymbol{E}_1+\boldsymbol{E}_2=\frac{1}{4\pi\varepsilon_0 32\times 4\sqrt{2}}[q_1(\boldsymbol{e}_x-\boldsymbol{e}_z)+q_2(\boldsymbol{e}_x-\boldsymbol{e}_y)]$$

$$=\frac{1}{128\sqrt{2}\pi\varepsilon_0}(3\boldsymbol{e}_x-\boldsymbol{e}_y-2\boldsymbol{e}_z)$$

【3.2】 求均匀带电的无限大带电平面产生的电场。

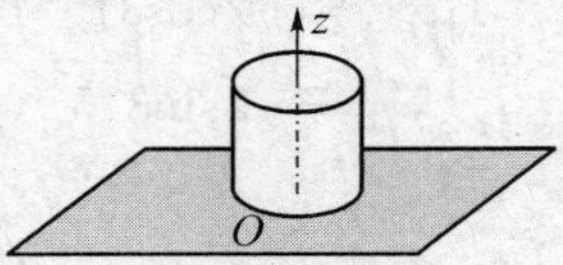

题 3.2 图

解：将无限大平面与 xOy 平面重合，所以其产生电场的方向为 z 轴方向，做一高斯面(柱面)，上、下底 E 面相等

则 $$\oint\boldsymbol{E}\cdot \mathrm{d}\boldsymbol{S}=\frac{q}{\varepsilon_0}$$

$$2\pi a^2\boldsymbol{E}=\frac{1}{\varepsilon_0}(\pi a^2\rho_s)\Rightarrow E=\frac{\rho_s}{2\varepsilon_0}$$

电子带电平面可以是正、负，则

$$\boldsymbol{E}=\pm\frac{\rho_s}{2\varepsilon_0}\boldsymbol{e}_z$$

【3.3】 在圆柱坐标系中电荷分布为

$$\rho=\begin{cases}\dfrac{r}{a} & r\leqslant a\\ 0 & r>a\end{cases}$$

r 为场点到 z 轴的距离，a 为常数，求电场强度。

解：由题意可知，此场分布空间为圆柱形，假设此空间圆柱形分布长度为 l，其中电荷分布分两种情况，则

当 $r\leqslant a$ 时

$$\oint_S \boldsymbol{D}_1\cdot \mathrm{d}\boldsymbol{S}=\varepsilon_0 E_1\cdot 2\pi r\cdot l=\int_V \rho \mathrm{d}V$$

$$\int_V \rho \mathrm{d}V=\int_0^r \rho\cdot \mathrm{d}V=\int_0^r \frac{r}{a}\cdot \mathrm{d}(\pi r^2\cdot l)=\frac{2\pi}{a}l\cdot\frac{r^3}{3}$$

$$\therefore E_1=\frac{r^2}{3a\varepsilon_0}$$

当 $r>a$ 时

$$\oint_S \boldsymbol{D}_2\cdot \mathrm{d}\boldsymbol{S}=\varepsilon_0 E_2\cdot 2\pi r\cdot l=\int_V \rho \mathrm{d}V$$

$$\int_V \rho \mathrm{d}V=\int_0^a \rho\cdot \mathrm{d}V=\frac{2\pi}{a}l\cdot\frac{a^3}{3}$$

$$\therefore E_2=\frac{a^2}{3\varepsilon_0 r}$$

即

$$E=\begin{cases}\dfrac{r^2}{3a\varepsilon_0} & r\leqslant a\\ \dfrac{a^2}{3\varepsilon_0 r} & r>a\end{cases}$$

【3.4】 均匀带电导体球的半径为 a，电量为 q，求球内、外的电场及电位分布。

解：当 $r<a$ 时，$E_1=0$

当 $r\geqslant a$ 时，$\oint_S \boldsymbol{D}_2\cdot \mathrm{d}\boldsymbol{S}=\varepsilon_0 E_2\cdot 4\pi r^2=E_2\cdot 4\pi\varepsilon_0 r^2=q$

$$E_2=\frac{q}{4\pi\varepsilon_0 r^2}$$

电位分布

当 $r\leqslant a$ 时，$U=\int_r^a E_1\mathrm{d}r+\int_a^\infty E_2\mathrm{d}r=\int_a^\infty \frac{q}{4\pi\varepsilon_0 r^2}\mathrm{d}r=\frac{q}{4\pi\varepsilon_0 a}$

当 $r>a$ 时，$U=\int_r^\infty E_2\mathrm{d}r=\int_r^\infty \frac{q}{4\pi\varepsilon_0 r^2}\mathrm{d}r=\frac{q}{4\pi\varepsilon_0 r}$

【3.5】 如图(题 3.5 图(a))所示,计算方形均匀线电荷在轴线上的电位。

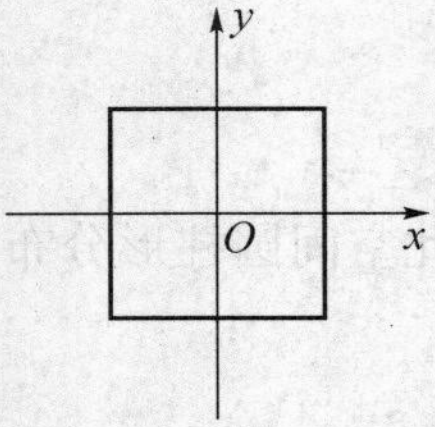

题 3.5 图(a)

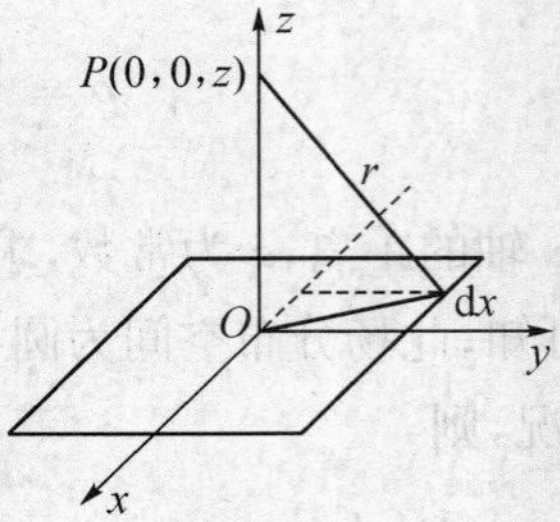

题 3.5 图(b)

解:如图(题 3.5 图(b)),假设方形均匀线电荷密度为 ρ_l,则在任意一条边取一线电荷元,电量即为 $\rho_l \mathrm{d}x$,则此线电荷元在 P 点产生的电位为:

$$\mathrm{d}\varphi = \frac{\rho_l \mathrm{d}x}{4\pi\varepsilon_0 r}$$

其中 $r=\sqrt{z^2+d^2}, d^2=x^2+(L/2)^2$

因此方形每条边在 P 点处电位为:

$$\varphi = \frac{\rho_l}{4\pi\varepsilon_0}\int_{-L/2}^{L/2}\frac{\mathrm{d}x}{\sqrt{x^2+(L/2)^2+z^2}} = \frac{\rho_l}{4\pi\varepsilon_0}\ln\frac{\sqrt{z^2+2(L/2)^2}+(L/2)}{\sqrt{z^2+2(L/2)^2}-(L/2)}$$

根据对称性,可知方形线电荷各边在轴线处产生的电位相同。因此方形线电荷轴线上的总电位为:

$$\varphi_{总} = 4\varphi = \frac{\rho_l}{\pi\varepsilon_0}\ln\frac{\sqrt{z^2+L^2/2}+(L/2)}{\sqrt{z^2+L^2/2}-(L/2)}$$

【3.6】 如图(题 3.6 图(a))所示,计算圆形均匀线电荷在轴线上的电位。

解:设圆形线电荷半径为 a,其线密度为 ρ_l,欲求在 $P(0,0,z)$ 处电位,在圆上取一线元 $\mathrm{d}l$,则其所带电荷为 $\mathrm{d}q=\rho_l \mathrm{d}l$,源点到场点 P 的距离为 $R=\sqrt{z^2+a^2}$

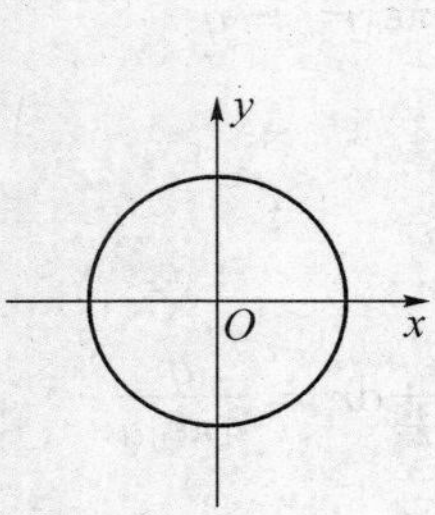

题 3.6 图(a)

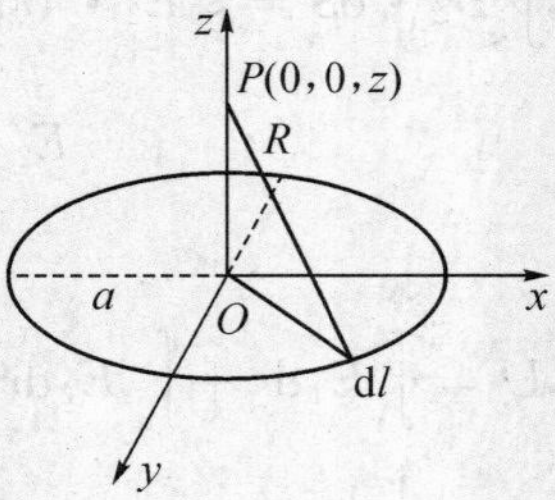

题 3.6 图(b)

在圆柱坐标系中，P 点电位为：

$$\varphi=\int_l \frac{1}{4\pi\varepsilon_0}\frac{\rho_l \mathrm{d}l}{(z^2+a^2)^{1/2}}=\frac{1}{4\pi\varepsilon_0}\int_0^{2\pi}\frac{\rho_l a\,\mathrm{d}\theta}{(z^2+a^2)^{1/2}}$$

$$=\frac{a\rho_l}{2\varepsilon_0(z^2+a^2)^{1/2}}$$

若要求轴线上的电场强度，可利用电位与电场强度关系求得，由于电荷分布的对称性，此处电场强度仅有 z 方向的分量，即

$$\boldsymbol{E}=-\nabla\varphi=-\frac{\partial\varphi}{\partial z}\boldsymbol{e}_z=\frac{a\rho_l z}{2\varepsilon_0(z^2+a^2)^{3/2}}\boldsymbol{e}_z$$

【3.7】　已知空气填充的平板电容器内的电位分布为 $\varphi=ax^2+b$，求与之相应的电场。

解：

$$\boldsymbol{E}=-\nabla\varphi=-\left(\frac{\partial\varphi}{\partial x}\boldsymbol{e}_x+\frac{\partial\varphi}{\partial y}\boldsymbol{e}_y+\frac{\partial\varphi}{\partial z}\boldsymbol{e}_z\right)$$

$$=-2ax\boldsymbol{e}_x$$

【3.8】　已知电场强度为 $\boldsymbol{E}=3\boldsymbol{e}_x-3\boldsymbol{e}_y-5\boldsymbol{e}_z$，试求点(0,0,0)与点(1,2,1)之间的电压。

解：设 $A(0,0,0)$，$B(1,2,1)$，则

$$U=\int\boldsymbol{E}\cdot\mathrm{d}\boldsymbol{l}$$

所以

$$U_{AB}=\int_A^B\boldsymbol{E}\cdot\mathrm{d}\boldsymbol{l}=\int_0^1 3\boldsymbol{e}_x\mathrm{d}x-\int_0^2 3\boldsymbol{e}_y\mathrm{d}y-\int_0^1 5\boldsymbol{e}_z\mathrm{d}z$$

$$=3-3\times2-5=-8\ \mathrm{V}$$

【3.9】　已知在球坐标中电场强度为 $\boldsymbol{E}=\frac{3}{r^2}\boldsymbol{e}_r$，试求点$(a,\theta_1,\phi_1)$与点$(b,\theta_2,\phi_2)$之间的电压。

解：利用电场强度与电位关系，$\phi=\int_l\boldsymbol{E}\cdot\mathrm{d}\boldsymbol{l}$，可得两点间电压为：

$$U=\int_a^b\boldsymbol{E}\cdot\mathrm{d}\boldsymbol{l}=\int_a^b\frac{3}{r^2}\cdot\mathrm{d}r=-\frac{3}{r}\Big|_a^b=3\left(\frac{1}{a}-\frac{1}{b}\right)$$

【3.10】　已知半径为 a 的球内、外电场分布为 $\boldsymbol{E}=\begin{cases}E_0\left(\dfrac{a}{r}\right)^2\boldsymbol{e}_r & r>a\\ E_0\left(\dfrac{a}{r}\right)\boldsymbol{e}_r & r<a\end{cases}$，求电荷密度。

解：在球外，$r>a$

$$\nabla\cdot\boldsymbol{E}=\frac{\rho_1}{\varepsilon_0}$$

而

$$\nabla\cdot\boldsymbol{E}=\frac{1}{r^2}\frac{\partial}{\partial r}(r^2E_r)=\frac{1}{r^2}\frac{\partial}{\partial r}\left(r^2E_0\frac{a^2}{r^2}\right)=0$$

则
$$\rho_1=0$$
在球内，$r<a$
$$\nabla\cdot\boldsymbol{E}=\frac{\rho_2}{\varepsilon_0}$$
而
$$\nabla\cdot\boldsymbol{E}=\frac{1}{r^2}\frac{\partial}{\partial r}(r^2E_r)=\frac{1}{r^2}\frac{\partial}{\partial r}\left(r^2E_0\ \frac{a}{r}\right)=\frac{aE_0}{r^2}$$
则
$$\rho_2=\frac{a\varepsilon_0E_0}{r^2}$$
若
$$r<a,E=E_0\left(\frac{r}{a}\right)\boldsymbol{e}_r$$
$$\nabla\cdot\boldsymbol{E}=\frac{1}{r^2}\frac{\partial}{\partial r}(r^2E_r)=\frac{1}{r^2}\frac{\partial}{\partial r}\left(r^2E_0\ \frac{r}{a}\right)=\frac{3E_0}{a}$$
得
$$\rho_2=\frac{3\varepsilon_0E_0}{a}$$

【3.11】 一个半径为 a 的导体球表面套一层厚度为 $b-a$ 的电介质，电介质的介电常数为 ε。假设导体球带电 q，求任意点的电位。

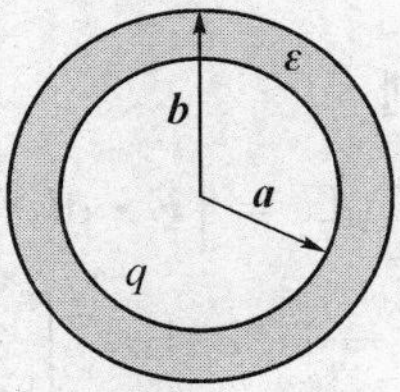

题 3.11 图

解：
用电场强度的积分计算，导体球电荷只分布在球外表面，由高斯定理
$$\boldsymbol{E}=\begin{cases}0 & r<a\\ \dfrac{q}{4\pi\varepsilon r^2} & a<r<b\\ \dfrac{q}{4\pi\varepsilon_0 r^2} & r>b\end{cases}$$

当 $r<a$ 时，导体球内电势
$$\varphi=\int_r^{+\infty}\boldsymbol{E}\cdot\mathrm{d}\boldsymbol{l}=\int_r^a 0\cdot\mathrm{d}l+\int_a^b\frac{q}{4\pi\varepsilon r^2}\mathrm{d}r+\int_b^\infty\frac{q}{4\pi\varepsilon_0 r^2}\mathrm{d}r$$
$$=\frac{q}{4\pi}\left(\frac{1}{a\varepsilon}-\frac{1}{b\varepsilon}+\frac{1}{b\varepsilon_0}\right)$$
当 $a<r<b$ 时，介质内电势
$$\varphi=\int_r^\infty\boldsymbol{E}\cdot\mathrm{d}\boldsymbol{l}=\int_r^b\frac{q}{4\pi\varepsilon r^2}\mathrm{d}r+\int_b^\infty\frac{q}{4\pi\varepsilon_0 r^2}\mathrm{d}r$$
$$=\frac{q}{4\pi}\left(\frac{1}{r\varepsilon}-\frac{1}{b\varepsilon}+\frac{1}{b\varepsilon_0}\right)$$

当 $r>b$ 时，

$$\varphi=\int_r^{\infty}\boldsymbol{E}\cdot\mathrm{d}\boldsymbol{l}=\int_r^{\infty}\frac{q}{4\pi\varepsilon_0 r^2}\mathrm{d}r=\frac{q}{4\pi\varepsilon_0 r}$$

则

$$\varphi=\begin{cases}\dfrac{q}{4\pi}\left(\dfrac{1}{a\varepsilon}-\dfrac{1}{b\varepsilon}+\dfrac{1}{b\varepsilon_0}\right) & r<a\\ \dfrac{q}{4\pi}\left(\dfrac{1}{r\varepsilon}-\dfrac{1}{b\varepsilon}+\dfrac{1}{b\varepsilon_0}\right) & a<r<b\\ \dfrac{q}{4\pi\varepsilon_0 r} & r>b\end{cases}$$

【3.12】 两同心导体球壳半径分别为 a,b，两导体之间介电常数 ε，内外导体球壳电位为 $V,0$。求两导体球壳之间的电场和球壳上的电荷面密度。

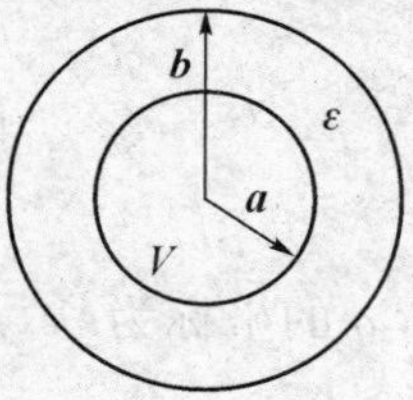

题 3.12 图

解：设内导体带电量为 Q。以 O 点为圆心，在内、外导体球壳间构造一个半径为 r 的球形高斯面，电场方向沿径向，则：$\boldsymbol{E}=E_r\boldsymbol{e}_r$，利用高斯定理，可得：

$$\oint_S E_r\mathrm{d}S=\frac{Q}{\varepsilon}$$

$$4\pi r^2\cdot E_r=\frac{Q}{\varepsilon}$$

$$E_r=\frac{Q}{4\pi\varepsilon r^2}$$

由于内、外导体电位差为 V，则有：

$$V=\int_a^b\boldsymbol{E}_r\cdot\mathrm{d}\boldsymbol{r}=\int_a^b\frac{Q}{4\pi\varepsilon r^2}\mathrm{d}r=\frac{Q}{4\pi\varepsilon}\left(\frac{1}{a}-\frac{1}{b}\right)$$

$$Q=\frac{4\pi\varepsilon V}{\left(\dfrac{1}{a}-\dfrac{1}{b}\right)}$$

因此，内、外导体球壳间电场为：

$$E_r=\frac{V}{r^2\left(\dfrac{1}{a}-\dfrac{1}{b}\right)}$$

内、外导体上电荷面密度分别为：

$$\rho_{S1}\big|_{r=a}=\varepsilon E_r\big|_{r=a}=\frac{\varepsilon V}{a^2\left(\dfrac{1}{a}-\dfrac{1}{b}\right)}$$

$$\rho_{S2}\big|_{r=b} = -\varepsilon E_r\big|_{r=b} = \frac{-\varepsilon V}{b^2\left(\frac{1}{a}-\frac{1}{b}\right)}$$

【3.13】 由无限大的导电平板折成 45°的角形区，在该角形区某一点(x_0,y_0,z_0)有一点电荷 q，用镜像法求电位分布。

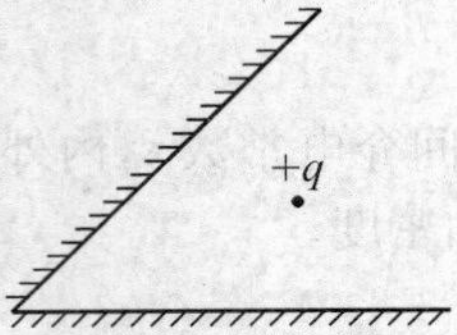

题 3.13 图

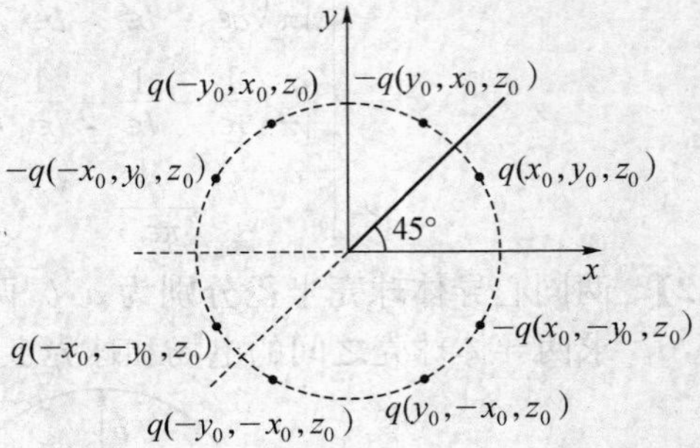

题 3.13 图(a)

解：角度 45°，$n=180°/45°=4$

镜像电荷 $2n-1=7$ 个，点电荷 q 的坐标为(x_0,y_0,z_0)，各电荷的距离分别为 R_1，R_2，R_3，R_4，R_5，R_6，R_7，R_8。

$$\varphi=\frac{1}{4\pi\varepsilon}\left(\frac{q}{R_1}+\frac{-q}{R_2}+\frac{q}{R_3}+\frac{-q}{R_4}+\frac{q}{R_5}+\frac{-q}{R_6}+\frac{q}{R_7}+\frac{-q}{R_8}\right)$$

$$R_1=\sqrt{(x-x_0)^2+(y-y_0)^2+(z-z_0)^2}$$

$$R_2=\sqrt{(x-x_0)^2+(y+y_0)^2+(z-z_0)^2}$$

$$R_3=\sqrt{(x-y_0)^2+(y+x_0)^2+(z-z_0)^2}$$

$$R_4=\sqrt{(x+y_0)^2+(y+x_0)^2+(z-z_0)^2}$$

$$R_5=\sqrt{(x+x_0)^2+(y+y_0)^2+(z-z_0)^2}$$

$$R_6=\sqrt{(x+x_0)^2+(y-y_0)^2+(z-z_0)^2}$$

$$R_7=\sqrt{(x+y_0)^2+(y-x_0)^2+(z-z_0)^2}$$

$$R_8=\sqrt{(x-y_0)^2+(y-x_0)^2+(z-z_0)^2}$$

【3.14】 内外半径分别为 a、b 的导电球壳内距球心为 $d(d<a)$处有一点电荷 q，当

(1) 导电球壳电位为 0；

(2) 导电球壳电位为 V；

(3) 导电球壳上的总电量为 Q 时，分别求导电球壳内外的电位分布。

解：(1) 导电球壳电位为零时

此时导电球壳外无电荷分布，则球壳外电位为零。导电球壳内的电位是由导电球壳内的点电荷和导电球壳内壁上的电荷产生，而导电球壳内壁上的电荷可用位于导电

球壳外的镜像电荷等效，两个电荷使球壳内壁面上的电位为零，因此镜像电荷的大小、距球心的距离分别为

$$q' = -\frac{a}{d}q;f = \frac{a^2}{d}$$

导电球壳内的电位为 $$\varphi = \frac{1}{4\pi\varepsilon_0}\left(\frac{q}{r_1} - \frac{q'}{r_2}\right)$$

其中 $$r_1 = \sqrt{r^2 + d^2 - 2rd\cos\theta}, r_2 = \sqrt{r^2 + \left(\frac{a^2}{d}\right)^2 - 2r\left(\frac{a^2}{d}\right)\cos\theta}$$

(2) 导电球壳电位为 V 时

此时导电球壳内的电位可看成两部分的叠加：

一部分是内有点电荷但球壳为零时的电位，如(1)；另一部分是内无点电荷但球壳电位为 V 时的电位，这部分电位为 V_0。则导电球壳内的电位为

$$\varphi = \frac{q}{4\pi\varepsilon_0}\left(\frac{q}{r_1} - \frac{q'}{r_2}\right) + V$$

(3) 导电球壳上总电量为 Q

此时导电球体是等位面，且导电球外电位是球对称的，导电球壳内的总电量为 $Q+q$，其电位 $$\varphi = \frac{Q+q}{4\pi\varepsilon_0 b}$$

导电球壳上的电位为 $$U = \frac{Q+q}{4\pi\varepsilon_0 b}$$

则导电球壳内的电位为 $$\varphi = \frac{q}{4\pi\varepsilon_0}\left(\frac{q}{r_1} - \frac{q'}{r_2}\right) + U$$

【3.15】 接地无限大导体平板上有一个半径为 a 的半球形突起，在点 $(0,0,d)$ 处有一个点电荷 q，求导体上方的电位。

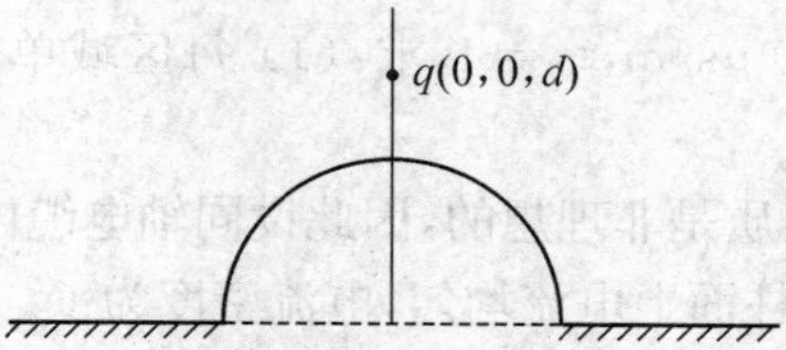

题 3.15 图

解：

利用镜像法有 3 个镜像电荷

$$q'_1 = -\frac{a}{d}q, d'_1 = \frac{a^2}{d},$$

$$q'_2 = -q, d'_2 = d,$$

$$q'_3 = -q'_1 = \frac{a}{d}q, d'_3 = \frac{a^2}{d}$$

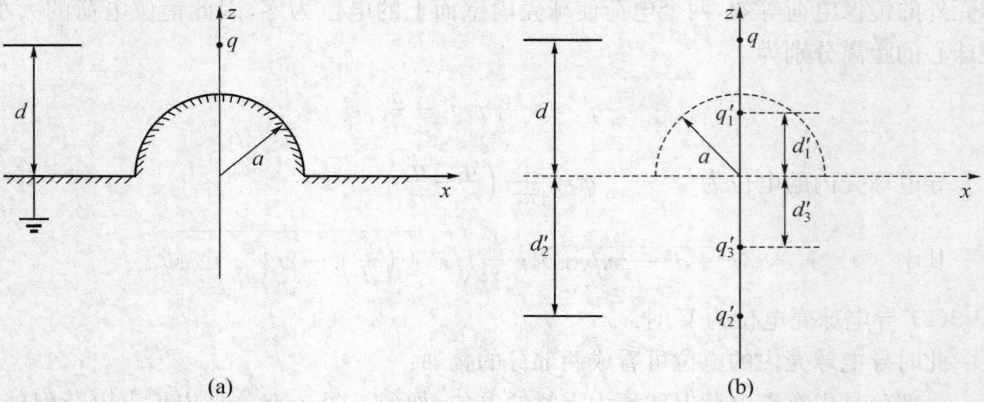

题 3.15 图解

$$R=\sqrt{x^2+y^2+(z-d)^2}$$

$$r_1=\sqrt{x^2+y^2+\left(z-\frac{a^2}{d}\right)^2}$$

$$r_2=\sqrt{x^2+y^2+(z+d)^2}$$

$$r_3=\sqrt{x^2+y^2+\left(z+\frac{a^2}{d}\right)^2}$$

$$\varphi=\frac{1}{4\pi\varepsilon_0}\left(\frac{q}{R}+\frac{q'_1}{r_1}+\frac{q'_2}{r_2}+\frac{q'_3}{r_3}\right)$$

$$\varphi=\frac{1}{4\pi\varepsilon_0}\left(\frac{q}{R}-\frac{aq}{\mathrm{d}r_1}-\frac{q}{r_2}+\frac{aq}{\mathrm{d}r_3}\right)$$

【3.16】 同轴电缆内导体半径为 10 cm，外导体半径为 40 cm，内外导体之间有两层媒质，内层从 10 cm 到 20 cm，媒质的参数为 $\sigma_1=50\ \mu\mathrm{s/m}$，$\varepsilon_{r1}=2$；外层从 20 cm 到 40 cm，媒质参数为 $\sigma_2=100\ \mu\mathrm{s/m}$，$\varepsilon_{r2}=4$，求：(1) 每区域单位长度的电导；(2) 单位长度的总电导。

解：内外导体间两层媒质是非理想的，因此设同轴电缆内外导体之间单位长度的漏电流为 I，在半径为 r 的圆柱面上电流均匀，电流密度为

$$J_r=\frac{I}{2\pi r}$$

电场强度为

$$E_{r1}=\frac{J_r}{\sigma_1}=\frac{I}{2\pi\sigma_1 r}\quad(a<r<b)$$

$$E_{r2}=\frac{I}{2\pi\sigma_2 r}\qquad(b<r<c)$$

第一层的电压为 $\qquad V_1=\int_a^b E_{r1}\,\mathrm{d}r=\frac{I}{2\pi\sigma_1}\ln\frac{b}{a}$

第二层的电压为　　$V_2=\int_b^c E_{r2}\mathrm{d}r=\dfrac{I}{2\pi\sigma_2}\ln\dfrac{c}{b}$

(1) 第一层单位长度的电导为

$$G_1=\frac{I}{V_1}=\frac{2\pi\sigma_1}{\ln\dfrac{b}{a}}=\frac{2\pi\times 50}{\ln\dfrac{20}{10}}=453.2\ \mu\text{s/m}$$

第二层单位长度的电导为

$$G_2=\frac{I}{V_2}=\frac{2\pi\sigma_2}{\ln\dfrac{c}{b}}=\frac{2\pi\times 100}{\ln\dfrac{40}{20}}=906.5\ \mu\text{s/m}$$

(2) 单位长度的总电导为

$$G=\frac{I}{V}=\frac{I}{V_1+V_2}=\frac{2\pi}{\dfrac{1}{\sigma_1}\ln\dfrac{b}{a}+\dfrac{1}{\sigma_2}\ln\dfrac{c}{b}}=302.2\ \mu\text{s/m}$$

【3.17】 在上题中，当同轴电缆长度为 100 m，内外导体之间的电压为 10 V 时，利用边界条件求界面上的电荷面密度。

解：内外导体间电压 $V=10$ V，电缆长度为 $L=100$ m，则由上题

$V=V_1+V_2=\left(\dfrac{1}{\sigma_1}\ln\dfrac{b}{a}+\dfrac{1}{\sigma_2}\ln\dfrac{c}{b}\right)\dfrac{I}{2\pi}$，则

$$\frac{I}{2\pi}=\frac{V}{\dfrac{1}{\sigma_1}\ln\dfrac{b}{a}+\dfrac{1}{\sigma_2}\ln\dfrac{c}{b}}$$

因此

$$E_{r1}=\frac{V}{\dfrac{1}{\sigma_1}\ln\dfrac{b}{a}+\dfrac{1}{\sigma_2}\ln\dfrac{c}{b}}\frac{1}{\sigma_1 r}\qquad (a<r<b)$$

$$E_{r2}=\frac{V}{\dfrac{1}{\sigma_1}\ln\dfrac{b}{a}+\dfrac{1}{\sigma_2}\ln\dfrac{c}{b}}\frac{1}{\sigma_2 r}\qquad (b<r<c)$$

内表面　$\rho_s(r=a)=D_n(r=a)=\varepsilon_{r1}E_{r1}=\dfrac{\varepsilon_1 V}{\dfrac{1}{\sigma_1}\ln\dfrac{b}{a}+\dfrac{1}{\sigma_2}\ln\dfrac{c}{b}}\dfrac{1}{\sigma_1 a}=1.7\times10^{-11}\ \text{C/m}^2$

外表面 $\rho_s(r=c)=D_n(r=c)=\varepsilon_{r2}E_{r2}=\dfrac{\varepsilon_2 V}{\dfrac{1}{\sigma_1}\ln\dfrac{b}{a}+\dfrac{1}{\sigma_2}\ln\dfrac{c}{b}}\dfrac{1}{\sigma_2 c}=4.26\times10^{-12}\ \text{C/m}^2$

介质分界面 $\rho_s(r=c)=D_n(r=b_+,-r=b_-)=\dfrac{V}{\dfrac{1}{\sigma_1}\ln\dfrac{b}{a}+\dfrac{1}{\sigma_2}\ln\dfrac{c}{b}}\left(\dfrac{\varepsilon_2}{\sigma_2 b}-\dfrac{\varepsilon_1}{\sigma_1 b}\right)$

【3.18】 平板电容器两导体板之间为 3 层非理想介质，厚度分别为 d_1,d_2,d_3，电导率分别为 $\varepsilon_1,\varepsilon_2,\varepsilon_3$，平板面积为 S，如果给平板电容器加电压 V，求平板之间的电场。

解：
$$\begin{cases}E_1d_1+E_2d_2+E_3d_3=V\\Q_1=Q_2=Q_3\end{cases}$$

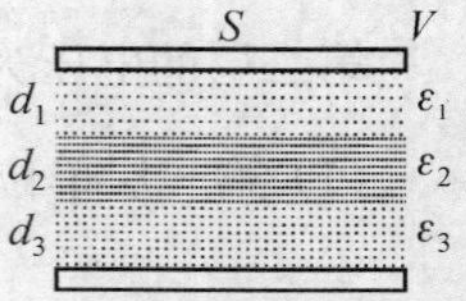

题 3.18 图

即
$$\begin{cases}E_1d_1+E_2d_2+E_3d_3=V\\\varepsilon_1E_1=\varepsilon_2E_2=\varepsilon_3E_3\end{cases}$$

解得
$$E_1=\frac{\varepsilon_2\varepsilon_3V}{\varepsilon_2\varepsilon_3d_1+\varepsilon_1\varepsilon_3d_2+\varepsilon_1\varepsilon_2d_3}$$

$$E_2=\frac{\varepsilon_1\varepsilon_3V}{\varepsilon_2\varepsilon_3d_1+\varepsilon_1\varepsilon_3d_2+\varepsilon_1\varepsilon_2d_3}$$

$$E_3=\frac{\varepsilon_1\varepsilon_2V}{\varepsilon_2\varepsilon_3d_1+\varepsilon_1\varepsilon_3d_2+\varepsilon_1\varepsilon_2d_3}$$

【3.19】 圆球形电容器内导体半径为 a，外导体半径为 c，内外导体之间填充两层介电常数分别为 ε_1、ε_2，电导分别为 σ_1、σ_2 的非理想介质，两层非理想介质分界面半径为 b，如果内外导体间的电压为 V，求电容器中的电场及界面上的电荷密度。

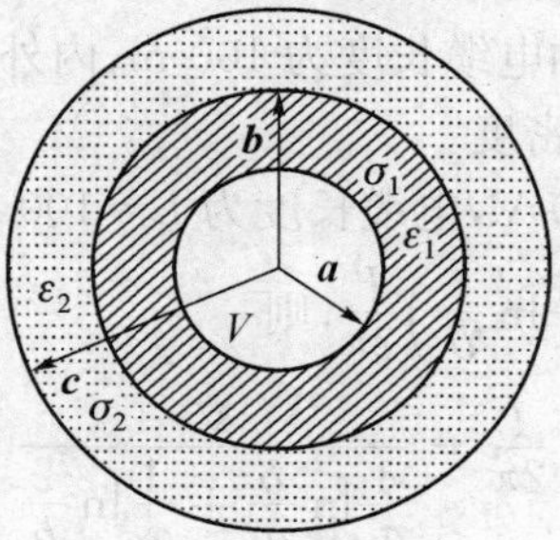

题 3.19 图

解：由于球形电容器内填充两层非理想介质，有电流流过，则设电流为 I。

在圆球形电容器内取一半径为 r 的球面，流过此球面的电流密度为 $\boldsymbol{J}=J\boldsymbol{e}_\rho$，则电流为

$$I=\oiint_S\boldsymbol{J}\cdot\mathrm{d}\boldsymbol{S}=J\cdot4\pi r^2,\ J=\frac{I}{4\pi r^2}$$

电场强度为
$$E_1=\frac{I}{4\pi\sigma_1r^2}\quad(a<r<b)$$

$$E_2=\frac{I}{4\pi\sigma_2r^2}\quad(b<r<c)$$

则电压为

$$V=\int_a^bE_1\mathrm{d}r+\int_b^cE_2\mathrm{d}r=\frac{I}{4\pi}\left[\frac{1}{\sigma_1}\left(\frac{1}{a}-\frac{1}{b}\right)+\frac{1}{\sigma_2}\left(\frac{1}{b}-\frac{1}{c}\right)\right]$$

因此电场为
$$E_1=\frac{\sigma_2V}{\sigma_2\left(\frac{1}{a}-\frac{1}{b}\right)+\sigma_1\left(\frac{1}{b}-\frac{1}{c}\right)}\frac{1}{r}\quad(a<r<b)$$

$$E_2=\frac{\sigma_1V}{\sigma_2\left(\frac{1}{a}-\frac{1}{b}\right)+\sigma_1\left(\frac{1}{b}-\frac{1}{c}\right)}\frac{1}{r}\quad(b<r<c)$$

内导体表面电荷密度为

$$\rho_{s1}=D_{1n}(r=a)=\varepsilon_1 E_1\Big|_{r=a}=\frac{\varepsilon_1\sigma_2 V}{\sigma_2\left(\frac{1}{a}-\frac{1}{b}\right)+\sigma_1\left(\frac{1}{b}-\frac{1}{c}\right)}\frac{1}{a^2}$$

外导体表面电荷密度为

$$\rho_{s2}=D_{2n}(r=c)=-\varepsilon_2 E_2\Big|_{r=c}=-\frac{\varepsilon_2\sigma_1 V}{\sigma_2\left(\frac{1}{a}-\frac{1}{b}\right)+\sigma_1\left(\frac{1}{b}-\frac{1}{c}\right)}\frac{1}{c^2}$$

媒质分界面的电荷密度为

$$\rho_{s3}=D_{2n}-D_{1n}=\varepsilon_2 E_2\Big|_{r=b}-\varepsilon_1 E_1\Big|_{r=b}=\frac{(\sigma_1\varepsilon_2-\sigma_2\varepsilon_1)V}{\sigma_2\left(\frac{1}{a}-\frac{1}{b}\right)+\sigma_1\left(\frac{1}{b}-\frac{1}{c}\right)}\frac{1}{b^2}$$

【3.20】 将半径为 a 的半个导电球刚好埋入电导率为 σ 的大地中，如图所示，求接地电阻。

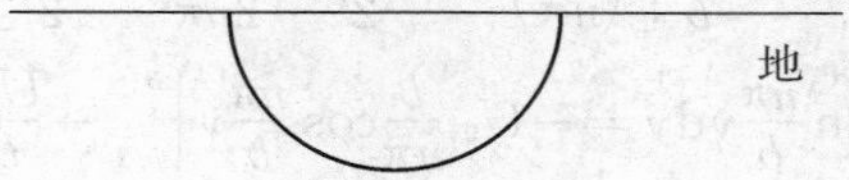

题 3.20 图

解：设由接地体流出的电流为 I，则

在离球心 x 远处的电流密度 $J=\frac{I}{2\pi x^2}$（球面面积此处一半）

电场强度 $E_x=\frac{I}{2\pi\sigma x^2}\left(=\frac{J}{\sigma}\right)$

任意点的电位 $\varphi_x=\int_x^{\infty}E_x\mathrm{d}x=\frac{I}{2\pi\sigma x}$

接地体的电位 $\varphi_a=\frac{I}{2\pi\sigma a}$

接地电阻 $R=\frac{1}{2\pi\sigma a}$

【3.21】 求截面为矩形的无限长区域$(0<x<a, 0<y<b)$的电位，其四壁的电位为 $\varphi(x,0)=\varphi(x,b)=0$，$\varphi(0,y)=0$

$$\varphi(a,y)=\begin{cases}\frac{U_0 y}{b} & 0<y\leqslant\frac{b}{2}\\ U_0\left(1-\frac{y}{b}\right) & \frac{b}{2}<y<b\end{cases}$$

解：由边界条件 $\varphi(x,0)=\varphi(x,b)=0$ 知，方程基本解在 y 方向应该为周期函数，且仅仅取正弦函数，即 $Y_n=\sin k_n y\quad\left(k_n=\frac{n\pi}{b}\right)$

在 x 方向，由于是有限区域，使用边界条件 $\varphi(0,y)=0$，则仅取双曲正弦函数，即

$$X_n=\operatorname{sh}\frac{n\pi}{b}x$$

由分离变量法，可知区域中电位为

$$\varphi=\sum_{n=1}^{\infty}c_n\operatorname{sh}\frac{n\pi}{b}x\sin\frac{n\pi}{b}y$$

由 $x=a$ 处边界条件确定待定系数，即

$$\varphi(a,y)=\sum_{n=1}^{\infty}c_n\operatorname{sh}\frac{n\pi}{b}a\sin\frac{n\pi}{b}y$$

使用正弦函数的正交归一性，有：

$$\frac{b}{2}c_n\operatorname{sh}\frac{n\pi}{b}a=\int_0^b\varphi(a,y)\sin\frac{n\pi}{b}y\mathrm{d}y$$

$$\int_0^{b/2}\frac{U_0y}{b}\sin\frac{n\pi}{b}y\mathrm{d}y=\frac{U_0}{b}\left[\left(\frac{b}{n\pi}\right)^2\sin\frac{n\pi}{b}y-\frac{b}{n\pi}y\cos\frac{n\pi}{b}y\right]\Bigg|_0^{b/2}$$

$$=\frac{U_0}{b}\left[\left(\frac{b}{n\pi}\right)^2\sin\frac{n\pi}{2}-\frac{b^2}{2n\pi}\cos\frac{n\pi}{2}\right]$$

$$\int_{b/2}^{b}U_0\left(1-\frac{y}{b}\right)\sin\frac{n\pi}{b}y\mathrm{d}y=-U_0\frac{b}{n\pi}\cos\frac{n\pi}{b}y\Bigg|_{b/2}^{b}-\frac{U_0}{b}\left[\left(\frac{b}{n\pi}\right)^2\sin\frac{n\pi}{b}y\right.$$

$$\left.-\frac{by}{n\pi}\cos\frac{n\pi}{b}y\right]\Bigg|_{b/2}^{b}=-U_0\frac{b}{n\pi}\left(\cos n\pi-\cos\frac{n\pi}{2}\right)+\frac{U_0}{b}\left(\frac{b}{n\pi}\right)^2\sin\frac{n\pi}{2}$$

$$+\frac{U_0}{b}\frac{b}{n\pi}b\cos n\pi-\frac{U_0}{b}\frac{b}{n\pi}\frac{b}{2}\cos\frac{n\pi}{2}$$

化简得

$$\frac{b}{2}c_n\operatorname{sh}\frac{n\pi a}{b}=\int_0^b\varphi(a,y)\sin\frac{n\pi}{b}y\mathrm{d}y=2U_0\frac{b}{n^2\pi^2}\sin\frac{n\pi}{2}$$

求出 c_n，代入即可得

$$\varphi=\sum_{n=1}^{\infty}\frac{4U_0}{n^2\pi^2}\frac{\sin\frac{n\pi}{2}}{\sin\frac{n\pi a}{b}}\sin\frac{n\pi y}{b}\operatorname{sh}\frac{n\pi}{b}x$$

【3.22】 一个截面如图所示的长槽，向 y 方向无限延伸，两侧的电位是零，槽内 $y\to\infty$，$\varphi\to0$，底部的电位为 $\varphi(x,0)=U_0$，求槽内的电位。

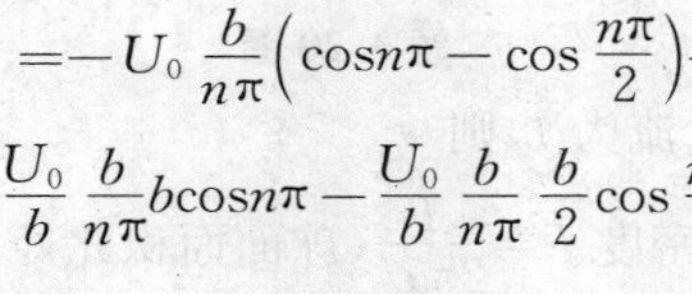

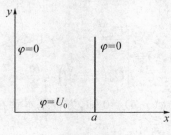

题 3.22 图

解：采用直角坐标系，槽内电位函数满足 Laplace 方程

$$\frac{\partial^2\varphi}{\partial x^2}+\frac{\partial^2\varphi}{\partial y^2}=0$$

由边界条件

$$\varphi(x,0)=U_0$$
$$\varphi(x,\infty)=0$$
$$\varphi(a,y)=0$$
$$\varphi(0,y)=0$$

设 $\varphi=X(x)Y(y)$，代入 Laplace 方程

$\frac{1}{X}\frac{\mathrm{d}^2X}{\mathrm{d}x^2}+\frac{1}{Y}\frac{\mathrm{d}^2Y}{\mathrm{d}y^2}=0$，则

$\begin{cases}X''+K_xX=0\\Y''+K_yY=0\end{cases}$　其中 $K_x^2+K_y^2=0$

$\begin{cases}X(x)=A\mathrm{e}^{-\mathrm{j}K_xx}+B\mathrm{e}^{\mathrm{j}K_xx}\\Y(y)=C\mathrm{e}^{-\mathrm{j}K_yy}+D\mathrm{e}^{\mathrm{j}K_yy}\end{cases}$

则
$$\varphi(x,y)=(A\mathrm{e}^{K_yx}+B\mathrm{e}^{-K_yx})(C\sin K_yy+D\cos K_yy)$$
$$\varphi(x,y)=\sum_{n=1}^{\infty}C_m\sin\left(\frac{n\pi x}{a}\right)$$
$$\begin{cases}\varphi(x,0)=U_0\\\varphi(x,\infty)=0\\\varphi(a,y)=0\\\varphi(0,y)=0\end{cases}$$

因为
$$U_0=\sum_{n=1}^{\infty}C_m\sin\left(\frac{n\pi x}{a}\right)$$

两边同时乘以 $\sin\left(\frac{n\pi x}{a}\right)$ 并从 0 到 a 对 x 积分得：

$$C_m=\frac{2U_0}{a}\int_0^a\sin\left(\frac{n\pi x}{a}\right)\mathrm{d}x=\frac{2U_0}{n\pi}(1-\cos n\pi)=\begin{cases}\frac{4U_0}{n\pi},n=1,3,5,7,\cdots\\0,n=2,4,6,\cdots\end{cases}$$

$$A=0,K_y=\frac{n\pi}{a}(n=1,2,3,4,5,\cdots),D=0\Rightarrow\varphi(x,y)=B\sin\left(\frac{n\pi x}{a}\right)C\mathrm{e}^{-\mathrm{j}\frac{n\pi}{a}y}$$

所以
$$\varphi=\sum_{n=1,3,5,\cdots}^{\infty}\frac{4U_0}{n\pi}\sin\frac{n\pi x}{a}\mathrm{e}^{\frac{-n\pi y}{a}}$$

【3.23】 若上题的底部的电位为 $\varphi(x,0)=U_0\sin\frac{3\pi x}{a}$，重新求槽内的电位。

解：由边界条件有

$$U_0\sin\left(\frac{3\pi x}{a}\right)=\sum_{n=1}^{\infty}C_m\sin\left(\frac{n\pi x}{a}\right)\Rightarrow C_m=2\int_0^a U_0\sin\left(\frac{3\pi x}{a}\right)\sin\left(\frac{n\pi x}{a}\right)\mathrm{d}x$$

$$U_0\sin\left(\frac{3\pi x}{a}\right)=C_m\sin\left(\frac{n\pi x}{a}\right)\Rightarrow n=3, C_m=U_0$$

$$\therefore \varphi(x)=U_0\mathrm{e}^{\frac{-3\pi y}{a}}\sin\left(\frac{3\pi x}{a}\right)$$

【3.24】 半径为无穷长的圆柱面上，有密度为 $\rho_s=\rho_{s0}\cos\phi$ 的面电荷，求圆柱面内外的电位。

解：假设无穷长的圆柱面半径为 R，根据高斯定理，有：

$r<R$ 时，内部电荷量为零，因此 $E_1=0$，

$r>R$ 时，$\int_s \boldsymbol{E}\cdot\mathrm{d}\boldsymbol{S}=\frac{1}{\varepsilon_0}\sum q$

$$2\pi rhE_2=\frac{1}{\varepsilon_0}2\pi Rh\rho_s \text{ 则 } E_2=\frac{R\rho_s}{\varepsilon_0 r}$$

当 $r>R$ 时，电位分布为（假设零电位参考点为 P）

$$\varphi_2=\int_l \boldsymbol{E}_2\cdot\mathrm{d}\boldsymbol{l}=\int_r^P\frac{R\rho_s}{\varepsilon_0 r}\mathrm{d}r=\frac{R\rho_s}{\varepsilon_0}\ln\frac{P}{r}$$

当 $r<R$ 时，电位分布为

$$\varphi_1=\int_l \boldsymbol{E}\cdot\mathrm{d}\boldsymbol{l}=\int_r^R E_1\mathrm{d}l+\int_R^P E_2\mathrm{d}l=0+\int_R^P\frac{R\rho_s}{\varepsilon_0 r}\mathrm{d}r=\frac{R\rho_s}{\varepsilon_0}\ln\frac{R}{r}$$

【拓展训练】

3—1　有一半径为 a、带电量 q 的导体球，其球心位于介电常数分别为 ε_1 和 ε_2 的两种介质的分界面上，该分界面为无限大平面。试求：(1)导体球的电容；(2)总的静电能量。

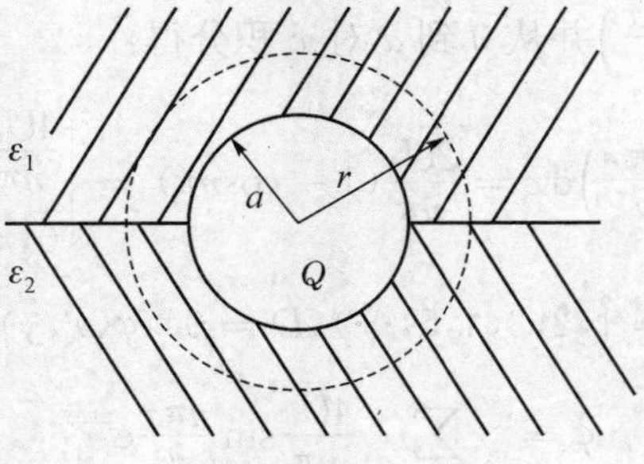

题 3－1 图

3—2　长度为 L 的细导线带有均匀电荷，其电荷线密度为 ρ_{l0}。(1) 计算线电荷平分线上任意一点的单位 φ；(2)利用直接积分法计算线电荷平分面上任意一点的电场 $\boldsymbol{E}$，并用 $\boldsymbol{E}=-\nabla\varphi$ 核对。

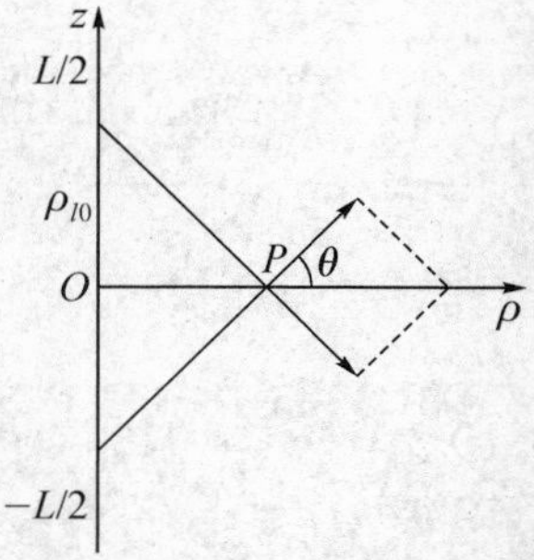

题 3－2 图

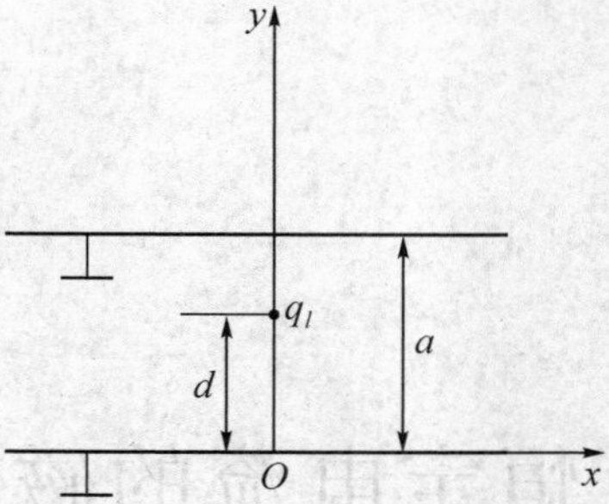

题 3－4 图

3－3　一个点电荷 $q_1=q$ 位于点 $P_1(-a,0,0)$，令一点电荷 $q_2=2q$ 位于点 $P_2(a,0,0)$，求空间的零电位面。

3－4　如图所示的两块平行无限大接地导体板，两板之间有一与 z 轴平行的线电荷 q_l，其位置为 $(0,d)$。求板间的电位分布。

3－5　电荷密度处处等于零的非均匀电介质中，静电位满足什么形式的微分方程？

3－6　试推导不同导电媒质的分界面上存在自由面电荷的条件。

4 恒定电流的磁场

4.1 基本内容概述

1. 恒定磁场方程

恒定磁场方程积分形式：

$$\int_l \boldsymbol{H} \cdot \mathrm{d}\boldsymbol{l} = I \qquad \text{安培环路定律}$$

$$\int_S \boldsymbol{B} \cdot \mathrm{d}\boldsymbol{S} = 0 \qquad \text{磁通连续性定律}$$

微分形式：

$$\nabla \times \boldsymbol{H} = \boldsymbol{J}$$

$$\nabla \cdot \boldsymbol{B} = 0$$

媒质的磁性方程：

$$\boldsymbol{B} = \mu\boldsymbol{H}$$

2. 导体的自感和互感

导线回路的自感和互感：

$$L_k = \frac{\Psi_{kk}^m}{I_k}$$

$$M_{jk} = \frac{\Psi_{jk}^m}{I_j}$$

3. 恒定磁场的边界条件

$$H_{1t} = H_{2t}$$

$$B_{1n} = B_{2n}$$

4. 静磁场的能量

磁场与电场一样也具有能量。载流回路中的电流与其磁场的建立过程中，外源做功，根据能量守恒定律，外源做的功转化为电流回路的磁场能量。

单导线回路：电感为 L，电流为 I 的载流回路的磁场能量为

$$W_m = \frac{1}{2}LI^2$$

由于 $\psi^m = LI$，单导线回路的磁场能量也可用回路的磁链与电流表示为

$$W_m = \frac{1}{2}\psi^m I$$

N 个电流回路：

$$W_m = \sum_{k=1}^{N}\frac{1}{2}\psi_k^m I_k$$

4.2　典型例题解析

【例 4.1】　在半径为 a、电导率为 σ 的无限长直圆柱导线中，沿轴线方向通以均匀分布的恒定电流 I，且导线表面上有均匀分布的电荷密度 ρ_S。

(1) 求：导线表面外侧的坡印廷矢量 $\boldsymbol{S}$；

(2) 证明：由导线表面进入其内部的功率等于导线内部的焦耳热损耗功率。

解：(1) 当导线的电导率 σ 为有限值时，导线内部存在沿电流方向的电场

$$\boldsymbol{E}_i = \frac{\boldsymbol{J}}{\sigma} = e_z\frac{I}{\pi a^2\sigma}$$

根据边界条件，在导线表面上电场的切向分量连续，即 $E_{iz} = E_{0z}$。因此，在导线表面外侧的电场的切向分量为

$$E_{oz}\big|_{\rho=a} = \frac{I}{\pi a^2\sigma}$$

又利用高斯定律，容易求得导线表面外侧的电场的法向分量为

$$E_{ap}\big|_{\rho=0} = \frac{\rho_S}{\varepsilon_0}$$

故导线表面外侧的电场为

$$\boldsymbol{E}_0\big|_{\rho=a} = \boldsymbol{e}_\rho\frac{\rho_S}{\varepsilon_0} + \boldsymbol{e}_z\frac{I}{\pi a^2\sigma}$$

利用安培环路定律，可求得导线表面外侧的磁场为

$$\boldsymbol{H}_0\big|_{\rho=a} = \boldsymbol{e}_\varphi\frac{I}{2\pi a}$$

故导线表面外侧的坡印廷矢量为

$$\boldsymbol{S}_0\big|_{\rho=a} = (\boldsymbol{E}_0\times\boldsymbol{H}_0)\big|_{\rho=a} = -\boldsymbol{e}_\rho\frac{I^2}{2\pi^2a^3\sigma} + \boldsymbol{e}_z\frac{\rho_S I}{2\pi\varepsilon_0\sigma}\ \mathrm{W/m^2}$$

(2) 由内导体表面每单位长度进入其内部的功率

$$P = -\int_S S_0\big|_{\rho=a}\cdot e_p\,\mathrm{d}S = \frac{I^2}{2\pi^2a^3\sigma}\times 2\pi a = \frac{I^2}{\pi a^2\sigma} = RI^2$$

式中，$R=\dfrac{I}{\pi a^2\sigma}$是内导体单位长度的电阻。由此可见，由导体表面进入其内部的功

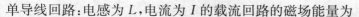

率等于导线内的焦耳热损耗功率。

【例 4.2】 一环形密绕螺旋管的截面为半径等于 a 的圆，环的中心线半径为 R，线圈匝数为 N，通有电流 I。试求：

(1) 环的截面上任意点的 $\boldsymbol{B}$；

(2) 通过环截面的磁通量 Φ_m；

(3)截面上磁通量密度的平均值 $\boldsymbol{B}_{av}$。

解：(1) 求解环的截面上任意点的 $\boldsymbol{B}$ 需要在截面所确定的圆域内进行。$\boldsymbol{B}$ 只与圆域内点 (r,θ) 与环的中心线距离 $R+r\cos\theta$ 有关，根据安培环路定律

$$\int_l \boldsymbol{B}\cdot \mathrm{d}\boldsymbol{l} = 2\pi(R+r\cos\theta)B = \mu_0 IN$$

$$B = \frac{\mu_0 IN}{2\pi(R+r\cos\theta)}$$

(2) 建立如图所示的直角坐标系，因为 $\boldsymbol{B}$ 只与 x 有关，而与 y 无关，所以面元 $\mathrm{d}S=2y\mathrm{d}x$

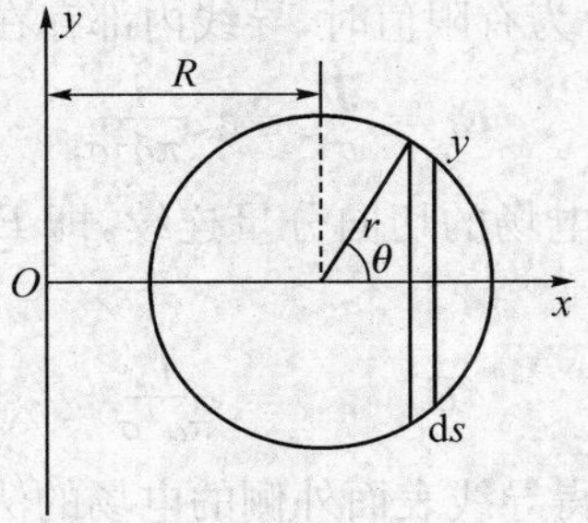

例 4.2 图

横截面的方程为

$$y^2+(x-R)^2=a^2$$

则

$$y=\pm\sqrt{a^2-(x-R)^2}$$

$$\mathrm{d}S=2\sqrt{a^2-(x-R)^2}\,\mathrm{d}x$$

那么通过面元的磁通量

$$\mathrm{d}\Phi_m=\boldsymbol{B}\cdot\mathrm{d}\boldsymbol{S}=\frac{\mu_0 IN}{\pi x}\sqrt{a^2-(x-R)^2}\,\mathrm{d}x$$

通过环截面的磁通量

$$\Phi_m=\int_{R-a}^{R+a}\frac{\mu_0 IN}{\pi x}\sqrt{a^2-(x-R)^2}\,\mathrm{d}x$$

$$=\frac{\mu_0 IN}{\pi}\int_{R-a}^{R+a}\frac{a^2-(x-R)^2}{x\sqrt{a^2-(x-R)^2}}\mathrm{d}x$$

$$= \frac{\mu_0 IN}{\pi}\left(\int_{R-a}^{R+a} \frac{a^2 - R^2}{x\sqrt{a^2-(x-R)^2}}\mathrm{d}x + \int_{R-a}^{R+a} \frac{R}{\sqrt{a^2-(x-R)^2}}\mathrm{d}x\right.$$
$$\left. + \int_{R-a}^{R+a} \frac{x-R}{\sqrt{a^2-(x-R)^2}}\mathrm{d}x\right)$$

由于

$$\int_{R-a}^{R+a} \frac{1}{x\sqrt{a^2-(x-R)^2}}\mathrm{d}x = \int_{\frac{\pi}{2}}^{\frac{\pi}{2}} \frac{1}{R+a\sin\theta}\mathrm{d}\theta = \frac{\pi}{\sqrt{R^2-a^2}}$$

$$\int_{R-a}^{R+a} \frac{1}{\sqrt{a^2-(x-R)^2}}\mathrm{d}x = \arcsin\frac{x-R}{a}\bigg|_{R-a}^{R+a} = \pi$$

$$\int_{R-a}^{R+a} \frac{x-R}{\sqrt{a^2-(x-R)^2}}\mathrm{d}x = -\sqrt{a^2-(x-R)^2}\bigg|_{R-a}^{R+a} = 0$$

因此

$$\Phi_m = \frac{\mu_0 IN}{\pi}\left(\frac{\pi(a^2-R^2)}{\sqrt{R^2-a^2}} + R\pi\right)$$
$$= \mu_0 IN(R - \sqrt{R^2-a^2})$$

（3）截面上磁通量密度的平均值

$$B_{av} = \frac{\Phi_m}{S} = \frac{\mu_0 IN}{\pi a^2}(R - \sqrt{R^2-a^2})$$

【例 4.3】 一同轴圆柱导线的内外导体都是用磁导率为 μ 的铁磁材料制成，导体之间绝缘材料的磁导率为 μ_0。假设内导体的半径为 a，外导体的内表面和外表面的半径分别为 b 和 c，内导体通有电流 I，外导体上无电流。试计算任意点的 $\boldsymbol{H}$ 和 $\boldsymbol{B}$。

解：（1）$r \leqslant a$

电流密度为 $J = \frac{I}{\pi a^2}$，根据安培环路定律得

$$H_1 2\pi r = JS = \frac{I}{\pi a^2}\pi r^2$$

所以

$$\boldsymbol{H}_1 = \frac{Ir}{2\pi a^2}\boldsymbol{e}_\varphi$$

$$\boldsymbol{B}_1 = \mu\boldsymbol{H}_1 = \frac{I\mu r}{2\pi a^2}\boldsymbol{e}_\varphi$$

（2）$a < r \leqslant b$

根据安培环路定律

$$H_2 2\pi r = I$$

所以

$$\boldsymbol{H}_2 = \frac{I}{2\pi r}\boldsymbol{e}_\varphi$$

$$\boldsymbol{B}_2 = \mu_0 H_2 = \frac{I\mu_0}{2\pi r}\boldsymbol{e}_\varphi$$

（3）$b < r \leqslant c$

根据安培环路定律

$$\boldsymbol{H}_3 = \frac{I}{2\pi r}\boldsymbol{e}_\varphi$$

$$\boldsymbol{B}_3 = \mu\boldsymbol{H}_3 = \frac{I\mu}{2\pi r}\boldsymbol{e}_\varphi$$

(4) $r > c$

根据安培环路定律 $$\boldsymbol{H}_4 = \frac{1}{2\pi r}\boldsymbol{e}_\varphi$$

所以 $$\boldsymbol{B}_4 = \mu_0\boldsymbol{H}_4 = \frac{I\mu_0}{2\pi r}\boldsymbol{e}_\varphi$$

【例 4.4】 假设 $\mu_r = 1\,000$ 的铁磁材料水平表面外侧空气里的磁场强度为 60 A/m，磁场强度矢量与表面法线之间的交角为 5°。试求：

(1) 铁磁材料内部的磁场强度大小和方向；

(2) 铁磁材料内部的磁通量密度。

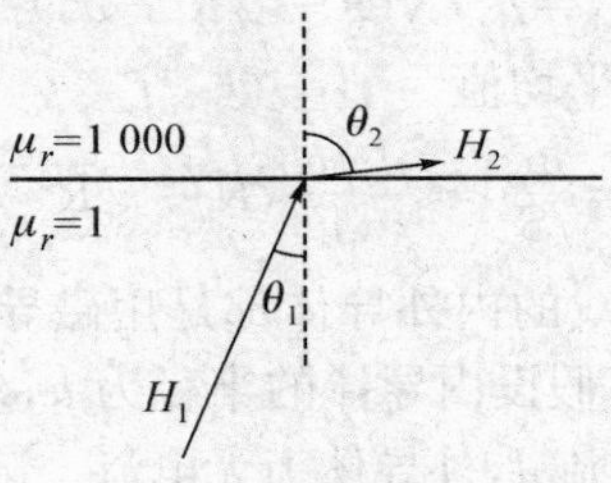

例 4.4 图

解：(1)根据边界条件可以得到

$$H_{1t} = H_{2t} \qquad B_{1n} = B_{2n}$$

所以铁磁材料内部磁场强度的切线分量

$$H_{2t} = H_{1t} = H_0 \sin\theta_1 = 60 \times \sin 5^\circ = 5.23\ \text{A/m}$$

法线分量

$$H_{2n} = \frac{B_{2n}}{\mu} = \frac{B_{1n}}{\mu} = \frac{\mu_0 H_{1n}}{\mu} = \frac{H_{1n}}{\mu_r} = \frac{H_0\cos\theta_1}{\mu_r}$$

$$= \frac{60 \times \cos 5^\circ}{1\,000} = 0.059\ \text{A/m}$$

磁场强度大小

$$H_2 = \sqrt{H_{2t}^2 + H_{2n}^2} = \sqrt{5.23^2 + 0.059^2} = 5.23\ \text{A/m}$$

铁磁材料内部的磁场强度矢量与法线方向夹角

$$\theta_2 = \arctan\frac{H_{2t}}{H_{2n}} = \arctan\frac{5.23}{0.059} = 89.4^\circ$$

(2) 铁磁材料内部的磁通量密度为

$$B_2 = \mu_2 H_2 = 5.23 \times 1\,000 \times 4\pi \times 10^{-7} = 6.57 \times 10^{-3}\,\text{T}$$

【例 4.5】 一个利用空气隙获得强磁场的电磁铁如图所示，铁芯中心线的长度 $l_1=500$ mm，空气隙长度 $l_2=20$ mm，铁芯是相对磁导率 $\mu_r=5\,000$ 的硅钢。要在空气隙中得到 $B=3\,000$ Gs 的磁场，求绕在铁芯上的线圈的安匝数 NI。

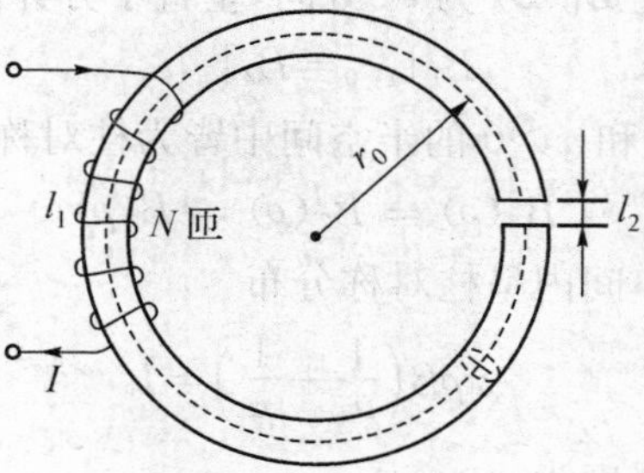

例 4.5 图

解：

作近似处理，假定无漏磁通，那么

$$\Phi = \mu HS = \mu_0 H_0 S \tag{1}$$

再由安培环路定律得

$$H(l_1 - l_2) + H_0 l_2 = NI \tag{2}$$

根据(1)式可得 $H=\dfrac{H_0}{\mu_r}$

将其代入(2)中，得 $\dfrac{H_0}{\mu_r}(l_1-l_2)+H_0 l_2=NI$

所以，匝数

$$NI=\left[\frac{0.3}{5\,000}(500-20)+0.3\times 20\right]\times 10^{-3}\times\frac{1}{4\pi\times 10^{-7}}=4.8\times 10^{3}\text{ 安匝}$$

【例 4.6】 在 $x<0$ 的半空间充满磁导率为 μ 的磁介质，$x>0$ 的半空间为真空，一线电流 I 沿 z 轴流动。求磁感应强度 $\boldsymbol{B}$ 和磁场强度 $\boldsymbol{H}$。

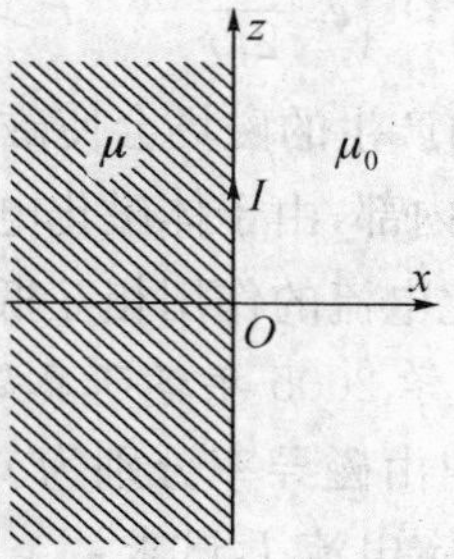

例 4.6 图

解：在柱坐标下求解此题。假定在 $x<0$ 和 $x>0$ 的半空间中磁场强度分别为 $\boldsymbol{H}_1$ 和 $\boldsymbol{H}_2$，并且方向皆为 $\boldsymbol{e}_\varphi$ 方向，那么根据安培环路定律可得

$$\pi\rho H_1 + \pi\rho H_2 = I$$

于是
$$\pi\rho\left(\frac{B_1}{\mu_0}+\frac{B_2}{\mu}\right)=I \tag{1}$$

在两种介质的分界面上 $\boldsymbol{B}_1$、$\boldsymbol{B}_2$ 为 $\boldsymbol{e}_\varphi$ 方向，垂直于分界面。

根据边界条件有
$$B_1|_{x=0}=B_2|_{x=0}$$

再结合 $\boldsymbol{B}_1$、$\boldsymbol{B}_2$ 在 $x<0$ 和 $x>0$ 的半空间中皆为柱对称分布的特点可以得到

$$B_1(\rho)=B_2(\rho)=B(\rho)$$

即磁感应强度在整个空间内呈柱对称分布

所以由(1)得
$$\pi\rho B\left(\frac{1}{\mu_0}+\frac{1}{\mu}\right)=I$$

在两种介质中的磁场强度为

$$H_1=\frac{B}{\mu_0}=\frac{\mu I}{\pi(\mu_0+\mu)\rho}$$

$$H_2=\frac{B}{\mu}=\frac{\mu_0 I}{\pi(\mu_0+\mu)\rho}$$

【例 4.7】（北京理工大学 2003 年考研真题）一个半径为 a、相对磁导率为 μ_r 的无限长导体圆柱上流有均匀恒定电流 I_0，求任意点的 $\boldsymbol{H}$ 和 $\boldsymbol{B}$，并解释柱外磁场与柱体磁导率值无关的原因。

解：任意点的磁场矢量

$$\boldsymbol{H}=\begin{cases}\boldsymbol{e}_\varphi \dfrac{I_0 r}{2\pi a^2} & r\leqslant a\\ \boldsymbol{e}_\varphi \dfrac{I_0}{2\pi r} & r>a\end{cases}$$

任意点的磁感应强度矢量

$$\boldsymbol{B}=\begin{cases}\boldsymbol{e}_\varphi \dfrac{\mu_0\mu_r I_0 r}{2\pi a^2} & r\leqslant a\\ \boldsymbol{e}_\varphi \dfrac{\mu_0 I_0}{2\pi r} & r>a\end{cases}$$

均匀恒定电流 I_0 在磁介质内产生的磁场会使磁介质自身产生磁化效应，产生体磁化电流和面磁化电流。在磁介质内部，由于体磁化电流的作用，使得 $\boldsymbol{B}$ 与 μ_r 相关；在介质外部，由于体磁化电流和面磁化电流的作用相互抵消，使得 $\boldsymbol{B}$ 与 μ_r 无关。

【例 4.8】（西安电子科技大学 2005 年考研真题）有一内导体半径为 a，外导体的内半径为 b 的无限长同轴线，其内由磁导率分别为 μ_1 和 μ_2 的两种磁介质以下图所示方式填充。如若给该同轴线通恒定电流 I，试求：

(1) 内外导体间的磁场强度 $\boldsymbol{H}$；

(2) 两种磁介质面上的磁化面电流密度 $\boldsymbol{J}_{mS}$；

(3) 内外导体间的磁能密度。

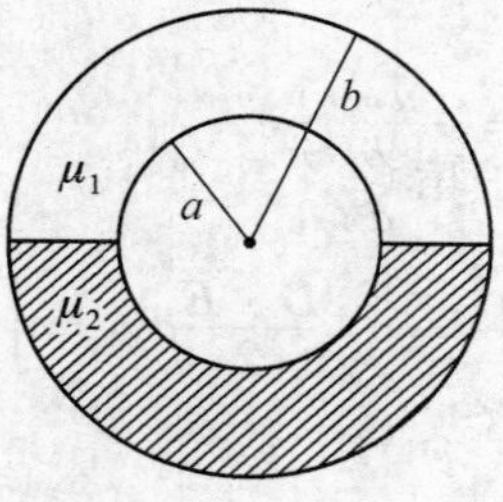

例 4.8 图

解：(1) 在两种介质分界面上

$$\boldsymbol{n}\cdot(\boldsymbol{B}_2-\boldsymbol{B}_1)=0$$

所以
$$B_{2n}=B_{1n}=B$$

由安培环路定律 $\pi r H_1+\pi r H_2=I$，即

$$\pi r B\left(\frac{1}{\mu_1}+\frac{1}{\mu_2}\right)=I$$

所以
$$\boldsymbol{B}=\frac{\mu_1\mu_2 I}{\pi r(\mu_1+\mu_2)}\boldsymbol{e}_\theta$$

$$\boldsymbol{H}_1=\frac{\mu_2 I}{\pi r(\mu_1+\mu_2)}\boldsymbol{e}_\theta,\boldsymbol{H}_2=\frac{\mu_1 I}{\pi r(\mu_1+\mu_2)}\boldsymbol{e}_\theta$$

(2) 分界面上磁化面电流密度为

$$\boldsymbol{J}_{mS}=(\boldsymbol{M}_2-\boldsymbol{M}_1)\times\boldsymbol{n}$$

因为
$$\boldsymbol{M}=\frac{\boldsymbol{B}}{\mu_0}-\boldsymbol{H}=\frac{\mu-\mu_0}{\mu\mu_0}\boldsymbol{B}$$

所以在介质分界面上 $\boldsymbol{M}$ 与 $\boldsymbol{n}$ 平行，即 $\boldsymbol{M}\times\boldsymbol{n}=0$

所以
$$\boldsymbol{J}_{mS}=0$$

(3) 在 μ_1 区域内　$w_{m1}=\dfrac{B_1\cdot H_1}{2}=\dfrac{\mu_1\mu_2^2 I^2}{2\pi^2 R^2(\mu_1+\mu_2)^2}$

在 μ_2 区域内　$w_{m2}=\dfrac{B_1\cdot H_2}{2}=\dfrac{\mu_1^2\mu_2 I^2}{2\pi^2 r^2(\mu_1+\mu_2)^2}$

【例 4.9】（西安电子科技大学 2003 年考研真题）同轴线的内外导体的半径分别是 a、b，导体的电阻率为 σ，其间填充介质的介电常数、磁导率和电导率分别为 μ、ε、σ_0，当其所传输的横电磁波的角频率为 ω 时，求该传输线单位长度的电容 C_0、自感 L_0、漏电导 G_0 和串联电阻 R_0。（不计导体内部自感）

解：设某一时刻内导体单位长度带电量为 $q=q(t)$，则内外导体间的场强 $\boldsymbol{E}=\dfrac{q(t)}{2\pi\varepsilon r}\boldsymbol{e}_r$，

因为
$$u=\int_a^b\frac{q(t)}{2\pi\varepsilon r}\mathrm{d}r=\frac{q(t)}{2\pi\varepsilon}\ln\frac{b}{a}$$

所以

$$\boldsymbol{E}=\frac{u}{\ln\frac{b}{a}}\frac{1}{r}\boldsymbol{e}_r$$

$$\frac{C_0u^2}{2}=\int_V\frac{\boldsymbol{D}\cdot\boldsymbol{E}}{2}\mathrm{d}V=\int_a^b\frac{\varepsilon E^2}{2}2\pi r\mathrm{d}r=\frac{\pi\varepsilon u^2}{\ln\frac{b}{a}}$$

所以单位长度上的电容 $C_0=\dfrac{2\pi\varepsilon}{\ln\frac{b}{a}}$

设同轴线内导体电流为 i，则内外导体间的磁场强度为 $\boldsymbol{H}=\dfrac{i}{2\pi r}\boldsymbol{e}_\varphi$

因为 $$\frac{L_0i^2}{2}=\int_V\frac{\boldsymbol{B}\cdot\boldsymbol{H}}{2}\mathrm{d}V=\int_V\frac{\mu H^2}{2}2\pi r\mathrm{d}r=\frac{\mu i^2}{4\pi}\ln\frac{b}{a}$$

所以单位长度上自感 $L_0=\dfrac{\mu}{2\pi}\ln\dfrac{b}{a}$

设内外导体间漏电流为 I，则界面漏电流密度 $J=\dfrac{I}{2\pi r}=\sigma_0E$

所以 $$\boldsymbol{E}=\frac{I}{2\pi\sigma_0 r}\boldsymbol{e}_r$$

内外导体间电压为 $$U=\int_a^bE\mathrm{d}r=\frac{I}{2\pi\sigma_0}\ln\frac{b}{a}$$

内外导体间漏电导 $$G_0=\frac{I}{U}=\frac{2\pi\sigma_0}{\ln\frac{b}{a}}$$

同轴线串联电阻 $R_0=\sqrt{\dfrac{f\mu_0}{4\pi\sigma}}\left(\dfrac{1}{a}+\dfrac{1}{b}\right)=\dfrac{1}{2\pi}\sqrt{\dfrac{\omega\mu_0}{2\sigma}}\left(\dfrac{1}{a}+\dfrac{1}{b}\right)$

本题中考察同轴线相关参数的推导计算，其中同轴线的单位长度电容、内自感等最好记住，特别的同轴线的特性阻抗需熟记，最好结合 L_0、C_0 通过公式 $\eta=\sqrt{\dfrac{L_0}{C_0}}=\dfrac{1}{2\pi}\ln\dfrac{b}{a}\sqrt{\dfrac{\mu}{\varepsilon}}=\dfrac{60}{\sqrt{\varepsilon_r}}\ln\dfrac{b}{a}$一起记住。

4.3 课后习题解答

【4.1】 真空中半径为 a 的无限长导电圆筒上的电流均匀分布，电流面密度为 J_S，沿轴向流动，求圆筒内外的磁场。

解：当 $r<a$ 时：

由安培环路定律

$$\oint \boldsymbol{H}_1 \cdot \mathrm{d}\boldsymbol{l} = I = 0 \Rightarrow \begin{cases} \boldsymbol{H}_1 = 0 \\ \boldsymbol{B}_1 = 0 \end{cases}$$

当 $r \geqslant a$ 时：

$$\oint \boldsymbol{H}_2 \cdot \mathrm{d}\boldsymbol{l} = H_2 2\pi r l = 2\pi a J_S l \Rightarrow \boldsymbol{H}_2 = \frac{a}{\rho} J_S \boldsymbol{e}_\phi \Rightarrow \boldsymbol{B}_1 = \frac{\mu_0 a}{\rho} J_S \boldsymbol{e}_\phi$$

【4.2】 真空中，圆柱坐标系下，电流分布为

$$\boldsymbol{J} = 0 \qquad (0 < \rho < a)$$

$$\boldsymbol{J} = \frac{\rho}{b} \boldsymbol{e}_z \qquad (a < \rho < b)$$

$$\boldsymbol{J}_S = \boldsymbol{J}_0 \boldsymbol{e}_z \qquad (\rho = b)$$

$$\boldsymbol{J} = 0 \qquad (\rho > b)$$

求磁感应强度。

解：由安培环路定理

$$\int_l \boldsymbol{H} \cdot \mathrm{d}\boldsymbol{l} = I$$

$0 < \rho < a$ 时　$\int_l \boldsymbol{H} \cdot \mathrm{d}\boldsymbol{l} = \int_0^a \boldsymbol{J} 2\pi\rho \mathrm{d}\rho$　将 $J = 0$ 代入得　$H = 0 \quad B = 0$

$a < \rho < b$ 时　$\int_l \boldsymbol{H} \cdot \mathrm{d}\boldsymbol{l} = \int_0^b \boldsymbol{J} 2\pi\rho \mathrm{d}\rho = \int_a^b \boldsymbol{J} 2\pi\rho \mathrm{d}\rho$

$$H \cdot 2\pi\rho = \int_a^b \frac{\rho}{b} 2\pi\rho \mathrm{d}\rho = \frac{2\pi(b^3 - a^3)}{3b}$$

$$H = \frac{b^3 - a^3}{3b\rho} \qquad B = \frac{\mu_0 (b^3 - a^3)}{3b\rho}$$

$\rho \geqslant b$ 时　$\int_l \boldsymbol{H} \cdot \mathrm{d}\boldsymbol{l} = \int_0^b \boldsymbol{J} 2\pi\rho \mathrm{d}\rho = \int_a^b \boldsymbol{J} 2\pi\rho \mathrm{d}\rho + \boldsymbol{J}_0 2\pi\rho$

$$H \cdot 2\pi\rho = \int_a^b \frac{\rho}{b} 2\pi\rho \mathrm{d}\rho + 2\pi b\rho$$

$$H = \left(\frac{b^3 - a^3}{3b} + bJ_0\right)/\rho \qquad B = \mu_0 \left(\frac{b^3 - a^3}{3b} + bJ_0\right)/\rho$$

【4.3】 已知无限长导体圆柱半径为 a，其内部有一圆柱形空腔半径为 b，导体圆柱的轴线与圆柱形空腔的轴线相距为 c，如图所示。若导体中均匀分布的电流密度为 $\boldsymbol{J} = J_0 \boldsymbol{e}_z$，试求空腔中的磁感应强度。

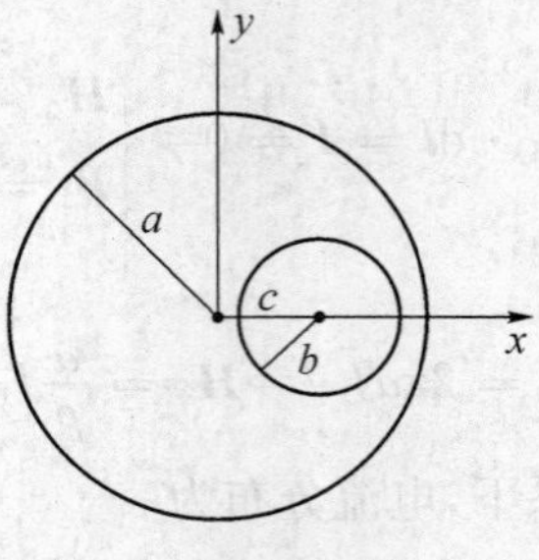

题 4.3 图

解:利用叠加原理,空腔中磁感应强度为:

$$\boldsymbol{B}=\boldsymbol{B}_1+\boldsymbol{B}_2$$

$\boldsymbol{B}_1$ 为电流均匀分布的实圆柱的磁感应强度;$\boldsymbol{B}_2$ 为与此圆柱形空腔互补而电流密度与实圆柱的电流密度相反的载流圆柱的磁感应强度。利用安培环路定律,有:

$$\boldsymbol{B}_1=\frac{\mu_0 J_0}{2}\rho_1\boldsymbol{e}_{j1}=\frac{\mu_0 J_0}{2}\boldsymbol{e}_z\times\boldsymbol{e}_{\rho 1}$$

$$\boldsymbol{B}_2=-\frac{\mu_0 J_0}{2}\rho_2\boldsymbol{e}_{j2}=-\frac{\mu_0 J_0}{2}\boldsymbol{e}_z\times\boldsymbol{e}_{\rho 2}$$

式中 $\boldsymbol{e}_{\rho 1}$、$\boldsymbol{e}_{\rho 2}$ 分别为从圆柱中心轴和圆柱空腔中心轴指向场点的矢量。因此

$$\boldsymbol{B}=\frac{\mu_0 J_0}{2}\boldsymbol{e}_z\times(\boldsymbol{e}_{\rho 1}-\boldsymbol{e}_{\rho 2})=\frac{\mu_0 J_0}{2}\boldsymbol{e}_z\times\boldsymbol{e}_c$$

其中 $\boldsymbol{e}_c$ 为从圆柱中心轴指向圆柱空腔中心轴的矢量。

【4.4】 已知真空中位于 xy 平面的表面电流为 $\boldsymbol{J}_s=J_0\boldsymbol{e}_x$,如图所示,求磁感应强度。

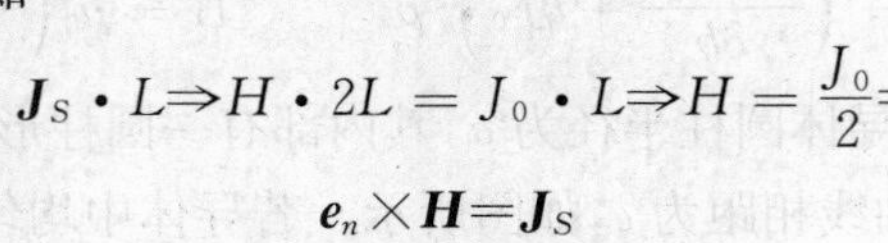

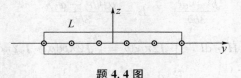

题 4.4 图

解:如图所示,在 xy 平面附近取一个小的矩形回路,回路长边为 L,短边为 Δl,$\Delta l\to 0$,由安培环路定理知

$$\int_l \boldsymbol{H}\cdot \mathrm{d}\boldsymbol{l}=\boldsymbol{J}_S\cdot L\Rightarrow H\cdot 2L=J_0\cdot L\Rightarrow H=\frac{J_0}{2}\Rightarrow B=\frac{\mu_0 J_0}{2}$$

且 $$\boldsymbol{e}_n\times\boldsymbol{H}=\boldsymbol{J}_S$$

$$\begin{cases} z>0 & \boldsymbol{B}=\dfrac{\mu_0 J_0}{2}\boldsymbol{e}_y \\ z<0 & \boldsymbol{B}=-\dfrac{\mu_0 J_0}{2}\boldsymbol{e}_y \end{cases}$$

【4.5】 一个无限长的直导线与直角三角形导线框在同一平面内,导线框的一个直角边与直导线平行,如图所示。求直导线与导线框间的互感。

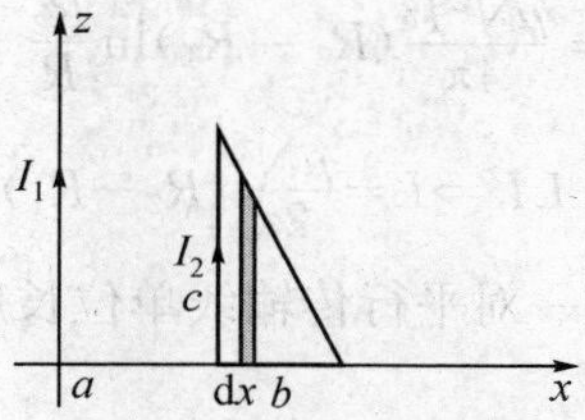

题 4.5 图

解：无线长直导线产生的磁场　　$\boldsymbol{B}=\dfrac{\mu_0 I_1}{2\pi x}\boldsymbol{e}_z$

由图知

$$\frac{b}{c}=\frac{a+b-x}{y}$$

$$y=\frac{c}{b}(a+b-x)$$

$$\mathrm{d}S=y\mathrm{d}x=\frac{c}{b}(a+b-x)\mathrm{d}x$$

磁通

$$\psi=\int B\cdot\mathrm{d}S=\int_a^{a+b}\frac{u_0 I_1}{2\pi x}\cdot\frac{c}{b}(a+b-x)\mathrm{d}x$$

$$=\frac{\mu_0 I_1 c}{2\pi}\left[\frac{a+b}{b}\cdot\ln\frac{a+b}{a}-1\right]$$

则互感为

$$M=\frac{\psi}{I_1}=\frac{u_0 c}{2\pi}\left[\frac{a+b}{b}\cdot\ln\frac{a+b}{a}-1\right]$$

【4.6】　$z=0$ 的两种媒质的分界面上有面电流，其电流面密度为 $\boldsymbol{J}_S=12\boldsymbol{e}_y$ kA/m。在 $z>0$ 时，$\mu_r=200$，$\boldsymbol{H}_1=40\boldsymbol{e}_x+50\boldsymbol{e}_y+12\boldsymbol{e}_z$ kA/m，求在 $z<0$，$\mu_r=1\ 000$ 中的磁场强度。

解：

由边界条件 $H_{1t}-H_{2t}=J$ 知　$H_{1y}-H_{2y}=0$；$H_{1x}-H_{2x}=J_S$

所以 $H_{2y}=H_{1y}=50$；$H_{2x}=H_{1x}-J_S=28$

由边界条件 $B_{1n}=B_{2n}$ 知　$\mu_1 H_{1z}=\mu_2 H_{2z}\Rightarrow H_{2z}=\dfrac{\mu_1}{\mu_2}H_{1z}=\dfrac{200}{1\ 000}\times 12=\dfrac{12}{5}$

所以 $\boldsymbol{H}_1=28\boldsymbol{e}_x+50\boldsymbol{e}_y+\dfrac{12}{5}\boldsymbol{e}_z$ kA/m

【4.7】　计算环形螺线管上绕 N 匝线圈的自感。已知螺线管的内半径为 R_1，外半径为 R_2，相对磁导率为 μ_r。

解：由安培环路定理知，在螺线管内　$H=\dfrac{NI}{2\pi r}$

则磁场能量为

$$W=\int_{R_1}^{R_2}\frac{1}{2}\mu H^2 2\pi r(R_2-R_1)\mathrm{d}r$$

$$=\int_{R_1}^{R_2}\frac{\mu}{2}\frac{N^2I^2}{4\pi^2r^2}2\pi r(R_2-R_1)\mathrm{d}r$$

$$=\frac{\mu N^2 I^2}{4\pi}(R_2-R_1)\ln\frac{R_2}{R}$$

且 $$W=\frac{1}{2}LI^2\Rightarrow L=\frac{\mu N^2}{2\pi}(R_2-R_1)\ln\frac{R_2}{R}$$

【4.8】 计算真空中放置的一对平行传输线单位长度的外自感。已知导线半径为 a,中心间距为 D,如图所示。

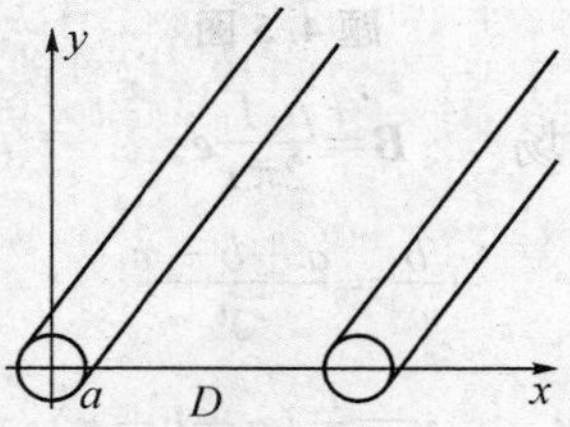

题 4.8 图

解:由安培环路定律得:

$$B=\frac{\mu_0 I}{2\pi x}+\frac{\mu_0 I}{2\pi(D-x)}$$

$$\psi=\int \boldsymbol{B}\cdot d\boldsymbol{S}$$

$$=\int_a^{D-a}\left[\frac{\mu_0 I}{2\pi x}+\frac{\mu_0 I}{2\pi(D-x)}\right]l\,dx$$

$$=\frac{\mu_0 Il}{\pi}\ln\frac{D-a}{a}$$

$$L=\frac{\psi}{I}=\frac{\mu_0}{\pi}\ln\frac{D-a}{a}$$

另解:

两根导线磁场能量为(单位长度)

$$W_m=\frac{1}{2}\int_V \boldsymbol{H}\cdot\boldsymbol{B}dV=\frac{1}{2}\int_a^{D-a}\frac{\mu_0 I^2}{4\pi^2\rho^2}d(\pi\rho^2)$$

$$=\frac{\mu_0 I^2}{4\pi}\ln\rho\Big|_a^{D-a}=\frac{\mu_0 I^2}{4\pi}\ln\frac{D-a}{a}$$

则自感为 $$L=2\,\frac{2W_m}{I^2}=\frac{2\mu_0}{2\pi}\ln\frac{D-a}{a}=\frac{\mu_0}{\pi}\ln\frac{D-a}{a}$$

注意:这里两根导线间磁场能量 $W_e=2W_m, L=\frac{2W_e}{I^2}$

【4.9】 在截面为正方形($a\times a$),半径为 $R(R>>a)$的磁环上,密绕了两个线圈,一个线圈为 m 匝,另一个线圈为 n 匝。磁芯的相对磁导率为 100,分别近似计算两线圈的自感和互感。

解：由安培环路定理知

$$\int_l \boldsymbol{H}_1 \cdot \mathrm{d}\boldsymbol{l} = mI \Rightarrow H_1 = \frac{mI_1}{2\pi R} \Rightarrow B_1 = \frac{\mu m I_1}{2\pi R}$$

$$\int_l \boldsymbol{H}_2 \cdot \mathrm{d}\boldsymbol{l} = nI \Rightarrow H_2 = \frac{nI_2}{2\pi R} \Rightarrow B_2 = \frac{\mu n I_2}{2\pi R}$$

则磁通链、电感为

$$\psi_{11} = \int_S \boldsymbol{B}_1 \cdot \mathrm{d}\boldsymbol{S}_1 = \frac{\mu m I_1}{2\pi R} a^2 m = \frac{\mu a^2 m^2 I_1}{2\pi R} \Rightarrow L_1 = \frac{\psi_{11}}{I_1} = \frac{\mu a^2 m^2}{2\pi R}$$

$$\psi_{12} = \int_S \boldsymbol{B}_2 \cdot \mathrm{d}\boldsymbol{S}_2 = \frac{\mu n I_2}{2\pi R} a^2 n = \frac{\mu a^2 n^2 I_2}{2\pi R} \Rightarrow L_2 = \frac{\psi_{12}}{I_2} = \frac{\mu a^2 n^2}{2\pi R}$$

$$\psi_{12} = \int_S \boldsymbol{B}_1 \cdot \mathrm{d}\boldsymbol{S}_2 = \frac{\mu m I_1}{2\pi R} a^2 n = \frac{\mu a^2 mn I_1}{2\pi R} \Rightarrow L_1 = \frac{\psi_{12}}{I_1} = \frac{\mu a^2 mn}{2\pi R}$$

【4.10】 一个长直导线和一个圆环（半径为 a）在同一平面内，圆心与导线的距离为 d，证明它们之间的互感为

$$M = \mu_0 (d - \sqrt{d^2 - a^2})$$

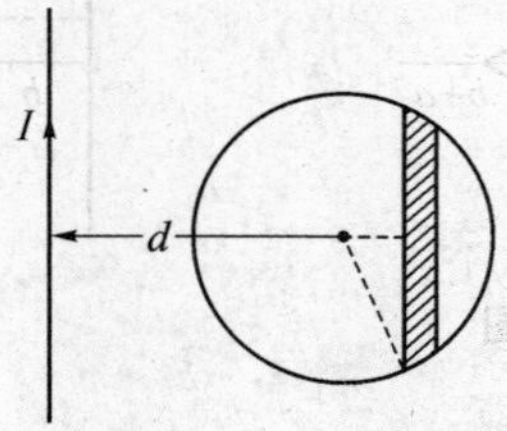

题 4.10 图

证明：$\boldsymbol{H} = \dfrac{I}{2\pi x} \boldsymbol{e}_\varphi$

$$\boldsymbol{B} = \frac{\mu_0 I}{2\pi x} \boldsymbol{e}_\varphi$$

$$\mathrm{d}S = 2\sqrt{a^2 - (d-x)^2}\,\mathrm{d}x$$

$$\psi_{12}^m = \int \boldsymbol{B} \cdot \mathrm{d}S = \frac{\mu_0 I}{\pi} \int_{d-a}^{d+a} \frac{\sqrt{a^2 - (d-x)^2}}{x} \mathrm{d}x$$

$$= \frac{\mu_0 I}{\pi} \int_{d-a}^{d+a} \frac{a^2 - (d-x)^2}{x\sqrt{a^2 - (d-x)^2}} \mathrm{d}x$$

$$= \frac{\mu_0 I}{\pi} \left[\int_{d-a}^{d+a} \frac{a^2 - d^2}{x\sqrt{a^2 - (d-x)^2}} \mathrm{d}x + \int_{d-a}^{d+a} \frac{d}{\sqrt{a^2 - (d-x)^2}} \mathrm{d}x + \int_{d-a}^{d+a} \frac{d-x}{\sqrt{a^2 - (d-x)^2}} \mathrm{d}x \right]$$

由于 $$\int_{d-a}^{d+a} \frac{1}{\sqrt{a^2 - (d-x)^2}} \mathrm{d}x = \arcsin \frac{x-d}{a} \Bigg|_{d-a}^{d+a} = \pi$$

$$\int_{d-a}^{d+a}\frac{1}{x\sqrt{a^2-(d-x)^2}}\mathrm{d}x=\frac{\pi}{\sqrt{d^2-a^2}}$$

$$\int_{d-a}^{d+a}\frac{d-x}{\sqrt{a^2-(d-x)^2}}\mathrm{d}x=0$$

则

$$\psi_{12}^m=\mu_0 I(d-\sqrt{d^2-a^2})$$

$$M=\frac{\psi_{12}^m}{I}$$

得证

【4.11】 求长直导线和其共面的正三角形之间的互感。其中 a 是三角形的高，b 是三角形平行于长直导线的边至直导线的距离（且该边距离直导线最近）。

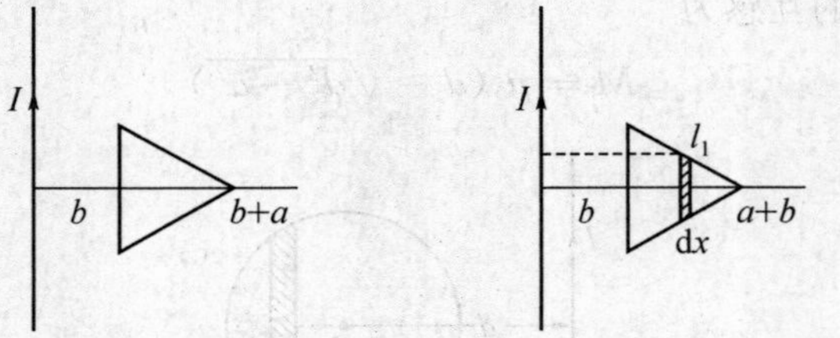

题 4.11 图

解：直线 l_1 的方程

$$y-\frac{\sqrt{3}}{3}a=k(x-b)=-\frac{\sqrt{3}}{3}(x-b)$$

$$y=-\frac{\sqrt{3}}{3}(x-b)+\frac{\sqrt{3}}{3}a$$

$$\begin{aligned}\varphi_{12}^m&=\int_S \boldsymbol{B}\cdot\mathrm{d}\boldsymbol{S}=\frac{\mu_0 I_1}{2\pi}\int_S\frac{1}{x}\mathrm{d}S\\&=\frac{\mu_0 I_1}{2\pi}\left[\int_b^{a+b}2\,\frac{1}{x}\left(-\frac{\sqrt{3}}{3}x+\frac{\sqrt{3}}{3}b+\frac{\sqrt{3}}{3}a\right)\mathrm{d}x\right]\\&=\frac{\mu_0 I_1}{\pi}\int_b^{a+b}\left[-\frac{\sqrt{3}}{3}+\frac{\sqrt{3}}{3}(a+b)\frac{1}{x}\right]\mathrm{d}x\\&=\frac{\mu_0 I_1}{\pi}\left[-\frac{\sqrt{3}}{3}a+\frac{\sqrt{3}}{3}(a+b)\ln\frac{(a+b)}{b}\right]\end{aligned}$$

$$M_{12}=\frac{\varphi_{12}^m}{I_1}=\frac{\mu_0}{\pi\sqrt{3}}\left[(a+b)\ln\frac{a+b}{b}-a\right]$$

【拓展训练】

4－1　无限长直线电流 I 垂直于磁导率分别为 μ_1 和 μ_2 的两种磁介质的分界面，如图所示。试求:(1)两种磁介质中的磁感应强度 $\boldsymbol{B}_1$ 和 $\boldsymbol{B}_2$;(2)磁化电流分布。

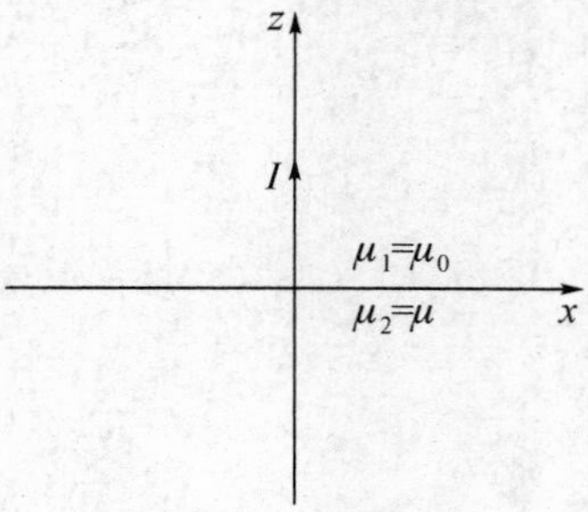

题 4－1 图

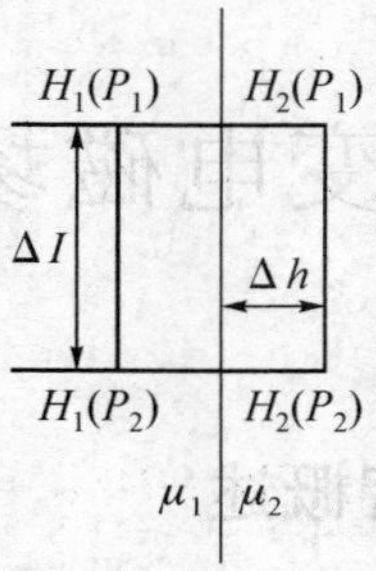

题 4－2 图

4－2　已知一个平面电流回路在真空中产生的磁场强度为 $\boldsymbol{H}_0$，若此平面电流回路位于磁导率分别为 μ_1 和 μ_2 的两种均匀磁介质的分界平面上，试求两种磁介质中的磁场强度 $\boldsymbol{H}_1$ 和 $\boldsymbol{H}_2$。

4－3　两个正方形单匝线圈，边长分别为 a 和 $2a$，电流为 I 和 I'，它们的磁矩指向相同。若要求两者的远区场 $\boldsymbol{B}$ 相同，试确定 I 和 I' 的关系。

4－4　通过均匀电流密度 $\boldsymbol{J}=\boldsymbol{e}_z\boldsymbol{J}_0$ 的长圆柱导体中有一平行的长圆柱形空腔，导体柱和空腔柱的半径分别为 a 和 b，两柱轴线相距 d，计算任意点的 $\boldsymbol{B}$，并证明空腔内的磁场是均匀的。

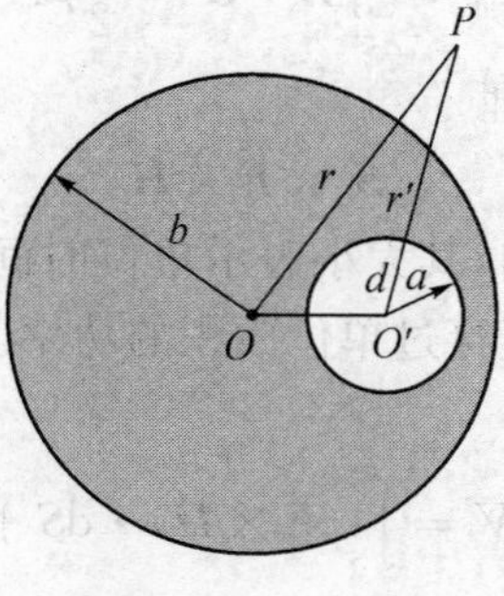

题 4－4 图

5 时变电磁场

5.1 基本内容概述

1. 时变电磁场的波动方程：

$$\nabla^2 \boldsymbol{E} - \mu\varepsilon \frac{\partial^2 \boldsymbol{E}}{\partial t^2} = 0$$

$$\nabla^2 \boldsymbol{H} - \mu\varepsilon \frac{\partial^2 \boldsymbol{H}}{\partial t^2} = 0$$

波动方程的解是在空间中沿一个特定方向传播的电磁波。

2. 电场能量密度与磁场能量密度 w_m 分别为

$$w_e = \frac{1}{2}\boldsymbol{E} \cdot \boldsymbol{D} = \frac{1}{2}\varepsilon E^2$$

$$w_m = \frac{1}{2}\boldsymbol{H} \cdot \boldsymbol{B} = \frac{1}{2}\mu H^2$$

3. 坡印廷矢量及坡印廷定理

$$\boldsymbol{S} = \boldsymbol{E} \times \boldsymbol{H}$$

其方向表示能量的流动方向，其大小表示单位时间内穿过与能量流动方向相垂直的单位面积的能量，或者说，垂直穿过单位面积的功率。$\boldsymbol{S}$、$\boldsymbol{E}$、$\boldsymbol{H}$ 三者是相互垂直的，且成右旋关系。

$$-\frac{\partial}{\partial t}\int_V w \mathrm{d}V = \int_S (\boldsymbol{E} \times \boldsymbol{H}) \cdot \mathrm{d}\boldsymbol{S} + \int_V \sigma E^2 \mathrm{d}V$$

式中各项具有明显的物理意义：左端为体积 V 中单位时间内减少的储能；右端第一项代表单位时间内穿过闭合面 S 的能量，右端第二项为体积 V 中单位时间内损耗的能量。可见，时变电磁场存在能量流动。

4. 时变电磁场的唯一性定理：在闭合面 S 包围的区域 V 中，当 $t=0$ 时刻的电场强度 $\boldsymbol{E}$ 及磁场强度 $\boldsymbol{H}$ 的初始值给定时，又在 $t>0$ 的时间内，只要边界 S 上的电场强度切向分量 E_t 或者磁场强度的切向分量 H_t 给定后，那么在 $t>0$ 的任意时刻，体积 V 中任一点的电磁场由麦克斯韦方程唯一确定。

5. 麦克斯韦方程组的复数表示

积分形式：

$$\oint_l \dot{\boldsymbol{H}} \cdot \mathrm{d}\boldsymbol{l} = \int_S (\dot{\boldsymbol{J}} + \mathrm{j}\omega \dot{\boldsymbol{D}}) \cdot \mathrm{d}\boldsymbol{S}$$

$$\oint_l \dot{\boldsymbol{E}} \cdot \mathrm{d}\boldsymbol{l} = -\mathrm{j}\omega \int_S \dot{\boldsymbol{B}} \cdot \mathrm{d}\boldsymbol{S}$$

$$\oint_S \dot{\boldsymbol{B}} \cdot \mathrm{d}\boldsymbol{S} = 0$$

$$\oint_S \dot{\boldsymbol{D}} \cdot \mathrm{d}\boldsymbol{S} = \int_V \dot{\rho} \mathrm{d}V$$

$$\oint_S \dot{\boldsymbol{J}} \cdot \mathrm{d}\boldsymbol{S} = -\mathrm{j}\omega \int_V \dot{\rho} \mathrm{d}V$$

微分形式：

$$\nabla \times \dot{\boldsymbol{H}} = \dot{\boldsymbol{J}} + \mathrm{j}\omega \dot{\boldsymbol{D}}$$

$$\nabla \times \dot{\boldsymbol{E}} = -\mathrm{j}\omega \dot{\boldsymbol{B}}$$

$$\nabla \cdot \dot{\boldsymbol{B}} = 0$$

$$\nabla \cdot \dot{\boldsymbol{D}} = \dot{\rho}$$

$$\nabla \cdot \dot{\boldsymbol{J}} = -\mathrm{j}\omega \dot{\rho}$$

6. 复数形式的坡印廷定理

$$\int_S \frac{1}{2}(\dot{\boldsymbol{E}} \times \dot{\boldsymbol{H}}^*) \cdot \mathrm{d}\boldsymbol{S} = -\frac{1}{2}\int_V \sigma \dot{\boldsymbol{E}} \cdot \dot{\boldsymbol{E}}^* \mathrm{d}V + \mathrm{j}\omega \int_V \left(\frac{1}{2}\varepsilon \dot{\boldsymbol{E}} \cdot \dot{\boldsymbol{E}}^* \mu - \dot{\boldsymbol{H}} \cdot \dot{\boldsymbol{H}}^*\right) \mathrm{d}V$$

复坡印廷矢量

$$\dot{\boldsymbol{S}} = \frac{1}{2}(\dot{\boldsymbol{E}} \times \dot{\boldsymbol{H}}^*)$$

$$\boldsymbol{S}_{av} = \mathrm{Re}(\dot{\boldsymbol{S}})$$

5.2　典型例题解析

【例 5.1】　在自由空间中，已知电场 $\boldsymbol{E}(z,t) = \boldsymbol{e}_y 10^3 \sin(\omega t - \beta z)\ \mathrm{V/m}$，试求磁场强度 $\boldsymbol{H}(z,t)$。

解：以余弦为基础，重新写出已知的电场表达式

$$\boldsymbol{E}(z,t) = \boldsymbol{e}_y 10^3 \cos\left(\omega t - \beta z - \frac{\pi}{2}\right) \mathrm{V/m}$$

这是一个沿 $+z$ 方向传播的均匀平面波的电场，其初相位为 $-90°$，与之相伴的磁场为

$$\boldsymbol{H}(z,t)=\frac{1}{\eta_0}\boldsymbol{e}_z\times\boldsymbol{E}(z,t)=\frac{1}{\eta_0}\boldsymbol{e}_z\times\boldsymbol{e}_y10^3\cos\left(\omega t-\beta z-\frac{\pi}{2}\right)$$

$$=-\boldsymbol{e}_x\frac{10^3}{120\pi}\cos\left(\omega t-\beta z-\frac{\pi}{2}\right)$$

$$=-\boldsymbol{e}_x2.65\sin(\omega t-\beta z)\,\mathrm{A/m}$$

【例 5.2】 一圆柱形同轴空气电容器的内导体半径为 a，外导体内表面半径为 b，长为 L，内外导体间加正弦电压 $U=U_0\sin\omega t$。试计算内外导体间所通过的位移电流总值，并证明它等于电容器的充电电流。

解：假定内导体单位长度带电量为 ρ_l，那么根据高斯定律，可以求出距中心为 r 处的电场

$$\boldsymbol{E}=\frac{\rho_l}{2\pi\varepsilon_0 r}\boldsymbol{e}_r$$

内外导体间的电位差

$$U=\int_a^b\boldsymbol{E}\cdot\mathrm{d}\boldsymbol{l}=\int_a^b\frac{\rho_l}{2\pi\varepsilon_0 r}\mathrm{d}r=\frac{\rho_l}{2\pi\varepsilon_0}\ln\frac{b}{a}$$

由此得到

$$\rho_l=\frac{2U\pi\varepsilon_0}{\ln\dfrac{b}{a}}$$

所以电场强度表示为

$$\boldsymbol{E}=\frac{U}{r\ln\dfrac{b}{a}}\boldsymbol{e}_r$$

位移电流密度为

$$\boldsymbol{J}_d=\frac{\partial\boldsymbol{D}}{\partial t}=\frac{\partial(\varepsilon_0\boldsymbol{E})}{\partial t}=\boldsymbol{e}_r\frac{\varepsilon_0}{r\ln\dfrac{b}{a}}\frac{\partial U}{\partial t}$$

$$=\boldsymbol{e}_r\frac{\varepsilon_0U_0\omega\cos\omega t}{r\ln\dfrac{b}{a}}$$

位移电流总量 $I_d=\int J_d\cdot\mathrm{d}S=J_d(2\pi rL)=\dfrac{2\pi\varepsilon_0 L}{\ln\dfrac{b}{a}}U_0\omega\cos\omega t$

电容器的充电电流

$$I_c=C\frac{\mathrm{d}U}{\mathrm{d}t}=\left[\frac{2\pi\varepsilon_0 L}{\ln\dfrac{b}{a}}\right]\frac{\mathrm{d}}{\mathrm{d}t}(U_0\sin\omega t)=\frac{2\pi\varepsilon_0 L}{\ln\dfrac{b}{a}}U_0\omega\cos\omega t$$

所以位移电流总量等于电容器的充电电流。

【例 5.3】 已知空气中 $\boldsymbol{E}=\boldsymbol{e}_y0.1\sin(10\pi x)\cos(6\pi\times10^9t-kz)\,\mathrm{V/m}$，求对应的 $\boldsymbol{H}$ 的表达式及 k。

解：根据电场 $\boldsymbol{E}$ 的表达式 $\boldsymbol{E}=\boldsymbol{e}_y0.1\sin(10\pi x)\mathrm{e}^{-\mathrm{j}kz}$ (1)

由麦克斯韦方程 $\nabla\times\boldsymbol{E}=-\mathrm{j}\omega\mu_0\boldsymbol{H}$

得
$$H=-\frac{1}{j\omega\mu_0}\nabla\times E=-\frac{1}{j\omega\mu_0}\begin{vmatrix} e_x & e_y & e_z \\ \frac{\partial}{\partial x} & \frac{\partial}{\partial y} & \frac{\partial}{\partial z} \\ 0 & 0.1\sin(10\pi x)e^{-jkz} & 0 \end{vmatrix}$$

$$=\frac{1}{j\omega\mu_0}[-e_x 0.1(-jk)\sin(10\pi x)e^{-jkz}+e_z\pi\cos(10\pi x)e^{-jkz}] \quad (2)$$

$$=\frac{1}{\omega\mu_0}[-e_x 0.1k\sin(10\pi x)+e_z j\pi\cos(10\pi x)e^{-jkz} \quad (3)$$

再根据方程
$$\nabla\times E=J+j\omega D$$

得
$$E=\frac{1}{j\omega\mu_0}(\nabla\times H\cdot J)=\frac{1}{j\omega\mu_0}\nabla\times H=\frac{1}{j\omega\mu_0}\begin{vmatrix} e_x & e_y & e_z \\ \frac{\partial}{\partial x} & \frac{\partial}{\partial y} & \frac{\partial}{\partial z} \\ H_x & 0 & H_z \end{vmatrix}$$

$$=\frac{e_y}{\omega^2\varepsilon_0\mu_0}[(10\pi)^2+k^2]0.1\sin(10\pi x)e^{-jkz}$$

由(1)、(3)两式可得
$$\frac{(10\pi)^2+k^2}{\omega^2\varepsilon_0\mu_0}=1$$

即
$$k^2=\omega^2\varepsilon_0\mu_0-(10\pi)^2$$
$$=(6\pi\times10^9)^2\times\frac{1}{36\pi}\times10^{-9}\times4\pi\times10^{-7}-(10\pi)^2=300\pi^2$$

所以
$$k=\sqrt{300\pi^2}=54.41$$

根据(3)可以得到

$$H(r,t)=\frac{-k}{\omega\mu_0}0.1\sin(10\pi x)\cos(\omega t-kz)e_x+$$
$$\frac{\pi}{\omega\mu_0}\cos(10\pi x)\cos\left(\frac{\pi}{2}+\omega t-kz\right)e_z$$
$$=-e_x 0.229\times10^{-3}\sin(10\pi x)\cos(6\pi\times10^9 t-54.41z)-$$
$$e_z 0.133\times10^{-3}\cos(10\pi x)\sin(6\pi\times10^9 t-54.41z)$$

【例 5.4】 证明坡印廷矢量的瞬时值可表示为$S(r,t)=\frac{1}{2}\mathrm{Re}(E\times H^*+E\times He^{j2\omega t})$

证明：$S(r,t)=E(r,t)\times H(r,t)$
$$=\mathrm{Re}[E(r)e^{j\omega t}]\times\mathrm{Re}[H(r)e^{j\omega t}]$$
$$=\frac{1}{2}[E(r)e^{j\omega t}+E^*(r)e^{j\omega t}]\times\frac{1}{2}[H(r)e^{j\omega t}+H^*(r)e^{-j\omega t}]$$
$$=\frac{1}{4}[E(r)\times H^*(r)+E^*(r)\times H(r)+E(r)\times H(r)e^{j2\omega t}+E^*(r)\times H^*(r)e^{-j2\omega t}]$$
$$=\frac{1}{2}\mathrm{Re}[E(r)\times H^*(r)+E(r)\times H(r)e^{j2\omega t}]$$

【例 5.5】 设真空中的电场强度的瞬时值为 $\boldsymbol{E}(r,t)=\boldsymbol{e}_y 2\cos\left(2\pi\times10^8 t-\dfrac{2\pi}{3}z\right)\mathrm{V/m}$

试求:(1) 电场强度复矢量;

(2) 对应的磁场强度瞬时值。

解:(1)电场强度复矢量　　　$\boldsymbol{E}=\boldsymbol{e}_y 2\mathrm{e}^{-\mathrm{j}\frac{2\pi}{3}z}$

(2) 对应的磁场强度复矢量为

$$\boldsymbol{H}=-\frac{1}{\mathrm{j}\omega\mu_0}\nabla\times\boldsymbol{E}=-\frac{1}{\mathrm{j}\omega\mu_0}\begin{vmatrix}\boldsymbol{e}_x & \boldsymbol{e}_y & \boldsymbol{e}_z\\ \dfrac{\partial}{\partial x} & \dfrac{\partial}{\partial y} & \dfrac{\partial}{\partial z}\\ 0 & 2\mathrm{e}^{-\mathrm{j}\frac{2\pi}{3}z} & 0\end{vmatrix}$$

$$=-\boldsymbol{e}_x\frac{4\pi}{3\omega\mu_0}\mathrm{e}^{-\mathrm{j}\frac{2\pi}{3}z}=-\boldsymbol{e}_x\frac{4\pi}{3\times2\pi\times10^8\times4\pi\times10^{-7}}\mathrm{e}^{-\mathrm{j}\frac{2\pi}{3}z}$$

$$=-\boldsymbol{e}_x\frac{1}{60\pi}\mathrm{e}^{-\mathrm{j}\frac{2\pi}{3}z}$$

所以磁场强度瞬时值为

$$\boldsymbol{H}(r,t)=-\boldsymbol{e}_x\frac{1}{60\pi}\cos\left(2\pi\times10^8 t-\frac{2\pi}{3}z\right)\mathrm{A/m}$$

5.3 课后习题解答

【5.1】 在无损耗的线性、各向同性媒质中,电场强度 $\boldsymbol{E}(r)$的波动方程为

$$\nabla^2\boldsymbol{E}(r)+\omega^2\mu\varepsilon\boldsymbol{E}(r)=0$$

已知矢量函数 $\boldsymbol{E}(r)=\boldsymbol{E}_0\mathrm{e}^{-\mathrm{j}\boldsymbol{k}\cdot\boldsymbol{r}}$,其中 $\boldsymbol{E}_0$ 和 $\boldsymbol{k}$ 是常矢量。试证明 $\boldsymbol{E}(r)$满足波动方程的条件是 $k^2=\omega^2\mu\varepsilon$,这里 $k=|\boldsymbol{k}|$。

证明:

$$\nabla\cdot\boldsymbol{E}(r)=\frac{\partial\boldsymbol{E}(r)}{\partial r}=E_0(-\mathrm{j}r)\cdot\mathrm{e}^{-\mathrm{j}kr}$$

$$\nabla^2\boldsymbol{E}(r)=\frac{\partial^2\boldsymbol{E}(r)}{\partial r^2}=E_0(-k^2)\mathrm{e}^{-\mathrm{j}kr}$$

$$\therefore E_0(-k^2)\mathrm{e}^{-\mathrm{j}kr}+\omega^2\mu\varepsilon E_0\mathrm{e}^{-\mathrm{j}kr}=0$$

$$\therefore k^2=\omega^2\mu\varepsilon$$

证毕。

【5.2】 证明:在有电荷密度 ρ 和电流密度 $\boldsymbol{J}$ 的均匀无损耗媒质中,电场强度 $\boldsymbol{E}$ 和磁场强度 $\boldsymbol{H}$ 的波动方程为

$$\nabla^2\boldsymbol{E}-\mu\varepsilon\frac{\partial^2\boldsymbol{E}}{\partial t^2}=\mu\frac{\partial\boldsymbol{J}}{\partial t}+\nabla\left(\frac{\rho}{\varepsilon}\right),\nabla^2\boldsymbol{H}-\mu\varepsilon\frac{\partial^2\boldsymbol{H}}{\partial t^2}=-\nabla\times\boldsymbol{J}$$

证明：

$$\because \nabla \times \boldsymbol{E} = -\frac{\partial \boldsymbol{B}}{\partial t} = -\mu \frac{\partial \boldsymbol{H}}{\partial t} \tag{1}$$

$$\nabla \times \boldsymbol{H} = \boldsymbol{J} + \frac{\partial \boldsymbol{D}}{\partial t} = \boldsymbol{J} + \varepsilon \frac{\partial \boldsymbol{E}}{\partial t} \tag{2}$$

$$\nabla \times \boldsymbol{D} = \rho,\text{即 } \nabla \cdot \boldsymbol{E} = \frac{\rho}{\varepsilon} \tag{3}$$

$$\nabla \cdot \boldsymbol{B} = 0,\text{即 } \nabla \times \boldsymbol{H} = 0 \tag{4}$$

对(1)取旋度有

$$\nabla \times (\nabla \times \boldsymbol{E}) = -\frac{\mu\partial}{\partial t}(\nabla \times \boldsymbol{H})$$

$$= -\frac{\mu\partial}{\partial t}\left(\boldsymbol{J} + \varepsilon \frac{\partial \boldsymbol{E}}{\partial t}\right)$$

$$= -\frac{\mu\partial \boldsymbol{J}}{\partial t} - \mu\varepsilon \frac{\partial^2 \boldsymbol{E}}{\partial t^2}$$

又

$$\because \nabla \times (\nabla \times \boldsymbol{E}) = \nabla(\nabla \cdot \boldsymbol{E}) - \nabla^2 \boldsymbol{E}$$

$$\therefore \nabla\left(\frac{\rho}{\varepsilon}\right) - \nabla^2 \boldsymbol{E} = -\mu \frac{\partial \boldsymbol{J}}{\partial t} - \mu\varepsilon \frac{\partial^2 \boldsymbol{E}}{\partial t^2}$$

$$\therefore \nabla^2 \boldsymbol{E} - \mu\varepsilon \frac{\partial^2 \boldsymbol{E}}{\partial t^2} = \nabla\left(\frac{\rho}{\varepsilon}\right) + \mu \frac{\partial \boldsymbol{J}}{\partial t}$$

证毕

同理，对(2)取旋度

$$\nabla \times (\nabla \times \boldsymbol{H}) = \nabla \times \boldsymbol{J} + \varepsilon \frac{\partial}{\partial t} \nabla \times \boldsymbol{E}$$

$$= \nabla \times \boldsymbol{J} - \mu\varepsilon \frac{\partial}{\partial t}\left(\frac{\partial \boldsymbol{H}}{\partial t}\right)$$

$$= \nabla \times \boldsymbol{J} - \mu\varepsilon \frac{\partial^2 \boldsymbol{H}}{\partial t^2}$$

$$\because \nabla \times (\nabla \times \boldsymbol{H}) = \nabla(\nabla \cdot \boldsymbol{H}) - \nabla^2 \boldsymbol{H}$$

$$\therefore -\nabla^2 \boldsymbol{H} = \nabla \times \boldsymbol{J} - \mu\varepsilon \frac{\partial^2 \boldsymbol{H}}{\partial t^2}$$

$$\therefore \nabla^2 \boldsymbol{H} - \mu\varepsilon \frac{\partial^2 \boldsymbol{H}}{\partial t^2} = -\nabla \times \boldsymbol{J}$$

证毕。

【5.3】 自由空间的电磁场为

$$\boldsymbol{E}(z,t) = 1\,000\cos(\omega t - kz)\boldsymbol{e}_x \ \text{V/m}$$

$$\boldsymbol{H}(z,t) = 2.65\cos(\omega t - kz)\boldsymbol{e}_y \ \text{A/m}$$

式中 $k=\omega\sqrt{\mu_0\varepsilon_0}=0.42$ rad/m。求(1) 瞬时坡印廷矢量；(2) 平均坡印廷矢量。

解：

$$\boldsymbol{S} = \boldsymbol{E} \times \boldsymbol{H}$$

由于 $\dot{\boldsymbol{E}}=1\,000\,\mathrm{e}^{-\mathrm{j}kz}\boldsymbol{e}_x, \dot{\boldsymbol{H}}=2.65\mathrm{e}^{-\mathrm{j}kz}\boldsymbol{e}_y$

瞬时值

$$\boldsymbol{S}(z,t)=\boldsymbol{E}(z,t)\times\boldsymbol{H}(z,t)=2\,650\cos(\omega t-kz)\boldsymbol{e}_z\,(\mathrm{W/m^2})$$

平均值 $\dot{\boldsymbol{S}}_{av}=\mathrm{Re}\left[\frac{1}{2}(\boldsymbol{E}\times\boldsymbol{H}^*)\right]=500\times2.65\boldsymbol{e}_z=1325\boldsymbol{e}_z\,(\mathrm{W/m^2})$

【5.4】 已知某电磁场的复矢量为

$$\dot{\boldsymbol{E}}(z)=\mathrm{j}E_0\sin(k_0z)\boldsymbol{e}_x\ (\mathrm{V/m})$$

$$\dot{\boldsymbol{H}}(z)=\sqrt{\frac{\varepsilon_0}{\mu_0}}E_0\cos(k_0z)\boldsymbol{e}_y\ (\mathrm{A/m})$$

式中 $k_0=\frac{2\pi}{\lambda_0}=\frac{\omega}{c}$，$c$ 为真空中的光速，λ_0 是波长。求：(1) $z=0$、$\frac{\lambda_0}{8}$、$\frac{\lambda_0}{4}$ 各点处的瞬时坡印廷矢量；(2) 以上各点处的平均坡印廷矢量。

解：(1) $\boldsymbol{E}$ 和 $\boldsymbol{H}$ 的瞬时矢量为

$$\boldsymbol{E}(z,t)=\mathrm{Re}[\boldsymbol{e}_x\mathrm{j}E_0\sin(k_0z)\mathrm{e}^{\mathrm{j}\omega t}]=-\boldsymbol{e}_xE_0\sin(k_0z)\sin(\omega t)\ (\mathrm{V/m})$$

$$\boldsymbol{H}(z,t)=\mathrm{Re}\left[\boldsymbol{e}_y\sqrt{\frac{\varepsilon_0}{\mu_0}}E_0\cos(k_0z)\mathrm{e}^{\mathrm{j}\omega t}\right]=\boldsymbol{e}_y\sqrt{\frac{\varepsilon_0}{\mu_0}}E_0\cos(k_0z)\cos(\omega t)\ (\mathrm{A/m})$$

瞬时坡印廷矢量为

$$\boldsymbol{S}(z,t)=\boldsymbol{E}(z,t)\times\boldsymbol{H}(z,t)=-\boldsymbol{e}_z\sqrt{\frac{\varepsilon_0}{\mu_0}}E_0^2\cos(k_0z)\sin(k_0z)\cos(\omega t)\sin(\omega t)$$

因此

$$\boldsymbol{S}(0,t)=0\ (\mathrm{W/m})^2$$

$$\boldsymbol{S}\left(\frac{\lambda_0}{8},t\right)=-\boldsymbol{e}_z\frac{E_0^2}{4}\sqrt{\frac{\varepsilon_0}{\mu_0}}\sin(2\omega t)\ (\mathrm{W/m^2})$$

$$\boldsymbol{S}\left(\frac{\lambda_0}{4},t\right)=0\ (\mathrm{W/m^2})$$

(2) 以上各点处的平均坡印廷矢量

$$\boldsymbol{S}_{av}(z)=\frac{1}{2}\mathrm{Re}[\boldsymbol{E}(z)\times\boldsymbol{H}^*(z)]=0\ (\mathrm{W/m^2})$$

【5.5】 已知某真空区域中时变电磁场的磁场瞬时值为

$$\boldsymbol{H}(x,y,t)=\sqrt{2}\cos(20x)\sin(\omega t-k_yy)\boldsymbol{e}_x$$

试求电场强度的复矢量、储能密度及能流密度矢量的平均值。

解：由时变电磁场瞬时值得出复矢量

$$\boldsymbol{H}(x,y,t)=\sqrt{2}\cos(20x)\sin(\omega t-k_yy)\boldsymbol{e}_x$$

$$=\sqrt{2}\cos(20x)\cos\left(\omega t-\frac{\pi}{2}-k_yy\right)\boldsymbol{e}_x$$

$$\dot{\boldsymbol{H}}=\sqrt{2}\cos(20x)\mathrm{e}^{-\mathrm{j}\left(\frac{\pi}{2}+k_yy\right)}\boldsymbol{e}_x$$

$$=-\mathrm{j}\sqrt{2}\cos(20x)\mathrm{e}^{-\mathrm{j}k_yy}\boldsymbol{e}_x$$

且
$$\dot{\boldsymbol{E}}=\frac{1}{\mathrm{j}\omega\varepsilon_0}(\nabla\times\dot{\boldsymbol{H}})$$
$$=\frac{1}{\mathrm{j}\omega\varepsilon_0}\left[\frac{\partial H_x}{\partial z}\boldsymbol{e}_y-\frac{\partial H_x}{\partial y}\boldsymbol{e}_z\right]$$
$$=-\mathrm{j}\sqrt{2}\sqrt{\frac{\mu_0}{\varepsilon_0}}\cos(20x)\mathrm{e}^{-\mathrm{j}k_y y}\boldsymbol{e}_z$$
$$=-\mathrm{j}120\sqrt{2}\pi\cos(20x)\mathrm{e}^{-\mathrm{j}k_y y}\boldsymbol{e}_z$$

$$w_{av}=\frac{1}{2}\varepsilon_0\dot{\boldsymbol{E}}\cdot\dot{\boldsymbol{E}}^*+\frac{1}{2}\mu_0\dot{\boldsymbol{H}}\cdot\dot{\boldsymbol{H}}^*=\frac{\varepsilon_0}{2}[-\mathrm{j}120\sqrt{2}\pi\cos(20x)]^2+\frac{\mu_0}{2}\cdot[-\mathrm{j}\sqrt{2}\cos(20x)]^2$$

$$w_{av}=4\pi\times10^{-7}\cos^2(20x)$$

$$S_{av}=\mathrm{Re}\left[\frac{1}{2}(\dot{\boldsymbol{E}}\times\dot{\boldsymbol{H}}^*)\right]=\frac{1}{2}\cdot2\times120\pi\cdot\cos^2(20x)\cdot\boldsymbol{e}_y=120\pi\cos^2(20x)\boldsymbol{e}_y$$

【5.6】 若真空中正弦电磁场的电场复矢量为

$$\dot{\boldsymbol{E}}(r)=(-\mathrm{j}\boldsymbol{e}_x-2\boldsymbol{e}_y+\mathrm{j}\sqrt{3}\boldsymbol{e}_z)\mathrm{e}^{-\mathrm{j}0.05\pi(\sqrt{3}x+z)}$$

试求电场强度的瞬时值 $\boldsymbol{E}(r,t)$，磁感应强度复矢量 $\dot{\boldsymbol{B}}(r)$ 及复能流密度矢量 $\dot{\boldsymbol{S}}_c$。

解：
$$\boldsymbol{E}(r,t)=\mathrm{Re}[\dot{\boldsymbol{E}}(r)\cdot\mathrm{e}^{\mathrm{j}\omega t}]$$
$$=\mathrm{Re}\{(-\mathrm{j}\boldsymbol{e}_x-2\boldsymbol{e}_y+\mathrm{j}\sqrt{3}\boldsymbol{e}_z)\mathrm{e}^{\mathrm{j}[\omega t-0.05\pi(\sqrt{3}x+z)]}\}$$
$$=(-\mathrm{j}\boldsymbol{e}_x-2\boldsymbol{e}_y+\mathrm{j}\sqrt{3}\boldsymbol{e}_z)\cos[\omega t-0.05\pi(\sqrt{3}x+z)]$$
$$k=0.1\pi\Rightarrow\omega=\frac{k}{\sqrt{\mu\varepsilon}}=9.42\times10^7$$

由 $\nabla\times\dot{\boldsymbol{E}}=-\mathrm{j}\omega\dot{\boldsymbol{B}}$ 可得

$$\nabla\times\dot{\boldsymbol{E}}=\begin{vmatrix}\boldsymbol{e}_x&\boldsymbol{e}_y&\boldsymbol{e}_z\\\frac{\partial}{\partial x}&\frac{\partial}{\partial y}&\frac{\partial}{\partial z}\\E_x&E_y&E_z\end{vmatrix}$$

$$=\begin{vmatrix}\boldsymbol{e}_x&\boldsymbol{e}_y&\boldsymbol{e}_z\\\frac{\partial}{\partial x}&\frac{\partial}{\partial y}&\frac{\partial}{\partial z}\\-\mathrm{j}\mathrm{e}^{\mathrm{j}[\omega t-0.05\pi(\sqrt{3}x+z)]}&-2\mathrm{e}^{\mathrm{j}[\omega t-0.05\pi(\sqrt{3}x+z)]}&\mathrm{j}\sqrt{3}\mathrm{e}^{\mathrm{j}[\omega t-0.05\pi(\sqrt{3}x+z)]}\end{vmatrix}$$

$$=-2\frac{\partial}{\partial x}\mathrm{e}^{\mathrm{j}[\omega t-0.05\pi(\sqrt{3}x+z)]}\boldsymbol{e}_z-j\frac{\partial}{\partial z}\mathrm{e}^{\mathrm{j}[\omega t-0.05\pi(\sqrt{3}x+z)]}\boldsymbol{e}_y-(-\frac{\partial}{\partial z}\mathrm{e}^{\mathrm{j}[\omega t-0.05\pi(\sqrt{3}x+z)]}\boldsymbol{e}_x$$
$$+\mathrm{j}\sqrt{3}\frac{\partial}{\partial x}\mathrm{e}^{\mathrm{j}[\omega t-0.05\pi(\sqrt{3}x+z)]}\boldsymbol{e}_y)$$
$$=0.1\pi\mathrm{j}\mathrm{e}^{-\mathrm{j}0.05\pi(\sqrt{3}x+z)}\boldsymbol{e}_z-0.05\pi\mathrm{e}^{-\mathrm{j}0.05\pi(\sqrt{3}x+z)}\boldsymbol{e}_y-\mathrm{j}0.1\pi\mathrm{e}^{-\mathrm{j}0.05\pi(\sqrt{3}x+z)}\boldsymbol{e}_x-$$
$$0.15\pi\mathrm{e}^{-\mathrm{j}0.05\pi(\sqrt{3}x+z)}\boldsymbol{e}_y$$
$$=\mathrm{j}0.1\pi\mathrm{j}\mathrm{e}^{-\mathrm{j}0.05\pi(\sqrt{3}x+z)}(\boldsymbol{e}_z-\boldsymbol{e}_x)-0.2\pi\mathrm{e}^{-\mathrm{j}0.05\pi(\sqrt{3}x+z)}\boldsymbol{e}_y$$

$$\Rightarrow \dot{\boldsymbol{B}}=\frac{\pi}{10\omega}(\boldsymbol{e}_x-2\mathrm{j}\boldsymbol{e}_y-\sqrt{3}\boldsymbol{e}_z)\mathrm{e}^{-\mathrm{j}0.05\pi(\sqrt{3}x+z)}$$

$$\dot{\boldsymbol{S}}_c=\frac{1}{2}(\dot{\boldsymbol{E}}\times\dot{\boldsymbol{H}}^*)=\frac{2\pi}{5\omega\mu_0}(\sqrt{3}\boldsymbol{e}_x+\boldsymbol{e}_z)$$

$$\left[\dot{\boldsymbol{H}}^*=\frac{\pi}{10\omega\mu_0}(\boldsymbol{e}_x+2\mathrm{j}\boldsymbol{e}_y-\sqrt{3}\boldsymbol{e}_z)\mathrm{e}^{\mathrm{j}0.05\pi(\sqrt{3}x+z)}\right]$$

【5.7】 在自由空间存在电磁场$\dot{\boldsymbol{E}}=\frac{A}{r}\sin\theta\mathrm{e}^{-\mathrm{j}kr}\boldsymbol{e}_\theta$，求：

(1) 磁场强度复矢量$\dot{\boldsymbol{H}}$；(2) 平均能流密度 $\boldsymbol{S}_{av}$。

解：(1) 依复数形式的麦克斯韦第二方程，得磁场强度复矢量为：

$$\begin{aligned}\dot{\boldsymbol{H}}&=-\frac{1}{\mathrm{j}\omega\mu_0}(\nabla\times\dot{\boldsymbol{E}})\\&=-\frac{1}{\mathrm{j}\omega\mu_0}\frac{1}{r}\left[\frac{\partial(rE_\theta)}{\partial r}-\frac{\partial E_r}{\partial\theta}\right]\boldsymbol{e}_\phi\\&=-\frac{1}{\mathrm{j}\omega\mu_0 r}\left[A\sin\theta\mathrm{e}^{-\mathrm{j}kr}(-\mathrm{j}k)\right]\boldsymbol{e}_\phi\\&=\frac{kA\sin\theta}{\omega\mu_0 r}\mathrm{e}^{-\mathrm{j}kr}\boldsymbol{e}_\phi\end{aligned}$$

(2) 平均能流密度

$$\begin{aligned}\boldsymbol{S}_{av}&=\mathrm{Re}(\boldsymbol{S})=\frac{1}{2}\mathrm{Re}(\dot{\boldsymbol{E}}\times\dot{\boldsymbol{H}}^*)\\&=\frac{kA^2}{\omega\mu r^2}\sin^2\theta\boldsymbol{e}_r\end{aligned}$$

【5.8】 已知无源自由空间的电场

$$\boldsymbol{E}(r,t)=\boldsymbol{E}_m\sin(\omega t-kz)\boldsymbol{e}_y$$

(1) 由麦克斯韦方程求磁场强度；

(2) 证明 ω/k 等于光速 c；

(3) 求坡印廷矢量的平均值。

解：(1) $\nabla\times\boldsymbol{E}=-\mathrm{j}\omega\mu_0 H$

$$\boldsymbol{H}=\frac{\mathrm{j}}{\omega\mu_0}\nabla\times\boldsymbol{E}=\frac{\mathrm{j}}{\omega\mu_0}\begin{vmatrix}\boldsymbol{e}_x&\boldsymbol{e}_y&\boldsymbol{e}_z\\\frac{\partial}{\partial x}&\frac{\partial}{\partial y}&\frac{\partial}{\partial z}\\0&E_y&0\end{vmatrix}$$

$$\begin{aligned}&=\frac{\mathrm{j}}{\omega\mu_0}\left(-\frac{\partial E_y}{\partial z}\boldsymbol{e}_x\right)=\frac{\mathrm{j}}{\omega\mu_0}(E_m k)\cos(\omega t-kz)\\&=\mathrm{j}\frac{k}{\omega\mu_0}E_m\cos(\omega t-kz)=-\frac{kE_m}{\omega\mu_0}\sin(\omega t-kz)\boldsymbol{e}_x\end{aligned}$$

(2) 因为自由空间中有 $\nabla\times\boldsymbol{H}=\mathrm{j}\omega\varepsilon_0\boldsymbol{E}$

所以
$$\boldsymbol{E}=\frac{1}{\mathrm{j}\omega\varepsilon_0}(\nabla\times\boldsymbol{H})$$
$$=\boldsymbol{e}_y\frac{k^2}{\omega^2\mu_0\varepsilon_0}E_m\mathrm{e}^{-\mathrm{j}\left(kz+\frac{\pi}{2}\right)}$$

比较后得 $\frac{k^2}{\omega^2\mu_0\varepsilon_0}=1$ 即 $\frac{\omega}{k}=\frac{1}{\sqrt{\mu_0\varepsilon_0}}=c$

(3) $\boldsymbol{S}_{av}=\mathrm{Re}\left[\frac{1}{2}\boldsymbol{E}\times\boldsymbol{H}^*\right]$
$$=\frac{1}{2}\mathrm{Re}\left[E_m\mathrm{e}^{-\mathrm{j}kz-\frac{\pi}{2}}\cdot\left(-\frac{kE_m}{\omega\mu_0}\right)\mathrm{e}^{\mathrm{j}kz+\frac{\pi}{2}}\right]$$
$$=\frac{1}{2}\frac{E_m^2k}{\omega\mu_0}=\frac{1}{2}E_m^2\cdot\frac{1}{\mu_0c}=\frac{E_m^2}{2\mu_0c}$$

【5.9】 假设与 yz 平面平行的两无限大理想导体平板之间电场复矢量为
$$\dot{\boldsymbol{E}}=\boldsymbol{E}_m\mathrm{e}^{-\mathrm{j}kz}$$

(1) 由麦克斯韦方程求磁场强度；
(2) 求导体板上的分布电荷及分布电流的瞬时值。

解：

(1) $\nabla\times\dot{\boldsymbol{E}}=-\mathrm{j}\omega\dot{\boldsymbol{B}}$ 则：
$$\nabla\times\dot{\boldsymbol{E}}=\begin{vmatrix}\boldsymbol{e}_x & \boldsymbol{e}_y & \boldsymbol{e}_z\\ \frac{\partial}{\partial x} & \frac{\partial}{\partial y} & \frac{\partial}{\partial z}\\ \boldsymbol{E}_m\mathrm{e}^{-\mathrm{j}kz} & 0 & 0\end{vmatrix}=-\mathrm{j}kE_m\mathrm{e}^{-\mathrm{j}kz}\boldsymbol{e}_y$$
$$\dot{\boldsymbol{H}}=-\frac{1}{\mathrm{j}\omega\mu_0}(\nabla\times\dot{\boldsymbol{E}})=\frac{kE_m}{\omega\mu_0}\mathrm{e}^{-\mathrm{j}kz}\boldsymbol{e}_y$$
$$\boldsymbol{H}=\frac{kE_m}{\omega\mu_0}\cos(\omega t-kz)\boldsymbol{e}_y$$

(2)
$$\dot{\rho}=\nabla\cdot\dot{\boldsymbol{D}}=\nabla\cdot[E_m\varepsilon_0\mathrm{e}^{-\mathrm{j}kz}\boldsymbol{e}_y]$$
$$\boldsymbol{J}_S\mid x=d=-\boldsymbol{e}_x\times\boldsymbol{H}\mid_{x=d}$$
$$\rho_S=-\frac{\nabla\cdot\boldsymbol{J}_S}{3\omega}=-\frac{1}{\mathrm{j}\omega}\left(\frac{\partial J_S}{\partial y}+\frac{\partial J_S}{\partial z}\right)$$

所以得如下结果
$$\rho_S\mid_{x=0}=\varepsilon_0E_m\cos(\omega t-kz)$$
$$\rho_S\mid_{x=d}=-\varepsilon_0E_m\cos(\omega t-kz)$$
$$\boldsymbol{J}_S\mid_{x=0}=0=\frac{kE_m}{\omega\mu_0}\cos(\omega t-kz)\boldsymbol{e}_z$$
$$\boldsymbol{J}_S\mid_{x=d}=-\frac{kE_m}{\omega\mu_0}\cos(\omega t-kz)\boldsymbol{e}_z$$

$$\boldsymbol{J}_S\mid_{x=0}=e_x\times\frac{kE_m}{\omega\mu_0}\cos(\omega t-kz)\boldsymbol{e}_y=\frac{kE_m}{\omega\mu_0}\cos(\omega t-kz)\boldsymbol{e}_z$$

【5.10】 若真空中无源区域有时变电场

$$\boldsymbol{E}=E_0\cos(\omega t-kz)\boldsymbol{e}_x$$

(1) 由麦克斯韦方程求时变磁场强度；

(2) 证明 $k=\omega\sqrt{\mu_0\varepsilon_0}$ 以及 E 与 H 的比为 $\sqrt{\mu_0/\varepsilon_0}=377\ \Omega$

解：(1) 无源场，所以 $\boldsymbol{J}_S=0$，$\rho_S=0$，由麦克斯韦方程知：

$$\nabla\times\boldsymbol{E}=-\left(\frac{\partial E_x}{\partial z}\boldsymbol{e}_y\right)$$

$$=-E_0k\sin(\omega t-kz)\boldsymbol{e}_y$$

且有

$$\nabla\times\boldsymbol{E}=-\mu\frac{\partial\boldsymbol{H}}{\partial t}$$

则

$$\frac{\partial\boldsymbol{H}}{\partial t}=\frac{E_0k}{\mu_0}\sin(\omega t-kz)\boldsymbol{e}_y$$

取积分，并忽略与时间无关的常数，得

$$\boldsymbol{H}=-\frac{E_0k}{\mu_0\omega}\cos(\omega t-kz)\boldsymbol{e}_y$$

(2) 将 $\boldsymbol{H}=-\frac{E_0k}{\mu_0\omega}\cos(\omega t-kz)\boldsymbol{e}_y$ 和 $\boldsymbol{D}=\varepsilon_0\boldsymbol{E}$ 代入麦克斯韦方程 $\nabla\times\boldsymbol{H}=\boldsymbol{J}+\frac{\partial\boldsymbol{D}}{\partial t}$ 得

$$\nabla\times\boldsymbol{H}=-\frac{\partial\boldsymbol{E}_y}{\partial z}\boldsymbol{e}_x=-\frac{E_0k^2}{\mu_0\omega}\sin(\omega t-kz)\boldsymbol{e}_x=\varepsilon_0\frac{\partial\boldsymbol{E}}{\partial t}$$

将 $\boldsymbol{E}=E_0\cos(\omega t-kz)\boldsymbol{e}_x$ 代入得

$$-\frac{E_0k^2}{\mu_0\omega}\sin(\omega t-kz)\boldsymbol{e}_x=-\varepsilon_0E_0\omega\sin((\omega t-kz)\boldsymbol{e}_x$$

$$\frac{k^2}{\mu_0\omega}=\varepsilon_0\omega\Rightarrow k^2=\varepsilon_0\mu_0\omega^2\Rightarrow k=\omega\sqrt{\varepsilon_0\mu_0}$$

$$\frac{E}{H}=\frac{E_0\cos(\omega t-kz)}{\frac{E_0k}{\mu_0\omega}\cos(\omega t-kz)}=\frac{\mu_0\omega}{k}=\frac{\mu_0\omega}{\omega\sqrt{\mu_0\varepsilon_0}}=\sqrt{\frac{\mu_0}{\varepsilon_0}}=377\ \Omega$$

【拓展训练】

5—1 在横截面为 $a\times b$ 的矩形波导中，电磁场的复矢量为

$$\boldsymbol{E}=-\boldsymbol{e}_y\mathrm{j}\omega\mu\frac{a}{\pi}H_0\sin\left(\frac{\pi x}{a}\right)\mathrm{e}^{-\mathrm{j}\beta z}\ \mathrm{V/m}$$

$$\boldsymbol{H}=\left[\boldsymbol{e}_x\mathrm{j}\beta\frac{a}{\pi}H_0\sin\left(\frac{\pi x}{a}\right)+\boldsymbol{e}_zH_0\cos\left(\frac{\pi x}{a}\right)\right]\mathrm{e}^{-\mathrm{j}\beta z}\ \mathrm{A/m}$$

式中，H_0、ω、μ 和 β 都是实常数。试求：(1) 瞬时坡印廷矢量；(2) 平均坡印廷矢量。

5—2　设电场强度和磁场强度分别为

$$\boldsymbol{E} = \boldsymbol{E}_0 \cos(\omega t + \Psi_c)$$
$$\boldsymbol{H} = \boldsymbol{H}_0 \cos(\omega t + \Psi_m)$$

证明其坡印廷矢量的平均值为

$$\boldsymbol{S}_{av} = \frac{1}{2}\boldsymbol{E}_0 \times \boldsymbol{H}_0 \cos(\Psi_c - \Psi_m)$$

5—3　在半径为 a、电导率为 σ 的无限长直圆柱导线中，沿轴向通以均匀分布的恒定电流 $\boldsymbol{I}$，且导线表面上有均匀分布的电荷面密度 ρ_S。

(1) 导线表面外侧的坡印廷矢量；

(2) 证明：由导线表面进入其内部的功率等于导线内的焦耳热损耗功率。

5—4　已知真空中两个沿 z 方向传播的电磁波的电场分别为

$$\boldsymbol{E}_1 = \boldsymbol{e}_x E_{1m} \mathrm{e}^{-\mathrm{j}kz}, \boldsymbol{E}_2 = \boldsymbol{e}_y E_{2m} \mathrm{e}^{-\mathrm{j}(kz-\phi)}$$

其中 ϕ 为常数，$k=\omega\sqrt{\mu_0\varepsilon_0}$。证明：总的平均坡印廷矢量等于两个波的平均坡印廷矢量之和。

5—5　试证明电磁能量密度 $w=\frac{1}{2}\varepsilon|\boldsymbol{E}|^2+\frac{1}{2}\mu|\boldsymbol{H}|^2$ 和 $\boldsymbol{S}=\boldsymbol{E}\times\boldsymbol{H}$ 在下列变换下都具有不变性：

$$\boldsymbol{E}_1 = \boldsymbol{E}\cos\phi + \eta\boldsymbol{H}\sin\phi, \boldsymbol{H}_1 = -\frac{1}{\eta}\boldsymbol{E}\sin\phi + \boldsymbol{H}\cos\phi$$

6 平面电磁波

6.1 基本内容概述

均匀平面波的电场强度 $\boldsymbol{E}$ 和磁场强度 $\boldsymbol{H}$ 处处同相，$\boldsymbol{E}$ 和 $\boldsymbol{H}$ 互相垂直，且 $\boldsymbol{E}$ 和 $\boldsymbol{H}$ 都与传播方向 $\boldsymbol{e}_z$ 互相垂直，也就是说，$\boldsymbol{E}$ 和 $\boldsymbol{H}$ 都无纵分量，所以这种波是横波称为横电磁波或称为 TEM(Transverse Electro Magnetic)波。

1. 理想介质中的平面波

理想介质中的均匀平面波是 TEM 波

波动方程：

$$\nabla^2 E_x - \mu\varepsilon \frac{\partial^2 E_x}{\partial t^2} = 0$$

$$\nabla^2 H_y - \mu\varepsilon \frac{\partial^2 H_y}{\partial t^2} = 0$$

平面波的表示式：

沿 $+z$ 方向传播的平面波的电场表示式为

$$E_x(z) = E_0 \mathrm{e}^{-\mathrm{j}kz}$$

瞬时值可表示为

$$E_x(z,t) = E_0 \cos(\omega t - kz)$$

其中 $k=\frac{2\pi}{\lambda}$、$f=\frac{1}{T}=\frac{\omega}{2\pi}$、$v_p=\frac{1}{\sqrt{\mu\varepsilon}}$

$\boldsymbol{H}$ 的表示式为

$$H_y(z) = \frac{1}{\eta} E_0 \mathrm{e}^{-\mathrm{j}kz}$$

$$\eta = \sqrt{\frac{\mu}{\varepsilon}}$$

复坡印廷矢量为 $\boldsymbol{S}=\frac{1}{2}\boldsymbol{E}\times\boldsymbol{H}^*$

坡印廷矢量的时间平均值为　$\boldsymbol{S}_{av}=\mathrm{Re}[\boldsymbol{S}]$

电场能量密度瞬时值为

$$w_e(t)=\frac{1}{2}\varepsilon E^2(t)=\frac{1}{2}\varepsilon E_0^2\cos^2(\omega t-kz+\phi_0)$$

磁场能量密度瞬时值为

$$w_m(t)=\frac{1}{2}\mu H^2(t)=\frac{1}{2}\mu H_0^2\cos^2(\omega t-kz+\phi_0)=w_e(t)$$

2. 导电媒质中的平面波

波动方程：

$$\nabla^2 E_x+k_c^2\frac{\partial^2 E_x}{\partial t^2}=0$$

$$\nabla^2 H_y+k_c^2\frac{\partial^2 H_y}{\partial t^2}=0$$

沿$+z$方向传播的平面波的电场表示式：

$$E_x(z)=E_0\mathrm{e}^{-\mathrm{j}k_c z}$$

其中$k_c=\beta-\mathrm{j}\alpha$，$\beta$为相位常数；$\alpha$为衰减常数。

瞬时值可表示为

$$E_x(z,t)=E_0\mathrm{e}^{-\alpha z}\cos(\omega t-\beta z)$$

$$H_x(z,t)=\frac{E_0}{|\eta_c|}\mathrm{e}^{-\alpha z}\cos(\omega t-\beta z-\theta)$$

高频电磁场只能存在于良导体表面的一个薄层内，称为趋肤效应，用穿透深度δ表示。

$$\delta=\frac{1}{\alpha}=\sqrt{\frac{2}{\omega\mu\sigma}}$$

3. 色散和群速

电磁波的相速随频率的变化而变化的现象为色散。电磁波包络上一个点的传播速度为群速。

$$v_g=\frac{\mathrm{d}\omega}{\mathrm{d}\beta}$$

4. 电磁波的极化

对于电磁波

$$E_x=E_{xm}\cos(\omega t-kz-\phi_x)$$

$$E_y=E_{ym}\cos(\omega t-kz-\phi_y)$$

满足

(1) $\phi_x=\phi_y$时，线极化；

(2) $E_{xm}=E_{ym}$，$\phi_x-\phi_y=\pm\frac{\pi}{2}$时，圆极化；

(3) E_x和E_y的振幅和相位都不相等时，椭圆极化。

两个相位相差为90°、振幅相等的、空间上正交的线极化波可合成一个圆极化波；反之，一个圆极化波可分解为两个相位相差为90°、振幅相等的、空间上正交的线极化波。

两个旋向相反、振幅相等的圆极化波可合成一个线极化波；反之亦成立。线极化、圆极化都是椭圆极化的特例。

两个空间上正交的线极化波可合成一个椭圆极化波；反之亦然。两个旋向相反的圆极化波可合成一个椭圆极化波；反之，一个椭圆极化波可分解为两个旋向相反的圆极化波，但振幅不相等。

5. 均匀平面波对理想导体的垂直入射

当均匀平面波沿 z 轴方向由媒质1向边界垂直入射时，由于电磁波不能穿入理想导体，全部电磁能量都被边界反射回来。

电场零值发生于 $\sin k_1 z=0$，即 $k_1 z=-n\pi$，故 $z=-\dfrac{n}{2}\lambda_1$，其中 $n=1,2,\cdots$。这些零值的位置都不随时间变化，称为电场波节点。

电场最大值发生于 $\sin k_1 z=1$，即 $k_1 z=-\dfrac{2n+1}{2}\pi$，故 $z=-\dfrac{2n+1}{4}\lambda_1$，其中 $n=1,2,\cdots$。这些最大值的位置也是不随时间变化的，称为电场波腹点。其波腹点处电场振幅总是最大为 $2E_{i0}$，而波节点处电场总是零。电场波腹点和波节点都每隔 $\lambda_1/4$ 交替出现。两个相邻波节点之间距离为 $\lambda_1/2$。

空间各点的电场都随时间按 $\sin\omega t$ 做简谐变化。但其波腹点处电场振幅总是最大，而波节点处电场总是零。这种状态并不随时间沿 z 轴移动，它是固定不动的。这种波腹点和波节点位置都固定不动的电磁波称为驻波(Standing wave)。

驻波是振幅相等的两个反向行波(入射波和反射波)相互叠加的结果。在电场波腹点，两者电场同相叠加，故呈现最大振幅；而在电场波节点，两者电场反向叠加，故抵消为零。

同样地，磁场振幅也随 z 呈驻波的周期性变化，只是磁场波腹点对应于电场波节点，而磁场波节点对应于电场波腹点，驻波不传输能量。

6. 均匀平面波对理想介质的垂直入射

电磁波在传播过程中经常会遇到不同媒质的分界面。一般地说，这时在交界面上将有一部分能量被反射回来，形成反射波；另一部分能量可能穿过边界，形成折射波。

$$\Gamma=\frac{E_{r0}}{E_{i0}}=\frac{\eta_2-\eta_1}{\eta_2+\eta_1}$$

$$T=\frac{E_{t0}}{E_{i0}}=\frac{2\eta_2}{\eta_2+\eta_1}$$

$$\rho=\frac{E_{\max}}{E_{\min}}=\frac{1+|\Gamma|}{1-|\Gamma|}$$

电场波腹点位置

$$z=-\frac{(2n+1)\lambda_1}{4}(n=0,1,\cdots)$$

电场波节点位置

$$z=-\frac{n\lambda_1}{2}(n=0,1,\cdots)$$

在电场波节点处，反射波和入射波的电场反相，因而合成场为最小值(不为零)；而在电场波腹点处，二者同相，从而形成最大值(达不到 $2E_{i0}$)。这时既有驻波成份，又有行波成份，故称之为行驻波。同样地，磁场振幅也随 z 呈行驻波的周期性变化，只是磁场波腹点对应于电场波节点，而磁场波节点对应于电场波腹点。

7. 均匀平面波对理想介质的斜入射

Snell 折射定律

$$\frac{\sin\theta_t}{\sin\theta_t}=\frac{k_2}{k_1}=\frac{\sqrt{\mu_2\varepsilon_2}}{\sqrt{\mu_1\varepsilon_1}}=\frac{n_2}{n_1}$$

斜入射的均匀平面波可分解为两个线极化波，一个平行极化波，另一个垂直极化波。

$$\Gamma_{/\!/}=\frac{E_{r0}}{E_{i0}}=\frac{\eta_1\cos\theta_i-\eta_2\cos\theta_t}{\eta_1\cos\theta_i+\eta_2\cos\theta_t}$$

$$T_{/\!/}=\frac{E_{t0}}{E_{i0}}=\frac{2\eta_2\cos\theta_i}{\eta_1\cos\theta_i+\eta_2\cos\theta_t}$$

$$\Gamma_{\perp}=\frac{E_{r0}}{E_{i0}}=\frac{\eta_2\cos\theta_i-\eta_1\cos\theta_t}{\eta_2\cos\theta_i+\eta_1\cos\theta_t}$$

$$T_{\perp}=\frac{E_{t0}}{E_{i0}}=\frac{2\eta_2\cos\theta_i}{\eta_2\cos\theta_i+\eta_1\cos\theta_t}$$

平行极化波无反射时满足布儒斯特角

$$\theta_B=\arcsin\sqrt{\frac{\varepsilon_2}{\varepsilon_1+\varepsilon_2}}$$

全反射时满足临界角

$$\theta_c=\arcsin\sqrt{\frac{\varepsilon_2}{\varepsilon_1}}$$

8. 均匀平面波对理想导体的斜入射

均匀平面波斜入射到理想导体表面后，合成波沿界面传播非 TEM 波。垂直极化波合成电磁波沿传播方向传播 TE 波，平行极化波合成电磁波沿传播方向传播 TM 波。

6.2 典型例题解析

【例 6.1】（西安电子科技大学 2010 年考研真题）电场强度 $\boldsymbol{E}(r,t)=\boldsymbol{e}_x\cos(3\pi\times 10^8 t-2\pi z)-\boldsymbol{e}_y 4\sin(3\pi\times 10^8 t-2\pi z)\text{mV/m}$ 的均匀平面电磁波在相对磁导率 $\mu_r=1$ 的理想介质中传播，求：(1) 电磁波的极化状态；(2) 理想介质的波阻抗 η；(3) 电磁波的相速度 v_p。

解：(1) $\dot{\boldsymbol{E}}=(\boldsymbol{e}_x+\text{j}4\boldsymbol{e}_y)\text{e}^{-\text{j}2\pi z}$，该波沿 $+z$ 方向传播

因为 $\quad |E_{xm}|\neq|E_{ym}| \quad \phi_x-\phi_y=-\dfrac{\pi}{2}<0$

所以该波为左旋圆极化波。

(2) $k=2\pi=\omega\sqrt{\mu\varepsilon}=\omega\sqrt{\varepsilon_r}/c$，$\omega=3\pi\times 10^8\text{ rad/s}$

$\therefore \varepsilon_r=4$

$\eta=\sqrt{\dfrac{\mu_r}{\varepsilon_r}}\eta_0=\dfrac{\eta_0}{2}=60\ \pi\ \Omega$

(3) $v_p=\dfrac{\omega}{k}=1.5\times 10^8\ \text{m/s}$

对于平面波的极化方向判断常常不易理解容易混淆，其实只要记住：任意向量满足 $\boldsymbol{e}_x\times\boldsymbol{e}_y=\boldsymbol{e}_z$，波沿 $\boldsymbol{e}_z$ 正向传播时，当 $\phi_x-\phi_y>0$ 时为右旋，否则左旋。此外 $\eta=\sqrt{\dfrac{\mu}{\varepsilon}}=\sqrt{\dfrac{\mu_r}{\varepsilon_r}}\eta_0$，$\eta_0=120\pi$ 需要记住。

【例 6.2】（西安电子科技大学 2010 年考研真题）电场复矢量振幅 $\boldsymbol{E}_i(r)=\boldsymbol{e}_x 10\text{e}^{-\text{j}\pi z}\text{mV/m}$ 的均匀平面电磁波由空气一侧垂直入射到相对介电常数 $\varepsilon_r=2.25$，相对磁导率 $\mu_r=1$ 的理想介质一侧，其界面为 $z=0$ 平面，求：(1) 入射波磁场的瞬时值 $\boldsymbol{H}_i(r,t)$；(2) 反射波的振幅 E_{rm}；(3) 透射波坡印廷(Poynting)矢量的平均值 $\boldsymbol{S}_{av}(r)$。

解：(1) $\because$ 入射波在空气中传播。

$\therefore \boldsymbol{H}_i(r)=\dfrac{1}{\eta_0}\boldsymbol{e}_z\times\boldsymbol{E}_i(r)=\boldsymbol{e}_y\dfrac{1}{12\pi}\text{e}^{-\text{j}\pi z}\text{mA/m}$

入射波磁场瞬时值为：$\boldsymbol{H}_i(r,t)=\boldsymbol{e}_y\dfrac{1}{12\pi}\cos(\omega t-\pi z)\text{mA/m}$

(2) 介质中 $\quad \eta=\sqrt{\dfrac{\mu_r}{\varepsilon_r}}\eta_0=\dfrac{2\eta_0}{3}=80\pi\ \Omega$

$$\Gamma=\frac{\eta-\eta_0}{\eta+\eta_0}=-\frac{1}{5}$$

反射波振幅 $\quad |E_{rm}|=|\Gamma E_{im}|=2\ \text{mV/m}$

(3) $\because$ 透射系数 $T=1+\Gamma=0.8$，$|E_{tm}|=|TE_{im}|=8\ \text{mV/m}$

$\therefore \boldsymbol{S}_{av}=\frac{1}{2}\mathrm{Re}(\boldsymbol{E}\times\boldsymbol{H}^*)=\frac{E_{tm}^2}{2\eta}\boldsymbol{e}_z=\frac{4}{\pi}\times10^{-7}(\mathrm{W/m^2})$

本题要特别留意介质中的透射波波阻抗、传播常数 k 等已经变化；同时复坡印廷矢量为矢量，不要丢掉方向；注意单位一致。

【例 6.3】（西安电子科技大学 2006 年考研真题）真空中传播的均匀平面电磁波的电场复矢量振幅为

$\boldsymbol{E}_r=40\pi(\boldsymbol{e}_x+\mathrm{j}4\boldsymbol{e}_y+\mathrm{j}3\boldsymbol{e}_z)\mathrm{e}^{-\mathrm{j}\pi(0.6y-0.8z)}$ mV/m，试求：

(1) 波传播方向的单位矢量 $\boldsymbol{e}_n$；

(2) 波的频率 f；

(3) 波的磁场强度的瞬时值 $H(r,t)$。

解：(1) 由场方程知传播方向单位矢量为 $\boldsymbol{e}_n=0.6\boldsymbol{e}_y-0.8\boldsymbol{e}_z$

(2) ∵ 波在真空中传播，$\therefore k=\omega\sqrt{\mu_0\varepsilon_0}=2\pi f/c=\pi$

$\therefore f=1.5\times10^8$ Hz$=150$ MHz

(3) 磁场复振幅矢量

$$\boldsymbol{H}_r=\frac{1}{\eta_0}\boldsymbol{e}_n\times\boldsymbol{E}_r=\frac{1}{3}\left(\mathrm{j}5\boldsymbol{e}_x-\frac{4}{5}\boldsymbol{e}_y-\frac{3}{5}\boldsymbol{e}_z\right)\mathrm{e}^{-\mathrm{j}\pi(0.6y-0.8z)}\ \mathrm{mV/m}$$

$$\boldsymbol{H}(r,t)=\frac{5}{3}\boldsymbol{e}_x\sin[3\pi\times10^8t-\pi(0.6y-0.8z)]$$

$$-\left(\frac{4}{5}\boldsymbol{e}_y+\frac{3}{5}\boldsymbol{e}_z\right)\cos[3\pi\times10^8t-\pi(0.6y-0.8z)]\mathrm{mA/m}$$

【例 6.4】（西安电子科技大学 2006 年考研真题）电场复矢量振幅为 $\boldsymbol{E}_i(r)=5(\boldsymbol{e}_x-\mathrm{j}\boldsymbol{e}_y)\mathrm{e}^{-\mathrm{j}\pi z}$ V/m 的均匀平面电磁波由 $\mu_r=1$，$\varepsilon_r=9$ 的理想介质垂直入射向空气，若界面为 $z=0$ 的平面，

(1) 试说明反射波的极化状态；

(2) 试求反射波电场的复矢量振幅 $\boldsymbol{E}_r(r)$；

(3) 试求当入射角 θ_i 为何值时反射波为线性极化波；

(4) 试求当入射角 θ_i 为何值时进入空气中的平均功率的 z 分量为零。

解：(1) 波沿 $+z$ 方向传播，$|E_{xm}|=|E_{ym}|$　$\phi_x-\phi_y=\frac{\pi}{2}$

∴反射波为右旋圆极化波

(2) ∵介质波阻抗 $\eta=\eta_0/\sqrt{\varepsilon_r}=40\pi(\Omega)$，$\Gamma=\frac{\eta_0-\eta}{\eta_0+\eta}=\frac{1}{2}$

∴反射波电场复振幅矢量为：

$$\boldsymbol{E}_r(r)=\Gamma\cdot5(\boldsymbol{e}_x-\mathrm{j}\boldsymbol{e}_y)\mathrm{e}^{-\mathrm{j}\pi z}=\frac{5}{2}(\boldsymbol{e}_x-\mathrm{j}\boldsymbol{e}_y)\mathrm{e}^{-\mathrm{j}\pi z}\ \mathrm{V/m}$$

(3) 当入射角 θ_i 等于布儒斯特角时，反射波为线极化波。

$\therefore\theta_i=\theta_B=\arcsin\sqrt{\frac{\varepsilon_2}{\varepsilon_1+\varepsilon_2}}=\arcsin\frac{1}{\sqrt{10}}$

(4) ∵全反射时进入空气的波无 z 分量，∴$\theta_{i\min}=\arcsin\sqrt{\frac{\varepsilon_2}{\varepsilon_1}}=\arcsin\frac{1}{3}$

∴$\arcsin\frac{1}{3}<\theta_i\leqslant\frac{\pi}{2}$时进入空气的波无 z 分量。

本题需注意波是从介质射向空气的。熟悉布儒斯特角和全反射条件。3、4 问也可以直接通过几何光学来解，∵当入射角为布儒斯特角时反射光线与折射光线垂直，∴折射角和反射角互为余角，即折射角与入射角也互余。∴由折射公式$\frac{\sin\theta_i}{\sin\theta_t}=\sqrt{\frac{\varepsilon_2}{\varepsilon_1}}=\frac{\sin\theta_i}{\cos\theta_i}$即可求出入射角为 $\arctan\frac{1}{3}$；全反射时可看做折射角定律在折射角为 90°时的特例$\frac{\sin\theta_i}{\sin 90^\circ}=\sqrt{\frac{\varepsilon_2}{\varepsilon_1}}$，入射角为 $\arctan(1/3)$。

【例 6.5】（西安电子科技大学 2008 年考研真题）均匀平面电磁波在 $\mu_r=1$ 的理想介质中传播，若电磁波的电场的瞬时值为 $\boldsymbol{E}(r,t)=\boldsymbol{e}_x 30\pi\cos\left[2\pi(10^8 t-0.5z)+\frac{\pi}{3}\right]$ V/m，试求：

(1) 该理想介质的波阻抗 η；

(2) 理想介质中单位体积内电磁能量的平均值 W_{av}；

(3) 电磁波坡印廷(Poynting)矢量的平均值 $\boldsymbol{S}_{av}(r)$。

解：(1) $\omega=2\pi\times10^8$ rad/s，$k=\pi$　∵$k=\omega\sqrt{\mu_r\mu_0\varepsilon_r\varepsilon_0}=\omega\sqrt{\varepsilon_r}/c$

∴$\sqrt{\varepsilon_r}=1.5$，$\eta=\sqrt{\mu_r/\varepsilon_r}\cdot\eta_0=80\pi(\Omega)$

(2) $W_{av}=W_{eav}+W_{mav}=\frac{1}{4}\mathrm{Re}(\boldsymbol{D}\cdot\boldsymbol{E}^*)+\frac{1}{4}\mathrm{Re}(\boldsymbol{B}\cdot\boldsymbol{H}^*)$

∵电场能量平均值等于磁场能量平均值，

∴$W_{av}=2\times\frac{1}{4}\mathrm{Re}(\boldsymbol{D}\cdot\boldsymbol{E}^*)=\frac{\varepsilon|\boldsymbol{E}|^2}{2}=\frac{9\pi}{32}\times10^{-7}$ J/m³

(3) 坡印廷矢量平均值为：

$$\boldsymbol{S}_{av}(r)=\frac{1}{2}\mathrm{Re}(\boldsymbol{E}\times\boldsymbol{H}^*)=\frac{|\boldsymbol{E}|^2}{2\eta}\boldsymbol{e}_z=\frac{45\pi}{8}\boldsymbol{e}_z\ \mathrm{J/m^2}$$

会证明电场能量平均值等于磁场能量平均值，平均坡印廷矢量不要丢掉方向。

【例 6.6】（西安电子科技大学 2007 年考研真题）频率 $f=10^8$ Hz 的均匀平面电磁波在 $\mu_r=1$ 的理想介质中传播，其电场强度矢量 $\boldsymbol{E}_r(r)=\boldsymbol{e}_x\mathrm{e}^{-\mathrm{j}\left(2\pi z-\frac{\pi}{5}\right)}$ V/m，试求：

(1) 该理想介质的相对介电常数 ε_r；

(2) 平面电磁波在该理想介质中传播的相速度 v_p；

(3) 平面电磁波坡印廷(Poynting)矢量的平均值 $\boldsymbol{S}_{av}$。

解：(1)∵$k=\omega\sqrt{\mu_0\varepsilon_0}\cdot\sqrt{\varepsilon_r}=\frac{2\pi f}{c}\cdot\sqrt{\varepsilon_r}=2\pi$，∴$\varepsilon_r=9$

(2) 介质中的相速度 $v_p=\dfrac{\omega}{k}=\dfrac{c}{\sqrt{\varepsilon_r}}=10^8\ \text{m/s}$

(3) $\because \eta=\eta_0/\sqrt{\varepsilon_r}=40\pi(\Omega)$

∴坡印廷矢量平均值为：

$$\boldsymbol{S}_{av}(r)=\frac{1}{2}\text{Re}(\boldsymbol{E}\times\boldsymbol{H}^*)=\frac{|\boldsymbol{E}|^2}{2\eta}\boldsymbol{e}_z=\frac{1}{80\pi}\boldsymbol{e}_z\ \text{J/m}^2$$

相速度：$\omega t-kz=\text{const}\Rightarrow v_p=\text{d}z/\text{d}t=\omega/z$，群速度 $v_g=\text{d}\omega/\text{d}\beta$。定义式：能量传输速度 $v=\dfrac{\boldsymbol{S}_{av}}{w_{av}}$，其中 w_{av} 为电磁能量密度，$\boldsymbol{S}_{av}$ 为坡印廷矢量的平均值，可以证明对于 TEM 波相速度、群速度、能量传输速度均相等，在空心波导中群速度等于能量传输速度而小于相速度。

【例 6.7】 有一均匀平面波在 $\mu=\mu_0$、$\varepsilon=4\varepsilon_0$、$\sigma=0$ 的媒质中传播，其电场强度 $\boldsymbol{E}=\boldsymbol{E}_m\sin\left(\omega t-kz+\dfrac{\pi}{3}\right)$。若已知平面波的频率 $f=150$ MHz，平均功率密度为 0.265πW/m²。试求：(1) 电磁波的波数、相速、波长和波阻抗；(2) $t=0$、$z=0$ 时的电场 $\boldsymbol{E}(0,0)$ 值；(3) 经过 $t=0.1\mu\text{s}$ 后，电场 $\boldsymbol{E}(0,0)$ 出现在什么位置？

解：(1) 由 $\boldsymbol{E}$ 的表达式可看出这是沿 $+z$ 方向传播的均匀平面波，其波数为

$$\begin{aligned}k&=\omega\sqrt{\mu\varepsilon}=2\pi f\sqrt{4\mu_0\varepsilon_0}=2\pi\times150\times10^6\sqrt{4\mu_0\varepsilon_0}\\&=2\pi\times150\times10^6\times2\times\frac{1}{3\times10^8}\\&=2\pi\ \text{rad/m}\end{aligned}$$

相速为
$$v_p=\frac{1}{\sqrt{\mu\varepsilon}}=\frac{1}{\sqrt{4\mu_0\varepsilon_0}}=1.5\times10^8\ \text{m/s}$$

波长为
$$\lambda=\frac{2\pi}{k}=1\ \text{m}$$

波阻抗为
$$\eta=\sqrt{\frac{\mu}{\varepsilon}}=\sqrt{\frac{\mu_0}{4\varepsilon_0}}=60\pi\ \Omega=188.5\ \Omega$$

(2) 平均坡印廷矢量为

$$S_{av}=\frac{1}{2\eta}E_m^2=0.265\times10^{-6}\ \text{W/m}^2$$

故得
$$E_m=(2\eta\times0.265\times10^{-6})^{1/2}\approx10^{-2}\ \text{V/m}$$

因此
$$E(0,0)=E_m\sin\left(\frac{\pi}{3}\right)=8.66\times10^{-3}\ \text{V/m}$$

(3) 随着时间 t 的增加，波将沿 $+z$ 方向传播，当 $t=0.1\mu\text{s}$ 时，电场为

$$\begin{aligned}E&=10^{-2}\sin\left(2\pi ft-kz+\frac{\pi}{3}\right)\\&=10^{-2}\sin\left(2\pi\times150\times10^6\times0.1\times10^{-6}-2\pi z+\frac{\pi}{3}\right)\end{aligned}$$

$$= 8.66 \times 10^{-3}\,\text{v/m}$$

$$\sin\left(30\pi - 2\pi z + \frac{\pi}{3}\right) = 0.866$$

即
$$30\pi - 2\pi z + \frac{\pi}{3} = \frac{\pi}{3}$$

则
$$z = 15\ \text{m}$$

【例 6.8】 在自由空间传播的均匀平面波的电场强度复矢量为

$$\boldsymbol{E} = \boldsymbol{e}_x 10^{-4}\mathrm{e}^{-\mathrm{j}20\pi z} + \boldsymbol{e}_y 10^{-4}\mathrm{e}^{-\mathrm{j}\left(20\pi z - \frac{\pi}{2}\right)}$$

试求：(1) 平面波的传播方向和频率；

(2) 波的极化方式；

(3) 磁场强度 $\boldsymbol{H}$；

(4) 流过沿传播方向单位面积的平均功率。

解：(1) 传播方向为 $\boldsymbol{e}_z$

由题意知 $k = 20\pi = \omega\sqrt{\mu_0\varepsilon_0}$，故

$$\omega = \frac{20\pi}{\sqrt{\mu_0\varepsilon_0}} = 6\pi \times 10^9\,\text{rad/s}$$

$$f = \frac{\omega}{2\pi} = 3 \times 10^9\ \text{Hz} = 3\ \text{GHz}$$

(2) 原电场可表示为

$$\boldsymbol{E} = (\boldsymbol{e}_x + \mathrm{j}\boldsymbol{e}_y)10^{-4}\mathrm{e}^{-\mathrm{j}20\pi z}$$

是左旋圆极化波。

(3) 由
$$\boldsymbol{H} = \frac{1}{\eta_0}\boldsymbol{e}_z \times \boldsymbol{E}$$

得
$$\boldsymbol{H} = \frac{10^{-4}}{120\pi}(\boldsymbol{e}_y - \mathrm{j}\boldsymbol{e}_x)\mathrm{e}^{-\mathrm{j}20\pi z}$$
$$= -\boldsymbol{e}_x 2.65 \times 10^{-7}\mathrm{e}^{-\mathrm{j}\left(20\pi z - \frac{\pi}{2}\right)} + \boldsymbol{e}_y 2.65 \times 10^{-7}\mathrm{e}^{-\mathrm{j}20\pi z}$$

(4)
$$\boldsymbol{S}_{av} = \frac{1}{2}\mathrm{Re}(\boldsymbol{E} \times \boldsymbol{H}^*)$$
$$= \frac{1}{2}\mathrm{Re}\left\{\left[\boldsymbol{e}_x 10^{-4}\mathrm{e}^{-\mathrm{j}20\pi z} + \boldsymbol{e}_y 10^{-4}\mathrm{e}^{-\mathrm{j}\left(20\pi z - \frac{\pi}{2}\right)}\right]\right.$$
$$\left.\times\left[\boldsymbol{e}_y 2.65 \times 10^{-7}\mathrm{e}^{-\mathrm{j}20\pi z} - \boldsymbol{e}_x 2.65 \times 10^{-7}\mathrm{e}^{-\mathrm{j}\left(20\pi z - \frac{\pi}{2}\right)}\right]\right\}$$
$$= \boldsymbol{e}_z 2.65 \times 10^{-11}\ \text{W/m}^2$$

即
$$P_{av} = 2.65 \times 10^{-11}\ \text{W/m}^2$$

【例 6.9】 已知自由空间传播的均匀平面波的磁场强度为

$$\boldsymbol{H} = \left(\boldsymbol{e}_x\frac{3}{2} + \boldsymbol{e}_y + \boldsymbol{e}_z\right)10^{-6}\cos\left[\omega t - \pi\left(-x + y + \frac{1}{2}z\right)\right]\ \text{A/m}$$

试求：(1) 波的传播方向；(2) 波的频率和波长；(3) 与磁场 $\boldsymbol{H}$ 相伴的电场 $\boldsymbol{E}$；(4) 平均坡印廷矢量。

解：(1) 波的传播方向由波矢量 k 来确定。由给出的 $\boldsymbol{H}$ 的表达式可知

$$\boldsymbol{k}\cdot\boldsymbol{r}=k_x x+k_y y+k_z z=-\pi x+\pi y+0.5\pi z$$

故
$$k_x=-\pi, k_y=\pi, k_z=0.5\pi$$

即

$$\boldsymbol{k}=-\boldsymbol{e}_x\pi+\boldsymbol{e}_y\pi+\boldsymbol{e}_z 0.5\pi$$

$$k=\pi\sqrt{(-1)^2+1+(0.5)^2}\ \text{rad/m}=\frac{3}{2}\pi\ \text{rad/m}$$

则波传播方向单位矢量为

$$\boldsymbol{e}_n=\frac{\boldsymbol{k}}{k}=\frac{1}{1.5\pi}(-\boldsymbol{e}_x\pi+\boldsymbol{e}_y\pi+\boldsymbol{e}_z 0.5\pi)=-\boldsymbol{e}_x\frac{2}{3}+\boldsymbol{e}_y\frac{2}{3}+\boldsymbol{e}_z\frac{1}{3}$$

(2)
$$\lambda=\frac{2\pi}{k}=\frac{2\pi}{3\pi/2}\ \text{m}=\frac{4}{3}\ \text{m}$$

$$f=\frac{v_p}{\lambda}=\frac{3\times10^8}{4/3}\ \text{Hz}=\frac{9}{4}\times10^8\ \text{Hz}$$

(3) 与 $\boldsymbol{H}$ 相伴的 $\boldsymbol{E}$ 为

$$\begin{aligned}\boldsymbol{E}&=(\boldsymbol{H}\times\boldsymbol{e}_n)\eta_0\\&=\left(\boldsymbol{e}_x\frac{3}{2}+\boldsymbol{e}_y+\boldsymbol{e}_z\right)10^{-6}\cos\left[\omega t-\pi\left(-x+y+\frac{1}{2}z\right)\right]\times\\&\left(-\boldsymbol{e}_x\frac{2}{3}+\boldsymbol{e}_y\frac{2}{3}+\boldsymbol{e}_z\frac{1}{3}\right)\times377\\&=377\times10^{-6}\left(\boldsymbol{e}_x\frac{1}{3}-\boldsymbol{e}_y\frac{7}{6}+\boldsymbol{e}_z\frac{5}{3}\right)\cos\left[\frac{9\pi}{2}10^8 t-\pi\left(-x+y+\frac{1}{2}z\right)\right]\text{V/m}\end{aligned}$$

(4) 平均坡印廷矢量

$$\begin{aligned}\boldsymbol{S}_{av}&=\frac{1}{2}\text{Re}[\boldsymbol{E}\times\boldsymbol{H}^*]\\&=377\times10^{-6}\left(\boldsymbol{e}_x\frac{1}{3}-\boldsymbol{e}_y\frac{7}{6}+\boldsymbol{e}_z\frac{5}{3}\right)e^{-j\pi(-x+y+0.5z)}\times\\&10^{-6}\left(\boldsymbol{e}_x\frac{3}{2}+\boldsymbol{e}_y+\boldsymbol{e}_z\right)e^{-j\pi(x+y+0.5z)}\\&=1.7\pi10^{-10}\left(-\boldsymbol{e}_x+\boldsymbol{e}_y+\boldsymbol{e}_z\frac{1}{2}\right)\end{aligned}$$

【例 6.10】 自由空间的均匀平面波的电场表达式为

$$\boldsymbol{E}(r,t)=(\boldsymbol{e}_x+\boldsymbol{e}_y 2+\boldsymbol{e}_z E_{zm})10\cos(\omega t+3x-y-z)\ \text{V/m}$$

式中的 E_{zm} 为待定量。试由该表达式确定波的传播方向、角频率 ω、极化状态，并求出与 $\boldsymbol{E}(r,t)$ 相伴的磁场 $\boldsymbol{H}(r,t)$。

解：设波的传播方向的单位矢量为 $\boldsymbol{e}_n$，则电场的复数形式可表示为

$$\boldsymbol{E}(r)=\boldsymbol{E}_m e^{-jk\boldsymbol{e}_n\cdot\boldsymbol{r}}$$

题目中给定的电场的复数形式为

$$\boldsymbol{E}(r,t)=(\boldsymbol{e}_x+\boldsymbol{e}_y 2+\boldsymbol{e}_z E_{zm})10e^{-j(-3x+y+z)}\ \text{V/m}$$

于是有

$$\boldsymbol{E}_m = \boldsymbol{e}_x 10 + \boldsymbol{e}_y 20 + \boldsymbol{e}_z 10 E_{zm}$$

$$\boldsymbol{k} \cdot \boldsymbol{r} = k\boldsymbol{e}_n \cdot \boldsymbol{r} = -3x + y + z$$

又

$$\boldsymbol{k} \cdot \boldsymbol{r} = k_x x + k_y y + k_z z$$

可见

$$k_x = -3, k_y = 1, k_z = 1$$

故波矢量

$$\boldsymbol{k} = -\boldsymbol{e}_x 3 + \boldsymbol{e}_y + \boldsymbol{e}_z$$

$$k = \sqrt{3^2 + 1^2 + 1^2}\,\text{rad/m} = \sqrt{11}\,\text{rad/m}$$

波传播方向的单位矢量 $\boldsymbol{e}_n$ 为

$$\boldsymbol{e}_n = \frac{\boldsymbol{k}}{k} = \frac{-\boldsymbol{e}_x 3 + \boldsymbol{e}_y + \boldsymbol{e}_z}{\sqrt{11}}$$

波的角频率为

$$\omega = k v_p = kc = \sqrt{11} \times 3 \times 10^8\,\text{rad/s}$$

为了确定 E_{zm}，可利用均匀平面波的电场矢量垂直于波的传播方向这一性质，故有 $\boldsymbol{k} \cdot \boldsymbol{E}_m = 0$，即

$$(-\boldsymbol{e}_x 3 + \boldsymbol{e}_y + \boldsymbol{e}_z) \cdot (\boldsymbol{e}_x 10 + \boldsymbol{e}_y 20 + 10 E_{zm}) = 0$$

由此得

$$-30 + 20 + 10E_{zm} = 0$$

故得到

$$E_{zm} = 1$$

因此，自由空间任意一点 $\boldsymbol{r}$ 处的电场为

$$\boldsymbol{E}(\boldsymbol{r},t) = 10(\boldsymbol{e}_x + \boldsymbol{e}_y 2 + \boldsymbol{e}_z)\cos(9.95 \times 10^8 t + 3x - y - z)\ \text{V/m}$$

上式表明电场的各个分量同相位，故 $\boldsymbol{E}(\boldsymbol{r},t)$ 表示一个直线极化波。

与 $\boldsymbol{E}(\boldsymbol{r},t)$ 相伴的磁场 $\boldsymbol{H}(\boldsymbol{r},t)$ 为

$$\begin{aligned}\boldsymbol{H}(r,t) &= \frac{1}{\eta_0}\boldsymbol{e}_n \times \boldsymbol{E}(r,t) \\ &= \frac{1}{120\pi} \times \frac{1}{\sqrt{11}}(-\boldsymbol{e}_x 3 + \boldsymbol{e}_y + \boldsymbol{e}_z) \times (\boldsymbol{e}_x + \boldsymbol{e}_y 2 + \boldsymbol{e}_z) \times \\ &\quad \cos(9.95 \times 10^8 t - \boldsymbol{k} \cdot \boldsymbol{r}) \\ &= 8 \times 10^{-3}(-\boldsymbol{e}_x + \boldsymbol{e}_y 4 - \boldsymbol{e}_z 7)\cos(9.95 \times 10^8 t + 3x - y - z)\ \text{A/m}\end{aligned}$$

【例 6.11】 已知在 100 MHz 时，石墨的趋肤深度为 0.16 mm，试求：

(1) 石墨的电导率；

(2) 1 GHz 的电磁波在石墨中传播多长距离其振幅衰减了 30 dB?

解：(1) 由趋肤深度

$$\delta = \sqrt{\frac{1}{\pi f \mu \sigma}}$$

得到石墨的电导率

$$\sigma=\frac{1}{\pi f\mu\delta^2}=0.99\times10^5\ \text{S/m}$$

(2) 当 $f=10^9$ Hz 时

$$\alpha=\sqrt{\pi f\mu\sigma}=1.98\times10^4\ \text{Np/m}$$

要求

$$20\lg e^{-\alpha z}=-30\ \text{dB}$$

故得到

$$z=\frac{1.5}{\alpha\lg e}=1.75\times10^{-4}\ \text{m}$$

【例 6.12】 一圆极化波自空气中垂直入射于一介质板上，介质板的本征阻抗为 η_2。入射波电场为 $\boldsymbol{E}=E_m(\boldsymbol{e}_x+\boldsymbol{e}_y\text{j})\text{e}^{-\text{j}\beta z}$。求反射波与透射波的电场，它们的极化情况如何？

解：设媒质 1 为空气，其本征阻抗为 η_0，故分界面上的反射系数和透射系数分别为

$$\Gamma=\frac{\eta_2-\eta_0}{\eta_2+\eta_0}$$

$$T=\frac{2\eta_2}{\eta_2+\eta_0}$$

式中

$$\eta_2=\sqrt{\frac{\mu_2}{\varepsilon_2}}=\sqrt{\frac{\mu_0}{\varepsilon_{r2}\varepsilon_0}},\eta_0=\sqrt{\frac{\mu_0}{\varepsilon_0}}$$

都是实数，故 Γ,T 也是实数。

反射波的电场为

$$\boldsymbol{E}_1=\Gamma E_m(\boldsymbol{e}_x+\boldsymbol{e}_y\text{j})\text{e}^{\text{j}\beta z}$$

可见，反射波电场的两个分量的振幅仍相等，相位关系与入射波相比没有变化，故反射波仍然是圆极化波。但波的传播方向变为 $-z$ 方向，故反射波变为右旋圆极化波，而入射波是沿 $+z$ 方向传播的左旋圆极化波。

透射波电场为

$$\boldsymbol{E}_2=TE_m(\boldsymbol{e}_x+\boldsymbol{e}_y\text{j})\text{e}^{-\text{j}\beta_2 z}$$

式中，$\beta_2=\omega\sqrt{\mu_2\varepsilon_2}=\omega\sqrt{\mu_0\varepsilon_{r2}\varepsilon_0}$ 是媒质 2 中的相位常数。可见，透射波是沿 $+z$ 方向传播的左旋圆极化波。

【例 6.13】 均匀平面波从 $\mu=\mu_0$、$\varepsilon=4\varepsilon_0$ 的理想电介质中斜入射到与空气的分界面上。试求：(1) 希望在分界面上产生全反射，应该采取多大的入射角；(2) 若入射波是圆极化波，而只希望反射波成为单一的直线极化波，应以什么入射角入射？

解：(1) 均匀平面波是从稠密媒质($\varepsilon_1=4\varepsilon_0$)入射到稀疏媒质($\varepsilon_2=\varepsilon_0$)，若取入射角 θ_i 大于(或等于)临界角 θ_c，就可产生全反射。

$$\theta_c = \arcsin\left(\frac{n_2}{n_1}\right) = \arcsin\left(\sqrt{\frac{\varepsilon_2}{\varepsilon_1}}\right) = \arcsin\left(\sqrt{\frac{1}{4}}\right) = 30^\circ$$

故取 $\theta_i \geqslant 30^\circ$ 时可产生全反射。

（2）圆极化波可分解为平行极化和垂直极化两个分量，当入射角 θ_i 等于布儒斯特角 θ_B 时，平行极化分量就产生全透射，这样，反射波中只有单一的垂直极化分量，即

$$\theta_i = \theta_B = \arctan\left(\sqrt{\frac{\varepsilon_2}{\varepsilon_1}}\right) = \arctan\left(\sqrt{\frac{1}{4}}\right) = 26.57^\circ$$

6.3 课后习题解答

【6.1】 在无界理想介质中，均匀平面波的电场强度为

$$\boldsymbol{E} = E_0\cos(2\pi\times10^8 t - 2\pi z)\boldsymbol{e}_x \ \text{V/m}$$

已知介质的 $\mu_r=1$，求其 ε_r，并写出 $\boldsymbol{H}$ 的表达式。

解：$k=\omega\sqrt{\mu\varepsilon}=\omega\sqrt{\mu_0\varepsilon_0\mu_r\varepsilon_r}=\dfrac{\omega}{c}\sqrt{\mu_r\varepsilon_r}$

$\therefore 2\pi=\dfrac{2\pi\times10^8}{3\times10^8}\sqrt{\varepsilon_r}$

$\therefore \varepsilon_r=9$

$$H_0=\frac{E_0}{\eta}=\frac{E_0}{\sqrt{\dfrac{\mu_0\mu_r}{\varepsilon_0\varepsilon_r}}}=\frac{E_0}{120\pi\cdot\dfrac{1}{3}}=\frac{E_0}{40\pi}$$

$\therefore \boldsymbol{H}=\dfrac{E_0}{40\pi}\cos(2\pi\times10^8 t-2\pi z)\boldsymbol{e}_y \ \text{A/m}$

【6.2】 无界自由空间传播的电磁波，其电场强度复矢量为

$\dot{E}=(2\boldsymbol{e}_x-3\boldsymbol{e}_y)\mathrm{e}^{\mathrm{j}\left(\frac{\pi}{4}-kz\right)} \ \text{V/m}$

写出磁场强度的复矢量以及平均功率流密度。

解：（1）$\boldsymbol{H}=\dfrac{1}{\eta}\boldsymbol{e}_z\times\boldsymbol{E}$

$$=\frac{1}{120\pi}[\boldsymbol{e}_z\times(2\boldsymbol{e}_x-3\boldsymbol{e}_y)]\mathrm{e}^{\mathrm{j}\left(\frac{\pi}{4}-kz\right)}$$

$$=\frac{1}{120\pi}(2\boldsymbol{e}_y+3\boldsymbol{e}_x)\mathrm{e}^{\mathrm{j}\left(\frac{\pi}{4}-kz\right)}$$

（2）平均功率密度为

$$\boldsymbol{S}_{av}=\frac{1}{2}\mathrm{Re}[\boldsymbol{E}\times\boldsymbol{H}^*]=\frac{1}{240\pi}[(2\boldsymbol{e}_x-3\boldsymbol{e}_y)\times(2\boldsymbol{e}_y+3\boldsymbol{e}_x)]$$

$$=\frac{13}{240\pi}\boldsymbol{e}_z \ \text{W/m}^2$$

【6.3】 在无界理想介质($\varepsilon_r=5,\mu_r=1$)中传播均匀平面波。已知其磁场强度复矢量为

$$\dot{\boldsymbol{H}}=0.5\mathrm{e}^{-\mathrm{j}2\pi(3x+4y)}\boldsymbol{e}_z\ \mathrm{A/m}$$

试求该平面波的传播方向、电场强度 $\boldsymbol{E}$ 及其坡印廷矢量的平均值,并写出电磁场的瞬时表达式。

解:(1) 由题意知波的传播方向为:

$$\boldsymbol{e}_k=\frac{1}{5}(3\boldsymbol{e}_x+4\boldsymbol{e}_y)=0.6\boldsymbol{e}_x+0.8\boldsymbol{e}_y$$

(2) 电场强度复矢量

$$\begin{aligned}\boldsymbol{E}&=-\eta\boldsymbol{e}_k\times\boldsymbol{H}=\eta\boldsymbol{H}\times\boldsymbol{e}_k\\&=\frac{\eta_0}{\sqrt{\varepsilon_r\mu_r}}[0.5\boldsymbol{e}_z\times(0.6\boldsymbol{e}_x+0.8\boldsymbol{e}_y)]\mathrm{e}^{-\mathrm{j}2\pi(3x+4y)}\\&=\frac{120\pi}{\sqrt{5}}(-0.4\boldsymbol{e}_x+0.3\boldsymbol{e}_y)\mathrm{e}^{-\mathrm{j}2\pi(3x+4y)}\end{aligned}$$

(3) 坡印廷矢量平均值

$$\begin{aligned}\boldsymbol{S}_{av}&=\frac{1}{2}\mathrm{Re}[\boldsymbol{E}\times\boldsymbol{H}^*]\\&=\frac{1}{2}\mathrm{Re}\left[\frac{120\pi}{\sqrt{5}}(-0.4\boldsymbol{e}_x+0.3\boldsymbol{e}_y)\times0.5\boldsymbol{e}_z\right]\\&=\frac{60\pi}{\sqrt{5}}(0.15\boldsymbol{e}_x+0.2\boldsymbol{e}_y)\\&=\frac{15\pi}{\sqrt{5}}\boldsymbol{e}_k\ \mathrm{W/m^2}\end{aligned}$$

(4) 电磁场瞬时表达式

$$\boldsymbol{E}=\frac{120\pi}{\sqrt{5}}\{-\boldsymbol{e}_x0.4\cos[\omega t-2\pi(3x+4y)]+\boldsymbol{e}_y0.3\cos[\omega t-2\pi(3x+4y)]\}$$

$$\boldsymbol{H}=\boldsymbol{e}_z0.5\cos[\omega t-2\pi(3x+4y)]$$

【6.4】 试证明任意的圆极化波的瞬时坡印廷矢量的值是个常数。

证明:设任一圆极化波为

$$\begin{aligned}\boldsymbol{E}&=\boldsymbol{e}_xE_x+\boldsymbol{e}_yE_y\\&=\boldsymbol{e}_xE_m\cos(\omega t+\varphi_x)+\boldsymbol{e}_yE_m\cos\left(\omega t+\varphi_x\mp\frac{\pi}{2}\right)\end{aligned}$$

$$\begin{aligned}\boldsymbol{H}&=\frac{1}{\eta}\boldsymbol{e}_z\times\boldsymbol{E}\\&=\frac{1}{\eta}\left[\boldsymbol{e}_yE_m\cos(\omega t+\varphi_x)-\boldsymbol{e}_xE_m\cos\left(\omega t+\varphi_x\mp\frac{\pi}{2}\right)\right]\end{aligned}$$

$$\boldsymbol{S}=\boldsymbol{E}\times\boldsymbol{H}$$

$$=\frac{1}{\eta}\left[\boldsymbol{e}_z E_m^2\cos^2(\omega t+\varphi_x)+\boldsymbol{e}_z E_m^2\cos^2\left(\omega t+\varphi_x\mp\frac{\pi}{2}\right)\right]$$

$$=\frac{1}{\eta}\boldsymbol{e}_z E_m^2[\cos^2(\omega t+\varphi_x)+\sin^2(\omega t+\varphi_x)]$$

$$=\frac{1}{\eta}E_m^2\boldsymbol{e}_z$$

由此得证,圆极化波的瞬时坡印廷矢量值为常数,等于 $\frac{1}{\eta}E_m^2$

【6.5】 试证明任何的椭圆极化波均可分解为两个旋转方向相反的圆极化波。

证明:沿 $+z$ 方向传播的椭圆极化波的电场可表示为

$$\boldsymbol{E}=(\boldsymbol{e}_x E_{xm}\mathrm{e}^{-\mathrm{j}\varphi_x}+\boldsymbol{e}_y E_{ym}\mathrm{e}^{-\mathrm{j}\varphi_y})\mathrm{e}^{-\mathrm{j}\beta z}$$

设两个旋向相反的圆极化波分别为

$$\boldsymbol{E}_1=(\boldsymbol{e}_x+\boldsymbol{e}_y\mathrm{j})E_{1m}\mathrm{e}^{-\mathrm{j}\beta z}$$

$$\boldsymbol{E}_2=(\boldsymbol{e}_x-\boldsymbol{e}_y\mathrm{j})E_{2m}\mathrm{e}^{-\mathrm{j}\beta z}$$

其中 E_{1m} ,E_{2m} 均为复数

令 $\boldsymbol{E}_1+\boldsymbol{E}_2=\boldsymbol{E}$ 即

$$(\boldsymbol{e}_x+\boldsymbol{e}_y\mathrm{j})E_{1m}\mathrm{e}^{-\mathrm{j}\beta z}+(\boldsymbol{e}_x-\boldsymbol{e}_y\mathrm{j})E_{2m}\mathrm{e}^{-\mathrm{j}\beta z}=(\boldsymbol{e}_x E_{xm}\mathrm{e}^{-\mathrm{j}\phi_x}+\boldsymbol{e}_y E_{xm}\mathrm{e}^{-\mathrm{j}\phi_y})\mathrm{e}^{-\mathrm{j}\beta z}$$

则有

$$E_{1m}+E_{2m}=E_{xm}\mathrm{e}^{-\mathrm{j}\phi_x}$$

$$E_{1m}-E_{2m}=-\mathrm{j}E_{ym}\mathrm{e}^{-\mathrm{j}\phi_y}$$

由此得解

$$E_{1m}=\frac{1}{2}(E_{xm}\mathrm{e}^{-\mathrm{j}\phi_x}-\mathrm{j}E_{ym}\mathrm{e}^{-\mathrm{j}\phi_y})$$

$$E_{2m}=\frac{1}{2}(E_{xm}\mathrm{e}^{-\mathrm{j}\phi_x}+\mathrm{j}E_{ym}\mathrm{e}^{-\mathrm{j}\phi_y})$$

故得两个旋向相反的圆极化波分别为

$$\boldsymbol{E}_1=\frac{1}{2}(\boldsymbol{e}_x+\boldsymbol{e}_y\mathrm{j})(E_{xm}\mathrm{e}^{-\mathrm{j}\phi_x}-\mathrm{j}E_{ym}\mathrm{e}^{-\mathrm{j}\phi_y})\mathrm{e}^{-\mathrm{j}\beta z}$$

$$\boldsymbol{E}_2=\frac{1}{2}(\boldsymbol{e}_x-\boldsymbol{e}_y\mathrm{j})(E_{xm}\mathrm{e}^{-\mathrm{j}\phi_x}+\mathrm{j}E_{ym}\mathrm{e}^{-\mathrm{j}\phi_y})\mathrm{e}^{-\mathrm{j}\beta z}$$

【6.6】 下列表达式中的平面波各是什么极化波?如果是圆或椭圆极化波,判断是左旋还是右旋?

(1) $\boldsymbol{E}=E_0\sin(\omega t-kz)\boldsymbol{e}_x+E_0\cos(\omega t-kz)\boldsymbol{e}_y$;

(2) $\boldsymbol{E}=E_0\sin(\omega t-kz)\boldsymbol{e}_x+2E_0\sin(\omega t-kz)\boldsymbol{e}_y$;

(3) $\boldsymbol{E}=E_0\sin\left(\omega t-kz+\frac{\pi}{4}\right)\boldsymbol{e}_x+E_0\cos\left(\omega t-kz-\frac{\pi}{4}\right)\boldsymbol{e}_y$;

(4) $\boldsymbol{E}=E_0\sin\left(\omega t-kz-\frac{\pi}{4}\right)\boldsymbol{e}_x+E_0\cos(\omega t-kz)\boldsymbol{e}_y$。

解：(1)$\boldsymbol{E}=E_0\sin(\omega t-kz)\boldsymbol{e}_x+E_0\cos(\omega t-kz)\boldsymbol{e}_y$

$$=E_0\cos\left(\omega t-kz-\frac{\pi}{2}\right)\boldsymbol{e}_x+E_0\cos(\omega t-kz)\boldsymbol{e}_y$$

可见 $E_x=E_y=E_0,\varphi_x-\varphi_y=\frac{\pi}{2}$

所以为右旋圆极化波

(2)$\varphi_x=\varphi_y$ 所以为线极化波

(3)$\boldsymbol{E}=E_0\sin\left(\omega t-kz+\frac{\pi}{4}\right)\boldsymbol{e}_x+E_0\cos\left(\omega t-kz-\frac{\pi}{4}\right)\boldsymbol{e}_y$

$$=E_0\cos\left(\omega t-kz-\frac{\pi}{4}\right)\boldsymbol{e}_x+E_0\cos\left(\omega t-kz-\frac{\pi}{4}\right)\boldsymbol{e}_y$$

可见 $\varphi_x=\varphi_y=\frac{\pi}{4}$，所以为线极化波

(4)$\boldsymbol{E}=E_0\sin\left(\omega t-kz-\frac{\pi}{4}\right)\boldsymbol{e}_x+E_0\cos(\omega t-kz)\boldsymbol{e}_y$

$$=E_0\cos\left(\omega t-kz-\frac{3\pi}{4}\right)\boldsymbol{e}_x+E_0\cos(\omega t-kz)\boldsymbol{e}_y$$

可见 $\varphi_x-\varphi_y=\frac{3\pi}{4}$，所以为右旋椭圆极化波

【6.7】 已知自由空间中传播的电磁波的电场强度为

$$\boldsymbol{E}=37.7\cos(6\pi\times10^8t+2\pi z)\boldsymbol{e}_y\,(\mathrm{V/m})。$$

试问：该波是否属于均匀平面波？并求该电磁波的频率、波长、相速、相位常数、传播方向各 $\boldsymbol{H}$ 的大小和方向。

解：按定义判断为均匀平面波

（波阵面即等相位为平面且在等相位面上各个场强都相等的电磁波）

$\omega=6\pi\times10^8=2\pi f$

$\therefore f=3\times10^8\ \mathrm{Hz}\quad v_p=c=3\times10^8\ \mathrm{m/s}$

$\lambda=c/f=3\times10^8/3\times10^8=1\ \mathrm{m}$

$k=2\pi$　传播方向 $-z$

$\eta=377\ \Omega\quad H=\frac{E_0}{\eta}=0.1\ \mathrm{A/m}$　沿 x 方向

【6.8】 平面波从空气向理想介质($\varepsilon_r\neq1,\mu_r=1$)垂直入射，在分界面上 $E_0=10\ \mathrm{V/m}$，$H_0=0.226\ \mathrm{A/m}$。(1) 求第二媒质的 ε_r；(2) 求 $E_{i0},H_{i0},E_{r0},H_{r0},E_{t0},H_{t0}$。

解：

(1) $\eta_2=\frac{E_{20}}{H_{20}}=\frac{E_0}{H_0}=\frac{10}{0.226}=44.25\ \Omega$

$\eta_2=\sqrt{\frac{\mu_2}{\varepsilon_2}}=\sqrt{\frac{\mu_0\mu_r}{\varepsilon_0\varepsilon_r}}=120\pi\sqrt{\frac{1}{\varepsilon_r}}$

$\therefore \varepsilon_r = \dfrac{(120\pi)^2}{44.25^2} = 72.6$

或 $\eta_1 = \sqrt{\dfrac{\mu_1}{\varepsilon_1}} = \sqrt{\dfrac{\mu_0}{\varepsilon_0}} \quad \dfrac{\eta_1}{\eta_2} = \sqrt{\varepsilon_r} \quad \varepsilon_r = \left(\dfrac{\eta_1}{\eta_2}\right)^2$

(2) $\eta_1 = \eta_0 = 120\pi = 377\ \Omega$

$E_{t0} = E_0 \quad H_{t0} = H_0$

$R = \dfrac{\eta_2 - \eta_1}{\eta_2 + \eta_1} = -0.79 \quad T = \dfrac{2\eta_2}{\eta_2 + \eta_1} = 0.21$

$E_{i0} = \dfrac{E_{t0}}{T} = 47.6\ \text{V/m}$

$E_{r0} = E_{t0} - E_{i0} = -37.6\ \text{V/m}$

$H_{i0} = \dfrac{E_{i0}}{\eta_1} = 0.13\ \text{A/m}$

$H_{r0} = \dfrac{E_{r0}}{\eta_1} = -0.1\ \text{A/m}$

【6.9】 有一频率为 100 MHz、沿 y 方向极化的均匀平面波从空气($x<0$ 区域)中垂直入射到位于 $x=0$ 的理想导体板上。设入射波电场 $\boldsymbol{E}_i$ 的振幅为 10 V/m,试求:(1) 入射波电场 $\boldsymbol{E}_i$ 和磁场 $\boldsymbol{H}_i$ 的复矢量;(2) 反射波电场 $\boldsymbol{E}_r$ 和磁场 $\boldsymbol{H}_r$ 的复矢量;(3) 合成波电场 $\boldsymbol{E}_1$ 和磁场 $\boldsymbol{H}_1$ 的复矢量;(4) 距离导体平面最近的合成波电场 $\boldsymbol{E}_1$ 为零的位置;(5) 距离导体平面最近的合成波磁场 $\boldsymbol{H}_1$ 为零的位置。

解:(1) $\omega = 2\pi f = 2\pi \times 10^8\ \text{rad/s}$

$$\beta = \frac{\omega}{c} = \frac{2\pi \times 10^8}{3 \times 10^8} = \frac{2}{3}\pi\ \text{rad/m}$$

$$\eta_1 = \eta_0 = \sqrt{\frac{\mu_0}{\varepsilon_0}} = 120\pi\ \Omega$$

则入射波电场 $\boldsymbol{E}_i$ 和磁场 $\boldsymbol{H}_i$ 的复矢量分别为

$$\boldsymbol{E}_i(x) = \boldsymbol{e}_y 10 e^{-j\frac{2\pi}{3}x}\ \text{V/m}$$

$$\boldsymbol{H}_i(x) = \frac{1}{\eta_1}\boldsymbol{e}_x \times \boldsymbol{E}_i(x) = \boldsymbol{e}_z \frac{1}{12\pi} e^{-j\frac{2\pi}{3}x}\ \text{A/m}$$

(2) 反射波电场 $\boldsymbol{E}_r$ 和磁场 $\boldsymbol{H}_r$ 的复矢量分别为

$$\boldsymbol{E}_r(x) = -\boldsymbol{e}_y 10 e^{j\frac{2\pi}{3}x}\ \text{V/m}$$

$$\boldsymbol{H}_r(x) = \frac{1}{\eta}(-\boldsymbol{e}_x) \times \boldsymbol{E}_r(x) = \boldsymbol{e}_z \frac{1}{12\pi} e^{j\frac{2\pi}{3}x}\ \text{A/m}$$

(3) 合成波电场 $\boldsymbol{E}_1$ 和磁场 $\boldsymbol{H}_1$ 的复矢量分别为

$$\boldsymbol{E}_1(x) = \boldsymbol{E}_i(x) + \boldsymbol{E}_r(x) = -\boldsymbol{e}_y j20\sin\left(\frac{2}{3}\pi x\right)\ \text{V/m}$$

$$\boldsymbol{H}_1(x) = \boldsymbol{H}_i(x) + \boldsymbol{H}_r(x) = \boldsymbol{e}_z \frac{1}{6\pi}\cos\left(\frac{2}{3}\pi x\right)\ \text{A/m}$$

(4) 对于 $\boldsymbol{E}_1(x)$，当 $x=0$ 时，$\boldsymbol{E}_1(0)=0$，而在空气中，第一个零点发生在 $\frac{2\pi}{3}x=-\pi$ 处，即 $x=-\frac{3}{2}$ m

(5) 对于 $\boldsymbol{H}_1(x)$，当 $\frac{2\pi}{3}x=-\frac{\pi}{2}$ 处，即 $x=-\frac{3}{4}$ m 时为第一零点。

【6.10】 有一均匀平面波在 $\mu=\mu_0$、$\varepsilon=4\varepsilon_0$、$\sigma=0$ 的媒质中传播，其电场强度 $E=E_m\sin\left(\omega t-kz+\frac{\pi}{3}\right)$。若已知平面波的频率 $f=150$ MHz，平均功率密度为 $0.265\mu\text{W/m}^2$。试求：(1) 电磁波的波数、相速、波长和波阻抗；(2) $t=0$、$z=0$ 时的电场 $E(0,0)$ 值；(3) 经过 $t=0.1\ \mu$s 后，电场 $E(0,0)$ 值出现在什么位置？

解：(1) $k=\omega\sqrt{\mu\varepsilon}=2\pi f\sqrt{\mu_0 4\varepsilon_0}=4\pi f\sqrt{\mu_0\varepsilon_0}=\frac{4\pi\mu\times 15}{3\times 10}=2\pi$ rad/s

$v_p=\frac{1}{\sqrt{\mu\varepsilon}}=\frac{1}{\sqrt{\mu_0 4\varepsilon_0}}=\frac{1}{2}\times 3\times 10^8=1.5\times 10^8$ m/s

$\lambda=\frac{v_p}{f}=\frac{1.5\times 10^8}{150\times 10^6}=1$ m

$\eta=\sqrt{\frac{\mu}{\varepsilon}}=\sqrt{\frac{\mu_0}{4\varepsilon_0}}=\frac{1}{2}\sqrt{\frac{\mu_0}{\varepsilon_0}}=\frac{1}{2}\times 120\pi=60\pi=188.5\ \Omega$

(2) 平均坡印廷矢量为

$$S_{av}=\frac{|E_m|^2}{2\eta}$$

故得

$$E_m=(2\eta\times 0.265\times 10^{-6})^{1/2}\approx 10^{-2}\ \text{V/m}$$

$$E(0,0)=E_m\sin\frac{\pi}{3}=8.66\times 10^{-3}\ \text{V/m}$$

(3) 随时间 t 的增加，波将沿着 $+z$ 方向传播，当 $t=0.1\mu$s 时，电场为

$$E=10^{-2}\sin\left(2\pi\times 150\times 10^6\times 0.1\times 10^6-2\pi z+\frac{\pi}{3}\right)=8.66\times 10^{-3}$$

得

$$30\pi-2\pi z+\frac{\pi}{3}=\frac{\pi}{3}$$

即

$$z=15\ \text{m}$$

【6.11】 在自由空间传播的均匀平面波的电场强度复矢量为

$$\boldsymbol{E}=10^{-4}\mathrm{e}^{-\mathrm{j}20\pi z}\boldsymbol{e}_x+10^{-4}\mathrm{e}^{-\mathrm{j}\left(20\pi z-\frac{\pi}{2}\right)}\boldsymbol{e}_y\ \text{V/m}$$

试求：(1) 平面波的传播方向和频率；(2) 波的极化方式；(3) 磁场强度 $\boldsymbol{H}$；(4) 流过与传播方向垂直的单位面积的平均功率。

解：(1) 传播方向 $\boldsymbol{e}_z$

$$k=\omega\sqrt{\mu\varepsilon}=\frac{\omega}{c}=\frac{2\pi f}{c}=20\pi$$

$$f=3\times 10^9\,\text{Hz}=3\ \text{GHz}$$

(2) $\varphi_x - \varphi_y = 0 - \frac{\pi}{2} = -\frac{\pi}{2}$

是左旋极化波

(3) 由 $\boldsymbol{H} = \frac{1}{\eta_0}\boldsymbol{e}_z \times \boldsymbol{E}$

得 $\boldsymbol{H} = \frac{10^{-4}}{120\pi}(\boldsymbol{e}_y - \mathrm{j}\boldsymbol{e}_x)\mathrm{e}^{-\mathrm{j}20\pi z}$

$= -\boldsymbol{e}_x 2.65\times10^{-7}\mathrm{e}^{-\mathrm{j}\left(20\pi z - \frac{\pi}{2}\right)} + \boldsymbol{e}_y 2.65\times10^{-7}\mathrm{e}^{-\mathrm{j}20\pi z}$

(4) $\boldsymbol{S}_{av} = \mathrm{Re}\left(\frac{1}{2}\boldsymbol{E}\times\boldsymbol{H}^*\right)$

$= \frac{1}{2}\mathrm{Re}\{[10^{-4}\mathrm{e}^{-\mathrm{j}20\pi z}\boldsymbol{e}_x + 10^{-4}\mathrm{e}^{-\mathrm{j}\left(20\pi z - \frac{\pi}{2}\right)}\boldsymbol{e}_y]$

$\times[-\boldsymbol{e}_x 2.65\times10^{-7}\mathrm{e}^{-\mathrm{j}\left(20\pi z - \frac{\pi}{2}\right)} + \boldsymbol{e}_y 2.65\times10^{-7}\mathrm{e}^{-\mathrm{j}20\pi z}]\}$

$= \boldsymbol{e}_z 2.65\times10^{-11}\ \mathrm{W/m^2}$

即 $P_{av} = 2.65\times10^{-11}\ \mathrm{W/m^2}$

【6.12】 在空气中，一均匀平面波的波长为 12 cm，当该波进入某无损耗媒质中传播时，其波长减小为 8 cm，且已知在媒质中的 $\boldsymbol{E}$ 和 $\boldsymbol{H}$ 的振幅分别为 50 V/m 和 0.1 A/m。求该平面波的频率和媒质的相对磁导率和相对介电常数。

解：自由空间中，波的相速 $v_p = 3\times10^8$ m/s

$$f = \frac{v_p}{\lambda_0} = \frac{c}{\lambda_0} = \frac{3\times10^8}{12\times10^{-2}} = 2.5\times10^9\ \mathrm{Hz}$$

在无耗媒质中，波的相速为

$$v_p = f\lambda = 2.5\times10^9\times8\times10^{-2} = 2\times10^8\quad \mathrm{m/s}$$

又有 $$v_p = \frac{1}{\sqrt{\mu\varepsilon}} = \frac{1}{\sqrt{\mu_r\mu_0\varepsilon_r\varepsilon_0}} = \frac{c}{\sqrt{\mu_r\varepsilon_r}}$$

所以 $$\mu_r\varepsilon_r = \left(\frac{c}{v_p}\right)^2 = \frac{9}{4}\quad (1)$$

无耗媒质中，波阻抗为

$$\eta = \frac{|E|}{|H|} = \frac{E_m}{H_m} = \frac{50}{0.1} = 500\ \Omega$$

且 $$\eta = \sqrt{\frac{\mu}{\varepsilon}} = \sqrt{\frac{\mu_0\mu_r}{\varepsilon_0\varepsilon_r}} = \eta_0\sqrt{\frac{\mu_r}{\varepsilon_r}}$$

可得 $$\frac{\mu_r}{\varepsilon_r} = \left(\frac{\eta}{\eta_0}\right)^2 = \left(\frac{500}{377}\right)^2\quad (2)$$

(1)(2)两式联立，解得 $\varepsilon_r = 1.13$；$\mu_r = 1.99$

【6.13】 均匀平面波的磁场强度 $\boldsymbol{H}$ 的振幅为 $\frac{1}{3\pi}$ A/m，在自由空间沿 $-\boldsymbol{e}_z$ 方向传播，其相位常数 $\beta = 30$ rad/m。当 $t=0$、$z=0$ 时，$\boldsymbol{H}$ 在 $-\boldsymbol{e}_y$ 方向。(1) 写出 $\boldsymbol{E}$ 和 $\boldsymbol{H}$ 的表

达式；(2) 求频率和波长。

解：以余弦为基准，按题意写出磁场表达式

$$\boldsymbol{H}=-\boldsymbol{e}_y\frac{1}{3\pi}\cos(\omega t+\beta z)\ \text{A/m}$$

所以电场为

$$\boldsymbol{E}=\eta_0[\boldsymbol{H}\times(-\boldsymbol{e}_z)]=120\pi\left[-\boldsymbol{e}_y\frac{1}{3\pi}\cos(\omega t+\beta z)\times(-\boldsymbol{e}_z)\right]$$
$$=\boldsymbol{e}_x 40\cos(\omega t+\beta z)\ \text{V/m}$$

且 $$\beta=30\ \text{rad/m}$$

所以 $$\lambda=\frac{2\pi}{\beta}=0.21\ \text{m}$$

$$f=\frac{v_p}{\lambda}=\frac{c}{\lambda}=\frac{3\times10^8}{0.21}=1.43\times10^9\ \text{Hz}$$

$$\omega=2\pi f=2\pi\times1.43\times10^9=9\times10^9\ \text{rad/s}$$

磁场和电场瞬时表达式分别为

$$\boldsymbol{H}=-\boldsymbol{e}_y\frac{1}{3\pi}\cos(9\times10^9 t+30z)\ \text{A/m}$$

$$\boldsymbol{E}=\boldsymbol{e}_x 40\cos(9\times10^9 t+30z)\ \text{V/m}$$

【6.14】 已知在自由空间传播的均匀平面波的磁场强度为

$$\boldsymbol{H}(z,t)=(\boldsymbol{e}_x+\boldsymbol{e}_y)\times0.8\cos(6\pi\times10^8 t-2\pi z)\text{A/m}$$

(1) 求该均匀平面波的频率、波长、相位常数和相速；(2) 求与 $\boldsymbol{H}(z,t)$ 相伴的电场强度 $\boldsymbol{E}(z,t)$；(3) 计算瞬时坡印廷矢量。

解：(1) 从磁场表达式可得出

频率 $$f=\frac{\omega}{2\pi}=\frac{6\pi\times10^8}{2\pi}=3\times10^8\ \text{Hz}$$

相位常数 $$\beta=2\pi\ \text{rad/m}$$

波长 $$\lambda=\frac{2\pi}{\beta}=\frac{2\pi}{2\pi}=1\ \text{m}$$

相速 $$v_p=\frac{\omega}{\beta}=\frac{6\pi\times10^8}{2\pi}=3\times10^8\ \text{m/s}$$

(2) 与 $\boldsymbol{H}(z,t)$ 相伴的电场强度

$$\boldsymbol{E}(z,t)=\eta_0\boldsymbol{H}(z,t)\times\boldsymbol{e}_z=(\boldsymbol{e}_x+\boldsymbol{e}_y)\times\boldsymbol{e}_z 0.8\times120\pi\cos(6\pi\times10^8 t-2\pi z)$$

$$\boldsymbol{E}(z,t)=(\boldsymbol{e}_x-\boldsymbol{e}_y)96\pi\cos(6\pi\times10^8 t-2\pi z)$$

(3) 瞬时坡印廷矢量

$$\boldsymbol{S}(z,t)=\boldsymbol{E}(z,t)\times\boldsymbol{H}(z,t)=\boldsymbol{e}_z 153.6\pi\cos^2(6\pi\times10^8 t-2\pi z)\ \text{W/m}^2$$

【6.15】 频率为 100 MHz 的正弦均匀平面波，沿 $\boldsymbol{e}_z$ 方向传播，在自由空间点 $P(4,-2,6)$ 的电场强度为 $\boldsymbol{E}=100\boldsymbol{e}_x-70\boldsymbol{e}_y$ V/m，求(1) $t=0$，P 点的 $|E|$；(2) $t=1$ ns 时，P 点的 $|\boldsymbol{E}|$；(3) $t=2$ ns 时，点 $Q(3,5,8)$ 的 $\boldsymbol{E}|$。

解:在自由空间中

$$v_p = 3\times 10^8 \text{ m/s}$$

$$\omega = 2\pi f = 2\pi\times 10^8 \text{ rad/s}$$

$$k = \frac{\omega}{v_p} = \frac{2\pi\times 10^8}{3\times 10^8} = \frac{2\pi}{3} \text{ rad/m}$$

设电场强度的瞬时表达式为

$$\boldsymbol{E} = (\boldsymbol{e}_x 100 - \boldsymbol{e}_y 70)\cos\left(2\pi\times 10^8 t - \frac{2\pi}{3}z + \phi\right) \text{ V/m}$$

当 $t=0, z=6$ 时

$$(\boldsymbol{e}_x 100 - \boldsymbol{e}_y 70)\cos\left(-\frac{2\pi}{3}\times 6 + \phi\right) = 100\boldsymbol{e}_x - 70\boldsymbol{e}_y$$

所以 $\phi=0$

故得

(1) $t=0$ 时,P 点的 $|\boldsymbol{E}| = \left|(\boldsymbol{e}_x 100 - \boldsymbol{e}_y 70)\cos\left(-\frac{2\pi}{3}\times 6\right)\right| = 122.1 \text{ V/m}$

(2) $t=1$ ns 时,P 点的 $|\boldsymbol{E}| = |(\boldsymbol{e}_x 100 - \boldsymbol{e}_y 70)\cos(2\pi\times 10^8\times 10^{-9} - 4\pi)| = 98.8 \text{ V/m}$

(3) $t=2$ ns 时,在 Q 点

$$|\boldsymbol{E}| = \left|(\boldsymbol{e}_x 100 - \boldsymbol{e}_y 70)\cos\left(2\pi\times 10^8\times 2\times 10^{-9} - \frac{2\pi}{3}\times 8\right)\right| = 119.4 \text{ V/m}$$

【6.16】 有一频率为 100 MHz、沿 y 方向极化的均匀平面波从空气($x<0$ 区域)中垂直入射到位于 $x=0$ 的理想导体板上。设入射波电场 $\boldsymbol{E}_\text{i}$ 的振幅为 10 V/m,试求:

(1) 入射波电场 $\boldsymbol{E}_\text{i}$ 和磁场 $\boldsymbol{H}_\text{i}$ 的复矢量;(2) 反射波电场 $\boldsymbol{E}_\text{r}$ 和磁场 $\boldsymbol{H}_\text{r}$ 的复矢量;(3) 合成波电场 $\boldsymbol{E}_1$ 和磁场 $\boldsymbol{H}_1$ 的复矢量;(4) 距离导体平面最近的合成波电场 $\boldsymbol{E}_1$ 为零的位置;(5) 距离导体平面最近的合成波电场 $\boldsymbol{H}_1$ 为零的位置。

解:(1) $\omega = 2\pi f = 2\pi\times 10^8 \quad \text{rad/s}$

$$\beta = \frac{\omega}{c} = \frac{2\pi\times 10^8}{3\times 10^8} = \frac{2}{3}\pi \quad \text{rad/m}$$

$$\eta_1 = \eta_0 = \sqrt{\frac{\mu_0}{\varepsilon_0}} = 120\pi\ \Omega$$

则入射波电场 $\boldsymbol{E}_i$ 和磁场 $\boldsymbol{H}_i$ 的复矢量分别为

$$\boldsymbol{E}_i(x) = \boldsymbol{e}_y 10\mathrm{e}^{-\mathrm{j}\frac{2\pi}{3}x} \quad \text{V/m}$$

$$\boldsymbol{H}_i(x) = \frac{1}{\eta_1}\boldsymbol{e}_x\times\boldsymbol{E}_i(x) = \boldsymbol{e}_z\frac{1}{12\pi}\mathrm{e}^{-\mathrm{j}\frac{2\pi}{3}x} \quad \text{A/m}$$

(2) 反射波电场 $\boldsymbol{E}_r$ 和磁场 $\boldsymbol{H}_r$ 的复矢量分别为

$$\boldsymbol{E}_r(x) = -\boldsymbol{e}_y 10\mathrm{e}^{\mathrm{j}\frac{2\pi}{3}x} \quad \text{V/m}$$

$$\boldsymbol{H}_r(x) = \frac{1}{\eta}(-\boldsymbol{e}_x)\times\boldsymbol{E}_r(x) = \boldsymbol{e}_z\frac{1}{12\pi}\mathrm{e}^{\mathrm{j}\frac{2\pi}{3}x} \quad \text{A/m}$$

(3) 合成波电场 $\boldsymbol{E}_1$ 和磁场 $\boldsymbol{H}_1$ 的复矢量分别为

$$\boldsymbol{E}_1(x)=\boldsymbol{E}_i(x)+\boldsymbol{E}_r(x)=-\boldsymbol{e}_y \mathrm{j}20\sin\left(\frac{2}{3}\pi x\right)\quad \mathrm{V/m}$$

$$\boldsymbol{H}_1(x)=\boldsymbol{H}_i(x)+\boldsymbol{H}_r(x)=\boldsymbol{e}_z\frac{1}{6\pi}\cos\left(\frac{2}{3}\pi x\right)\quad \mathrm{A/m}$$

(4) 对于 $\boldsymbol{E}_1(x)$，当 $x=0$ 时，$\boldsymbol{E}_1(0)=0$，而在空气中，第一个零点发生在$\frac{2\pi}{3}x=-\pi$处，即 $x=-\frac{3}{2}$　m

(5) 对于 $\boldsymbol{H}_1(x)$，当$\frac{2\pi}{3}x=-\frac{\pi}{2}$处，即 $x=-\frac{3}{4}$ m 时为第一零点。

【6.17】 均匀平面波的电场振幅为 $E_{im}=100$ V/m，从空气中垂直入射到无损耗媒质平面上（媒质的 $\sigma_2=0$、$\varepsilon_{r2}=4$、$\mu_{r2}=1$），求反射波与透射波的振幅。

解：$\eta_1=\sqrt{\frac{\mu_1}{\varepsilon_1}}=\sqrt{\frac{\mu_0}{\varepsilon_0}}=120\pi\ \Omega$

$\eta_2=\sqrt{\frac{\mu_2}{\varepsilon_2}}=\sqrt{\frac{\mu_0}{4\varepsilon_0}}=60\pi\ \Omega$

反射系数　　$\Gamma=\frac{\eta_2-\eta_1}{\eta_2+\eta_1}=\frac{60\pi-120\pi}{60\pi+120\pi}=-\frac{1}{3}$

投射系数　　$T=\frac{2\eta_2}{\eta_2+\eta_1}=\frac{2\times 60\pi}{60\pi+120\pi}=\frac{2}{3}$

反射波的电场振幅为

$$E_{rm}=|\Gamma|E_{1m}=\frac{100}{3}=33.3\ \mathrm{V/m}$$

投射波的电场振幅为

$$E_{tm}=|T|E_{1m}=\frac{2\times 100}{3}=66.6\ \mathrm{V/m}$$

【6.18】 均匀平面波从媒质 1 入射到与媒质 2 的平面分界面上，已知 $\sigma_1=\sigma_2=0$、$\mu_1=\mu_2=\mu_0$。求使入射波功率的 10%被反射时的$\frac{\varepsilon_{r2}}{\varepsilon_{r1}}$的值。

解：由题意可知　　$|\Gamma|^2=0.1$

且　　$$\Gamma=\frac{\eta_2-\eta_1}{\eta_2+\eta_1}=\frac{\sqrt{\frac{u_2}{\varepsilon_2}}-\sqrt{\frac{u_1}{\varepsilon_1}}}{\sqrt{\frac{u_2}{\varepsilon_2}}+\sqrt{\frac{u_1}{\varepsilon_1}}}=\frac{\eta_0\sqrt{\frac{1}{\varepsilon_{r2}}}-\eta_0\sqrt{\frac{1}{\varepsilon_{r1}}}}{\eta_0\sqrt{\frac{1}{\varepsilon_{r2}}}+\eta_0\sqrt{\frac{1}{\varepsilon_{r1}}}}=\frac{\sqrt{\frac{\varepsilon_{r1}}{\varepsilon_{r2}}}-1}{\sqrt{\frac{\varepsilon_{r1}}{\varepsilon_{r2}}}+1}$$

代入$|\Gamma|^2=0.1$ 中得

$\sqrt{\frac{\varepsilon_{r1}}{\varepsilon_{r2}}}=1.92$

$\therefore \frac{\varepsilon_{r1}}{\varepsilon_{r2}}=3.68$

$\therefore \frac{\varepsilon_{r2}}{\varepsilon_{r1}}=0.269$

【6.19】 已知 $z<0$ 的区域中媒质 1 的 $\sigma_1=0$、$\varepsilon_{r1}=4$、$\mu_{r1}=1$，$z>0$ 区域中媒质 2 的 $\sigma_2=0$、$\varepsilon_{r2}=10$、$\mu_{r2}=4$，角频率 $\omega=5\times10^8$ rad/s 的均匀平面波从媒质 1 垂直入射到分界面上。设入射波是沿 x 轴方向的线极化波，在 $t=0$、$z=0$ 时入射波电场振幅为 2.4 V/m。试求：

(1) β_1 和 β_2；(2) 反射系数 Γ；(3) 媒质 1 的电场 $\boldsymbol{E}_1(z,t)$；(4) 媒质 2 的电场 $\boldsymbol{E}_2(z,t)$；(5) $t=5$ ns 时，媒质 1 中的磁场 $\boldsymbol{H}_1(-1,t)$的值。

解：(1) $\beta_1=\omega\sqrt{\mu_1\varepsilon_1}=\omega\sqrt{\mu_0\varepsilon_0}\sqrt{\mu_{r1}\varepsilon_{r1}}=\frac{5\times10^8}{3\times10^8}\times2=3.33\text{ rad/m}$

$$\beta_2=\omega\sqrt{\mu_0\varepsilon_0}=\omega\sqrt{\mu_0\varepsilon_0}\sqrt{\mu_{r2}\varepsilon_{r2}}=\frac{5\times10^8}{3\times10^8}\sqrt{10\times4}=10.54\text{ rad/m}$$

(2) $\eta_1=\sqrt{\frac{\mu_1}{\varepsilon_1}}=\eta_0\sqrt{\frac{\mu_{r1}}{\varepsilon_{r1}}}=\eta_0\times\frac{1}{2}=60\pi\ \Omega$

$$\eta_2=\sqrt{\frac{\mu_2}{\varepsilon_2}}=\eta_0\sqrt{\frac{\mu_{r2}}{\varepsilon_{r2}}}=\eta_0\sqrt{\frac{4}{10}}=75.9\pi\ \Omega$$

$$\Gamma=\frac{\eta_2-\eta_1}{\eta_2+\eta_1}=\frac{75.9-60}{75.9+60}=1.17\times10^{-1}$$

(3) 设电场方向为 $\boldsymbol{e}_x$

$$\begin{aligned}\boldsymbol{E}_1(z)&=\boldsymbol{E}_i(z)+\boldsymbol{E}_r(z)=\boldsymbol{e}_xE_{i0}(\mathrm{e}^{-\mathrm{j}\beta_1z}+\Gamma\mathrm{e}^{\mathrm{j}\beta_1z})\\&=\boldsymbol{e}_xE_{i0}[(1+\Gamma)\mathrm{e}^{-\mathrm{j}\beta_1z}+\Gamma(\mathrm{e}^{\mathrm{j}\beta_1z}-\mathrm{e}^{-\mathrm{j}\beta_1z})]\\&=\boldsymbol{e}_xE_{i0}[(1+\Gamma)\mathrm{e}^{-\mathrm{j}\beta_1z}+2\Gamma\mathrm{j}\sin\beta_1z]\\&=\boldsymbol{e}_x2.4[(1+0.117)\mathrm{e}^{-\mathrm{j}3.33z}+0.234\mathrm{j}\sin3.33z]\end{aligned}$$

或

$$\begin{aligned}\boldsymbol{E}_1(z)&=\boldsymbol{E}_i(z)+\boldsymbol{E}_r(z)=\boldsymbol{e}_x2.4\mathrm{e}^{-\mathrm{j}3.33z}+\boldsymbol{e}_x0.28\mathrm{e}^{\mathrm{j}3.33z}\\\boldsymbol{E}_1(z_1t)&=\mathrm{Re}[\boldsymbol{E}_1(z)\mathrm{e}^{\mathrm{j}\omega t}]=\boldsymbol{e}_x2.4\cos(5\times10^8t-3.33z)\\&\quad+\boldsymbol{e}_x0.28\cos(5\times10^8t+3.33z)\end{aligned}$$

(4) $\boldsymbol{E}_2(z)=\boldsymbol{e}_x\boldsymbol{E}_{t0}\mathrm{e}^{-\mathrm{j}\beta_2z}=\boldsymbol{e}_x\Gamma E_{i0}\mathrm{e}^{-\mathrm{j}\beta_2z}$ 式中 $\Gamma=\frac{2\eta_2}{\eta_1+\eta_2}\approx1.12$

$$\therefore\boldsymbol{E}_2(z)=\boldsymbol{e}_x1.12\times2.4\mathrm{e}^{-\mathrm{j}10.54z}=\boldsymbol{e}_x2.68\mathrm{e}^{-\mathrm{j}10.54z}$$

$$\therefore\boldsymbol{E}_2(z_1t)=\boldsymbol{e}_x2.68\cos(5\times10^8t-10.54z)$$

(5) $\boldsymbol{H}_1(z)=\boldsymbol{H}_i(z)+\boldsymbol{H}_r(z)=\boldsymbol{e}_z\times\frac{1}{\eta_1}\boldsymbol{E}_i(z)+(-\boldsymbol{e}_z)\times\frac{1}{\eta_1}\boldsymbol{E}_r(z)$

$$=\boldsymbol{e}_y\frac{2.4}{\eta_1}\mathrm{e}^{-\mathrm{j}\beta_1z}-\boldsymbol{e}_y\frac{0.281}{\eta_1}\mathrm{e}^{\mathrm{j}\beta_1z}=\boldsymbol{e}_y1.27\times10^{-2}\mathrm{e}^{-\mathrm{j}3.33z}-\boldsymbol{e}_y1.49\times10^{-3}\mathrm{e}^{\mathrm{j}3.33z}$$

当 $t=5\times10^{-9}$ s，$z=-1$ m 时，$\boldsymbol{H}_1(z)=\boldsymbol{e}_y1.27\times10^{-2}\cos(5\times10^8\times10^{-9}\times5+3.33)-\boldsymbol{e}_y1.49\times10^{-3}\cos(5\times10^8\times10^{-9}\times5-3.33)=\boldsymbol{e}_y10.04\text{ mA/m}$

【6.20】 均匀平面波垂直入射到两种无损耗电介质分界面上，当反射系数与透射系数的大小相等时，其驻波比等于多少？

解：由题意有以下关系

$$|\Gamma| = T = 1+\Gamma$$

$$|\Gamma|^2 = 1+2\Gamma+\Gamma^2$$

即
$$\Gamma=-\frac{1}{2}$$

∴ 驻波系数
$$S=\frac{1+|\Gamma|}{1-|\Gamma|}=\frac{1+\frac{1}{2}}{1-\frac{1}{2}}=3$$

【6.21】 均匀平面波从空气中垂直入射到理想电介质（$\varepsilon=\varepsilon_r\varepsilon_0$、$\mu_r=1$、$\sigma=0$）表面上。测得空气中驻波比为 2，电场振幅最大值相距 1.0 m，且第一个最大值距离介质表面 0.5 m。试确定电介质的介电常数 ε_r。

解：$\because \rho=\frac{1+|\Gamma|}{1-|\Gamma|}=2$

$\therefore |\Gamma|=\frac{1}{3}$

$$\because \Gamma=\frac{\eta_2-\eta_1}{\eta_2+\eta_1}=\frac{1-\sqrt{\frac{\varepsilon_2}{\varepsilon_1}}}{1+\sqrt{\frac{\varepsilon_2}{\varepsilon_1}}}$$

$\varepsilon_2=\varepsilon_0\varepsilon_r$；$\varepsilon_1=\varepsilon_0$

解得 $\varepsilon_r=\frac{1}{4}$

【6.22】 $z<0$ 为自由空间，$z>0$ 的区域中为导电媒质（$\varepsilon=20$ pF/m、$\mu=5$ μH/m 及 $\sigma=0.004$ S/m）。均匀平面波垂直入射到分界面上，$E_{ix}=100e^{-\alpha_1 z}\cos(10^8 t-\beta_1 z)$ V/m。试求：

（1）α_1 和 β_1；（2）分界面上的反射系数 Γ；（3）反射波电场 E_{rx}；（4）透射波电场 E_{tx}。

解：（1）由题意，1 区为自由空间，2 区为损耗媒质，则

$$\alpha_1=0$$

$$\beta_1=\omega\sqrt{\mu_0\varepsilon_0}=10^8\times\frac{1}{3\times10^8}=0.33\ \text{rad/m}$$

（2）$\frac{\sigma_2}{\omega\varepsilon_2}=\frac{0.004}{10^8\times20\times10^{-12}}=2$

$$\eta_{2c}=\sqrt{\frac{\mu_2}{\varepsilon_{2c}}}=\sqrt{\frac{\mu_2}{\varepsilon_2-\mathrm{j}\frac{\sigma_2}{\omega}}}=\sqrt{\frac{5\times10^{-6}}{20\times10^{-2}-\mathrm{j}\frac{0.004}{10^8}}}=334e^{\mathrm{j}31.7^\circ}$$

$$\Gamma=\frac{\eta_{2c}-\eta_1}{\eta_{2c}+\eta_1}=\frac{334e^{\mathrm{j}31.7^\circ}-377}{334e^{\mathrm{j}31.7^\circ}+377}=0.29e^{\mathrm{j}103^\circ}$$

(3) $\boldsymbol{E}_{rx}=|\Gamma|E_{im}\cos(10^8t+\beta_1 z+\phi_\Gamma)=29\cos(10^8t+0.33z+103^\circ)\ \text{V/m}$

(4) $\boldsymbol{E}_{tx}=|T|E_{im}\cos(10^8t-\beta_Z z+\phi_T)$

式中 $\alpha_2=\omega\sqrt{\dfrac{\mu_2\varepsilon_2}{2}}\left[\sqrt{1+\left(\dfrac{\sigma_2}{\omega\varepsilon_2}\right)^2}-1\right]^{\frac{1}{2}}=0.78\ \text{Np/m}$

$\beta_2=\omega\sqrt{\dfrac{\mu_2\varepsilon_2}{2}}\left[\sqrt{1+\left(\dfrac{\sigma_2}{\omega\varepsilon_2}\right)^2}+1\right]^{\frac{1}{2}}=1.27\ \text{rad/m}$

$T=1+\Gamma=1+0.29\text{e}^{-\text{j}103^\circ}=0.935+\text{j}0.283=0.978\text{e}^{-\text{j}16.8^\circ}$

$\therefore \boldsymbol{E}_{tx}=97.8\text{e}^{-0.78z}\cos(10^8t-1.27z+16.8^\circ)\ \text{V/m}$

【6.23】 均匀平面波从空气中垂直入射到厚度为 $d_2=\dfrac{\lambda_2}{8}$ 的聚丙烯($\varepsilon_{r2}=2.25$、$\mu_{r2}=1$、$\sigma_2=0$)平板上。(1) 计算入射波能量被反射的百分比;(2) 计算空气中的驻波比。

解:(1) $\beta_2 d_2=\dfrac{2\pi}{\lambda_2}\cdot\dfrac{\lambda_2}{8}=\dfrac{\pi}{4}$

$\eta_1=\eta_3=\eta_0,\ \eta_2=\dfrac{\eta_0}{\sqrt{\varepsilon_{r2}}}=\dfrac{2\eta_0}{3}$

反射面处等效波阻抗为

$$\eta_{er}=\eta_2\frac{\eta_3+\text{j}\eta_2\tan(\beta_2 d_2)}{\eta_2+\text{j}\eta_3\tan(\beta_2 d_2)}=\eta_2\frac{\eta_3+\text{j}\eta_2}{\eta_2+\text{j}\eta_3}=\frac{6+4\text{j}}{6+9\text{j}}\eta_0$$

反射系数

$$\Gamma=\frac{\eta_{er}-\eta_0}{\eta_{er}+\eta_0}=\frac{-5\text{j}}{12+13\text{j}}$$

所以入射波能量与反射波能量比为

$$\frac{\boldsymbol{S}_{rav}}{\boldsymbol{S}_{iav}}=|\Gamma|^2=7.99\%$$

(2) 空气中的驻波比

$$\boldsymbol{S}=\frac{1+|\Gamma|}{1-|\Gamma|}=\frac{|12-13\text{j}|+5}{|12+13\text{j}|-5}=1.79$$

【6.24】 均匀平面波从空气中以 30°的入射角进入折射率为 $n_2=2$ 的玻璃中,试分别就下列两种情况计算入射波能量被反射的百分比:

(1) 入射波为垂直极化波;

(2) 入射波为平行极化波。

解:(1) 入射波为垂直极化波时,反射系数

$$\Gamma_\perp=\frac{\cos\theta_i-\sqrt{n_2^2-\sin^2\theta_i}}{\cos\theta_i+\sqrt{n_2^2-\sin^2\theta_i}}=\frac{\dfrac{\sqrt{3}}{2}-\sqrt{4-\left(\dfrac{1}{2}\right)^2}}{\dfrac{\sqrt{3}}{2}+\sqrt{4-\left(\dfrac{1}{2}\right)^2}}=-\frac{3-\sqrt{5}}{2}$$

入射波能量被反射的百分比

$$\frac{S_{rav}}{S_{iav}}=|\Gamma_{\perp}|^2=\frac{7-3\sqrt{5}}{2}=14.6\%$$

(2) 入射波为平面极化波时，反射系数

$$\Gamma_{/\!/}=\frac{n^2\cos\theta_i-\sqrt{n_2^2-\sin^2\theta_i}}{n^2\cos\theta_i+\sqrt{n_2^2-\sin^2\theta_i}}=\frac{2\sqrt{3}-\sqrt{4-\left(\frac{1}{2}\right)^2}}{2\sqrt{3}+\sqrt{4-\left(\frac{1}{2}\right)^2}}=0.283$$

入射波能量被反射的百分比

$$\frac{S_{rav}}{S_{iav}}=|\Gamma_{/\!/}|^2=8\%$$

【6.25】 垂直极化的均匀平面波从水下以入射角 $\theta_i=20°$投射到水与空气的分界面上，已知淡水的 $\varepsilon_r=81$、$\mu_r=1$、$\sigma=0$。试求：

(1) 临界角；(2) 反射系数与透射系数；

(3) 波在空气中传播一个波长的距离的衰减量(以 dB 表示)

解：(1) 临界角　$\theta_c=\arcsin\left(\sqrt{\frac{\varepsilon_2}{\varepsilon_1}}\right)=\arcsin\sqrt{\frac{1}{81}}=6.38°$

(2) 反射系数为

$$\Gamma=\frac{\cos20°-\sqrt{\frac{\varepsilon_0}{81\varepsilon_0}-\sin^2 20°}}{\cos20°+\sqrt{\frac{\varepsilon_0}{81\varepsilon_0}-\sin^2 20°}}=e^{-j36.04°}$$

透射系数

$$T=\frac{2\cos20°}{\cos20°+\sqrt{\frac{\varepsilon_0}{81\varepsilon_0}-\sin^2 20°}}=1.89e^{-j19.02°}$$

(1) 因为 $\theta_i>\theta_t$，所以将产生全反射

$$\sin\theta_t=\sqrt{\frac{\varepsilon_1}{\varepsilon_2}}\sin\theta_i=\sqrt{81}\sin20°=3.08$$

此时

$$\cos\theta_t=\sqrt{1-\sin^2\theta_t}=-2.91j$$

所以空气中的透射波电场的空间变化因子为

$$e^{-jk_2(x\sin\theta_t+x\cos\theta_t)}=e^{-j3.08k_2x}\cdot e^{-jk_2(-2.91j)x}=e^{-j3.08k_2x}\cdot e^{-2.91k_2x}$$

衰减为 $20\log e^{-k_2(2.91\lambda_2)}=-158.8\ \mathrm{dB}$

【6.26】 频率 $f=300$ kHz 的均匀平面波从媒质 1($\mu_1=\mu_0$、$\varepsilon_1=4\varepsilon_0$、$\sigma_1=0$)斜入射到媒质 2($\mu_2=\mu_0$、$\varepsilon_2=\varepsilon_0$、$\sigma_2=0$)。(1) 若入射波是垂直极化波，入射角 $\theta_i=60°$，试问在空气中的透射波的传播方向如何？相速是多少？(2) 若入射波是圆极化波，且入射角 $\theta_i=60°$，试问反射波是什么极化波？

解:(1) 临界角 $\theta_c=\arcsin\left(\sqrt{\dfrac{\varepsilon_2}{\varepsilon_1}}\right)=\arcsin\sqrt{\dfrac{1}{4}}=30^\circ$

$\theta_1=60^\circ>30^\circ$,所以垂直极化波的入射波要产生全反射

且 $\dfrac{\sin\theta_t}{\sin\theta_i}=\sqrt{\dfrac{\varepsilon_1}{\varepsilon_2}}\Rightarrow\sin\theta_t=\sqrt{\dfrac{\varepsilon_1}{\varepsilon_2}}\sin60^\circ=\sqrt{3}\quad\cos\theta_t=-\sqrt{2}\mathrm{j}$

透射波的波数为

$$k_t=\omega\sqrt{\mu_2\varepsilon_2}=2\pi f\sqrt{\mu_0\varepsilon_0}=2\pi\ \mathrm{rad/m}$$

透射波的波矢量为

$$\boldsymbol{k}_t=\boldsymbol{e}_x k_t\sin\theta_t+\boldsymbol{e}_z k_t\cos\theta_t=2\sqrt{3}\pi\boldsymbol{e}_x-2\sqrt{2}\pi\mathrm{j}\boldsymbol{e}_z$$

透射波的电场为

$$\boldsymbol{E}(r)=\boldsymbol{e}_y E_{tm}\mathrm{e}^{-\mathrm{j}k_1 x}=\boldsymbol{e}_y E_{tm}\mathrm{e}^{-2\pi\sqrt{2}t-\mathrm{j}2\pi\sqrt{3}x}$$

所以透射波沿 x 方向传播。

相速为 $$v_p=\frac{\omega}{k_{tx}}=\frac{2\pi f}{k_{tx}}=1.73\times10^8\ \mathrm{m/s}$$

(2) 当入射波为圆极化波时,$\theta_i=60^\circ>\theta_c$,所以 $\rho_\perp=1\quad\rho_{/\!/}=1$

$$\phi_\perp=\arctan\left[\frac{\sqrt{\sin^2\theta-\dfrac{\varepsilon_2}{\varepsilon_1}}}{\cos\theta}\right]=\arctan\left[\frac{\sqrt{\sin^2 60^\circ-\dfrac{1}{4}}}{\cos60^\circ}\right]=57.74^\circ$$

$$\phi_{/\!/}=\arctan\left[\frac{\sqrt{\sin^2\theta-\dfrac{\varepsilon_2}{\varepsilon_1}}}{\left(\dfrac{\varepsilon_2}{\varepsilon_1}\right)\cos\theta}\right]=\arctan\left[\frac{\sqrt{\sin^2 60^\circ-\dfrac{1}{4}}}{\dfrac{1}{4}\cos60^\circ}\right]=80^\circ$$

所以反射波是椭圆极化波

【6.27】 一垂直极化波从水中以 45°角入射到水和空气的分界面上,设水的参数为:$\mu=\mu_0$、$\varepsilon=81$、$\sigma=0$。若 $t=0$、$z=0$ 时,入射波电场 $E_{im}=1$ V/m,试求空气中的电场值:(1) 在分界面上;(2) 离分界面 $\dfrac{\lambda}{4}$ 处。

解:平面波从水中入射到空气中,临界角

$\theta_c=\arcsin\left(\sqrt{\dfrac{\varepsilon_2}{\varepsilon_1}}\right)=\arcsin\left(\sqrt{\dfrac{1}{81}}\right)=6.38^\circ$

且入射角 $\theta_i=45^\circ>6.38^\circ$ 所以将产生全反射

$\sin\theta_t=\sqrt{\dfrac{\varepsilon_1}{\varepsilon_2}}\sin\theta_i=\sqrt{81}\sin45^\circ=6.36$

$\cos\theta_t=\sqrt{1-\sin^2\theta_t}=-6.28\mathrm{j}$

垂直极化波入射时,透射波的电场为

$$\boldsymbol{E}_t=\boldsymbol{e}_y\tau_\perp E_{1m}\mathrm{e}^{-\mathrm{j}k_t(x\cos\theta_t+x\sin\theta_t)}=\boldsymbol{e}_y\tau_\perp E_{1m}\mathrm{e}^{-6.28k_t x}\mathrm{e}^{-6.36k_t x}$$

式中 $$\tau=\frac{2\cos\theta_i}{\cos\theta_i+\sqrt{\dfrac{\varepsilon_1}{\varepsilon_2}-\sin^2\theta_i}}=\frac{2\cos45^\circ}{\cos45^\circ+\sqrt{\dfrac{1}{81}-\sin^2 45^\circ}}=1.423\mathrm{e}^{-i44.63^\circ}$$

(2) 分界面上的电场值为

$$|E_t|_{x=0}=|\tau_{\perp}|E_{im}=1.423\ \text{V}$$

(3) $\frac{\lambda}{4}$处电场值

$$|E_t|_{x=\frac{\lambda}{4}}=|\tau_{\perp}|E_{im}e^{-\frac{2\pi}{\lambda_2}\cdot\frac{\lambda_2}{4}\times 6.28}=1.423e^{-9.87}=73.6\ \mu\text{V/m}$$

【6.28】 有一正弦均匀平面波由空气斜入射到位于 $z=0$ 的理想导体平面上,其电场强度的复数形式为 $\boldsymbol{E}_i(x,z)=10e^{-j(6x+8z)}\boldsymbol{e}_y$ V/m,试求:

(1) 入射波的频率 f 与波长 λ;(2) $\boldsymbol{E}_i(x,z,t)$和 $\boldsymbol{H}_i(x,z,t)$的瞬时表示式;

(3) 入射角 θ_i;(4) 反射波的 $\boldsymbol{E}_r(x,z)$和 $\boldsymbol{H}_r(x,z)$;

(5) 总场的 $\boldsymbol{E}_1(x,z)$和 $\boldsymbol{H}_1(x,z)$。

解:(1) $\boldsymbol{E}_i=10e^{-j(6x+8z)}\boldsymbol{e}_y$

$$k=\sqrt{6^2+8^2}=10\ \text{rad/m}$$

$$\lambda=\frac{2\pi}{\beta}=\frac{2\pi}{k}=\frac{2\pi}{10}=0.628\ \text{m}$$

$$f=\frac{c}{\lambda}=\frac{3\times10^8}{0.628}=4.78\times10^8\ \text{Hz}$$

$$\omega=2\pi f=3\times10^9\ \text{rad/s}$$

(2) 入射波传播方向单位矢量为

$$\boldsymbol{e}_i=\frac{6\boldsymbol{e}_x+8\boldsymbol{e}_z}{10}=0.6\boldsymbol{e}_x+0.8\boldsymbol{e}_z$$

$$\boldsymbol{H}_i(x,z)=\frac{1}{\eta_0}\boldsymbol{e}_i\times\boldsymbol{E}_i(x,z)=\frac{1}{120\pi}(-8\boldsymbol{e}_x+6\boldsymbol{e}_z)e^{-j(6x+8z)}$$

$$\boldsymbol{H}_i(x,z,t)=\text{Re}[\boldsymbol{H}_i(x,z)e^{-j\omega t}]=\frac{1}{120\pi}(-8\boldsymbol{e}_x+6\boldsymbol{e}_z)\cos(3\times10^9t-6x-8z)$$

$$\boldsymbol{E}_i(x,z,t)=\text{Re}[\boldsymbol{E}_i(x,z)e^{-j\omega t}]=\boldsymbol{e}_y10\cos(3\times10^9t-6x-8z)\ \text{V/m}$$

(3) $\cos\theta_i=\frac{8}{10}\Rightarrow\theta_i=36.9°$

(4) $\theta_r=\theta_i=36.9°$　$\boldsymbol{k}_r=6\boldsymbol{e}_x-8\boldsymbol{e}_z$　$\boldsymbol{e}_r=0.6\boldsymbol{e}_x-0.8\boldsymbol{e}_z$

$\Gamma_{\perp}=-1$

所以 $\boldsymbol{E}_r(x,z)=-\boldsymbol{e}_y10e^{-j(6x-8z)}$ V/m

$$\boldsymbol{H}_r(x,z)=\frac{1}{\eta_0}\boldsymbol{e}_r\times\boldsymbol{E}_r(x,z)=\frac{1}{120\pi}(0.6\boldsymbol{e}_x-0.8\boldsymbol{e}_z)\times(-\boldsymbol{e}_y10e^{-j(6x-8z)})$$

$$=\frac{1}{120\pi}(-8\boldsymbol{e}_x-6\boldsymbol{e}_z)e^{-j(6x-8z)}\ \text{A/m}$$

(5) 合成波的电场为

$$\boldsymbol{E}(x,z)=\boldsymbol{E}_i(x,z)+\boldsymbol{E}_r(x,z)=\boldsymbol{e}_y10e^{-j(6x+8z)}-\boldsymbol{e}_y10e^{-j(6x-8z)}$$

$$=-\boldsymbol{e}_yj20e^{-j6x}\sin(8z)\ \text{V/m}$$

$$\boldsymbol{H}(x,z)=\boldsymbol{H}_i(x,z)+\boldsymbol{H}_r(x,z)$$

$$=\frac{1}{120\pi}(-8\boldsymbol{e}_x+6\boldsymbol{e}_z)e^{-j(6x+8z)}+\frac{1}{120\pi}(-8\boldsymbol{e}_x-6\boldsymbol{e}_z)e^{-j(6x-8z)}$$

$$=\frac{1}{120\pi}(-16\cos8z\boldsymbol{e}_x-j12\sin8z\boldsymbol{e}_y)e^{-j6x}\ \text{A/m}$$

【拓展训练】

6—1　在空气中，一均匀平面波沿 $\boldsymbol{e}_y$ 方向传播，其磁场强度的瞬时表达式为 $H(y,t)=\boldsymbol{e}_z 4\times10^{-6}\cos\left(10^7\pi t-\beta y+\frac{\pi}{4}\right)$，(1) 求相位常数 β 和 $t=3$ ms 时，$H_x=0$ 的位置；(2) 求电场强度的瞬时表达式 $\boldsymbol{E}(y,t)$。

6—2　频率为 150 Hz 的均匀平面波在损耗媒质中传播，已知、及，问电磁波在该媒质中传播几米后波的相位改变 90°？

6—3　在空气中沿 $\boldsymbol{e}_y$ 方向传播的均匀平面波的频率 $f=400$ MHz。当 $y=0.5$ m、$t=0.2$ ns 时，电场强度 $\boldsymbol{E}$ 的最大值为 250 V/m，表征其方向的单位矢量为 $\boldsymbol{e}_x 0.6-\boldsymbol{e}_z 0.8$。试求出电场 $\boldsymbol{E}$ 和磁场 $\boldsymbol{H}$ 的瞬时表达式。

6—4　在空气中一均匀平面波的波长为 12 cm，当该波进入某无损媒质中传播时，其波长减小为 8 cm，且已知在媒质中的 $\boldsymbol{E}$ 和 $\boldsymbol{H}$ 的振幅分别为 50 V/m 和 0.1 A/m。试求该平面波的频率、媒质的相对磁导率和相对介电常数。

6—5　在自由空间中，一均匀平面波的相位常数为 $\beta_0=0.524$ rad/m，当该波进入到理想介质后，其相位常数变为 $\beta=1.81$ rad/m。设该理想介质的 $\mu_r=1$，试求该理想介质的 ε_r 和波在该理想介质中的传播速度。

6—6　最简单的天线罩是单层介质板。若已知介质板的介电常数 $\varepsilon=2.8\varepsilon_0$，问介质板的厚度应为多少可使频率为 3 GHz 的电磁波垂直入射到介质板时没有反射。当频率分别为 3.1 GHz 及 2.9 GHz 时反射增大多少？

6—7　如图所示为隐身飞机的原理示意图。在表示机身的理想导体表面覆盖一层厚度 $d_3=\frac{\lambda_3}{4}$ 的理想介质膜，又在介质膜上涂一层厚度为 d_2 的良导体材料。试确定消除电磁波从良导体表面上反射的条件。

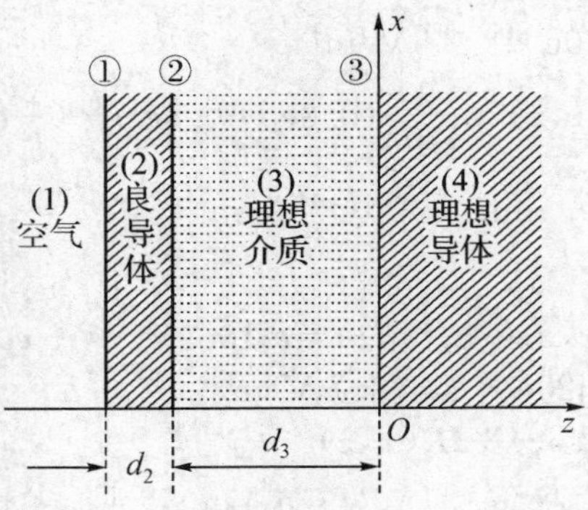

题 6-7 图

7 导行电磁波

7.1 基本内容概述

1. 只有当电磁波的频率满足条件 $\lambda<\lambda_c$ 或 $f>f_c$ 时，才能在波导内传输，否则被截止。

2. 理想波导传输特性：

相速
$$v_p=\frac{v}{\sqrt{1-\left(\frac{\lambda}{\lambda_c}\right)^2}}$$

群速
$$v_g=v\sqrt{1-\left(\frac{\lambda}{\lambda_c}\right)^2}$$

波导波长
$$\lambda_p=\frac{\lambda}{\sqrt{1-\left(\frac{\lambda}{\lambda_c}\right)^2}}$$

波阻抗
$$\eta_{\mathrm{TE}}=\frac{\eta}{\sqrt{1-\left(\frac{\lambda}{\lambda_c}\right)^2}};\eta_{\mathrm{TM}}=\eta\sqrt{1-\left(\frac{\lambda}{\lambda_c}\right)^2}$$

式中 λ_c 为截止波长，η 为波阻抗。矩形波导的截止波长为

$$\lambda_c=\frac{2}{\sqrt{\left(\frac{m}{a}\right)^2+\left(\frac{n}{b}\right)^2}}$$

3. 波导系统中场结构必须满足：电力线一定与磁力线相互垂直，两者与传播方向满足右手螺旋定则；波导金属壁上只有电场的法向分量和磁场的切向分量；磁力线一定是封闭曲线。

4. 微波传输线是一种分布参数电路，由传输线的等效电路可以导出传输线方程。无损耗传输线方程

$$\begin{cases}\dfrac{d^2U(z)}{dz^2}+\beta^2U(z)=0\\\dfrac{d^2I(z)}{dz^2}+\beta^2I(z)=0\end{cases}$$

其解为

$$\begin{cases}U(z)=A_1e^{-j\beta z}+A_2e^{j\beta z}\\I(z)=\dfrac{1}{Z_0}(A_1e^{-j\beta z}-A_2e^{j\beta z})\end{cases}$$

其参量

$$Z_0=\sqrt{\frac{L_1}{C_1}};v_p=\frac{1}{\sqrt{L_1C_1}};\lambda_p=\frac{\lambda_0}{\sqrt{\varepsilon_r}}$$

5. 无损耗传输线的 3 种工作状态

(1) 当 $Z_L=Z_0$ 时，传输线上载行波。线上电压、电流振幅不变；相位沿传播方向不断变化；沿线的阻抗均等于特性阻抗；电磁能量全部被负载吸收。

(2) 当 $Z_L=0$、∞和$\pm jX$ 时，传输线上载驻波。驻波的波腹为入射波的两倍，波节为零；电压波腹处的阻抗为无限大的纯电阻，电压波节点处的阻抗为零，沿线其余各点的阻抗均为纯电抗；没有电磁能量的传输，只有电磁能量的交换。

(3) 当 $Z_L=R+jX$ 时，传输线上载行驻波。行驻波的波腹小于两倍入射波，波节不为零，电压波腹处的阻抗为最大的纯电阻 $R_{max}=\rho Z_0$，电压波节处的阻抗为最小的纯电阻 $R_{min}=KZ_0$，电磁能量一部分被负载吸收，另一部分被负载反射回去。

6. 表征传输线上反射波的大小参量有反射系数 Γ、驻波系数 ρ 和行波系数 K。它们之间的关系为

$$\rho=\frac{1}{K}=\frac{1+|\Gamma|}{1-|\Gamma|}$$

7.2 典型例题解析

【例 7.1】 （西安电子科技大学 2003 年考研真题）设空气媒介矩形波导宽边和窄边内尺寸分别是 $a=2.3$ cm，$b=1.0$ cm。求：

(1) 此波导只传播 TE_{10} 波的工作频率范围；

(2) 如波导只传播 TE_{10} 波，在波导宽边中间沿纵轴测得两个相邻的电场强度波节点相距 2.2 cm，求工作波长。

解：(1) ∵矩形波导中，TE_{10} 模单模传输条件为：$a<\lambda<2a$，$f=c/\lambda$，

∴$6.52G<f<13.04G$

(2) $\lambda_g=2.2\text{ cm}\times2=4.4\text{ cm}$，

$$\because\lambda_p=\frac{\lambda}{\sqrt{1-\left(\frac{\lambda_g}{2a}\right)^2}},$$

$$\therefore \lambda=\frac{\lambda_g}{\sqrt{1+\left(\frac{\lambda_g}{2a}\right)^2}}=3.18\ \text{cm}$$

【例 7.2】（西安电子科技大学 2007 年考研真题）

（1）试用负载阻抗 Z_L 和特性阻抗 Z_0 表示反射系数 Γ。

（2）试用反射系数 $|\Gamma|$ 表示无耗传输系统驻波比 ρ。

（3）矩形波导截面 $a\times b$，写出在工作波长时的波导波长 λ_g（TE_{10} 模）。

（4）矩形腔 $a\times b\times l$，写出 TE_{101} 模时的谐振波长 λ。

（5）在其他条件相同时，微带宽度 w 增大，特性阻抗 Z_0 是变大还是变小？为什么？

解：（1）$\Gamma_L=\dfrac{Z_L-Z_0}{Z_L+Z_0}$，$\Gamma=\Gamma_L \mathrm{e}^{-\mathrm{j}2\beta z}=\dfrac{Z_L-Z_0}{Z_L+Z_0}\mathrm{e}^{-\mathrm{j}2\beta z}$

（2）$\rho=\dfrac{1+|\Gamma|}{1-|\Gamma|}$

（3）对于 TE_{10} 模 $\lambda_g=\dfrac{\lambda}{\sqrt{1-\left(\frac{\lambda}{2a}\right)^2}}$

（4）TE_{101} 模谐振波长为 $\lambda=\dfrac{2al}{\sqrt{a^2+l^2}}$

（5）如图所示，微带线中特性阻抗 $Z_0=\dfrac{1}{v_pC_1}=\dfrac{c}{\sqrt{\varepsilon_r}C_1}$，其中 $C_1=C_p+2C_f$，微带宽度 w 越大，C_1 越大，则 Z_0 越小。

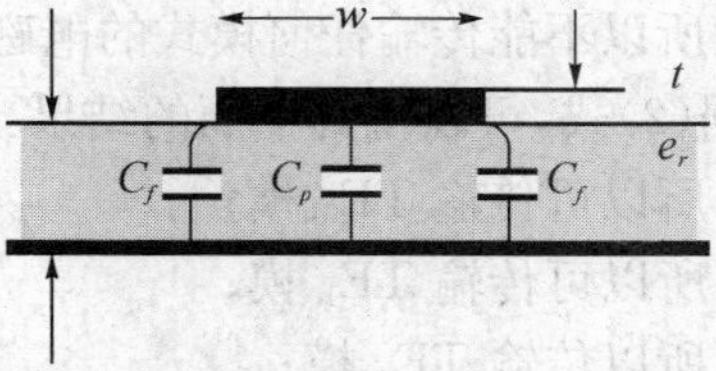

例 7.2 图

【例 7.3】（西安电子科技大学 2007 年考研真题）如图（例 7.3 图）所示，无限长波导传输 TE_{10} 模，电场为 $\boldsymbol{E}(r)=\boldsymbol{e}_yE_0\sin\left(\dfrac{\pi}{a}x\right)\mathrm{e}^{-\mathrm{j}\beta z}$。现在于 $z=0$ 处放置一短路板，求此种情况下在 $z<0$ 区域的电场 $\boldsymbol{E}_t$。

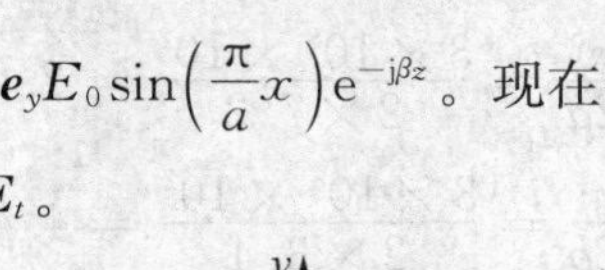

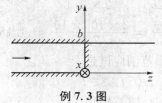

例 7.3 图

解：接短路板后，在 $z=0$ 处的反射系数 $\Gamma=-1$

$$\therefore \text{反射波电场 } \boldsymbol{E}_r(r)=\Gamma E_0\sin\left(\frac{\pi}{a}x\right)\mathrm{e}^{\mathrm{j}\beta z}\boldsymbol{e}_y=-E_0\sin\left(\frac{\pi}{a}x\right)\mathrm{e}^{\mathrm{j}\beta z}\boldsymbol{e}_y$$

$$\therefore \boldsymbol{E}_t(r)=\boldsymbol{E}(r)+\boldsymbol{E}_r(r)=-2\mathrm{j}E_0\sin\left(\frac{\pi}{a}x\right)\sin(\beta z)\boldsymbol{e}_y$$

【例 7.4】 一矩形波导内充空气，截面尺寸为 $a\times b=7.2\times 3.4\ \mathrm{cm}^2$。

(1) 当工作波长为 16 cm，8 cm，6.5 cm 时，波导中可能传输哪些模式的波？

(2) 若要求电磁波的最低频率比 TE_{10} 模的截止频率高 5%，最高频率比 TE_{10} 模邻近的高次模的截止频率低 5%，试求此频率范围。

解：(1) 若导行电磁波能够在波导中传输，则有

$$\lambda<\lambda_{mn}=\frac{2}{\sqrt{\left(\frac{m}{a}\right)^2+\left(\frac{n}{b}\right)^2}} \tag{1}$$

对于截面尺寸为 $a\times b=7.2\times 3.4\ \mathrm{cm}^2$ 的空气填充波导，因为 $a>2b$，所以为最低模式 TE_{10} 模的截止波长 $\lambda_{10}=2a=14.4$ cm。

①当 $\lambda=16$ cm 时，$\lambda>\lambda_{10}$，不能在波导中传输；

②当 $\lambda=8$ cm 时，根据(1)式，应该满足不等式

$$n<b\frac{2}{\sqrt{\frac{4}{\lambda^2}-\left(\frac{m}{a}\right)^2}} \tag{2}$$

若 $m=1$，则有 $n<0.7$，所以可传输 TE_{10} 模；

若 $m=0$，则有 $n<0.85$，所以不能传输任何模式的电磁波。

③当 $\lambda=6.5$ cm 时，根据(2)式，可以得到下面的结果：

若 $m=0$，则有 $n<1.04$，所以可传输 TE_{01} 模；

若 $m=1$，则有 $n<0.93$，所以可传输 TE_{10} 模；

若 $m=2$，则有 $n<0.44$，所以传输 TE_{20} 模；

若 $m=3$，则 n 为虚数，不能传输任何模式的电磁波。

(2) TE_{10} 模及其邻近高次模的频率为

$$f_{10}=\frac{v}{2a}=\frac{3\times 10^8\times 10^2}{2\times 7.2}=2.08\ \mathrm{GHz}$$

$$f_{01}=\frac{v}{2b}=\frac{3\times 10^8\times 10^2}{2\times 3.4}=4.41\ \mathrm{GHz}$$

$$f_{20}=\frac{v}{a}=\frac{3\times 10^8\times 10^2}{7.2}=4.16\ \mathrm{GHz}$$

根据题目要求，所求的频率范围应该是

$$1.05f_{10}<f<0.95f_{20}$$

$$2.18\ \mathrm{GHz}<f<3.95\ \mathrm{GHz}$$

【例 7.5】 一空气填充的矩形波导，尺寸为 $a=2.286$ cm，$b=1.016$ cm。若传输工作频率为 $f=10$ GHz 的 TE_{10} 模，试求：

(1) 相位常数 β 及波阻抗 $\eta_{TE_{10}}$；

(2) 若波导填充 $\mu_r=1$，$\varepsilon_r=4$ 的理想介质，重求 TE_{10} 模的 β 及波阻抗 $\eta_{TE_{10}}$；

(3) 若工作频率降到 5 GHz，试决定 TE_{10} 模的衰减常数 α 和波阻抗 $\eta_{TE_{10}}$，并计算场幅度衰减到参考值的 e^{-1} 时的距离。

解：(1) 工作频率为 $f=10$ GHz 的电磁波在自由空间中波长为工作频率

$$\lambda=\frac{c}{f}=\frac{3\times10^8}{10\times10^9}=3\ \text{cm}$$

而 TE_{10} 模的截止波长为

$$\lambda_{10}=2a=4.572\ \text{cm}$$

故相位常数为

$$\beta_{10}=\frac{2\pi}{\lambda}\sqrt{1-\left(\frac{\lambda}{\lambda_{10}}\right)^2}=\frac{2\pi}{3\times10^{-2}}\sqrt{1-\left(\frac{3}{4.572}\right)^2}=158\ \text{rad/m}$$

波阻抗

$$\eta_{TE_{10}}=\eta\Big/\sqrt{1-\left(\frac{\lambda}{\lambda_{10}}\right)^2}=377\Big/\sqrt{1-\left(\frac{3}{4.572}\right)^2}=499\ \Omega$$

(2) 若频率为 $f=10$ GHz 的电磁波在 $\mu_r=1$，$\varepsilon_r=4$ 的无界理想介质中传播，则波长为

$$\lambda=\frac{c}{\sqrt{\mu_r\varepsilon_r}f}=\frac{3\times10^8}{\sqrt{4}\times10\times10^9}=1.5\ \text{cm}$$

TE_{10} 模的截止波长为

$$\lambda_{10}=2a=4.572\ \text{cm}$$

故相位常数为

$$\beta_{10}=\frac{2\pi}{\lambda}\sqrt{1-\left(\frac{\lambda}{\lambda_{10}}\right)^2}=\frac{2\pi}{1.5}\sqrt{1-\left(\frac{1.5}{4.572}\right)^2}=3.95\ \text{rad/cm}$$

波阻抗

$$\eta_{TE_{10}}=\eta_0\Big/\sqrt{1-\left(\frac{\lambda}{\lambda_{10}}\right)^2}=\frac{377}{2}\Big/\sqrt{1-\left(\frac{1.5}{4.572}\right)^2}=200\ \Omega$$

(3) 工作频率为 $f=5$ GHz 的电磁波在自由空间中波长为

$$\lambda=\frac{c}{f}=\frac{3\times10^8}{5\times10^9}=6\ \text{cm}$$

TE_{10} 模的截止波长为

$$\lambda_{10}=2a=4.572\ \text{cm}$$

所以波阻抗

$$\eta_{TE_{10}}=\eta\Big/\sqrt{1-\left(\frac{\lambda}{\lambda_{10}}\right)^2}=377\Big/\sqrt{1-\left(\frac{6}{4.572}\right)^2}=\text{j}443.6\ \Omega$$

当工作频率降为 $f=5$ GHz 时，处于截止状态，衰减常数为

$$\alpha=\gamma=\sqrt{k_x^2+k_y^2-k^2}=\sqrt{k_c^2-\omega^2\mu_0\varepsilon_0}$$

$$=\sqrt{\left(\frac{2\pi f_c}{c}\right)^2-\left(\frac{2\pi f}{c}\right)^2}=\frac{2\pi f}{c}\sqrt{\frac{f_c^2}{f^2}-1}$$

$$=\frac{2\pi f}{c}\sqrt{\frac{\lambda^2}{\lambda_{10}^2}-1}=90\ \text{Np/m}$$

电场振幅与传输距离之间的关系是 $E_m(z)=E_{m0}\mathrm{e}^{-\alpha z}$

所以经过 α^{-1} 米，即 0.01 米时，电场强度降为原来的 e^{-1}。

【例 7.6】 一矩形波导的宽边与窄边之比为 2∶1，以 TE_{10} 模传输 1 kW 的平均功率。假设波导中填充空气，电磁波的群速度为 $0.6c$，要求磁场纵向分量的幅度不超过 100 A/m，试决定波导尺寸 a 和 b。

解：因为电磁波的群速度为 $0.6c$，所以

$$v_g=c\sqrt{1-\left(\frac{\lambda}{\lambda_{10}}\right)^2}=0.6c$$

由此解得 $\lambda=0.8\lambda_{10}=1.6a$

于是可以得到波导的波阻抗

$$Z_{TE_{10}}=\frac{\eta}{\sqrt{1-\left(\frac{\lambda}{\lambda_{10}}\right)^2}}=377\times\frac{1}{0.6}=628\ \Omega$$

电场振幅为

$$E_m=\omega\mu\frac{a}{\pi}H_0=\frac{2\pi c}{\lambda}\mu\frac{a}{\pi}H_0=\frac{2c\mu H_0}{1.6}$$

电磁波的平均功率为

$$P_{av}=\frac{ab}{4Z_{TE_{10}}}E_m^2=\frac{2b^2}{Z_{TE_{10}}}\left(\frac{2c\mu H_0}{1.6}\right)^2=1\times10^3\,\text{W}$$

由此可以解得 $b=2.379$ cm，

因此宽边尺寸 $a=2b=4.758$ cm。

【例 7.7】 已知矩形波导中的 TM 模的纵向电场分量为

$$E(z,t)=E_m\sin\frac{\pi}{3}x\sin\frac{\pi}{3}y\cos\left(\omega t-\frac{\sqrt{2}\pi}{3}z\right)\text{V/m}$$

式中 x,y,z 单位为 cm。

(1) 求截止波长和导波波长；

(2) 如果此模为 TM_{32}，求波导尺寸。

解：(1) 由相位常数表达式

$$\beta=\sqrt{\omega^2\mu\varepsilon-k_x^2-k_y^2}$$

可知当 $\beta=0$ 时，波导处于截止状态，故截止频率为

$$f_c=\frac{v}{2\pi}\sqrt{k_x^2+k_y^2}$$

根据 $E_z(z,t)$ 的表达式，可知 $k_x=\frac{\pi}{3}$，$k_y=\frac{\pi}{3}$，$k_z=\frac{\sqrt{2}\pi}{3}$

所以截止波长为

$$\lambda_c=\frac{v}{f_c}=\frac{2\pi}{\sqrt{k_x^2+k_y^2}}=3\sqrt{2}\ \text{cm}$$

(2) 如果此模式为 TM_{32}，则

$$k_x=\frac{3\pi}{a}=\frac{\pi}{3}\quad k_y=\frac{2\pi}{b}=\frac{\pi}{3}$$

所以　$a=9$ cm　$b=6$ cm。

7.3　课后习题解答

【7.1】　已知矩形波导的截面尺寸为 $a\times b=23$ mm$\times10$ mm，试求当工作波长 $\lambda=10$ mm时，波导中能传输哪些波型？$\lambda=30$ mm 时呢？

解：由于 $\lambda_c=\frac{2}{\sqrt{\left(\frac{m}{a}\right)^2+\left(\frac{n}{b}\right)^2}}$则可得：

(1) 当 $m=1,n=0$ 时，$\lambda_c=2a=46$ mm$>\lambda$

当 $m=2,n=0$ 时，$\lambda_c=a=23$ mm$>\lambda$

当 $m=3,n=0$ 时，$\lambda_c=\frac{2}{3}a=15.3$ mm$>\lambda$

当 $m=4,n=0$ 时，$\lambda_c=\frac{a}{2}=11.5$ mm$>\lambda$

当 $m=5,n=0$ 时，$\lambda_c=\frac{2}{5}a=9.2$ mm$>\lambda$

当 $m=0,n=1$ 时，$\lambda_c=2b=20$ mm$>\lambda$

当 $m=0,n=2$ 时，$\lambda_c=b=10$ mm$=\lambda$

当 $m=1,n=1$ 时，$\lambda_c=18.34$ mm$>\lambda$

当 $m=2,n=1$ 时，$\lambda_c=15.09$ mm$>\lambda$

当 $m=3,n=1$ 时，$\lambda_c=12.16$ mm$>\lambda$

当 $m=4,n=1$ 时，$\lambda_c=9.97$ mm$>\lambda$

当 $m=1,n=2$ 时，$\lambda_c=9.77$ mm$>\lambda$

当 $m=2,n=2$ 时，$\lambda_c=9.17$ mm$>\lambda$

$\therefore\lambda=10$ mm 时，波导中能传输的模式有：

TE_{10}　TE_{20}　TE_{30}　TE_{40}　TE_{01}　TE_{11}　TM_{11}　TE_{21}　TM_{21}　TE_{31}　TM_{31}

(2) 当 $\lambda=30$ mm 时，由上问可知此时波导中能传输的模式是 TE_{10}

【7.2】 矩形波导截面尺寸为 $a\times b=72\ \text{mm}\times 30\ \text{mm}$，波导内充满空气，信号源频率为 3 GHz，试求：(1) 波导中可以传播的模式；(2) 该模式的截止波长 λ_c、波数 β、波导的波长 λ_p，相速 v_p、群速 v_g 和波阻抗。

解：(1) 由信号源频率可得

$$\lambda=\frac{c}{f}=\frac{3\times 10^8}{3\times 10^9}=10\ \text{cm}$$

矩形波导中 TE_{10}、TE_{20} 的截止波长

$$\lambda_{cTE_{10}}=2a=14.4\ \text{cm},\lambda_{cTE_{20}}=a=7.2\ \text{cm}$$

因为 $\lambda=10\ \text{cm}>\lambda_{cTE_{20}}$，$\lambda=10\ \text{cm}<\lambda_{cTE_{10}}$

所以，波导中只能传输 TE_{10} 模。

(2) TE_{10} 模的截止波长 $\lambda_{cTE_{10}}=2a=14.4\ \text{cm}$

所以

$$k_c=\frac{2\pi}{\lambda_c}=\frac{\pi}{a}=13.89\pi$$

$$k=\omega\sqrt{\mu_0\varepsilon_0}=20\pi$$

$$\beta=\sqrt{k^2-k_c^2}=45.2$$

$$v_p=\frac{\omega}{\beta}=\frac{v}{\sqrt{1-\left(\frac{\lambda}{\lambda_c}\right)^2}}=4.17\times 10^8\ \text{m/s}$$

$$v_g=\frac{d\omega}{d\beta}=v\sqrt{1-\left(\frac{\lambda}{2a}\right)^2}=2.16\times 10^8\ \text{m/s}$$

$$\lambda_p=\frac{2\pi}{\beta}=\frac{\lambda}{\sqrt{1-\left(\frac{\lambda}{\lambda_c}\right)^2}}=13.9\ \text{cm}$$

$$Z=\frac{120\pi}{\sqrt{1-\left(\frac{\lambda}{\lambda_c}\right)^2}}=166.866\ \Omega$$

【7.3】 一根特性阻抗为 50 Ω、长度为 2 m 的无耗传输线工作于频率 200 MHz，终端接有阻抗 $Z_L=40+j30\ \Omega$，试求其输入阻抗。

解：传输线上电磁波相波长为 $\lambda=\dfrac{c}{f}=\dfrac{3\times 10^8}{2\times 10^8}=1.5\ \text{mm}$

输入阻抗为：$Z_{in}(z')|_{z'=2}=Z_0\left.\dfrac{Z_L+jZ_0\tan\beta z'}{Z_0+jZ_L\tan\beta z'}\right|_{z'=2}$

$$=50\frac{40+j30+j50\tan\left(\frac{2\pi}{\lambda}\times 2\right)}{50+j(40+j30)\tan\left(\frac{2\pi}{\lambda}\times 2\right)}$$

$$=-8.84-j0.66(\Omega)$$

【7.4】 一根 75 Ω 的无耗传输线，终端接有阻抗 $Z_L=R_L+jX_L$。

(1) 欲使线上的电压驻波比等于 3，则 R_L 和 X_L 有什么关系？

(2) 若 $R_L=150\ \Omega$，求 X_L 等于多少？

(3) 求在第二种情况下，距负载最近的电压最小点位置。

解：(1) 由驻波比 $\rho=3$，可得终端反射系数的模值为

$$|\Gamma_2|=\frac{\rho-1}{\rho+1}=0.5$$

$$\therefore |\Gamma_2|=\frac{Z_L-Z_0}{Z_L+Z_0}=0.5$$

将 $Z_0=75\ \Omega$，$Z_L=R_L+jX_L$ 代入上式，

整理得　$(R_L-125)^2+X_L^2=100^2$

(2) $R_L=150\ \Omega$

$$X_L=\sqrt{100^2-(R_L-125)^2}=\sqrt{100^2-25^2}=96.8\ \Omega$$

(3) $z'_{\min}=\dfrac{\varphi_2}{2\beta}-\dfrac{\lambda}{4}$

$$\Gamma_2=\frac{Z_L-Z_0}{Z_L+Z_0}=\frac{150+j96.8-75}{150+j96.8+75}=\frac{75+j96.8}{225+j96.8}=0.5e^{j\arctan 0.55}$$

$$\therefore \varphi_2=\arctan 0.55$$

【7.5】 求下图所示电路的输入阻抗。

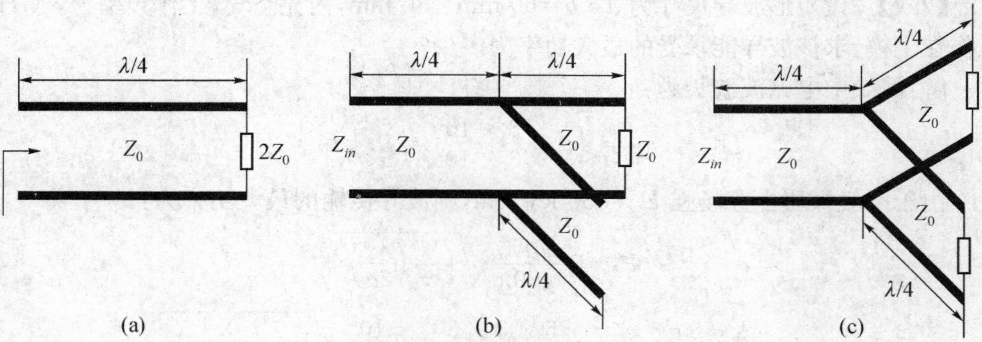

题 7.5 图

解：(a) $Z_{in}=Z_0\dfrac{Z_L+jZ_0\tan\beta z'}{Z_0+jZ_L\tan\beta z'}=Z_0\dfrac{2Z_0+jZ_0\tan\left(\dfrac{2\pi}{\lambda}\dfrac{\lambda}{4}\right)}{Z_0+j2Z_0\tan\left(\dfrac{2\pi}{\lambda}\dfrac{\lambda}{4}\right)}=\dfrac{Z_0}{2}$

(b) $Z_1=\dfrac{Z_0^2}{Z_L}=\dfrac{Z_0^2}{2Z_0}=\dfrac{Z_0}{2}$（$\lambda/4$ 阻抗变换特性）

$Z_2=0$

$Z_L'=Z_1 /\!/ Z_2=0$

$Z_{in}=\dfrac{Z_0^2}{Z_L'}=\infty$

(c) $Z_1=\frac{Z_0^2}{Z_0}=Z_0$

$Z_2=Z_0$

$Z_L'=Z_1 /\!/ Z_2=\frac{Z_0}{2}$

$Z_{in}=Z_L'=\frac{Z_0}{2}$($\lambda/2$ 重复特性)

【7.6】 试证明工作波长 λ,波导波长 λ_g 和截止波长 λ_c 满足如下关系:

$$\lambda=\frac{\lambda_g\lambda_c}{\sqrt{\lambda_g^2+\lambda_c^2}}$$

证明:由于波导波长 $\lambda_g=\frac{\lambda}{\sqrt{1-\left(\frac{\lambda}{\lambda_c}\right)^2}}$,可得:

$$\sqrt{1-\left(\frac{\lambda}{\lambda_c}\right)^2}=\frac{\lambda}{\lambda_g}$$

等式两端平方,即:$\lambda^2=\frac{\lambda_c^2\lambda_g^2}{\lambda_c^2+\lambda_g^2}$

$\therefore \lambda=\frac{\lambda_c\lambda_g}{\sqrt{\lambda_c^2+\lambda_g^2}}$ 　证毕。

【7.7】 设矩形波导尺寸为 $a\times b=60\ \text{mm}\times 30\ \text{mm}$,内充空气,工作频率为 3 GHz,工作在主模,求该波导能承受的最大功率为多少?

解:波导中电磁波波长为:

$$\lambda_0=\frac{c}{f}=\frac{3\times 10^8}{3\times 10^9}=0.1\ \text{m}$$

由于空气媒质击穿场强 $E_{br}=30\ \text{kV/cm}$,则波导传输的最大功率为:

$$\begin{aligned}P_{br}&=\frac{abE_{br}^2}{480\pi}\sqrt{1-\left(\frac{\lambda_0}{2a}\right)^2}\\&=\frac{6\times 3\times 30^2\times 10^6}{480\pi}\sqrt{1-\left(\frac{0.1}{0.12}\right)^2}\\&=5.94\times 10^3\ \text{kW}\end{aligned}$$

【7.8】 考虑一无损耗传输线,(1) 当负载阻抗 $Z_L=(40-\text{j}30)\Omega$ 时,欲使线上驻波比最小,则线的特性阻抗应为多少?(2) 求出该最小的驻波比及相应的电压反射系数。(3) 确定距负载最近的电压最小点的位置。

解:(1) 要使线上驻波比最小,实质上只要使终端反射系数的模值最小,即 $\frac{\partial|\Gamma|}{\partial z_0}=0$,而

$$|\Gamma_L|=\left|\frac{Z_L-Z_0}{Z_L+Z_0}\right|=\left[\frac{(40-Z_0)^2+30^2}{(40+Z_0)^2+30^2}\right]^{\frac{1}{2}}$$

将上式对 Z_0 求导，并令其为零，经整理可得

$$40^2 + 30^2 - Z_0^2 = 0$$

即 $Z_0 = 50\ \Omega$。这就是说，当特性阻抗 $Z_0 = 50\ \Omega$ 时终端反射系数最小，从而驻波比也为最小。

(2) 此时终端反射系数及驻波比分别为

$$\Gamma_2 = \frac{Z_L - Z_0}{Z_L + Z_0} = \frac{40 - \mathrm{j}30 - 50}{40 + \mathrm{j}30 + 50} = \frac{1}{3}\mathrm{e}^{\mathrm{j}\frac{3\pi}{2}}$$

$$\rho = \frac{1 + |\Gamma_2|}{1 - |\Gamma_2|} = 2$$

(3) 由于终端为容性负载，故离终端的第一个电压波节点位置为

$$z_{\min 1} = \frac{\lambda}{4\pi}\varphi_0 - \frac{\lambda}{4} = \frac{1}{8}\lambda$$

【拓展训练】

7－1　平行双线传输线的线间距 $D = 8$ cm，导线的直径 $d = 1$ cm，周围是空气，试计算：(1) 分布电感和分布电容；(2) $f = 600$ MHz 时的相位系数和特性阻抗($R_1 = 0$, $G_1 = 0$)。

7－2　求如图所示的分布参数电路的输入阻抗。

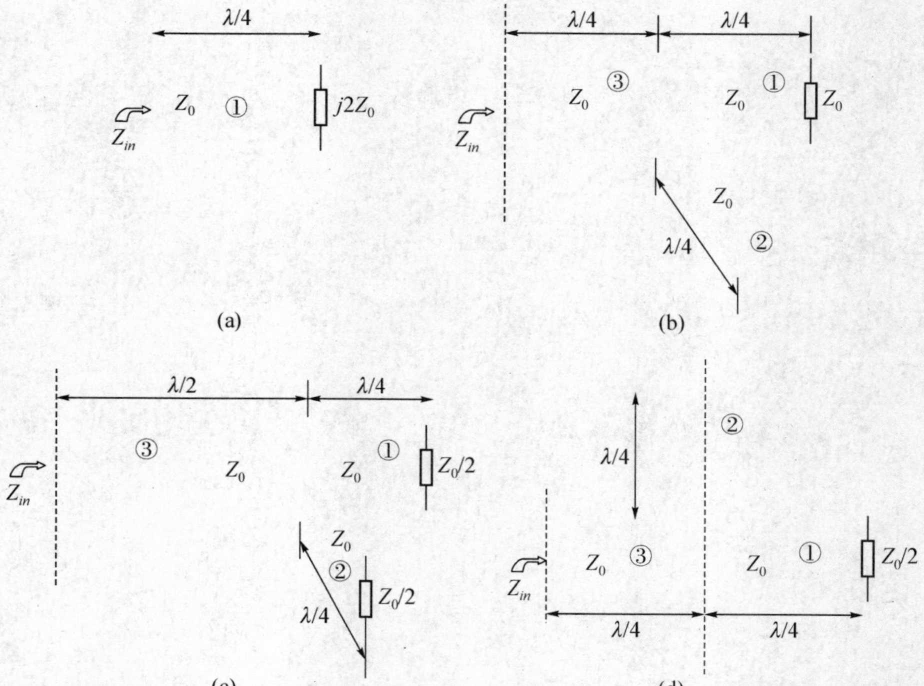

题 7－2 图

7—3　一空气填充的矩形波导，尺寸为 $a=2.286$ cm，$b=1.016$ cm。若传输工作频率为 $f=10$ GHz 的 TE_{10} 模，设空气的击穿强度为 30 kV/cm，试计算波导在行波状态下能够传输的最大功率。

7—4　同轴线的外导体半径 $b=23$ mm，内导体半径 $a=10$ mm，填充介质分别为空气和 $\varepsilon_r=2.25$ 的无耗介质，试计算其特性阻抗。

7—5　由空气填充的矩形谐振腔，其尺寸为 $a=25$ mm，$b=12.5$ mm，$d=60$ mm，谐振与 TE_{102} 模式，若在腔内填充介质，则在同一工作频率将谐振于 TE_{103} 模式，求介质的相对介电常数 ε_r 应为多少？

8 电磁辐射

8.1 基本内容概述

1. 天线的基本功能

天线的基本功能是能量转换和定向辐射，描述天线工作特性的参数称为天线电参数，它们是能定量表征其能量转换和定向辐射能力的量。

2. 天线的基本电参数

主要有方向图、主瓣宽度、旁瓣电平、天线效率、天线的极化和频带宽度等。方向图主要参数有主瓣宽度、旁瓣电平、方向系数等。

方向函数

$$F(\theta,\phi)=\frac{f(\theta,\phi)}{f_{\max}(\theta,\phi)}=\frac{|E(\theta,\phi)|}{|E_{\max}|}$$

天线的总效率

$$\eta_{\Sigma}=(1-|\Gamma|^2)\eta_A$$

增益系数

$$G=D\eta_A$$

天线效率定义为天线辐射功率 P_r 与输入功率 P_{in} 之比，记为 η_A，即

$$\eta_A=\frac{P_r}{P_{in}}$$

3. 对称振子

对称振子是中间馈电，其两臂由两段等长导线构成的振子天线。

4. 天线阵

单个天线的方向性是有限的，为了加强天线的定向辐射能力，可以采用天线阵。天线阵就是将若干个单元天线按一定方式排列而成的天线系统。按其单元天线排列方式可分为直线阵和平面阵，平面阵可看作是直线阵的推广，而直线阵又可由二元阵推广得到。因此二元阵是天线阵的基础。

8.2 典型例题解析

【例 8.1】 (西安电子科技大学 2006 年考研真题)某天线置于自由空间,已知它产生的远区电场为:

$$\boldsymbol{E}(r,\theta,\varphi)=c\frac{1}{r}\mathrm{e}^{-\mathrm{j}kr}(\sin\theta)^{1/2}\boldsymbol{e}_\theta$$

式中(r,θ,φ)为场点的球坐标,c 为已知常数,$k=\frac{2\pi}{\lambda}$(λ 为波长),$\boldsymbol{e}_\theta$ 为 θ 方向的单位矢量。

(1) 求出这个天线的归一化远场方向图函数;

(2) 该天线 E 平面方向图的半功率波束宽度;

(3) 该天线的方向系数;

(4) 如果该天线的增益为 0 dB,问它的效率等于多少?

(5) 求 $\theta=30°$时,远区电场的极化方向与极轴(z 轴)的夹角。

解:(1) 归一化远场方向函数 $F(\theta,\varphi)=\frac{|E(\theta,\varphi)|}{E_m}=\sqrt{\sin\theta}$;

(2) 归一化功率方向函数 $P(\theta,\varphi)=F^2(\theta,\varphi)=\sin\theta$

令 $P(\theta,\varphi)=0.5$,得 $\theta=30°$,

∴半功率波束宽度$(2\theta_{0.5E})=2(90°-30°)=120°$

(3) 方向系数 $D=\dfrac{4\pi}{\int_0^{2\pi}\int_0^{\pi}P(\theta,\varphi)\sin\theta\mathrm{d}\theta\mathrm{d}\varphi}=\dfrac{2}{\int_0^{\pi}\sin^2\theta\mathrm{d}\theta}=\dfrac{4}{\pi}$

(4) ∵$G=0$ dB$=1$,∴天线效率为 $\eta=\frac{G}{D}=\frac{\pi}{4}$,

(5) 如图所示,$\theta=30°$是电场强度 $\boldsymbol{E}$ 的方向矢量,为

$$\boldsymbol{e}_\theta\Big|_{\theta=30°}=\frac{3}{2}\boldsymbol{e}_x-\frac{1}{2}\boldsymbol{e}_z,$$

∴电场与 z 轴正向的夹角为$\alpha=\arccos\dfrac{(\sqrt{3}\boldsymbol{e}_x-\boldsymbol{e}_z)\cdot\boldsymbol{e}_z}{|\sqrt{3}\boldsymbol{e}_x-\boldsymbol{e}_z||\boldsymbol{e}_z|}=120°$

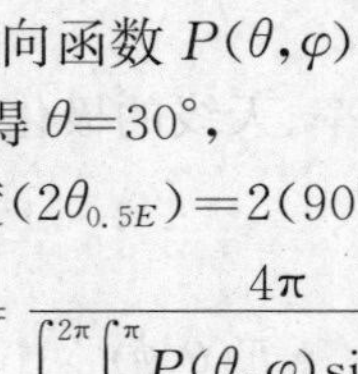

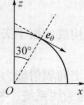

例 8.1 图(a)

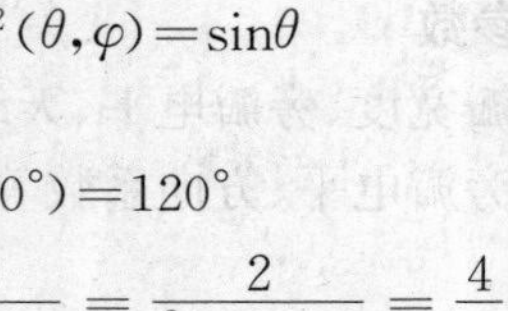

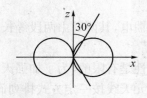

例 8.1 图(b)

【例 8.2】（西安电子科技大学 2006 年考研真题）二元半波振子如下图所示，沿 y 轴取向，其中心点的坐标分别为 $(0,0,d/2)$ 和 $(0,0,-d/2)$，$d=0.7\lambda$（λ 为波长），两振子上电流关系为 $I_1=I_2e^{j\psi}$，

（1）如果 $\psi=0$，求此天线阵的最大辐射方向；

（2）要使天线的最大辐射方向与 z 轴的夹角为 30°，ψ 值应为多少？

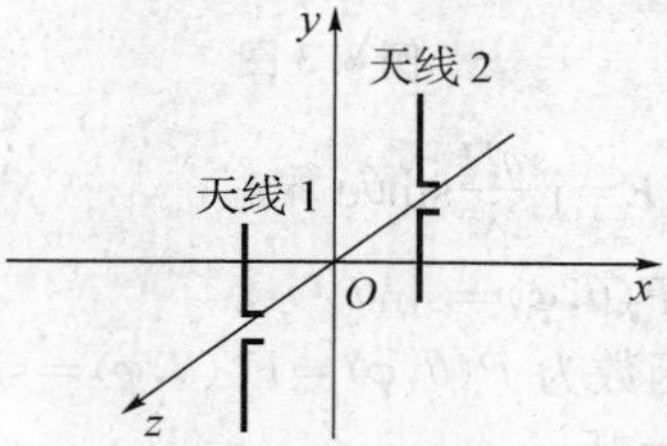

例 8.2 图

解：(1) 单元因子：$|f_1(\theta,\varphi)|=\left|\dfrac{\cos\left(\dfrac{\pi}{2}\cos\beta\right)}{\sin\beta}\right|$，$\beta$ 为场矢量 $\boldsymbol{r}$ 与 y 的夹角，

$\because \cos\beta=\sin\theta\sin\varphi$

$\therefore |f_1(\theta,\varphi)|=\left|\dfrac{\cos\left(\dfrac{\pi}{2}\sin\theta\sin\varphi\right)}{\sqrt{1-\sin^2\theta\sin^2\varphi}}\right|$

单元因子最大辐射方向在 $\varphi=0$ 或 π 上。

$\because \psi=0$，

$\therefore$ 阵因子：$|f_a(\theta,\varphi)|=|1+e^{jkd\cos\theta}|=2|\cos(0.7\pi\cos\theta)|$

阵因子最大辐射方向在 $\theta=\dfrac{\pi}{2}$ 上。

$\therefore$ 天线阵最大辐射方向为 $\varphi=0,\theta=\dfrac{\pi}{2}$ 或 $\varphi=\pi,\theta=\dfrac{\pi}{2}$，即 $\pm x$ 轴方向。

(2) 当 $\psi\neq0$ 时，天线阵因子 $|f_a(\theta,\varphi)|=|1+e^{j(kd\cos\theta+\psi)}|=2\left|\cos\left(\dfrac{1.4\pi\cos\theta+\psi}{2}\right)\right|$

由单元因子已经确定最大辐射方向在 $\varphi=0$ 或 π，即 xOz 面上，要使天线最大辐射方向与正 z 轴夹角为 30°，即阵因子最大辐射方向在 $\theta=30°$ 处。

$\because$ 在阵因子最大辐射方向上 $1.4\pi\cos\theta+\psi=0$，

$\therefore$ 当 $\theta=30°$ 时 $\psi=-0.7\sqrt{3}\pi\approx-1.2\pi$

【例 8.3】（西安电子科技大学 2005 年考研真题）一电基本振子天线位于坐标原点，沿 z 轴取向，如下图所示。

（1）写出该天线的归一化远场方向图函数；

（2）求 E 平面方向图的半功率波束宽度；

（3）求该天线方向性系数。

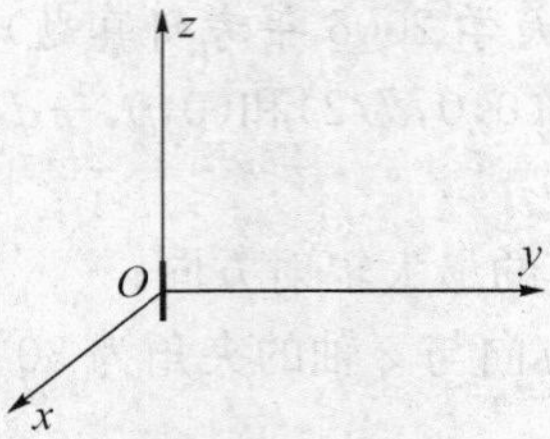

例 8.3 图

解：(1) 电基本振子远场 $\boldsymbol{E}=\mathrm{j}\,\dfrac{\eta Il}{2\lambda r}\sin\theta\,\mathrm{e}^{-\mathrm{j}kr}\boldsymbol{e}_\theta$

∴归一化远场方向函数 $F(\theta,\varphi)=\sin\theta$

(2) ∵归一化功率方向函数为 $P(\theta,\varphi)=F^2(\theta,\varphi)=\sin^2\theta$

令 $F(\theta,\varphi)=0.5$，解得 $\theta=45°$

∴E 面半功率波束宽度$(2\theta_{0.5E})=90°$

(3) 方向系数

$$D=4\pi\frac{U_M}{P_\Sigma}=\frac{4\pi}{\displaystyle\int_0^{2\pi}\int_0^{\pi}P(\theta,\varphi)\sin\theta\mathrm{d}\theta\mathrm{d}\varphi}=\frac{2}{\displaystyle\int_0^{\pi}\sin^3\theta\mathrm{d}\theta}=1.5$$

【例 8.4】 （西安电子科技大学 2005 年考研真题）设 $y=0$ 的平面为理想导体，一对称半波振子天线，其中心位于 $x=0$、$y=\lambda/4$、$z=0$ 处，平行于 z 轴取向，如下图所示（λ 为波长）。

(1) 求该天线在 xOy 平面内的归一化远场方向图函数；

(2) 求该天线在 yOz 平面内的归一化远场方向图函数；

(3) 该天线的最大辐射方向。

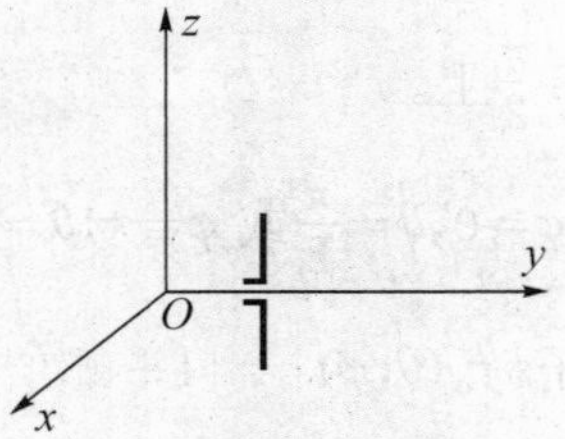

例 8.4 图

解：(1) ∵ $y=0$ 面为理想导体面，∴原天线的镜像天线等效为在$(0,-\lambda/4,0)$处放置一半波对称振子天线。

∵天线平行于理想导体面，∴镜像天线电流与原天线电流反相，即 $I_1=I$，$I_2=I\mathrm{e}^{\mathrm{j}\pi}$。

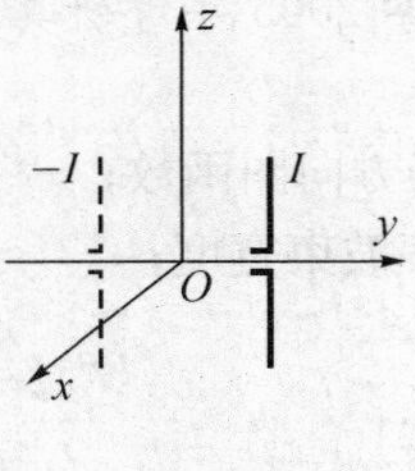

单元因子为：$|f_1(\theta,\varphi)|=\left|\dfrac{\cos\left(\frac{\pi}{2}\cos\theta\right)}{\sin\theta}\right|$，

阵因子：$|f_a(\theta,\varphi)|=|1+e^{j(kd\cos\beta+\pi)}|=2\left|\cos\left(\frac{\pi}{2}\cos\beta+\frac{\pi}{2}\right)\right|$，

∵β 为场矢量 $\boldsymbol{r}$ 与 y 轴的夹角，∴$\cos\beta=\sin\theta\sin\varphi$

∴$|f_a(\theta,\varphi)|=2\left|\cos\left(\frac{\pi}{2}\sin\theta\sin\varphi+\frac{\pi}{2}\right)\right|,0<\varphi<\pi$

等效天线阵方向函数：$|f(\theta,\varphi)|=\left|\dfrac{\cos\left(\frac{\pi}{2}\cos\theta\right)}{\sin\theta}\right|\cdot\left|\cos\left(\frac{\pi}{2}\sin\theta\sin\varphi+\frac{\pi}{2}\right)\right|$，

由于理想导体面的影响，$0<\varphi<\pi$。

在 xOy 面内 $\theta=\frac{\pi}{2}$，∴归一化远场方向函数为：

$$F_{xOy}(\varphi)=\left|\cos\left(\frac{\pi}{2}\sin\varphi+\frac{\pi}{2}\right)\right|,0<\varphi<\pi$$

（2）在 yOz 面内 $\varphi=\frac{\pi}{2}$，∴归一化远场方向函数为：

$$F_{yoz}(\theta)=\left|\frac{\cos\left(\frac{\pi}{2}\cos\theta\right)}{\sin\theta}\right|\cdot\left|\cos\left(\frac{\pi}{2}\sin\theta+\frac{\pi}{2}\right)\right|$$

（3）∵在 yOz 面内辐射方向图如下图(a)所示，∴最大辐射方向在 $\theta=\frac{\pi}{2}$ 上，

在 xOy 面内辐射方向图如下图(b)所示，∴最大辐射方向在上 $\varphi=\frac{\pi}{2}$ 上，

∴天线最大辐射方向为$\left(\theta=\frac{\pi}{2},\varphi=\frac{\pi}{2}\right)$，即$\pm y$ 方向。

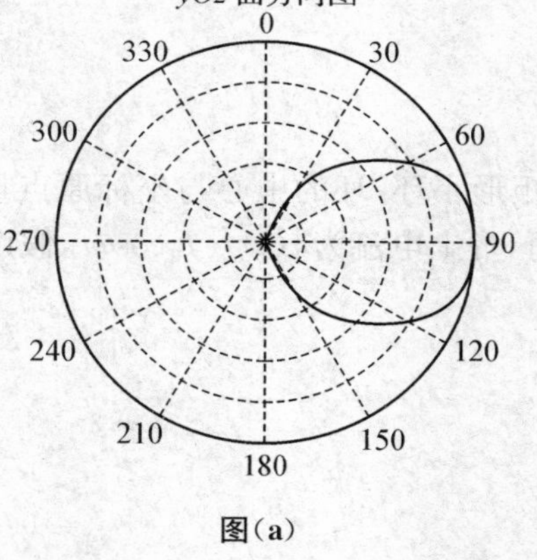

图(a)

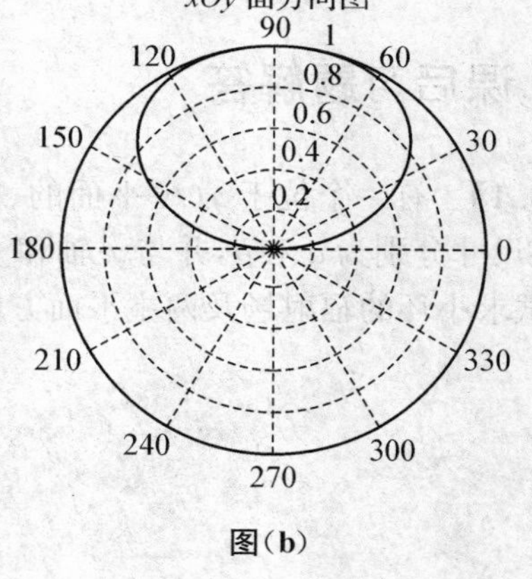

图(b)

【例 8.5】（西安电子科技大学 2005 年考研真题）两天线置于自由空间，相距 0.5 km（满足远场条件），一个发射，另一个接收。设发射天线的增益为 20 dB，输入信号的功率为 150 W，信号频率为 1 GHz，接收天线的增益为 10 dB，问最大接收功率为多少瓦？

解：$\because f=1\ \text{GHz}$

$\therefore \lambda=\dfrac{c}{f}=0.3\ \text{m}$

发射天线增益 $G_t=20\ \text{dB}=100$

接收天线增益 $G_R=10\ \text{dB}=10$

最大接收功率

$$P_t=\left(\frac{\lambda}{4\pi r}\right)^2 P_R G_R G_t=0.342(\text{mW})$$

【例 8.6】 设电偶极子天线的轴线沿东西方向放置，在远方有一移动接收台停车停在正南方而收到最大电场强度，当电台沿以元天线为中心的圆周在地面移动时，电场强度渐渐减小，问当电场强度减小到最大值的$\dfrac{1}{\sqrt{2}}$时，电台的位置偏离正南多少度？

解：$\boldsymbol{E}=\boldsymbol{e}_\theta \text{j}\dfrac{Il\sin\theta}{2\lambda r}\sqrt{\dfrac{\mu_0}{\varepsilon_0}}\text{e}^{-\text{j}kr}$

$f(\theta,\varphi)=\sin\theta$

$\theta=90°$时，$f(\theta,\varphi)=\sin 90°=1$

当 $f(\theta,\varphi)=\sin\theta=\dfrac{1}{\sqrt{2}}$时

得 $\theta=\pm 45°$

$\therefore$电台位置偏正南$\pm 45°$时，电场强度减小到最大值的$\dfrac{1}{\sqrt{2}}$。

8.3 课后习题解答

【8.1】 有一个位于 xOy 平面的、很细的矩形小环，环的中心与坐标原点重合，环的两边尺寸分别为 a 和 b，并与 x 轴和 y 轴平行，环上电流为 $i(t)=I_0\cos\omega t$，假设 $a\ll\lambda$、$b\ll\lambda$，试求小环的辐射场及两主平面方向图。

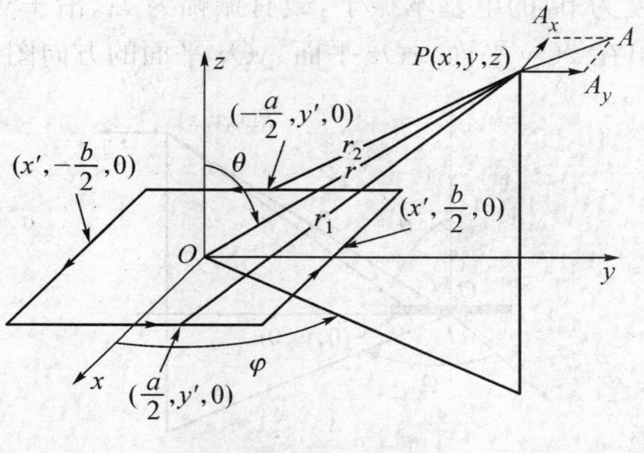

解：如图，设矩形小环沿 y 轴方向的两个边产生的矢量磁位为 A_y，则其表达式为：

$$A_y=\frac{\mu_0}{4\pi}\int I_0\cos\omega t\left(\frac{e^{-jkr_1}}{r_1}-\frac{e^{-jkr_2}}{r_2}\right)dy'$$

其中

$$r_1=\sqrt{(r\sin\theta\cos\varphi-\frac{a}{2})^2+(r\sin\theta\sin\varphi-y')^2+(r\cos\theta)^2}$$

$$r_2=\sqrt{(r\sin\theta\cos\varphi+\frac{a}{2})^2+(r\sin\theta\sin\varphi-y')^2+(r\cos\theta)^2}$$

因为，$r\gg a$，$r\gg b$

所以，

$$\frac{e^{-jkr_1}}{r_1}\approx\frac{1}{r}e^{-jkr\left[1-\frac{1}{r}\sin\theta(\frac{a}{2}\cos\varphi+y'\sin\varphi)\right]},\frac{e^{-jkr_2}}{r_2}\approx\frac{1}{r}e^{-jkr\left[1-\frac{1}{r}\sin\theta(y'\sin\varphi-\frac{a}{2}\cos\varphi)\right]}$$

则

$$A_y=\frac{jabI_0\mu_0\cos\omega t}{4\pi}\frac{e^{-jkr}}{r}k\sin\theta\cos\varphi$$

同理沿 x 轴方向的两个边产生的矢量磁位为

$$A_x=\frac{jabI_0\mu_0\cos\omega t}{4\pi}\frac{e^{-jkr}}{r}k\sin\theta\sin\varphi$$

所以

$$\boldsymbol{A}=\boldsymbol{e}_xA_x+\boldsymbol{e}_yA_y=\boldsymbol{e}_\varphi\frac{jabI_0\mu_0\cos\omega t}{4\pi}\sin\theta\frac{e^{-jkr}}{r}$$

令 $p_m=abI_0\cos\omega t$ 则

$$\boldsymbol{A}=\boldsymbol{e}_\varphi\frac{j\mu_0p_m}{4\pi}\sin\theta\frac{e^{-jkr}}{r}$$

辐射场为：　$E_\varphi=-j\omega A_\varphi=\frac{\omega\mu_0p_mk}{4\pi r}\sin\theta e^{-jkr}=\frac{\omega\mu_0p_m}{2\pi r}\sin\theta e^{-jkr}$

$$H_\theta=-\frac{1}{\eta}\frac{\omega\mu_0p_m}{2\pi r}\sin\theta e^{-jkr}$$

【8.2】 有一长度为 $\mathrm{d}l$ 的电基本振子，载有振幅为 I_0、沿 $+y$ 方向的时谐电流，试求其方向函数，并画出在 xOy 平面、xOz 平面、yOz 平面的方向图。

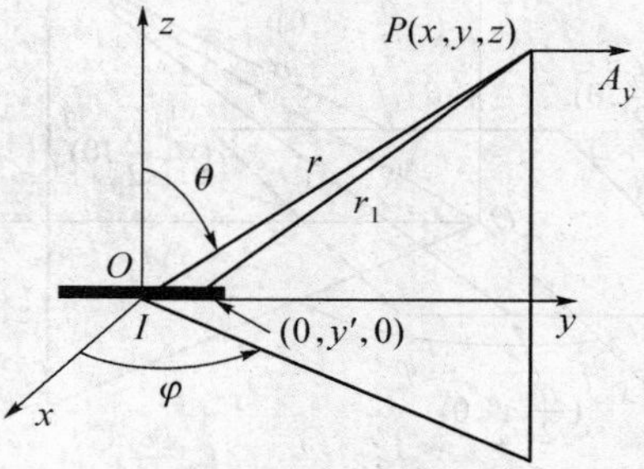

解：电基本振子如图放置，其上电流分布为：

$$\boldsymbol{I}(y)=\boldsymbol{e}_y I_0\cos\omega t$$

则它所产生的磁矢位为：

$$\boldsymbol{A}=\boldsymbol{e}_y\frac{\mu_0}{4\pi}\int I_0\cos\omega t\,\frac{\mathrm{e}^{-\mathrm{j}kr_1}}{r_1}\mathrm{d}y'$$

式中

$$r_1=\sqrt{(r\sin\theta\cos\varphi)^2+(r\sin\theta\sin\varphi-y')^2+(r\cos\theta)^2}$$

由于 $r\gg \mathrm{d}l$ 因而有

$$\frac{\mathrm{e}^{-\mathrm{j}kr_1}}{r_1}\approx\frac{1}{r}\mathrm{e}^{-\mathrm{j}kr\left(1-\frac{1}{r}y'\sin\theta\sin\varphi\right)}$$

所以，
$$\boldsymbol{A}=\boldsymbol{e}_y\frac{\mu_0 I_0\,\mathrm{d}l\cos\omega t}{4\pi r}\mathrm{e}^{-\mathrm{j}kr}$$

根据直角坐标与球坐标的关系：

$$\boldsymbol{e}_y=\sin\theta\sin\varphi\boldsymbol{e}_r+\cos\theta\sin\varphi\boldsymbol{e}_\theta+\cos\varphi\boldsymbol{e}_\varphi$$

及 $\boldsymbol{H}=\frac{1}{\mu_0}\nabla\times\boldsymbol{A}$ 和 $\boldsymbol{E}=\frac{1}{\mathrm{j}\omega}\nabla\times\boldsymbol{H}$

得沿 y 轴方向放置的电基本振子的辐射场为：

$$\boldsymbol{E}=-\mathrm{j}\,\frac{\eta I_0\cos\omega t\,\mathrm{d}l}{2\lambda r}\mathrm{e}^{-\mathrm{j}kr}\left[\boldsymbol{e}_\theta\cos\theta\sin\varphi+\boldsymbol{e}_\varphi\cos\varphi\right]$$

$$\boldsymbol{H}=-\mathrm{j}\,\frac{I_0\cos\omega t\,\mathrm{d}l}{2\lambda r}\mathrm{e}^{-\mathrm{j}kr}\left[\boldsymbol{e}_\varphi\cos\theta\sin\varphi-\boldsymbol{e}_\theta\cos\varphi\right]$$

xOy 平面、xOz 平面、yOz 平面的方向图：

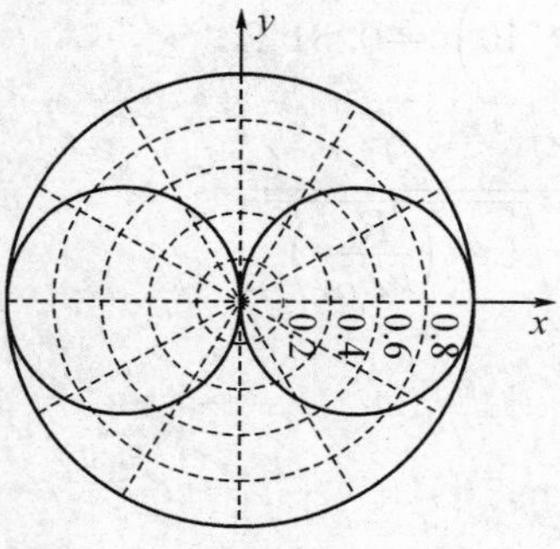

xOy 面方向图

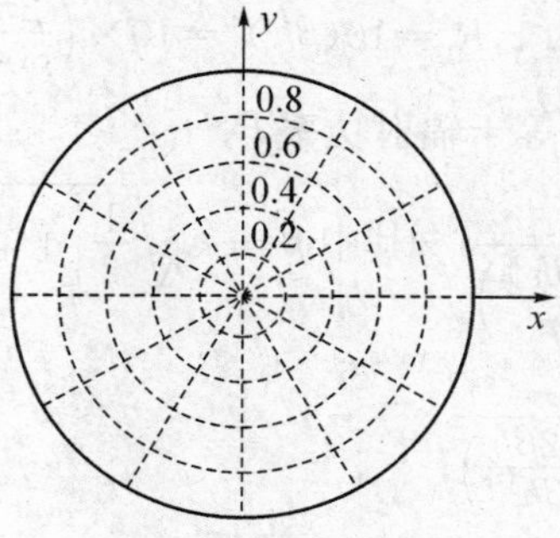

xOz 面方向图

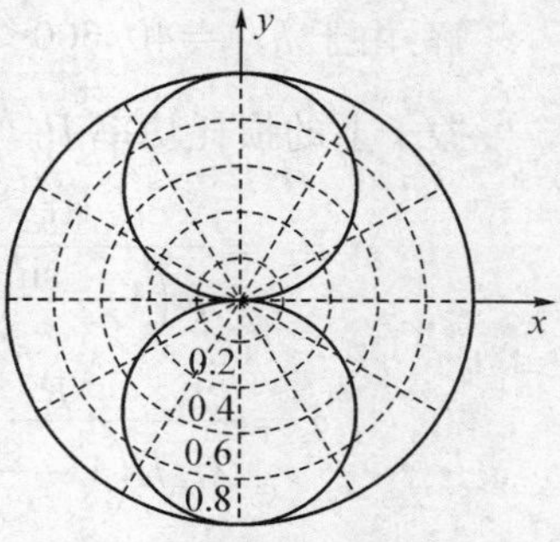

yOz 面方向图

【8.3】 一长度为 $2h$（$h\ll\lambda$）中心馈电的短振子，其电流分布为：$I(z)=I_0\left(1-\frac{|z|}{h}\right)$，其中 I_0 为输入电流，试求短振子的辐射场及方向系数。

解：由电基本振子远区辐射场$\left(k\text{ 同 }\beta,\beta=k=\frac{2\pi}{\lambda}\right)$

$$E_0 = j\,\frac{60\pi Il}{\lambda\gamma}\sin\theta \mathrm{e}^{-\mathrm{j}k\gamma}$$

知长度为 $2h$ 的对称振子上 $\mathrm{d}z$ 长对远区辐射场的贡献

$$\mathrm{d}E_\theta = \mathrm{j}\,\frac{60\pi I_0\left(1-\frac{|z|}{h}\right)\mathrm{d}z}{\lambda\gamma'}\sin\theta \mathrm{e}^{-\mathrm{j}kr'}$$

且
$$\frac{1}{\gamma'}\approx\frac{1}{\gamma}$$

则对称振子辐射场　$E_\theta=\mathrm{j}\,\frac{60\pi I_0}{\lambda\gamma}\mathrm{e}^{-\mathrm{j}k\gamma}\sin\theta\int_{-h}^{h}(1-|z|)\mathrm{d}z$

$$=\mathrm{j}30I_0\,\frac{\mathrm{e}^{-\mathrm{j}kr}}{r}kh\sin\theta$$

则
$$H_\varphi=\frac{E_\theta}{\eta}=\frac{E_\theta}{120\pi}=\mathrm{j}\,\frac{khI_0}{4\pi\gamma}\mathrm{e}^{-\mathrm{j}kr}\sin\theta$$

$$D=1.5$$

【8.4】 直立接地振子的高度 $h=10$ m，当工作波长 $\lambda=300$ m 时，求它的辐射电阻。

解：
$$I_m h_{ein} = \int_0^h I_m\sin\beta(h-z)\,\mathrm{d}z = \frac{2I_m}{\beta}\sin^2\frac{\beta h}{2}$$

归于波腹电流的有效高度　$h_{ein}=\frac{2}{\beta}\sin^2\frac{\beta h}{2}\approx 1$ m

由于 $h/\lambda=1/30<0.1$，由近似公式得：$R_\Sigma=10(\beta h)^4=0.019\,2\ \Omega$

【8.5】 直立接地振子的高度 $h=40$ m，工作波长 $\lambda=600$ m，振子的直径 $2a=15$ mm时，求振子的输入阻抗；若输入电流损耗电阻为 5 Ω 的条件下，求振子的效率。

解：由于 $h/\lambda=40/600<0.1$，$R_r=10(\beta h)^4=10\times\left(\frac{2\pi}{600}\times 40\right)^4=0.31\ \Omega$

振子上的损耗功率 P_L 应等于辐射功率 P_r

$$R_L=\frac{R_r}{h\left(1-\frac{\sin(\beta h)}{2\beta h}\right)}\quad 其中\ \beta=k\sqrt{\frac{1}{2}\left[1+\sqrt{1+\left(\frac{R_L}{kZ_{OA}}\right)^2}\right]}$$

$$\alpha=\frac{R_r}{Z_{OA}h\left(1-\frac{\sin 2\beta h}{2\beta h}\right)}$$

输入阻抗

$$Z_{in}=Z_{OA}\frac{1}{\mathrm{ch}(2zh)-\cos(2\beta h)}\left[(\mathrm{sh}(2zh))-\frac{z}{\beta}\sin(I\beta h)-\mathrm{j}\left(\frac{2}{\beta}\mathrm{sh}(2zh)\right)+\sin(2\beta h)\right]$$

代入 Z_{OA}、R_r、h 得 $Z_{in}=6.86\ \Omega$

效率 $$\eta_A=\frac{p_r}{p_{in}}=\frac{R_r}{R_{in}+R_L}=\frac{0.31}{6.86+5}=0.026$$

【8.6】 一半波振子臂长 $h=35$ m，直径 $2a=17.35$ mm，工作波长 $\lambda=1.5$ m，试计算其输入阻抗。

解：$R_r=10(\beta h)^4=10\times\left(\frac{2\pi}{1.5}\times 0.35\right)=14.7\ \Omega$

将 $l=h=0.35$ m　$a=8.675$ mm 代入教材中 P219 式((8.50)，(8.51)得

$Z_{in}=50-\mathrm{j}21.8\ \Omega$

【拓展训练】

8—1　设天线归于输入电流的辐射电阻和损耗电阻分别为 $R_{r0}=4\ \Omega$；$R_{10}=1\ \Omega$，方向系数 $D=3$，求输入电阻 R_0 和增益 G。

8—2　长度为 $\frac{\lambda_0}{10}$（λ_0 为自由空间波长）的电基本振子的辐射电阻是多少？

8—3　如图所示，有两个半波振子组成一个平行二元阵，其间隔距离 $d=\lambda/2$，电流比 $I_{m2}=-I_{m1}$，求其 E 面（yOz 面）的方向函数。

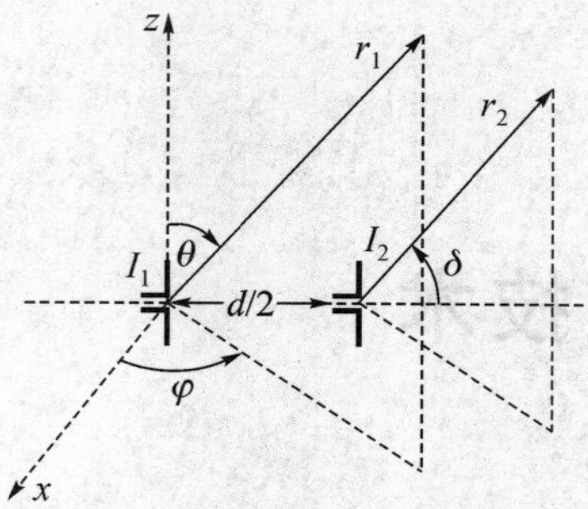

题 8－3 图

8－4　已知对称振子 $2L=2$ m，工作波长为 $\lambda=10$ m 和 $\lambda=4$ m，求两种情况下的有效程度。

8－5　计算基本振子 E 面方向图的半功率点波瓣宽度 $2\theta_{0.5E}$ 和零功率点波瓣宽度 $2\theta_{0E}$。

第二部分　微波技术

2　传输线基本理论

2.1　基本内容概述

1. 引导电磁波能量向一定方向传输的各种传输系统都被称为传输线(Transmission Line),传输线可分为长线(Long Line)和短线(Short Line),长线和短线是相对于波长而言的。所谓长线是指传输线的几何长度和线上传输电磁波的波长的比值(即电长度)大于或接近于1,反之称为短线。长线和短线的区别还在于:前者为分布参数电路,而后者是集中参数电路。

微波传输线是一种分布参数电路,由传输线的等效电路可以导出传输线方程。传输线方程

$$\begin{cases}\dfrac{d^2U(z)}{dz^2}-\gamma^2U(z)=0\\[2ex]\dfrac{d^2I(z)}{dz^2}-\gamma^2I(z)=0\end{cases}$$

其解为

$$\begin{cases}U(z)=A_1e^{-\gamma z}+A_2e^{\gamma z}\\[1ex]I(z)=\dfrac{1}{Z_0}(A_1e^{-\gamma z}-A_2e^{\gamma z})\end{cases}$$

式中 $Z_1=R_1+j\omega L_1$,$Y_1=G_1+j\omega C_1$,$Z_0=\dfrac{Z_1}{\gamma}=\sqrt{\dfrac{Z_1}{Y_1}}=\sqrt{\dfrac{R_1+j\omega L_1}{G_1+j\omega C_1}}$,$\gamma=\sqrt{Z_1Y_1}=\sqrt{(R_1+j\omega L_1)(G_1+j\omega C_1)}=\alpha+j\beta$

(一) 已知终端电压 U_2 和电流 I_2

$$\begin{cases}U(z')=U_2\operatorname{ch}\gamma z'+Z_0I_2\operatorname{sh}\gamma z'\\[1ex]I(z')=I_2\operatorname{ch}\gamma z'+\dfrac{U_2}{Z_0}\operatorname{ch}\gamma z'\end{cases}$$

（二）已知始端电压 U_1 和电流 I_1

$$\begin{cases} U(z) = U_1 \operatorname{ch}\gamma z - I_1 Z_0 \operatorname{sh}\gamma z \\ I(z) = -\dfrac{U_1}{Z_0}\operatorname{sh}\gamma z' + I_1 \operatorname{ch}\gamma z \end{cases}$$

2. 均匀传输线的基本特性

$$\gamma=\alpha+\mathrm{j}\beta, v_p=\frac{1}{\sqrt{L_1C_1}}, Z_0=\sqrt{\frac{R_0+\mathrm{j}\omega L_1}{G_0+\mathrm{j}\omega C_1}},$$

对于无损耗传输线

$$R_0=0, G_0=0 \quad Z_0=\sqrt{\frac{L_1}{C_1}}, \lambda_p=\frac{\lambda_0}{\sqrt{\varepsilon_r}}, Z_{\text{in}}(z')=Z_0\frac{Z_L+Z_0\tan\gamma z'}{Z_0+Z_L\tan\gamma z'},$$

$$\Gamma(z')=\frac{U_r(z')}{U_i(z')}=\frac{U_2-I_2Z_0}{U_2+I_2Z_0}\mathrm{e}^{-2\beta z'}=\Gamma_2\mathrm{e}^{-2\beta z'},$$

$$\Gamma_2=\frac{Z_L-Z_0}{Z_L+Z_0}=|\Gamma_2|\mathrm{e}^{\mathrm{j}\varphi_2}, |\Gamma|=\frac{\rho-1}{\rho+1}$$

3. 无损耗传输线的工作状态

（1）当 $Z_L=Z_0$ 时，传输线上载行波。线上电压、电流振幅不变；相位沿传播方向不断变化；沿线的阻抗均等于特性阻抗；电磁能量全部被负载吸收。

（2）当 $Z_L=0$、∞ 和 $\pm\mathrm{j}X$ 时，传输线上载驻波。驻波的波腹为入射波的两倍，波节为零；电压波腹处的阻抗为无限大的纯电阻，电压波节点处的阻抗为零，沿线其余各点的阻抗均为纯电抗；没有电磁能量的传输，只有电磁能量的交换。

（3）当 $Z_L=R+\mathrm{j}X$ 时，传输线上载行驻波。行驻波的波腹小于两倍入射波，波节不为零，电压波腹处的阻抗为最大的纯电阻 $R_{\max}=\rho Z_0$，电压波节处的阻抗为最小的纯电阻 $R_{\min}=KZ_0$，电磁能量一部分被负载吸收，另一部分被负载反射回去。

终端到第一个电压波腹点的距离 $z'_{\max1}$ 应满足

$$\varphi_2-2\beta z'_{\max1}=0$$

即

$$z'_{\max1}=\varphi_2/2\beta$$

终端到第一个电压波节点的距离 $z'_{\max1}$ 应满足

$$\varphi_2-2\beta z'_{\min1}=\pi$$

即

$$z'_{\min1}=\varphi_2/2\beta-\lambda/4$$

4. 表征传输线上反射波的大小参量有反射系数 Γ、驻波系数 ρ 和行波系数 K。它们之间的关系为

$$\rho=\frac{1}{K}=\frac{1+|\Gamma|}{1-|\Gamma|}$$

行波系数 K 反映了行波与驻波的相对大小。当负载与传输线匹配时，线上只存在入射行波，相应的行波系数最大，$K=1$；当负载对入射波全反射时，线上为驻波，相应的行波系数最小，$K=0$；当负载对入射波部分反射时，线上为行驻波，行波系数介于 0～1 之间，即 $0\leqslant K\leqslant 1$。

5. 阻抗圆图和导纳圆图

阻抗圆图是由等反射系数圆族、等电阻圆族、等电抗圆族及等相位线族组成。阻抗圆图和导纳圆图是进行阻抗计算和阻抗匹配的重要工具。

阻抗圆图具有如下几个特点：

(1) 圆图上有三个特殊点：

短路点(C点)，其坐标为$(-1,0)$，此处对应于$\widetilde{R}=0,\widetilde{X}=0,|\Gamma|=1,\rho=\infty,\varphi=\pi$。

开路点(D点)，其坐标为$(1,0)$，此处对应于$\widetilde{R}=\infty,\widetilde{X}=\infty,|\Gamma|=1,\rho=\infty,\varphi=0$。

匹配点(O点)，其坐标为$(0,0)$。此处对应于$R=1,|X|=0,|\Gamma|=0,\rho=1$。

(2) 圆图上有三条特殊线：

圆图上实轴CD为$\widetilde{X}=0$的轨迹，其中正实半轴(OD)直线为电压波腹点的轨迹，线上的$\widetilde{R}$值即为驻波比ρ的读数；负实半轴(OC直线)$\widetilde{R}$值为电压波节点的轨迹，线上的$\widetilde{R}$值即为行波系数K的读数；最外面的单位圆为$\widetilde{R}=0$的纯电抗轨迹，即为$|\Gamma|=1$的全反射系数圆的轨迹。

(3) 圆上有两个特殊面：

圆图实轴以上的上半平面(即$\widetilde{X}>0$)是感性阻抗的轨迹；实轴以下的下半平面(即$\widetilde{X}<0$)是容性阻抗的轨迹。

(4) 圆图上有两个旋转方向：

在传输线上由A点向负载方向移动时，则在圆图上由A点沿等反射系数圆逆时针方向旋转；反之，在传输线上由A点向波源方向移动时，则在圆图上由A点沿等反射系数圆顺时针方向旋转。

(5) 圆图上任意一点对应了四个参量：$\widetilde{R}$、$\widetilde{X}$、$|\Gamma|$和φ。知道了前两个参量或后两个参量均可确定该点在圆图上的位置。注意$\widetilde{R}$和$\widetilde{X}$均为归一化值，如果要求它们的实际值分别乘上传输线的特性阻抗Z_0。

6. 传输线阻抗匹配方法常用$\frac{\lambda}{4}$变换器和支节调配器

2.2 典型例题解析

【例 2.1】 (西安电子科技大学 2010 年考研真题)传输线两侧各并联电阻R_1和R_2，如图所示。今要求输入端匹配(即$Z_{in}=Z_0$)，请给出R_1和R_2的相互关系。

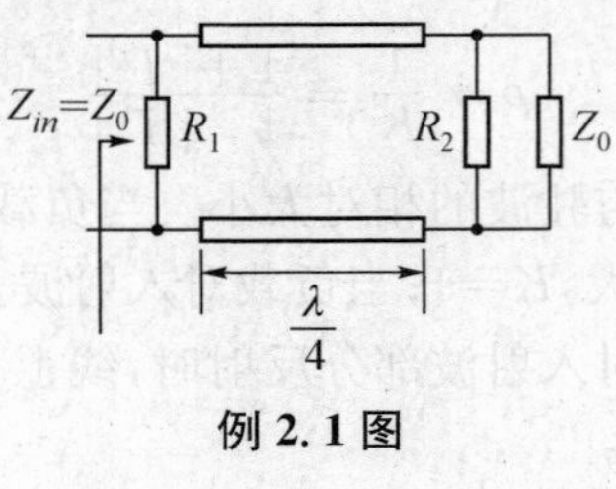

例 2.1 图

解：设负载阻抗经传输线变换后阻抗为 Z_1，

∵负载阻抗 $Z_L=R_2 /\!/ Z_0=\dfrac{R_2Z_0}{R_2+Z_0}$

$$\therefore Z_1=Z_0\frac{Z_L+\mathrm{j}Z_0\tan\frac{\pi}{2}}{Z_0+\mathrm{j}Z_L\tan\frac{\pi}{2}}=\frac{R_2Z_0}{R_2+Z_0}$$

∵输入端匹配，$Z_{in}=R_1 /\!/ Z_1=Z_0$

∴将 Z_1 代入，解得 $R_1=R_2+Z_0$

【例 2.2】（西安电子科技大学 2007 年考研真题）求图（例 2.2 图）中 Z 为何值时可使输入阻抗 $Z_{in}=50\ \Omega$，已知 $Z_L=50\ \Omega$。

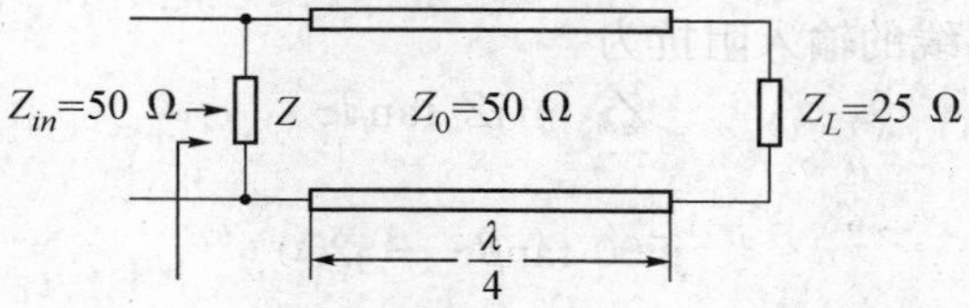

例 2.2 图

解：设负载阻抗经 $\dfrac{\lambda}{4}$ 传输线变换后为 Z_1，

∴ $Z_1=\dfrac{Z_0^2}{Z_L}=100\ \Omega$，又∵ $Z_{in}=Z_1 /\!/ Z=50\ \Omega$

∴ $Z=100\ \Omega$

$\dfrac{\lambda}{4}$传输线对负载阻抗具有反相作用，即容性变为感性，感性变为容性。

【例 2.3】（西安电子科技大学 2008 年考研真题）典型微波传输线如图（例 2.3 图）所示，Z_0 和 θ 已知。

(1) 已知负载阻抗 Z_L，求反射系数 Γ_L；

(2) 已知负载阻抗 Z_L，求输入阻抗 Z_{in}；

(3) 已知负载反射系数 Γ_L，求输入反射系数 Γ_{in}；

(4) 已知负载反射系数 Γ_L，求系统驻波比 ρ；

(5) 已知负载阻抗 Z_L 为实数，有 $Z_L=R>Z_0$，求系统驻波比 ρ。

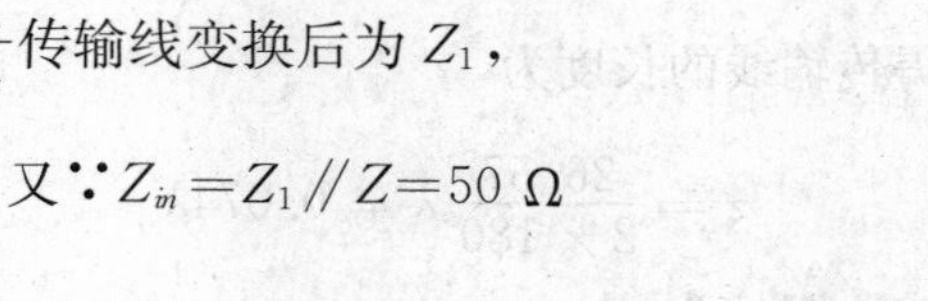

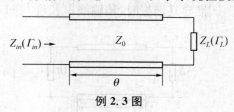

例 2.3 图

解：(1) $\Gamma=\dfrac{Z_L-Z_0}{Z_L+Z_0}$

(2) $Z_{in}=Z_0\dfrac{Z_L+\mathrm{j}Z_0\tan\theta}{Z_0+\mathrm{j}Z_L\tan\theta}$

(3) $\Gamma_{in}=\Gamma_L\mathrm{e}^{-\mathrm{j}2\theta}$

(4) $\rho=\dfrac{1+|\Gamma_L|}{1-|\Gamma_L|}$

(5) $\because \Gamma=\dfrac{Z_L-Z_0}{Z_L+Z_0}=\dfrac{R-Z_0}{R+Z_0}>0,\rho=\dfrac{1+|\Gamma_L|}{1-|\Gamma_L|}$

$\therefore \rho=\dfrac{R+Z_0+R-Z_0}{R+Z_0-(R-Z_0)}=\dfrac{R}{Z_0}$

【例 2.4】 有一段特性阻抗为 $Z_0=500\ \Omega$ 的无损耗线，当终端短路时，测得始端的阻抗为 250 Ω 的感抗，求该传输线的最小长度；如果该线的终端为开路，长度又为多少？

解：(1) 终端短路线的输入阻抗为

$$Z_{in}=\mathrm{j}Z_0\tan\beta z$$

即

$$\mathrm{j}500\ \tan\beta z=\mathrm{j}250$$

所以

$$\beta z=\arctan 0.5=26.57°$$

将 $\beta=\dfrac{2\pi}{\lambda}$ 代入上式得传输线的长度为

$$z=\frac{26.57°}{2\times 180°}\lambda=0.074\lambda$$

(2) 终端开路线的输入阻抗为

$$Z_{in}=\frac{Z_0}{\mathrm{j}\tan\beta z}$$

即 $$500=-250\tan\beta z$$

得 $$\beta z=116.57°$$

将 $\beta=\dfrac{2\pi}{\lambda}$ 代入上式得传输线的长度为

$$z=\frac{116.57°}{2\times 180°}\lambda=0.324\lambda$$

【例 2.5】（北京理工大学 2008 年考研真题）一种传输线型耦合谐振腔的等效电路如图（例 2.5 图）所示。试推导其谐振时，传输线电长度与归一化耦合电纳 B 之间的关系。

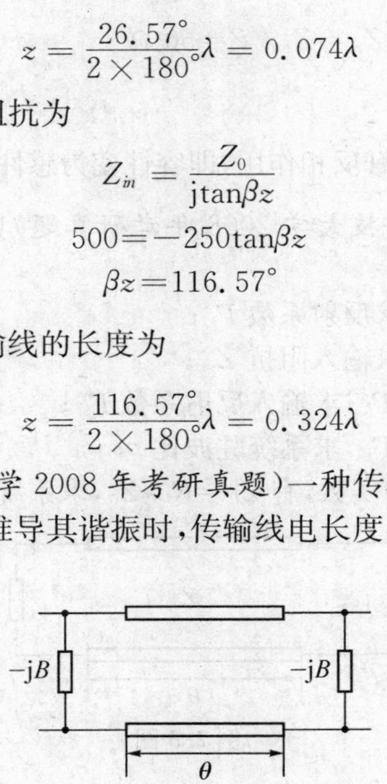

例 2.5 图

解：左端输入阻抗 $Z_{in}=\dfrac{1}{-\mathrm{j}B}/\!/Z_1$，

其中 $Z_1=\dfrac{\dfrac{1}{-\mathrm{j}B}+\mathrm{j}\tan\theta}{1+\mathrm{j}\left(\dfrac{1}{-\mathrm{j}B}\right)\tan\theta}=\mathrm{j}\,\dfrac{1+B\tan\theta}{B-\tan\theta}$（$Z_1$ 是 $-\mathrm{j}B$ 经传输线变换后的阻抗），

所以左端输入导纳　　$Y_{in}=-\mathrm{j}B+\dfrac{1}{Z_1}=\mathrm{j}\,\dfrac{B^2\tan\theta-2B}{1+B\tan\theta}$

因为并联谐振时任一端口的输入电纳为 0，

所以
$$\mathrm{Im}(Y_{in})=\frac{B^2\tan\theta-2B}{1+B\tan\theta}=0$$

解得
$$\theta=\arctan\frac{2B}{1-B^2}$$

由电路基础知串联谐振时谐振部分电抗为零，并联谐振时谐振部分电纳为零，电路中常考并联谐振。

【例 2.6】（北京理工大学 2009 年考研真题）已知无损耗传输线电长度为 θ，特性阻抗 $Z_0=1$，如图（例 2.6 图）所示。

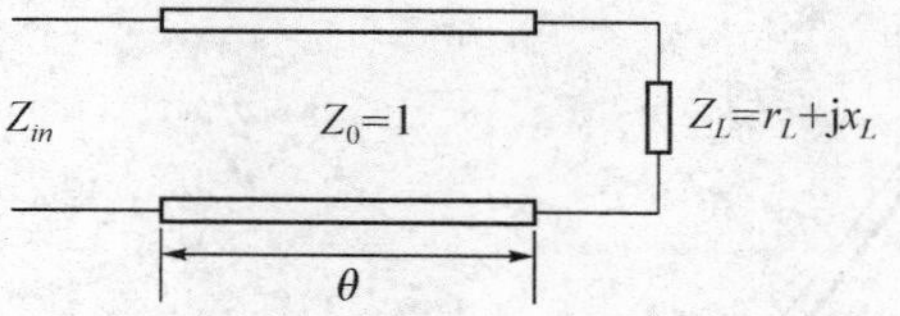

例 2.6 图

(1) 已知负载阻抗 $Z_L=r_L+\mathrm{j}x_L$，求负载驻波比 ρ_L；
(2) 求输入驻波比 ρ_{in}；
(3) 求负载反射系数。

解：(1) $\Gamma_L=\dfrac{r_L+jx_L-1}{r_L+jx_L+1}$

$$\rho_L=\frac{1+|\Gamma_L|}{1-|\Gamma_L|}=\frac{\sqrt{(r_L+1)^2+x_L^2}+\sqrt{(r_L-1)^2+x_L^2}}{\sqrt{(r_L+1)^2+x_L^2}-\sqrt{(r_L-1)^2+x_L^2}}$$

(2) 因为传输线是无损耗传输线，所以线上驻波比处处相等。

$$\rho_{in}=\rho_L=\frac{\sqrt{(r_L+1)^2+x_L^2}+\sqrt{(r_L-1)^2+x_L^2}}{\sqrt{(r_L+1)^2+x_L^2}-\sqrt{(r_L-1)^2+x_L^2}}$$

(3) $\Gamma_L=\dfrac{r_L+\mathrm{j}x_L-1}{r_L+\mathrm{j}x_L+1}$

【例 2.7】 证明：在任意负载条件下，传输线上反射系数和输入阻抗有下列关系：

(1) $\Gamma(z)=-\Gamma\left(z\pm\dfrac{\lambda}{4}\right)$

(2) $Z_{in}(z)/Z_0 = Z_0/Z_{in}\left(z \pm \dfrac{\lambda}{4}\right)$(其中 Z_0 为特性阻抗)

证明:(1) 传输线反射系数变换,有 $\Gamma(z) = \Gamma_L e^{-j2\beta l}$,则

$$\Gamma\left(z \pm \frac{\lambda}{4}\right) = \Gamma_L e^{-j2\beta\left(z \pm \frac{\lambda}{4}\right)} = \Gamma_L e^{-j2\beta z} e^{\pm 2\frac{2\pi}{\lambda}\frac{\lambda}{4}}$$

$$= -\Gamma_L e^{-j2\beta z} = -\Gamma(z)$$

(2) 由 1 得到反射系数关系(也可由阻抗变换证明)

$$Z_{in}\left(z \pm \frac{\lambda}{4}\right) = Z_0 \frac{1 + \Gamma\left(z \pm \frac{\lambda}{4}\right)}{1 - \Gamma\left(z \pm \frac{\lambda}{4}\right)}$$

$$= Z_0 \frac{1 - \Gamma(z)}{1 + \Gamma(z)} = Z_0 \frac{Z_0}{Z_{in}(z)}$$

即得到 $$Z_{in}(z)/Z_0 = Z_0/Z_{in}\left(z \pm \frac{\lambda}{4}\right)$$

【例 2.8】 如下图所示,主线各段特性阻抗分别为 $Z_c = 50\ \Omega$、$Z_{c1} = 80\ \Omega$、$Z_{c2} = 70.7\ \Omega$,支线的特性阻抗为 $Z_c = 50\ \Omega$,负载 $Z_L = 100\ \Omega$,试画出主线上电压、电流振幅分布曲线。

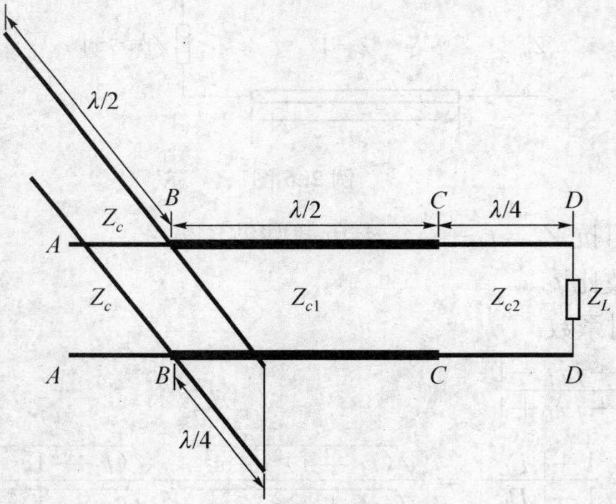

例 2.8 图(a)

解:(1) 求输入阻抗 Z_{AA}

由负载开始,利用 $\dfrac{\lambda}{4}$ 与 $\dfrac{\lambda}{2}$ 线的特性,逐次向电源推进。

CD 段为终端接 $Z_L = 100\ \Omega$,特性阻抗 $Z_{c2} = 70.7\ \Omega$ 的 $\dfrac{\lambda}{4}$ 线段,其输入阻抗 Z_{CC} 为

$$Z_{CC} = \frac{Z_{c2}^2}{Z_L} = \frac{(70.7)^2}{100} = 50\ \Omega$$

BC 段为终端接有 $Z_{CC}=50\ \Omega$，特性阻抗 $Z_{c1}=80\ \Omega$ 的 $\frac{\lambda}{2}$ 线段，其输入阻抗 Z'_{BB} 为

$$Z'_{BB}=Z_{CC}=50\ \Omega$$

在 BB 截面处还并联一支 $\frac{\lambda}{4}$ 短路线，其输入阻抗 $Z''_{BB}=\infty$，还有一支 $\frac{\lambda}{4}$ 开路线，其输入阻抗为 $Z'''_{BB}=\infty$，故 BB 截面是总阻抗 Z_{BB}，为

$$Z_{BB}=Z'_{BB}\ /\!/\ Z''_{BB}\ /\!/\ Z'''_{BB}=Z'_{BB}=50\ \Omega$$

AB 段为终端接有 $Z_{BB}=Z_{CC}=50\ \Omega$ 的匹配线段，故 Z_{AA} 为

$$Z_{AA}=Z_{BB}=Z_{CC}=50\ \Omega$$

（2）求线上的电压、电流振幅分布

令输入端电压、电流振幅为 U_{AA}、I_{AA}，AB 段为匹配段，行波，故 AB 段电压、电流处处为 U_{AA}、I_{AA}，即 $U_{BB}=U_{AA}$，$I_{BB}=I_{AA}$；

BC 段特性阻抗 $Z_{c1}=80\ \Omega$，长为 $\frac{\lambda}{2}$，终端负载 $Z_{CC}=50\ \Omega$，故线上驻波

$$S_1=\frac{Z_{c1}}{Z_{CC}}=\frac{80}{50}=\frac{8}{5}$$

由 $Z_{CC}<Z_{c1}$，故 U_{CC} 为此线段电压最小值，等于 U_{BB}；I_{CC} 为此线段上电流最大值，等于 I_{BB}（根据 $\frac{\lambda}{2}$ 线的重复性）。而在 BC 段中间（即距 B 或距 C 为 $\frac{\lambda}{4}$）将出现电压最大值，最大值为 $S_1U_{BB}=S_1U_{AA}=\frac{8}{5}U_{AA}$、电流最小值为 $I_{BB}/S_1=I_{AA}/S_1=\frac{5}{8}I_{AA}$；

CD 段特性阻抗 $Z_{c2}=70.7\ \Omega$，终端负载 $Z_L=100\ \Omega$ 的 $\frac{\lambda}{4}$ 线段，由于 $Z_L>Z_{c1}$，DD 处将为电压最大值，电流最小值；而距 DD 截面 $\frac{\lambda}{4}$ 处的 U_{CC} 为电压最小值，I_{CC} 为电流最大值。此线段驻波比 $S_2=100/70.7$，故

$$U_{DD}=S_2U_{CC}=S_2U_{AA}=\frac{100}{70.7}U_{AA}=1.414U_{AA}$$

$$I_{DD}=I_{CC}/S_2=I_{AA}/S_2=0.707I_{AA}$$

有了 AA、BB、CC、DD 各截面的电压、电流，主线上电压、电流分布（规律）曲线即可画出，如例 2.8 图(b)所示。

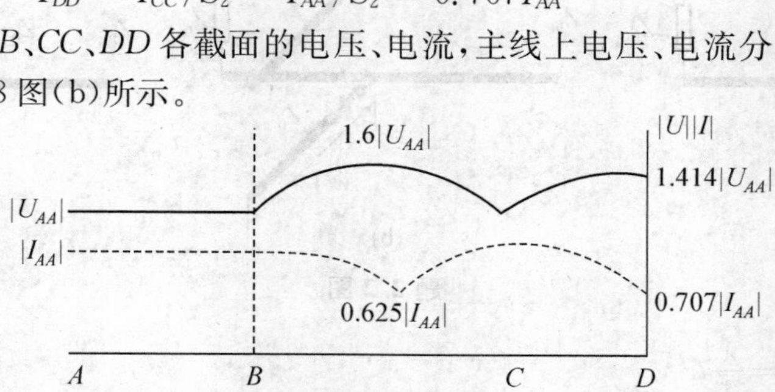

例 2.8 图(b)

2.3 课后习题解答

【2.1】 一根 75 Ω 的无耗传输线，终端接有阻抗 $Z_L=R_L+jX_L$

(1) 欲使线上的电压驻波比等于 3，则 R_L 和 X_L 有什么关系？

(2) 若 $R_L=150\ \Omega$，求 X_L 等于多少？

(3) 求在第二种情况下，距负载最近的电压最小点位置。

解：(1) 由驻波比 $\rho=3$，可得终端反射系数的模值为

$$|T_2|=\frac{\rho-1}{\rho+1}=0.5$$

$$\therefore |T_2|=\left|\frac{Z_c-Z_0}{Z_c+Z_0}\right|=0.5$$

将 $Z_0=75\ \Omega$，$Z_L=R_L-jX_L$ 代入上式

整理得 $(R_L-125)^2+X_L^2=100^2$

即负载的实部 R_L 和虚部 X_L 应在圆心为(125,0)，半径为 100 的圆上，上半圆对应负载为感抗，而下半圆对应负载为容抗。

(2) $R_L=150\ \Omega$

$$X_L=\sqrt{100^2-(R_c-125)^2}=\sqrt{100^2-25^2}=96.8\ \Omega$$

(3) $z'_{mm}=\dfrac{\varphi_2}{2\beta}-\dfrac{\lambda}{4}$

$$T_2=\frac{Z_c-Z_0}{Z_c+Z_0}=\frac{150+j96.8-75}{150+j96.8+75}=\frac{75+j96.8}{225+j96.8}=0.5e^{j\tan^{-1}0.55}$$

$\therefore \varphi_2=\arctan 0.55$　　缺 $\lambda_1 z'_{mm}$ 用 λ 表示出来即可。

【2.2】 求下图所示电路的输入阻抗。

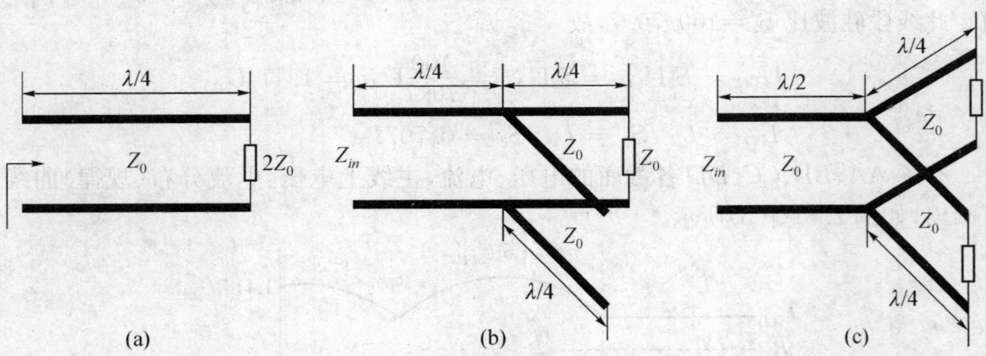

题 2.2 图

(a) 因为 $z'=\dfrac{\lambda}{4}$

$$Z_{in}=Z_0\frac{Z_L+jZ_0\tan\beta z'}{Z_0+jZ_L\tan\beta z'}=\frac{Z_0}{2}$$

(b) $\frac{\lambda}{4}$开路线的 Z_{in} 为

$$Z_{in(1)}=-jZ_0\cot\beta z'=0$$

$z'=\frac{\lambda}{4}$，$Z_L=Z_0$，负载 Z_0 的 Z_{in} 为

$$Z_{in(2)}=Z_0\frac{Z_L+jZ_0\tan\beta z'}{Z_0+jZ_L\tan\beta z'}=Z_0$$

$$Z'_L=Z_{in(1)}\,//\,Z_{in(2)}=0$$

$$Z_{in}=Z_0\frac{Z'_L+jZ_0\tan\beta z'}{Z_0+jZ'_L\tan\beta z'}=\frac{Z_0^2}{Z'_L}=\infty$$

或直接利用$\frac{\lambda}{4}$短路线 $Z_{in}\left(\frac{\lambda}{4}\right)=\infty$

(c) 两个$\frac{\lambda}{4}$传输线都接负载 Z_0，由公式得

$$Z_{in1}=Z_0\quad Z_{in2}=Z_0$$

$$Z'_L=Z_{in1}\,//\,Z_{in2}=\frac{Z_0}{z}$$

$$Z_{in}=Z_0\frac{Z_L'+jZ_0\tan\frac{2\pi}{\lambda}\cdot\frac{\lambda}{4}}{Z_0+jZ_L'\tan\frac{2\pi}{\lambda}\cdot\frac{\lambda}{4}}=2Z_0$$

【2.3】 一根特性阻抗为 50 Ω、长度为 2 m 的无耗传输线工作于频率 200 MHz，终端接有阻抗 $Z_L=40+j30\ \Omega$，试求其输入阻抗。

解：$Z_0=50\ \Omega\quad z'=2\ \text{m}$

$$\beta=\frac{2\pi f}{c}=\frac{2\pi\times200\times10^6}{3\times10^8}=\frac{4}{3}\pi$$

由输入阻抗公式

$$Z_{in}=Z_0\frac{Z_L+jZ_0\tan\beta z'}{Z_0+jZ_L\tan\beta z'}=50\times\frac{40+j30+j50\tan\frac{4\pi}{3}\times2}{50+j(40+j30)\tan\frac{4\pi}{3}\times2}$$

$$=\frac{400-j150}{10+3\sqrt{3}}$$

【2.4】 考虑一无损耗传输线，(1) 当负载阻抗 $Z_L=(40-j30)\ \Omega$ 时，欲使线上驻波比最小，则线的特性阻抗应为多少？(2) 求出该最小的驻波比及相应的电压反射系数。(3) 确定距负载最近的电压最小点的位置。

解：(1) $|\Gamma|=\left|\frac{Z_L-Z_0}{Z_L+Z_0}\right|=\left|\frac{(40-Z_0)-j30}{(40+Z_0)-j30}\right|$

$$=\frac{\sqrt{[(40-Z_0)(40+Z_0)+30^2]^2+60^2Z_0^2}}{(40+Z_0)^2+30^2}$$

由于是无耗传输线，则 Z_0 是纯电阻

又由于 $\rho=\frac{1+|\Gamma|}{1-|\Gamma|}$，若使 ρ 最小，则 $|\Gamma|$ 最小，对 $|\Gamma|$ 求导，即得当 $Z_0=50\ \Omega$ 时，驻波比最小。

(2) 当 $Z_0=50\ \Omega$ 时：

$$\Gamma_2=\frac{40-\mathrm{j}30-50}{40-\mathrm{j}30+50}=0.33\mathrm{e}^{-\mathrm{j}90^\circ},\rho=2$$

(3) 距负载最近的电压最小点的位置：

$$Z_{\min}=\varphi_2/2\beta-\lambda/4=\frac{3}{2}\pi\cdot\frac{1}{2\beta}-\frac{\lambda}{4}=-\frac{\lambda}{8}=0.125\lambda$$

$$\left[注:\varphi_2=2\pi-\frac{\pi}{2}=\frac{3\pi}{2}\right]$$

【2.5】 特性阻抗为 50 Ω 的传输线终端接负载时，测得反射系数模 $|\Gamma|=0.2$，求线上电压波腹点和波节点处的输入阻抗。

解：

$$\rho=\frac{1+|\Gamma|}{1-|\Gamma|}=\frac{1+0.2}{1-0.2}=\frac{3}{2}$$

$$Z_{\max}=\rho Z_0=\frac{3}{2}\times 50=75\ \Omega$$

$$Z_{\min}=\frac{Z_0}{\rho}=\frac{2}{3}\times 50=33.3\ \Omega$$

【2.6】 均匀无损耗传输线终端接负载阻抗 Z_L 时，沿线电压呈行驻波分布，相邻波节点之间的距离为 2 cm，靠近终端的第一个电压波节点离终端 0.5 cm，驻波比为 1.5，求终端反射系数。

解：工作波长 $\lambda_0=4$ cm

第一个电压波节点距终端距离为：

$$Z'_{\min}=\varphi_2/2\beta-\lambda/4=0.5\ \mathrm{cm}$$

$$\Rightarrow\varphi_2=2\beta(0.5+\lambda_0/4)=\frac{3}{2}\pi$$

由

$$\rho=1.5\Rightarrow|\Gamma|=\frac{\rho-1}{\rho+1}=\frac{1}{5}$$

$$\Gamma_2=|\Gamma|\mathrm{e}^{\mathrm{j}\varphi_2}=\frac{1}{5}\mathrm{e}^{\mathrm{j}\frac{3}{2}\pi}=-0.2$$

【2.7】 已知传输线特性阻抗 $Z_0=50\ \Omega$，负载阻抗 $Z_L=10-\mathrm{j}20\ \Omega$，用圆图确定终端反射系数 Γ_2。

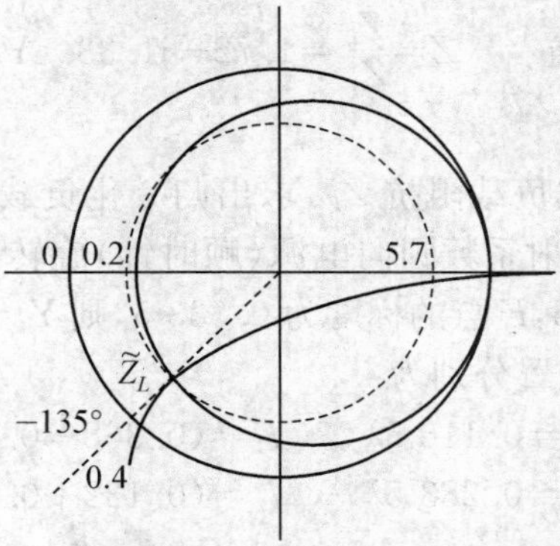

题 2.7 图

解：

$$\tilde{Z}_L=\frac{Z_1}{Z_0}=0.2-\mathrm{j}0.4$$

作图可得

$$\rho=5.7\Rightarrow|\Gamma_2|=\frac{\rho-1}{\rho+1}=0.7$$

$\varphi_2=-135°$

则 $\Gamma_2=|\Gamma_2|\mathrm{e}^{\mathrm{j}\varphi_2}=0.7\mathrm{e}^{-\mathrm{j}135°}$

【2.8】 特性阻抗为 50 Ω 的传输线，终端负载不匹配，沿线电压波腹 $|U_{\max}|=10$ V，波节 $|U_{\min}|=6$ V，离终端最近的电压波节点与终端间距离为 0.12λ，求负载阻抗 Z_L。若用短路分支线进行匹配，求短路分支线的并接位置和分支线的最短长度。

解：$\rho=\dfrac{10}{6}=\dfrac{5}{3}\quad|\Gamma_2|=\dfrac{\rho-1}{\rho+1}=\dfrac{\dfrac{5}{3}-1}{\dfrac{5}{3}+1}=\dfrac{1}{4}$

$\dfrac{\varphi_2}{2\beta}-\dfrac{\lambda}{4}=0.12\lambda\quad\varphi_2=1.48\pi$

$\because\Gamma_2=\dfrac{Z_L-Z_0}{Z_L+Z_0}$

$\therefore Z_L=Z_0\dfrac{1+\Gamma_2}{1-\Gamma_2}$

$\Gamma_2=\dfrac{1}{4}\mathrm{e}^{\mathrm{j}1.48\pi},Z_0=50\ \Omega$

$$Z_L=Z_0\frac{1+\Gamma_2}{1-\Gamma_2}=50\frac{1+\dfrac{1}{4}\mathrm{e}^{\mathrm{j}1.48\pi}}{1-\dfrac{1}{4}\mathrm{e}^{\mathrm{j}1.48\pi}}=42.5-\mathrm{j}122.5\ \Omega$$

【2.9】 无耗均匀长线的特性阻抗 $Z_0=50\ \Omega$，终端接负载阻抗 $Z_L=86-\mathrm{j}66.5\ \Omega$，若用单支节匹配，试求单支节的长度 l 及接入位置 d。

解：(1) 归一化负载阻抗　$\tilde{Z}=\dfrac{Z_L}{Z_0}=1.72-\mathrm{j}1.33$　$\tilde{Y}_L=0.364+\mathrm{j}0.28$

圆图法求解：

首先由圆图上的归一化负载阻抗 $\tilde{Z}_L$，求出归一化负载导纳 $\tilde{Y}_L$（图中的 C 点），$\tilde{Y}_L$ 的标度为 0.05；然后沿等反射系数圆向电源（顺时针）旋转，与 $\tilde{G}=1$ 的圆交于 D 与 E 两点，D 点的标度为 0.166 5，E 点的标度为 0.333 5，则 $\tilde{Y}_1=1\pm\mathrm{j}1.1$，$\tilde{Y}_2=\mu\mathrm{j}1.1$。

单支节的长度和接入位置分别为：

$d_1=(0.1665-0.05)\lambda=0.1165\lambda$　　$l_1=(0.368-0.25)\lambda=0.118\lambda$

$d_2=(0.3335-0.05)\lambda=0.2835\lambda$　　$l_2=(0.132+0.25)\lambda=0.382\lambda$

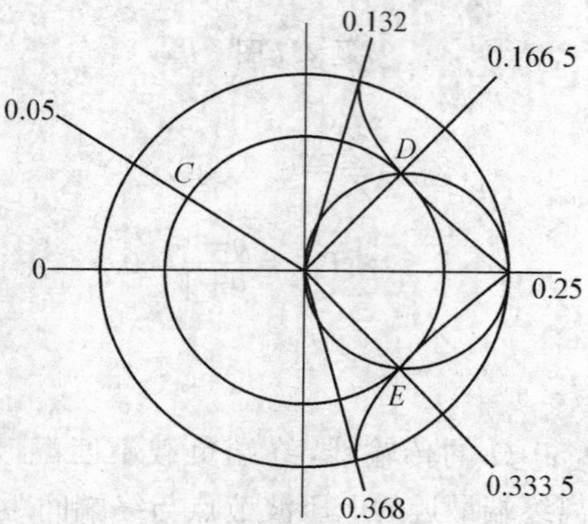

题 2.9 图

(2) 公式法同理

$$d_1=\frac{\lambda}{2\pi}\arctan\sqrt{\frac{Z_L}{Z_0}}=0.1165\lambda \qquad l_1=\frac{\lambda}{2\pi}\arctan\frac{\sqrt{Z_LZ_0}}{Z_L-Z_0}=0.118\lambda$$

$$d_2=\frac{\lambda}{2\pi}\left(\pi-\arctan\sqrt{\frac{Z_L}{Z_0}}\right)=0.2835\lambda \qquad l_2=\frac{\lambda}{2\pi}\left(\pi-\arctan\frac{\sqrt{Z_LZ_0}}{Z_L-Z_0}\right)=0.382\lambda$$

【2.10】 证明无耗传输线的负载归一化阻抗 $\tilde{Z}_L$、行波系数 K 和负载到第一个电压波节点的距离 $l_{\min}$ 三者之间满足下列关系式：$\tilde{Z}_L=\dfrac{K-\mathrm{j}\tan\beta l_{\min}}{1-\mathrm{j}K\tan\beta l_{\min}}$

证明：设无耗传输线终端接负载 Z_L，则传输线任意一点阻抗为：

$$Z(z')=Z_0\frac{Z_L+\mathrm{j}Z_0\tan\beta z'}{Z_0+\mathrm{j}Z_L\tan\beta z'}$$

由于在电压波节点处阻抗为 $Z(l_{\min})=KZ_0$，则

$$KZ_0=Z_0\frac{Z_L+\mathrm{j}Z_0\tan\beta l_{\min}}{Z_0+\mathrm{j}Z_L\tan\beta l_{\min}}$$

由上式求解 $\tilde{Z}_L$，得：

$$\tilde{Z}_L=\frac{Z_L}{Z_0}=\frac{K-\mathrm{j}\tan\beta l_{\min}}{1-\mathrm{j}K\tan\beta l_{\min}} \qquad \text{证毕}$$

【2.11】 均匀无损耗长线终端接 $Z_L=100\ \Omega$，信号频率为 1 000 MHz 时，测得终端电压反射系数的相角 $\varphi_2=180°$，电压驻波比 $\rho=1.5$。计算终端电压反射系数 Γ_2、长线特性阻抗 Z_0 及距终端最近的一个电压波幅点的距离 $l_{\max}$。

解：
$$|\Gamma|=\frac{\rho-1}{\rho+1}=0.2$$

则终端电压反射系数为：

$$\Gamma_2=|\Gamma_2|e^{j\varphi_2}=0.2e^{j\pi}=-0.2$$

$$Z_0=Z_L\frac{1-\Gamma_2}{1+\Gamma_2}=150\ \Omega$$

距离终端最近的一个电压波幅点距离为

$$l_{\max}=\frac{\varphi_2}{2\beta}=\frac{\lambda}{4}$$

【2.12】 一个感抗为 jX_L 的集中电感可以用一段长度为 l_e 的终端短路的传输线等效，试证明其等效关系为 $l_e=\frac{\lambda}{2\pi}\arctan\left(\frac{X_L}{Z_0}\right)$（$Z_0$ 为特性阻抗）。

证明：

长为 l_e 的终端短路传输线输入阻抗

$$Z_{in}=jZ_0\tan\beta z'=jZ_0\tan\beta\left(\frac{2\pi}{\lambda}\cdot l_e\right)=jX_L$$

即：
$$l_e=\frac{\lambda}{2\pi}\arctan\left(\frac{X_L}{Z_0}\right)$$

证毕。

【2.13】 一个容抗为 jX_C 的集中电容可以用一段长度为 l_e 的终端开路的传输线等效，试证明其等效关系为 $l_e=\frac{\lambda}{2\pi}\operatorname{arccot}\left(\frac{X_C}{Z_0}\right)$（$Z_0$ 为特性阻抗）。

证明：∵ l_e 的终端开路等效电阻阻抗为 $-jZ_0\cot\beta l_e$

∴ $-jX_C=-jZ_0\cot\beta l_e$

$l_e=\frac{\lambda}{2\pi}\operatorname{arccot}\frac{X_C}{Z_0}$

【2.14】 用特性阻抗为 600 Ω 的短路线代替电感为 2×10^5 H 的线圈，当信号频率为 300 MHz 时，问短路线长度为多少？若用特性阻抗为 600 Ω 的开路线代替电容量为 0.884 pF 的电容器，当信号频率为 300 MHz 时，问开路线长度为多少？

解：由 2.12 题可知，用短路线代替电感，则短路线长度为：

$$l_{eo}=\frac{\lambda}{2\pi}\arctan\left(\frac{X_L}{Z_0}\right)$$

把 $\lambda=\frac{c}{f}=\frac{3\times10^8}{3\times10^8}=1\ \text{m}$，$X_L=2\pi fL=2\pi\times3\times10^8\times2\times10^5\ \Omega$，$Z_0=600\ \Omega$ 代入，可得：

$$l_{eo}=\frac{\lambda}{4}=0.25\ \text{m}$$

由 2.13 题可知，用开路线代替电容，则长度为：

$$l_{oc}=\frac{\lambda}{2\pi}\operatorname{arccot}\left(\frac{X_c}{Z_0}\right)$$

把 $\lambda=1\ \mathrm{m}$，$X_c=\dfrac{1}{2\pi fc}=\dfrac{1}{2\pi\times3\times10^8\times0.084\times10^{-12}}\ \Omega$，$Z_0=600\ \Omega$ 代入，可得：

$$l_{oc}=\frac{\lambda}{2}=0.5\ \mathrm{m}$$

【2.15】 无耗长线的特性阻抗为 300 Ω，当线长度 l 分别为 $l_1=\lambda/6$ 和 $l_2=\lambda/3$ 时，计算终端短路和开路条件下的输入阻抗。

解：终端短路：

$$Z_{in1}=\mathrm{j}Z_0\tan\beta z'=\mathrm{j}300\cdot\tan\frac{2\pi}{\lambda}\cdot\frac{\lambda}{6}=\mathrm{j}300\sqrt{3}\ \Omega=\mathrm{j}520\ \Omega$$

$$Z_{in2}=\mathrm{j}300\cdot\tan\frac{2\pi}{\lambda}\cdot\frac{\lambda}{3}=-\mathrm{j}300\sqrt{3}\ \Omega=-\mathrm{j}520\ \Omega$$

终端开路：

$$Z_{in1}=-\mathrm{j}Z_0\cot\beta z'=-\mathrm{j}300\cdot\cot\frac{2\pi}{\lambda}\cdot\frac{\lambda}{6}=\mathrm{j}100\sqrt{3}\ \Omega=\mathrm{j}173\ \Omega$$

$$Z_{in2}=-\mathrm{j}300\cdot\cot\frac{2\pi}{\lambda}\cdot\frac{\lambda}{3}=-\mathrm{j}100\sqrt{3}\ \Omega=-\mathrm{j}173\ \Omega$$

【2.16】 均匀无损耗短路线，其长度如表 2.4 所列，试用圆图确定传输线始端归一化输入阻抗 $\tilde{Z}_{in}$ 及归一化输入导纳 $\tilde{Y}_{in}$。

表 2.4

短路线长度	0.182λ	0.25λ	0.15λ	0.62λ
输入阻抗 $\tilde{Z}_{in}$	j2.2	∞	j1.38	j0.94
输入导纳 $\tilde{Y}_{in}$	−j0.45	0	−j0.72	−j1.06

【2.17】 均匀无损耗开路线，其长度如表 2.5 所示，试用圆图确定传输线始端归一化输入阻抗 $\tilde{Z}_{in}$ 及归一化输入导纳 $\tilde{Y}_{in}$。

表 2.5

开路线长度	0.182λ	0.25λ	0.15λ	0.62λ
输入阻抗 $\tilde{Z}_{in}$	−*j*0.45	0	−*j*0.72	−*j*1.06
输入导纳 $\tilde{Y}_{in}$	*j*2.2	∞	*j*1.38	*j*0.94

【2.18】 根据表 2.6 所给定的负载阻抗归一化值，用圆图确定驻波比 ρ 和反射系数模 $|\Gamma|$。

表 2.6

负载阻抗 $\tilde{Z}_L$	0.3+j1.3	0.5−j1.6	3.0	0.25	0.45−j1.2	−j2.0
驻波比 ρ	9	7.7	3	4.17	5.7	∞
反射系数模$\|\Gamma\|$	0.8	0.76	0.5	0.61	0.7	1

【拓展训练】

2—1　如题 2-1 图所示，主线与支线特性阻抗为 $Z_0=50\ \Omega$，信号源电压幅值 $E_g=100$ V、$R_g=50\ \Omega$、$R_1=20\ \Omega$、$R_2=30\ \Omega$，试画出主线上电压、电流幅值的分布曲线，并计算 R_1 与 R_2 上的吸收功率。

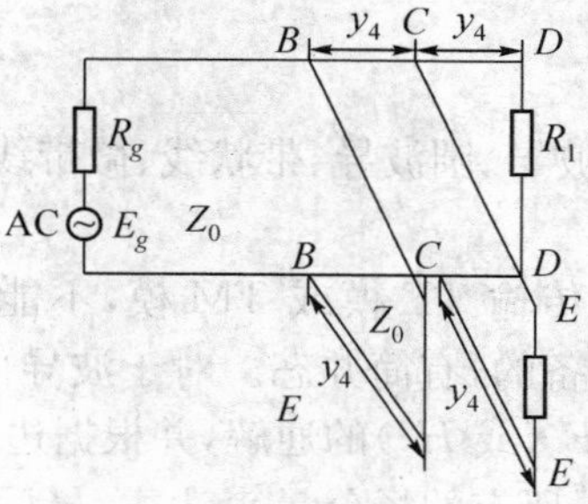

题 2-1 图

2—2　$Z_0=70\ \Omega$，$Z_L=(100-\text{j}50)\Omega$。求电压反射系数的模$|\Gamma|$、驻波比和第一个电压最小点距终端的距离。

2—3　$Z_0=50\ \Omega$，$r=2$，当负载短路时，电压最小值的位置向负载移动了 0.1λ，求终端负载 Z_L。

2—4　传输线特性阻抗为 100 Ω，终端接有匹配负载，若在距终端 $1/8\lambda$ 处并联一个(50+j50)Ω 的阻抗，试求距终端 1/4 处的输入阻抗。

2—5　无耗均匀长线特性阻抗 $Z_0=100\ \Omega$，负载 $Y_L=(0.0425+\text{j}0.0175)$S，若用并联单交节匹配器匹配，试求单支节的长度 L 及接入位置 d。

3 微波传输线

3.1 基本内容概述

1. 本章主要讨论了矩形波导、圆波导、带状线、微带线等微波传输线的产生特性和场分布。

2. 金属空心波导中只能传输 TE 模或 TM 模,不能传输 TEM 模。基本模式有 TE_{mn} 及 TM_{mn},它们是正交完备的,有简并态。对于波导内场分布的分析方法:先求解 E_z(或 H_z)的波动方程,求出 E_z(或 H_z)的通解,并根据边界条件求出它的特解,然后利用横向场与纵向场的关系求得所有的场分量表达式,最后根据表达式讨论它的截止特性、传输特性、场结构和传输功率等。

3. 只有当电磁波的波长或频率满足条件

$\lambda<\lambda_c$ 或 $f>f_c$

才能在波导内传输,否则被截止。

4. 理想波导的传输特性有:

相速度

$$v_p=\frac{v}{\sqrt{1-\left(\frac{\lambda}{\lambda_c}\right)^2}}$$

群速度

$$v_g=v\sqrt{1-\left(\frac{\lambda}{\lambda_c}\right)^2}$$

且有

$$v_p v_g=v^2$$

波导波长

$$\lambda_p=\frac{\lambda}{\sqrt{1-\left(\frac{\lambda}{\lambda_c}\right)^2}}$$

波阻抗

$$Z_{\mathrm{TEM}}=\eta, Z_{\mathrm{TE}}=\frac{\eta}{\sqrt{1-\left(\frac{\lambda}{\lambda_c}\right)^2}}, Z_{\mathrm{TM}}=\eta\sqrt{1-\left(\frac{\lambda}{\lambda_c}\right)^2}$$

式中 λ_c 为截止波长。矩形波导和圆波导的截止波长分别为

$$\lambda_c^L=\frac{2}{\sqrt{\left(\frac{m}{a}\right)^2+\left(\frac{n}{b}\right)^2}}, \lambda_{c\ \mathrm{TE}}^o=\frac{2\pi a}{P_{mm}}, \lambda_{c\ \mathrm{TE}}^o=\frac{2\pi a}{P'_{mm}}$$

5. 波导系统中场结构必须满足下列规则：电力线一定与磁力线相互垂直，两者与传播方向满足右手螺旋定则；波导金属壁上只有电场的法向分量和磁场的切向分量；磁力线一定是封闭曲线。

6. 各类传输线内的主模及其截止波长和单模传输条件

传输线类型	主　模	截止波长 λ_c	单模传输条件
矩形波导	TE_{10} 模	$2a$	$a<\lambda<2a, \lambda>2b$
圆波导	TE_{11} 模	$3.41R$	$2.62R<\lambda<3.41R$
同轴线	TEM 模	∞	$\lambda>\pi(a+b)$
带状线	TEM 模	∞	$\lambda>2b\sqrt{\varepsilon_r}$　$\lambda>2w\sqrt{\varepsilon_r}$
微带线	准 TEM 模	∞	$\lambda>4h\sqrt{\varepsilon_r-1}$　$\lambda>2h\sqrt{\varepsilon_r}, \lambda>2w\sqrt{\varepsilon_r}$

7. 带状线传输的主模为 TEM 模。它的重要参量是特性阻抗 Z_0。它和单位长度上分布电容 C_1 的关系为

$$Z_0=\frac{1}{v_p C_1}$$

因此，求特性阻抗的关键是用保角变化法求单位长度上的电容。

为了保证单模传输，带状线尺寸必须满足

$$w<\frac{\lambda_{\min}}{2\sqrt{\varepsilon_r}}, b<\frac{\lambda_{\min}}{2\sqrt{\varepsilon_r}}$$

8. 微带线传输的主模为准 TEM 模，但在微波波段的低频段可以把它看作传输 TEM 模。只要求出单位长度上的分布电容，即可求得微带线的特性阻抗。但由于微带线周围介质是空气和衬底的混合介质，必须引进相对等效介电常数 ε_{re} 及填充因子 q。

为了保证单模传输，微带线尺寸必须满足

$$2w+0.8h>\frac{\lambda_{\min}}{\sqrt{\varepsilon_r}}, h<\frac{\lambda_{\min}}{2\sqrt{\varepsilon_r}}, h<\frac{\lambda_{\min}}{4\sqrt{\varepsilon_r-1}}$$

9. 耦合传输线的分析方法用奇偶模参量法。耦合带状线中奇、偶模均为 TEM 模，用静态场方法求奇、偶模电容，最后求得奇、偶模阻抗和相速度；耦合微带线中奇、偶模均为准 TEM 模，用准静态场方法求奇、偶模电容、阻抗和相速度。

3.2 典型例题解析

【例 3.1】 (西安电子科技大学 2010 年考研真题)矩形波导(填充 μ_0,ε_0)内尺寸为 $a\times b$,如图(例 3.1 图)所示。已知电场 $\boldsymbol{E}=\boldsymbol{e}_y E_0\sin\left(\frac{\pi x}{a}\right)\mathrm{e}^{-\mathrm{j}\beta z}$,式中 $\beta=\frac{2\pi}{\lambda_g}=\frac{2\pi}{\lambda}\sqrt{1-\left(\frac{\lambda}{2a}\right)^2}$

(1) 求出波导中的磁场 $\boldsymbol{H}$;

(2) 画出波导场结构;

(3) 写出波导传输功率 P。

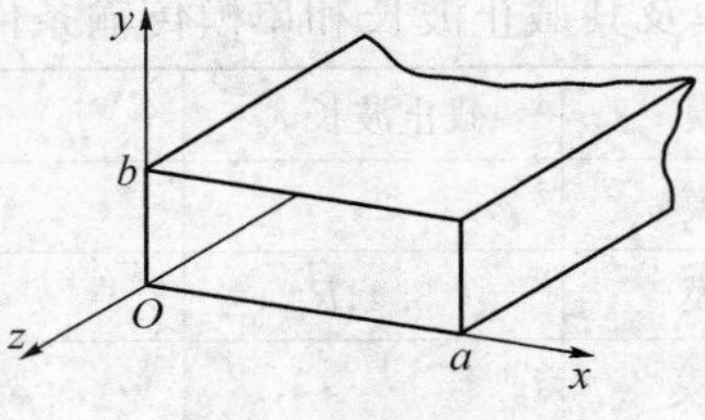

例 3.1 图

解:(1) $\because \nabla\times\boldsymbol{E}=-\mathrm{j}\omega\mu_0\boldsymbol{H}$

$\therefore(\boldsymbol{H}_x+\boldsymbol{H}_y+\boldsymbol{H}_z)=\frac{\mathrm{j}}{\omega\mu_0}\nabla\times\boldsymbol{E}$

$\boldsymbol{H}_x=-\frac{\beta}{\omega\mu_0}E_0\sin\left(\frac{\pi x}{a}\right)\mathrm{e}^{-\mathrm{j}\beta z}\boldsymbol{e}_x$

$\boldsymbol{H}_y=0$

$\boldsymbol{H}_z=\mathrm{j}\frac{E_0}{\omega\mu_0}\frac{\pi}{a}\cos\left(\frac{\pi x}{a}\right)\mathrm{e}^{-\mathrm{j}\beta z}\boldsymbol{e}_z$

(2)

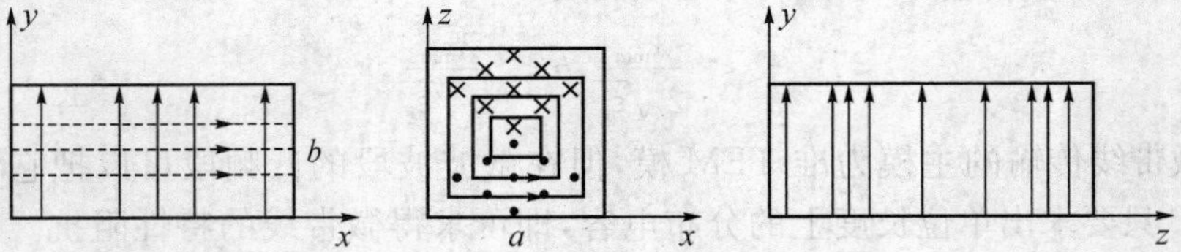

(3) 功率通量密度为

$$\boldsymbol{S}_{av}=\frac{1}{2}\mathrm{Re}(\boldsymbol{E}\times\boldsymbol{H}^*)=\frac{\beta}{2\omega\mu_0}E_0^2\sin^2\left(\frac{\pi x}{a}\right)\boldsymbol{e}_z$$

$$\therefore P=\iint S_{av}\,\mathrm{d}x\mathrm{d}y=\frac{\beta}{2\omega\mu_0}E_0^2\int_0^b\mathrm{d}y\int_0^a\sin^2\left(\frac{\pi x}{a}\right)\mathrm{d}x=\frac{ab\beta}{4\omega\mu_0}E_0^2$$

$\because \beta=\frac{2\pi}{\lambda_g}=\frac{2\pi}{\lambda}\sqrt{1-\left(\frac{\lambda}{2a}\right)^2}$,$\omega=2\pi f=\frac{2\pi}{\lambda}$

$$\therefore P=\frac{abE_0^2}{4\eta_0}\sqrt{1-\left(\frac{\lambda}{2a}\right)^2}=\frac{abE_0^2}{480\pi}\sqrt{1-\left(\frac{\lambda}{2a}\right)^2}$$

【例 3.2】　（西安电子科技大学 2004 年考研真题）矩形波导尺寸为 23 mm×10 mm，(1) 当波长为 20 mm，35 mm 时波导中能传输哪些模？(2) 为保证只传输 TE_{10} 波，其波长范围和频率范围应为多少？(3) 计算 $\lambda=35.42$ mm 时，λ_g，β 和波阻抗。

解：(1) $\because \lambda_c=\dfrac{2}{\sqrt{\left(\dfrac{m}{a}\right)^2+\left(\dfrac{n}{b}\right)^2}}$

$\therefore \lambda_{cTE_{10}}=2a=46$ mm，$\lambda_{cTE_{20}}=a=23$ mm，

$\lambda_{cTE_{01}}=2b=20$ mm，$\lambda_{cTE_{11}}=18.34$ mm。

$\therefore \lambda=20$ mm 时可传输 TE_{10}，TE_{20}；$\lambda=35$ mm 时可传输 TE_{10}。

(2) $\because$ 单模传输时 $a<\lambda<2a$，$\therefore 23\text{ mm}<\lambda<46\text{ mm}$

$\because f=c/\lambda$，$\therefore 6.52G<f<13.04G$

(3) $\lambda_g=\dfrac{\lambda}{\sqrt{1-\left(\dfrac{\lambda}{2a}\right)^2}}=55.51$ mm，$\beta=\dfrac{2\pi}{\lambda_g}=36\pi$ rad/s

$$\eta=\frac{\eta_0}{\sqrt{1-\left(\dfrac{\lambda}{2a}\right)^2}}=188.07\pi(\Omega)=590.55\ \Omega$$

需要留意的是(1)中波长为 20 mm 时等于 TE_{01} 模的截止波长，也不能传输。

【例 3.3】　空气填充的矩形波导中，传输模的电场复矢量为

$$\boldsymbol{E}=\boldsymbol{e}_y 40\sin\frac{\pi}{a}x\mathrm{e}^{-\mathrm{j}\beta z}\ \text{V/m}$$

电磁波的频率为 $f=3\times10^9$ Hz，相速度 $v_p=1.25c$。

(1) 求波导壁上纵向电流密度的最大值；

(2) 若此波导不匹配，将有一个反射波，确定电场的两个相邻最小点间的距离；

(3) 计算波导的尺寸。

解：(1) 由题意，波导中传播 TE_{10} 模，磁场有两个分量 $\boldsymbol{H}_x$、$\boldsymbol{H}_z$。由 $\boldsymbol{J}_s=\boldsymbol{e}_n\times\boldsymbol{H}$ 知纵向电流由 H_z 决定。而 $-\dfrac{E_y}{H_x}=\eta_{TE}$，所以

$$H_X=-\frac{E_y}{\eta_{TE}}$$

求出模式阻抗，即可得 $\boldsymbol{H}_x$，从而得 $\boldsymbol{J}_{sz}$。对 TE_{10} 模，有

$$\eta_{TE}=\frac{\eta}{\sqrt{1-\left(\dfrac{\lambda}{2a}\right)^2}}$$

又因

$$v_p=\frac{c}{\sqrt{1-\left(\dfrac{\lambda}{2a}\right)^2}}$$

所以 $$\frac{\eta_{\mathrm{TE}}}{\eta}=\frac{v_p}{c}=\frac{1}{\sqrt{1-\left(\frac{\lambda}{2a}\right)^2}}=1.25 \qquad ①$$

于是

$$H_x=-\frac{E_y}{1.25\eta}=-8.49\times10^{-2}\sin\frac{\pi}{a}x\mathrm{e}^{-\mathrm{j}\beta z}\ \mathrm{A/m}$$

$\boldsymbol{J}_{sz}$ 的最大值

$$\boldsymbol{J}_{szm}=8.49\times10^{-2}\ \mathrm{A/m}$$

(2) 负载不匹配,波导中形成行驻波,电场的两个相邻最小点(波节)之间的距离

$$d=\frac{\lambda_g}{2}=\frac{1}{2}\frac{\lambda}{\sqrt{1-\left(\frac{\lambda}{2a}\right)^2}}$$

因为 $f=3\times10^9$ Hz,故 $\lambda=10$ cm,再由(1)式得

$$d=6.25\ \mathrm{cm}$$

(3) 由式①,并将 $\lambda=10$ cm 代入,得

$$a=8.3\ \mathrm{cm}$$

【例 3.4】 一矩形波导内传输 $\lambda=10$ cm 的 TE_{10} 模,假设管壁可看作理想导体,内部充满空气,电磁波的频率比截止频率高 30%,同时比邻近高次模的截止频率低 30%,试决定波导管截面尺寸,以及邻近高次模传输功率每米下降的分贝数。

解:矩形波导传输的较低模式是 TE_{10} 模、TE_{20} 模、TE_{01} 模,

相应的截止波长 $\lambda_{10}=2a$、$\lambda_{20}=a$、$\lambda_{01}=2b$

相应的截止频率 $f_{10}=\frac{c}{2a}$、$f_{20}=\frac{c}{a}$、$f_{01}=\frac{c}{2b}$

对于 $\lambda=10$ cm 的电磁波,其频率为 $f=3$ GHz

根据题中的要求,应该有

$$\begin{cases}f>1.3f_{10}\\ f<0.7f_{20}\end{cases} \quad 或 \quad \begin{cases}f>1.3f_{10}\\ f<0.7f_{01}\end{cases}$$

解得 $6.5\ \mathrm{cm}<a<7\ \mathrm{cm}$

或 $a<7\ \mathrm{cm}$,$b<3.5\ \mathrm{cm}$

所以可以取 $a=6.5\ \mathrm{cm}$,$b=3.5\ \mathrm{cm}$

对于 $\lambda=10$ cm 的电磁波,波导工作在 TE_{10} 模,邻近的高次模为 TE_{01} 模,其衰减常数为

$$\alpha_{\mathrm{TE}_{01}}=\frac{2\pi f}{c}\sqrt{\left(\frac{\lambda}{\lambda_{01}}\right)^2-1}=\frac{2\pi}{0.1}\sqrt{\left(\frac{0.1}{0.07}\right)^2-1}=64.1\ \mathrm{Np/m}$$

【例 3.5】 证明金属波导中 TE 模和 TM 模在传输方向上单位长度存储的电能和磁能的平均值相等。

证明:方法一:利用格林公式

(1) TE 模:单位长度存储的电能和磁能的时间平均值分别为

$$W_{\mathrm{eav}}=\frac{\varepsilon}{4}\int_S |E_T|^2\mathrm{d}S=\frac{\varepsilon}{4}\int_S \eta_{\mathrm{TE}}|H_T|^2\mathrm{d}S=\frac{\mu}{4}\frac{\lambda_g^2}{\lambda^2}\int_S |H_T|^2\mathrm{d}S \qquad ①$$

$$W_{\mathrm{mav}}=\frac{\mu}{4}\int_S[|H_T|^2+|H_z|^2]\mathrm{d}S \qquad ②$$

因为

$$H_T=\frac{\mathrm{j}\beta}{k_c^2}\nabla_T H_z$$

故

$$\int_S[|H_T|^2\mathrm{d}S=\frac{\beta^2}{k_c^4}\int_S|\nabla_T H_z|^2\mathrm{d}S$$

在波导横截面内应用平面格林公式

$$\int_S[H_z\nabla_T^2H_z^*+\nabla_T H_z\cdot\nabla_T H_z^*]\mathrm{d}S=_l H_z\frac{\partial H_z^*}{\partial n}\mathrm{d}l$$

其中 S 为波导横截面,l 为其周界。根据边界条件可知在波导壁上$\frac{\partial H_z}{\partial n}=0$,所以上式变为

$$\int_S|\nabla_T H_z|^2\mathrm{d}S=-\int_S H_z\nabla_T^2H_z^*\,\mathrm{d}S$$

又因为$\nabla_T^2H_z^*+k_c^2H_z^*=0$,即$\nabla_T^2H_z^*=-k_c^2H_z^*$,于是又有

$$\int_S|\nabla_T H_z|^2\mathrm{d}S=-\int_S H_z\nabla_T^2H_z^*\,\mathrm{d}S=k_c^2\int_S|H_z|^2\mathrm{d}S$$

由此得

$$\int_S|H_z|^2\mathrm{d}S=\frac{1}{k_c^2}\int_S|\nabla_T H_z|^2\mathrm{d}S=\frac{k_c^2}{\beta^2}\int_S|H_T|^2\mathrm{d}S \qquad ③$$

将③式代入②式,得

$$W_{\mathrm{mav}}=\frac{\mu}{4}\left(1+\frac{k_c^2}{\beta^2}\right)\int_S|H_T|^2\mathrm{d}S=\frac{\mu}{4}\left(\frac{\beta^2+k_c^2}{\beta^2}\right)\int_S|H_T|^2\mathrm{d}S$$

因为 $k^2=\beta^2+k_c^2$,所以

$$W_{\mathrm{mav}}=\frac{\mu}{4}\left(\frac{k}{\beta}\right)^2\int_S|H_T|^2\mathrm{d}S=\frac{\varepsilon}{4}\left(\frac{\lambda_g^2}{\lambda^2}\right)\int_S|H_T|^2\mathrm{d}S$$

与①式比较可得

$$W_{\mathrm{eav}}=W_{\mathrm{mav}}$$

(2) TM 模:

$$W_{\mathrm{mav}}=\frac{\mu}{4}\int_S|H_T|^2\mathrm{d}S=\frac{\mu}{4}\int_S\frac{1}{\eta_{TM}}|E_T|^2\mathrm{d}S=\frac{\varepsilon}{4}\left(\frac{\lambda_g^2}{\lambda^2}\right)\int_S|H_T|^2\mathrm{d}S$$

$$W_{\mathrm{eav}}=\frac{\varepsilon}{4}\int_S[|E_T|^2+|E_z|^2]\mathrm{d}S$$

利用平面格林公式和边界条件(在波导壁上 $E_z=0$),可得

$$\int_S |E_z|^2 \mathrm{d}S = \frac{1}{k_c^2}\int_S |\nabla_T E_z|^2 \mathrm{d}S = \frac{k_c^2}{\beta^2}\int_S |E_T|^2 \mathrm{d}S$$

故

$$W_{\mathrm{eav}} = \frac{\varepsilon}{4}\left(1+\frac{k^2}{\beta^2}\right)\int_S |E_T|^2 \mathrm{d}S = \frac{\varepsilon}{4}\left(\frac{\beta^2+k_c^2}{\beta^2}\right)\int_S |E_T|^2 \mathrm{d}S$$

$$= \frac{\varepsilon}{4}\frac{k^2}{\beta^2}\int_S |E_T|^2 \mathrm{d}S = \frac{\varepsilon}{4}\left(\frac{\lambda^2 g}{\lambda^2}\right)\int_S |E_T|^2 \mathrm{d}S$$

所以
$$W_{\mathrm{eav}} = W_{\mathrm{mav}}$$

方法二：利用场分量的表达式直接计算

(1) TE 模：单位长度存储的电能和磁能的时间平均值分别为

$$W_{\mathrm{eav}} = \int_S \frac{1}{4}\varepsilon E^2 \mathrm{d}S = \frac{\varepsilon}{4}\int_0^a\int_0^b (|E_{0x}|^2 + |E_{0y}|^2)\mathrm{d}x\mathrm{d}y$$

$$= \frac{\varepsilon}{4}\left[\int_0^a \frac{\omega^2\mu^2}{k_c^4}\cdot\frac{n^2\pi^2}{b^2}H_0^2\cos^2\left(\frac{m\pi}{a}x\right)\mathrm{d}x\int_0^b \sin^2\left(\frac{n\pi}{b}y\right)\mathrm{d}y + \right.$$

$$\left.\int_0^a \frac{\omega^2\mu^2}{k_c^4}\cdot\frac{m^2\pi^2}{a^2}H_0^2\sin^2\left(\frac{m\pi}{a}x\right)\mathrm{d}x\int_0^b \sin^2\left(\frac{n\pi}{b}y\right)\mathrm{d}y\right]$$

$$= \frac{\varepsilon}{4}\left[H_0^2\frac{\omega^2\mu^2}{k_c^4}\frac{ab}{4}\left(\frac{m^2\pi^2}{a^2}+\frac{n^2\pi^2}{b^2}\right)\right]$$

$$= \frac{\mu H_0^2 ab}{16}\cdot\frac{\omega^2\mu\varepsilon}{k_c^2}$$

在磁场分量的表达式中，将 γ 用 $\mathrm{j}\beta$ 代替，于是单位长度存储的磁能的时间平均值分别为

$$W_{\mathrm{mav}} = \int_S \frac{1}{4}\mu H^2 \mathrm{d}S = \frac{\mu}{4}\int_0^a\int_0^b (|H_{0x}|^2 + |H_{0y}|^2 + |H_{0z}|^2)\mathrm{d}x\mathrm{d}y$$

$$= \frac{\mu}{4}\left[\frac{\beta^2}{k_c^4}\frac{m^2\pi^2}{a^2}H_0^2\frac{ab}{4} + \frac{\beta^2}{k_c^4}\frac{n^2\pi^2}{b^2}H_0^2\frac{ab}{4} + H_0^2\frac{ab}{4}\right]$$

$$= \frac{\omega H_0^2 ab}{16}\left[\frac{\beta^2}{k_c^4}\left(\frac{m^2\pi^2}{a^2}+\frac{n^2\pi^2}{b^2}\right)+1\right]$$

$$= \frac{\omega H_0^2 ab}{16}\left[\frac{\beta^2+k_c^2}{k_c^2}\right]$$

$$= \frac{\omega H_0^2 ab}{16}\cdot\frac{\omega^2\mu\varepsilon}{k_c^2}$$

所以可以得到
$$W_{\mathrm{eav}} = W_{\mathrm{mav}}$$

(2) TM 模情况完全可以按照 TE 模的证明方法来处理，证得结论。

【例 3.6】 一填充介质的铜制矩形波导传输工作频率为 $f=10$ GHz 的 TE_{10} 模，波导尺寸为 $a=1.5$ cm，$b=0.6$ cm，铜的电导率 $\sigma=1.57\times10^{-4}$ S/m，介质参量为 $\mu_r=1$，$\varepsilon_r=2.25$，损耗正切 $\tan\delta=4\times10^{-4}$，求：

(1) 相位常数 β，波导波长 λ_g，相速度 v_p 和波阻抗 $\eta_{\mathrm{TE}_{10}}$；

(2) 对应于介质损耗和波导壁损耗的衰减常数 α。

解:这是一个波导壁及填充的介质均匀有损耗的波导。但由于在实用波导中介质损耗和波导壁损耗而引起的衰减通常都很小,故研究其中传输模的场分布时可以不考虑它们的效应,而视波导壁为理想导体,视填充的介质为理想介质。据此,在计算题中的传输参数 β,λ_g,v_p 和 $\eta_{\mathrm{TE}_{10}}$ 时可以用理想波导的公式。

(1) 在 $f=10^{10}$ Hz 时,无界介质中的波长

$$\lambda=\frac{1}{\sqrt{\mu\varepsilon}}\Big/f=3\times10^8/\sqrt{2.25}\times10^{10}=0.02\ \mathrm{m}$$

TE_{10}模的截止频率

$$f_c=\frac{k_c}{2\pi\sqrt{\mu\varepsilon}}=\frac{1}{2a\sqrt{\mu_0\varepsilon_0}\sqrt{\varepsilon_r}}=\frac{2\times10^8}{2\times(1.5\times10^{-2})}=0.667\times10^{10}\ \mathrm{Hz}$$

所以

$$\beta=k\sqrt{1-\left(\frac{f_c}{f}\right)^2}=\frac{2\times10^{10}}{2\times10^8}\sqrt{1-0.667^2}=234\ \mathrm{rad/m}$$

$$\lambda_g=\frac{\lambda}{\sqrt{1-\left(\frac{f_c}{f}\right)^2}}=\frac{0.02}{0.745}=2.68\ \mathrm{cm}$$

$$v_p=\frac{v}{\sqrt{1-\left(\frac{f_c}{f}\right)^2}}=\frac{2\times10^8}{0.745}=2.68\times10^8\ \mathrm{m/s}$$

$$\eta_{\mathrm{TE}_{10}}=\frac{\eta}{\sqrt{1-\left(\frac{f_c}{f}\right)^2}}=\frac{377}{0.745\times\sqrt{2.25}}=337.4\ \Omega$$

(2) 计算波导壁损耗的衰减常数时,可不考虑介质损耗,故

$$\alpha_\varepsilon=\frac{R_s}{\eta b\sqrt{1-\left(\frac{f_c}{f}\right)^2}}\left[1+\frac{2b}{a}\left(\frac{f_c}{f}\right)^2\right]$$仍成立。

将 $$R_s=\sqrt{\frac{\pi\mu_c f}{\sigma_c}}=\sqrt{\frac{\pi\times10^{10}\times4\pi\times10^{-7}}{1.57\times10^7}}=0.0501\ \Omega$$

$$\eta=\sqrt{\frac{\mu}{\varepsilon}}=251\ \Omega;b=0.6\times10^{-2}\ \mathrm{m};a=1.5\times10^{-2}\ \mathrm{m}$$

$$\frac{f_c}{f}=0.745$$

代入上式得

$$\alpha_\varepsilon=0.0526\ \mathrm{Np/m}=0.457\ \mathrm{dB/m}$$

为计算介质损耗的衰减常数,首先导出其计算公式(此时不考虑壁损耗)。有耗介质的介电常数为复数 $\varepsilon-\mathrm{j}\,\dfrac{\sigma_d}{\omega}$($\sigma_d$ 为介质的等效电导率),传播常数也是复数 $\gamma=\alpha_d+\mathrm{j}\beta$。在此情况下由式 $k_c^2=\omega^2\mu\varepsilon+\gamma^2=k^2+\gamma^2$ 有

$$\gamma = \alpha_d + j\beta = j(k^2 - k_c^2)^{1/2}$$

$$= j\left[\omega^2\mu\left(\varepsilon - j\frac{\sigma_d}{\omega}\right) - k_c^2\right]^{1/2} = j\left[\omega^2\mu\left(1 - j\frac{\sigma_d}{\omega\varepsilon}\right) - k_c^2\right]^{1/2}$$

$$= j\sqrt{\omega^2\mu\varepsilon - k_c^2}\left[1 - j\omega\mu\sigma_d(\omega^2\mu\varepsilon - k_c^2)^{-1}\right]^{1/2}$$

由于 $\omega\mu\sigma_d \ll \omega^2\mu\varepsilon - k_c^2$，上式中 $[1-j\omega\mu\sigma_d(\omega^2\mu\varepsilon-k_c^2)^{-1}]^{1/2}$ 可按二项式展开，取前两项得

$$\gamma \approx j\sqrt{\omega^2\mu\varepsilon - k_c^2}\{1 - j\omega\mu\sigma_d[\omega^2\mu\varepsilon - k_c^2]^{-1}\}^{1/2} \tag{1}$$

又由 $\omega_c = \dfrac{k_c}{\sqrt{\mu\varepsilon}}$，得 $k_c^2 = \omega^2\mu\varepsilon$，代入(1)式得

$$\gamma = \alpha_d + j\beta = \left\{j\omega\sqrt{\mu\varepsilon}\sqrt{1-\left(\frac{f_c}{f}\right)^2} + \frac{\sigma_d}{2}\sqrt{\mu/\varepsilon}\frac{1}{\sqrt{1-\left(\frac{f_c}{f}\right)^2}}\right\}$$

$$\beta = k\sqrt{1-\left(\frac{f_c}{f}\right)^2}$$

与波导填充理想介质的相移常数相同。而

$$\alpha_d = \frac{\sigma_d}{2}\sqrt{\mu/\varepsilon}\frac{1}{\sqrt{1-\left(\frac{f_c}{f}\right)^2}} \tag{2}$$

(2) 式对波导中 TE 模和 TM 模均适用。

由于损耗角正切 $\tan\delta = \dfrac{\sigma_d}{\omega\varepsilon}$，而 $\tan\delta = 4\times10^{-4}$，所以

$$\sigma_d = \omega\varepsilon \times 4\times10^{-4} = (2\pi\times10^{10})\times\left(\frac{2.25}{36\pi}\times10^{-9}\right)\times4\times10^{-4}$$

$$= 5\times10^{-4}\ \text{S/m}$$

于是

$$\alpha_d = \frac{\sigma_d}{2}\sqrt{\mu/\varepsilon}\frac{1}{\sqrt{1-\left(\frac{f_c}{f}\right)^2}} = \frac{5\times10^{-4}}{2}\times337.4$$

$$= 0.084\ \text{Np/m} = 0.73\ \text{dB/m}$$

$$\alpha = \alpha_\varepsilon + \alpha_d = 0.457 + 0.73 = 1.187\ \text{dB/m}$$

【例 3.7】 证明：内外半径分别为 a 和 b 的同轴线，在传输 TEM 模时，其单位长度的表面电阻为

$$R_s = \frac{1}{2\pi\sigma\delta}\left(\frac{1}{a}+\frac{1}{b}\right)\ \Omega。$$

证明：同轴线单位长度的功率损耗为

$$P_c = \frac{1}{2}R_{s0}\oint_l J_s^2\,dl$$

其中 $R_{s0}=\sqrt{\frac{\omega\mu}{2\sigma}}=\frac{1}{\sigma}\sqrt{\frac{\omega\mu\sigma}{2}}=\frac{1}{\sigma\delta}$表示同轴线内外导体的表面电阻，$J_s$ 为表面电流密度，对于同轴线来说包括内外导体两部分，内导体上 $\boldsymbol{J}_{sa}=\boldsymbol{e}_r\times\boldsymbol{H}|_{r=a}$，外导体上 $\boldsymbol{J}_{sb}=-\boldsymbol{e}_r\times\boldsymbol{H}|_{r=b}$。

同轴线在传输 TEM 模时，电场和磁场表示为

$$H_\varphi=\frac{E_0 a}{\eta r}\mathrm{e}^{-\mathrm{j}\beta z}$$

所以单位长度的损耗功率为

$$\begin{aligned}P_c&=\frac{1}{2}R_{s0}\mid J_{sa}\mid^2 2\pi a+\frac{1}{2}R_{s0}\mid J_{sb}\mid^2 2\pi b\\&=\frac{1}{2}R_{s0}\left(\frac{E_0 a}{\eta a}\right)^2 2\pi a+\frac{1}{2}R_{s0}\left(\frac{E_0 a}{\eta b}\right)2\pi b\\&=\frac{1}{2}R_{s0}\left(\frac{E_0 a}{\eta a}2\pi a\right)^2\frac{1}{2\pi a}+\frac{1}{2}R_{s0}\left(\frac{E_0 a}{\eta b}2\pi b\right)^2\frac{1}{2\pi b}\end{aligned}$$

因为内外导体上的表面电流总和相等，即

$$\frac{E_0 a}{\eta a}2\pi a=\frac{E_0 a}{\eta b}2\pi b=\frac{2\pi a E_0}{\eta}=I$$

所以
$$P_c=\frac{1}{2}I^2\left[\frac{1}{2\pi\sigma\delta}\left(\frac{1}{a}+\frac{1}{b}\right)\right]$$

从上式可以看出同轴线单位长度的表面电阻为

$$R_s=\frac{1}{2\pi\sigma\delta}\left(\frac{1}{a}+\frac{1}{b}\right)\Omega$$

【例 3.8】（北京理工大学 2003 年考研真题）在尺寸为 $a\times b=25\times12\ \mathrm{mm}^2$ 的真空矩形波导管中传输 TE_{10} 波，工作频率为 10^{10} Hz，求：

(1) 截止波长、波导波长和波阻抗；

(2) 若波导宽边尺寸增加 20%，上述各参数将如何变化？

(3) 若波导内填充 $\mu_r=1$、$\varepsilon_r=4$ 的电介质，此时实现单模传输的工作频率范围是多少？

解：(1) $\lambda_{10}=2a=50$ mm，$\lambda_{g\mathrm{TE}_{10}}=37.5$ mm，$Z_{\mathrm{TE}_{10}}=150\pi$

(2) $\lambda_{10}=60$ mm，$\lambda_{g\mathrm{TE}_{10}}=34.64$ mm，$Z_{\mathrm{TE}_{10}}=138.56\pi$

(3) 单模传输的工作频率范围是 3 GHz～6 GHz。

3.3　课后习题解答

【3.1】 用 BJ-100 型矩形波导（$a\times b=22.6\times10.16\ \mathrm{mm}^2$）传输 TE_{10} 波，终端负载与波导不匹配，测得波导中相邻两个电场波节点之间的距离为 19.88 mm，求工作波长 λ。

解：根据题意可得：$\lambda_p = 2\times19.88 = 39.76$ mm

$$\lambda_p = \frac{\lambda}{\sqrt{1-\left(\frac{\lambda}{\lambda_c}\right)^2}}$$

把 $\lambda_c = 2a = 2\times22.6 = 45.2$ mm 代入可得工作波长为：

$$\lambda = 3\ \text{cm}$$

【3.2】 BJ-100 型矩形波导填充相对介电常数 $\varepsilon_r = 2.1$ 的介质，信号频率为 $f = 10\,000$ MHz，求 TE_{10} 波的相波长 λ_p 和相速度 v_p。

解：

$$f_0 = 10^{10}\ \text{Hz}\quad \lambda = \frac{v}{f_0} = \frac{2.07\times10^8}{10^{10}} = 2.07\times10^{-2}\ \text{m/s}$$

$$\lambda_p = \frac{\lambda}{\sqrt{1-\left(\frac{\lambda}{\lambda_c}\right)^2}}\quad v_p = \frac{v}{\sqrt{1-\left(\frac{\lambda}{\lambda_c}\right)^2}}\quad v = \frac{c}{\sqrt{\varepsilon_r}} = \frac{3\times10^8}{\sqrt{21}} = 2.07\times10^8$$

$$\lambda_c = 2a = 2\times22.6\ \text{mm} = 45.2\ \text{mm} = 4.52\ \text{cm}$$

$$\lambda_p = \frac{2.07\times10^{-2}}{\sqrt{1-\left(\frac{2.07\times10^{-2}}{4.52\times10^{-2}}\right)^2}} = 2.33\ \text{cm}$$

$$v_p = \frac{2.07\times10^{8}}{\sqrt{1-\left(\frac{2.07\times10^{-2}}{4.52\times10^{-2}}\right)^2}} = 2.33\times10^8\ \text{m/s}$$

【3.3】 用 BJ-32 型矩形波导($a\times b = 72.14\ \text{mm}\times34.04\ \text{mm}$)作馈线，试问：(1) 当工作波长为 6 cm 时，波导中能传输哪些模式？(2) 在传输 TE_{10} 模的矩形波导中，测得相邻两波节点的距离为 10.9 cm，求 λ_0 及 λ_p；(3) 当波导中传输工作波长为 $\lambda_0 = 10$ cm 的 TE_{10} 模时，求 λ_c、λ_p 及 v_g。

解法：(1)

$\lambda = 6\ \text{cm} = 60\ \text{mm}$

$$\lambda_c = \frac{2}{\sqrt{\left(\frac{m}{a}\right)^2+\left(\frac{n}{b}\right)^2}}$$

$\therefore \lambda_{c(10)} = 2a = 2\times72.14\ \text{mm} = 14.428\ \text{cm}$

$\lambda_{c(01)} = 2b = 2\times34.04\ \text{mm} = 6.804\ \text{cm}$

$\lambda_{c(20)} = a = 7.214\ \text{cm}$

$$\lambda_{c(11)} = \frac{2}{\sqrt{\left(\frac{1}{a}\right)^2+\left(\frac{1}{b}\right)^2}} = \frac{2}{\sqrt{\frac{1}{(7.214)^2}+\frac{1}{(3.404)^2}}} = 6.16\ \text{cm}$$

$$\lambda_{c(21)} = \frac{1}{\sqrt{\left(\frac{2}{a}\right)^2+\left(\frac{1}{b}\right)^2}} = \frac{2}{\sqrt{\left(\frac{2}{7.214}\right)^2+\frac{1}{(3.404)^2}}} = 4.95\ \text{cm}$$

$$\lambda_{c(30)}=\frac{2}{\sqrt{\left(\frac{3}{a}\right)^2}}=\frac{2}{3}a=4.8\ \text{cm}$$

由 $\lambda<\lambda_c$ 可知，当工作波长为 6 cm 时，波导中能传输 TE_{10}、TE_{01}、TE_{20}、TE_{11}、TM_{11}

(2) $\frac{\lambda_p}{2}=10.9\quad \lambda_p=21.8\ \text{cm}$

$$\because \lambda_p=\frac{\lambda_0}{\sqrt{1-\left(\frac{\lambda_0}{\lambda_c}\right)^2}}$$

$$\lambda_0=\frac{\lambda_p}{\sqrt{1+\left(\frac{\lambda_p}{\lambda_c}\right)^2}}=\frac{21.8}{\sqrt{1+\left(\frac{21.8}{14.428}\right)^2}}=12.03\ \text{cm}$$

(3) $\lambda_0=10\ \text{cm}$

$\lambda_{c(10)}=2a=14.428\ \text{cm}$

$$\lambda_p=\frac{\lambda_0}{\sqrt{1-\left(\frac{\lambda_0}{\lambda_c}\right)^2}}=\frac{10}{\sqrt{1-\left(\frac{10}{14.428}\right)^2}}=13.87\ \text{cm}$$

$$v_g=v_0\sqrt{1-\left(\frac{\lambda_0}{\lambda_c}\right)^2}=3\times10^8\sqrt{1-\left(\frac{10}{14.428}\right)^2}=2.16\times10^8\ \text{m/s}$$

【3.4】 有一无限长的矩形波导，在 $z\geqslant0$ 处填充相对介电常数为 ε_r 的介质，其中 TE_{10} 波的波阻抗用 Z_{02} 表示，相波长为 λ_{p2}；在 $z<0$ 的区域填充媒质为空气，其中 TE_{10} 波的波阻抗用 Z_{01} 表示，相波长为 λ_{p1}，电磁波由 $z<0$ 的区域引入，试证明 $Z_{02}/Z_{01}=\lambda_{p2}/\lambda_{p1}$。

证明：假设波导中 TE_{10} 波的截止波长为 λ_c，则

在 $z\geqslant0$ 区域，由于填充介质，则波阻抗和相波长分别为：

$$Z_{02}=\frac{\eta}{\sqrt{1-(\frac{\lambda_2}{\lambda_c})^2}}=\frac{\eta_0/\sqrt{\varepsilon_r}}{\sqrt{1-(\frac{\lambda_2}{\lambda_c})^2}}$$

$$\lambda_{p2}=\frac{\lambda}{\sqrt{1-(\frac{\lambda_2}{\lambda_c})^2}}=\frac{\lambda_0/\sqrt{\varepsilon_r}}{\sqrt{1-(\frac{\lambda_2}{\lambda_c})^2}}$$

在 $z<0$ 区域，波阻抗和相波长分别为：

$$Z_{01}=\frac{\eta_0}{\sqrt{1-(\frac{\lambda_1}{\lambda_c})^2}}$$

$$\lambda_{p1}=\frac{\lambda_0}{\sqrt{1-(\frac{\lambda_1}{\lambda_c})^2}}$$

比较上式，可得

$$Z_{02}/Z_{01} = \lambda_{p2}/\lambda_{p1}$$

证毕。

【3.5】 媒质为空气的同轴线外导体内直径 $D=7$ mm，内导体直径 $d=3.04$ mm，要求同轴线只传输 TEM 波，问电磁波的最短工作波长为多少？

解：同轴线中仅传输 TEM 波，工作波长必须满足：

$$\lambda > \pi(a+b)$$

由于 $a=\frac{d}{2}=1.52$ mm，$b=\frac{D}{2}=3.5$ mm，则最短工作波长为：

$$\lambda_{\min} = \pi(a+b) = 15.76 \text{ mm}$$

【3.6】 已知带状线尺寸 $b=2$ mm、$t=0.1$ mm、$w=1.4$ mm，介质的 $\varepsilon_r=2.1$，求带状线的特性阻抗 Z_0 及传输 TEM 容许的最高信号频率。

解：由题意可得：$w/b=0.7$，$t/b=0.05$，查带状线特性阻抗与尺寸关系曲线（参见《微波技术》教材第 78 页图 3.33），可得：

$Z_0\sqrt{\varepsilon_r}=77\ \Omega$ 即：$Z_0=53.14\ \Omega$

由于带状线传输 TEM 模尺寸满足关系：

$\lambda>2w\sqrt{\varepsilon_r}$ 且 $\lambda>2b\sqrt{\varepsilon_r}$

因此最短工作波长为：$\lambda_{\min}=2b\sqrt{\varepsilon_r}=5.8$ mm

容许的最高信号频率为：$f_{\max}=\dfrac{c}{\lambda_{\min}}=\dfrac{3\times10^8}{5.8\times10^{-3}}=5.17$ GHz

【3.7】 要求微带线特性阻抗 $Z_0=75\ \Omega$，介质的 $\varepsilon_r=9$，基片厚度 $h=0.8$ mm，求微带线的宽度 w。

解：由于 $Z_0=75\ \Omega>(44-\varepsilon_r)\Omega$ $\varepsilon_r=9$ 属于窄带情况，

$$\frac{w}{h} = \left(\frac{e^{H'}}{8}-\frac{1}{4e^{H'}}\right)^{-1}$$

式中 $$H'=\frac{Z_0\sqrt{2(\varepsilon_r+1)}}{119.9}+\frac{1}{2}\left(\frac{\varepsilon_r-1}{\varepsilon_r+1}\right)\left(\ln\frac{\pi}{2}+\frac{1}{\varepsilon_r}\ln\frac{4}{\pi}\right)$$

即用公式法可求得

$H'=2.9888$，代入上式，则

$\dfrac{w}{h}=(2.4828-0.01259)^{-1}=0.4048$

所以 $w=0.32$ mm

【3.8】 已知工作波长 $\lambda_0=8$ mm，采用矩形波导尺寸 $a\times b=7.112\text{ mm}\times3.556$ mm 的 TE_{10} 模传输，现转换到圆波导 TE_{01} 模传输，要求两波导中相速度相等，问圆波导直径 D 为多少？

解：工作波长为 8 mm 时，显然矩形波导中只能传输 TE_{10} 模，此时

$$\lambda_c = 2a = 14.224 \text{ mm}$$

其相速度为
$$v_p = \frac{\omega}{\beta} = \frac{\omega}{\sqrt{k^2 - k_c^2}}$$

圆波导 TE_{01} 模截止波长为

$$\lambda'_{cTE_{01}} = \frac{2\pi a}{P'_{mn}} = \frac{2\pi a}{3.832} = 1.64a$$

（其中P'_{mn}为 TE 波第一类贝塞尔函数的一阶导数根，查表可得。参见《微波技术》教材第 72 页），

其相速度为
$$v'_p = \frac{\omega}{\beta'} = \frac{\omega}{\sqrt{k^2 - k'^2_c}}$$

欲使两者相速度相等，即 $\beta = \beta'$，则 $\lambda_c = \lambda'_{cTE_{01}} = 14.224$ mm

可解得：$a = 8.6742$ mm

圆波导直径 $D = 2a = 17.35$ mm。

【3.9】 当矩形波导工作在 TE_{10} 模时，试问图上哪些缝会影响波的传输？

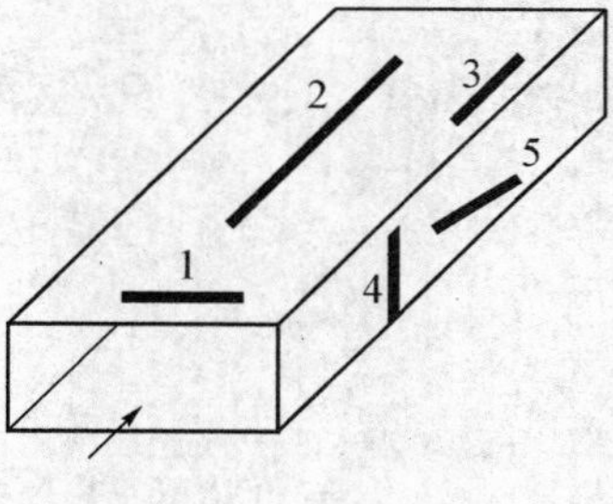

解：1、3、5 会影响波的传输。

因为当波导工作在 TE_{10} 模式时，在 $x=0, 0\leqslant y\leqslant b$ 和 $x=a, 0\leqslant y\leqslant b$ 的管壁上，管壁电流只为 y 分量，在 $y=0, 0\leqslant x\leqslant a$ 和 $y=b, 0\leqslant x\leqslant a$ 的管壁，管壁电流有 x 方向，z 方向，且管壁电流在 $x=\frac{a}{2}$ 处只有纵向电流。

【拓展训练】

3－1　空气填充圆波导内半径 $R=3$ cm，求 TE_{01}，TE_{11}，TM_{01} 和 TM_{11} 的截止波长。

3－2　某通讯机工作频率 $f=5\,000$ MHz，用圆波导传输模，选取 $y_{1c}=0.8$，试计算圆波导的直径，波导波长，相速和群速。

3－3　若同轴线空气填充，内导体外半径 $a=5$ cm，外导体半径 $b=5.6a$，求只传输 TEM 波型时，最短的工作波长 λ_{min}。

3－4　已知带状线两接地板间距离 $b=10$ mm，中心导带宽度 $W=2$ mm，厚度 $t=$

0.5 mm，填充介质 $e_r=2.25$，求带状线的特性阻抗。

3—5　当波的工作频率接近矩形波导的截止频率时将出现极大的衰减，故通常取工作频率的下限等于截止频率的 1.25 倍。设工作频率范围是 4.8 GHz～7.2 GHz，需在矩形波导中实现单模传输，试求：

(1) 矩形波导的尺寸；

(2) $\lambda=5$ cm 的波在此波导中传输时的相位常数 β、波导波长 λ_p 和相速 v_p；

(3) 若 $f=10$ GHz，此波导中可能存在的波型有哪些？

4 微波网络

4.1 基本内容概述

1. 研究微波网络首先必须确定微波网络的参考面，参考面选择应注意两点：参考面应选在远离场不均匀性区域；参考面必须与波传输方向垂直，使场的横向分量与参考面共面以使与之对应的参考面上的电压、电流有明确定义。此外规定：参考面上进入网络方向的电流为正向电流，离开网络方向的电流为反向电流。

2. 根据微波电路端口数目的不同，可分为单端口、二端口、三端口、…、n 端口网络，二端口微波网络是最基本的。表征微波网络的参量有两类：第一类是反映网络参考面上的电压与电流之间关系的，如阻抗参量、导纳参量、转移参量矩阵；第二类是反映参考面上入射波电压与反射波电压之间关系的，如散射参量、传输参量矩阵。以二端口为例，重点介绍其工作特性参量及相互转换。

3. 基本电路单元的网络参量见附录一。

4. 常用的微波网络包括可逆网络、对称网络和无耗网络。

5. 微波网络的信号流图概念及应用如表 4.1 所示。

表 4.1　微波基本电路的信号流图

名称	基本电路	信号流图
无耗传输线段	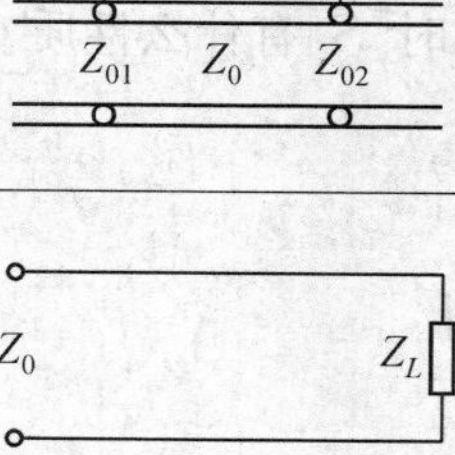	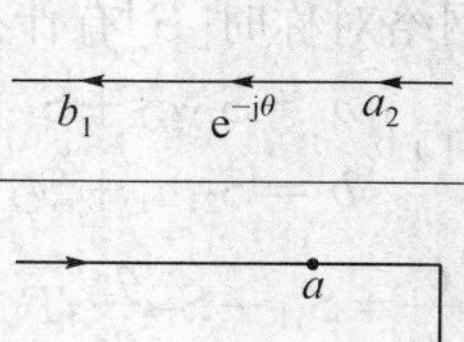
终端负载		

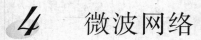

续表 4.1

名称	基本电路	信号流图
并联导纳	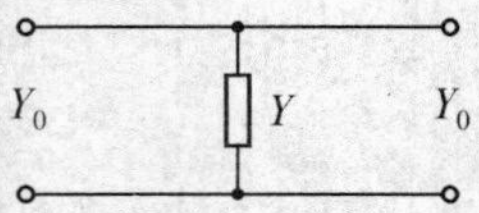	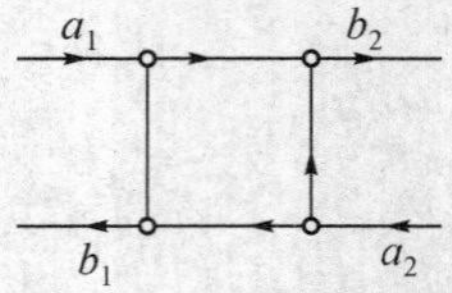
串联阻抗	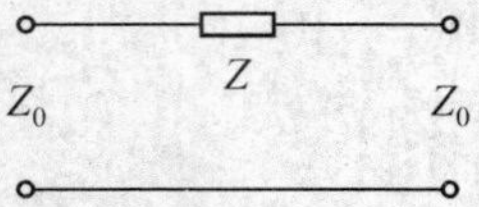	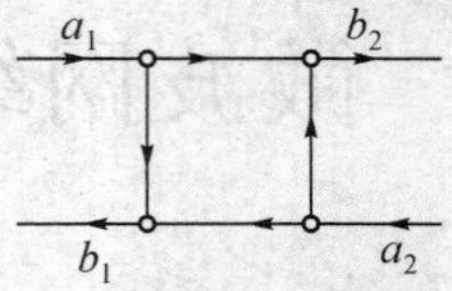

6. 微波元件的性能可用网络的工作特性参量来描述，即

电压传输系数 $T=S_{21}$

插入相移 $\theta=\arc T=\arc S_{21}=\varphi_{21}$

输入驻波比 $\rho=\dfrac{1+|S_{11}|}{1-|S_{11}|}$

插入衰减 $L=\dfrac{1}{|S_{21}|^2}$

4.2 典型例题解析

【例 4.1】 （西安电子科技大学 2009 年考研真题）已知双端口网络的散射参数

$$[S]=\begin{bmatrix} S_{11} & S_{12} \\ S_{21} & S_{22} \end{bmatrix}$$

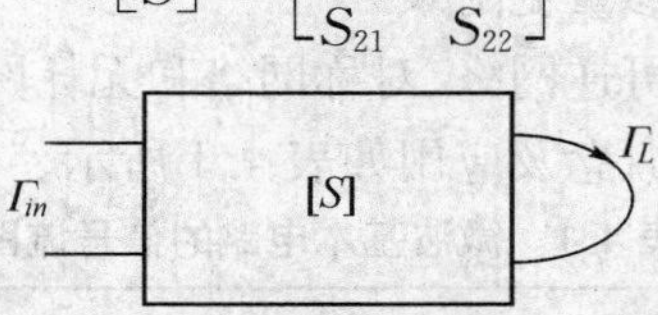

例 4.1 图

(1) 已知负载反射 Γ_L 和$[S]$，写出输入反射 Γ_{in}；

(2)网络对称时$[S]$有什么性质？网络互易时$[S]$有什么性质？

解：(1) $\begin{cases} b_1=S_{11}a_1+S_{12}a_2 \\ b_2=S_{21}a_1+S_{22}a_2 \end{cases}$

$\Gamma_{in}=\dfrac{b_1}{a_1}=S_{11}+S_{12}\dfrac{a_2}{a_1}$，$\Gamma_L=\dfrac{a_2}{b_2}$代入第二式得

$\dfrac{a_2}{a_1}=\dfrac{S_{21}\Gamma_L}{1-S_{22}\Gamma_L}$

$\therefore \Gamma_{in}=\dfrac{b_1}{a_1}=S_{11}+\dfrac{S_{12}S_{21}\Gamma_L}{1-S_{22}\Gamma_L}$

(2) 对于无耗网络,对称时 $S_{11}=S_{22}$;互易时 $S_{12}=S_{21}$

【例 4.2】 (西安电子科技大学 2006 年考研真题)如果一个双口元件的 S 矩阵可以写为$\begin{bmatrix}0 & 0\\1 & 0\end{bmatrix}$,试分析这可能是什么元件?

解:$\because S_{12}\neq S_{21}$,非对称矩阵,$\therefore$为非互易网络;

$\because S_{11}=S_{22}=0$,$\therefore$双端口均匹配;

$\because S_{21}=1,S_{12}=0$,$\therefore$1 口可以向 2 口传输,反则隔离。该双口元件是一隔离器。

【例 4.3】 (西安电子科技大学 2006 年考研真题)微带线的直角拐角的等效电路图如下图所示。如果设归一化的 $X=2,B=1$,试求其二端口接匹配负载时的一端口反射系数,对应的驻波比和归一化输入阻抗。

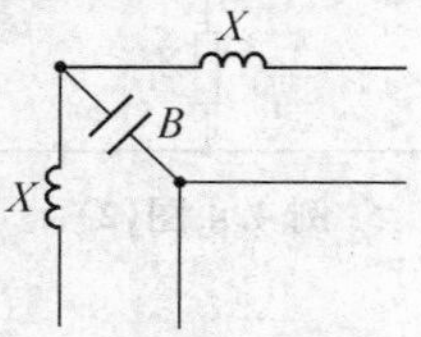

例 4.2 图

解:由[A]参数的级联性可得

$$\mathbf{A}=\begin{bmatrix}1 & jX\\0 & 1\end{bmatrix}\begin{bmatrix}1 & 0\\jB & 1\end{bmatrix}\begin{bmatrix}1 & jX\\0 & 1\end{bmatrix}=\begin{bmatrix}-1 & 0\\j & -1\end{bmatrix}$$

再由[A]参数与[S]参数的关系可得

$$[S]=\frac{1}{j-2}\begin{bmatrix}-j & 2\\2 & -j\end{bmatrix}$$

$\because \Gamma_{in}=S_{11}+\dfrac{S_{12}S_{21}\Gamma_L}{1-S_{22}\Gamma_L}$,

$\therefore$当 2 端口匹配,即 $\Gamma_L=0$ 时,$\Gamma_{in}=S_{11}=\dfrac{2j-1}{5}$

$\because |\Gamma_L|=\dfrac{1}{\sqrt{5}}$,

$\therefore \rho_{in}=\dfrac{1+|\Gamma_{in}|}{1-|\Gamma_{in}|}=\dfrac{3+\sqrt{5}}{2}$

$\because \begin{bmatrix}U_1\\I_1\end{bmatrix}=[A]\begin{bmatrix}U_2\\I_2\end{bmatrix}$,

$\therefore$归一化输入阻抗 $\tilde{Z}_{in}=\dfrac{U_1}{I_1}=\dfrac{A_{11}U_2+A_{12}I_2}{A_{21}U_2+A_{22}I_2}=\dfrac{A_{11}\tilde{Z}_L+A_{12}}{A_{21}\tilde{Z}_L+A_{22}}=\dfrac{1+j}{2}$

【例 4.4】 （西安电子科技大学 2006 年考研真题）已知天线 1 和天线 2 的自阻抗和互阻抗分别为 Z_{11}、Z_{22}、Z_{12}，求天线 2 短路时，天线 1 的输入阻抗。

解：∵ $\begin{cases} U_1 = Z_{11}I_1 + Z_{12}I_2 \\ U_2 = Z_{21}I_1 + Z_{22}I_2 \end{cases} \Rightarrow \begin{bmatrix} U_1 \\ U_2 \end{bmatrix} = \begin{bmatrix} Z_{11} & Z_{12} \\ Z_{21} & Z_{22} \end{bmatrix} \begin{bmatrix} I_1 \\ I_2 \end{bmatrix}$，其中 $Z_{12} = Z_{21}$

∴可将[Z]参数矩阵等效为如下电路：

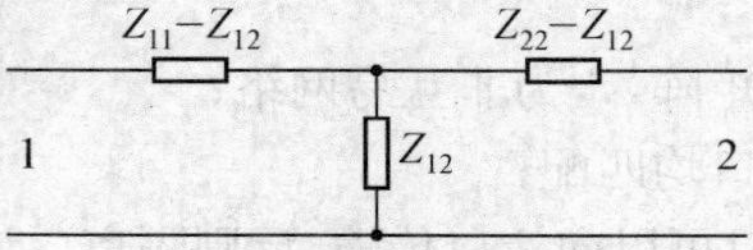

例 4.4 图(1)

当天线 2 短路即等效电路 2 端口短路时，电路等效为：

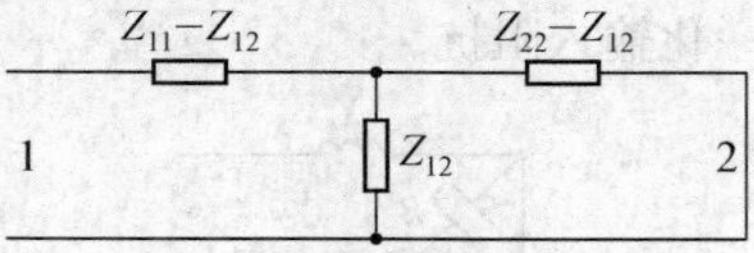

例 4.4 图(2)

∴1 端口的输入阻抗为：

$$Z_{in} = (Z_{11} - Z_{12}) + Z_{12} \,//\, (Z_{22} - Z_{12}) = Z_{11} - \frac{Z_{12}{}^2}{Z_{22}}$$

【例 4.5】 （西安电子科技大学 2005 年考研真题）一个三口元件，其 S 参数矩阵为 $\begin{bmatrix} 0 & 1 & 0 \\ 0 & 0 & 1 \\ 1 & 0 & 0 \end{bmatrix}$。试分析其工作特性。

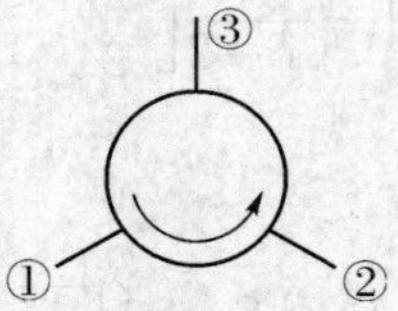

例 4.5 图

解：∵ $S_{11} = S_{22} = S_{33} = 0$，∴三端口均匹配；

∵ $S_{12} = 1$，∴2 端口可以向 1 端口传输；

∵ $S_{23} = 1$，∴3 端口可以向 2 端口传输；

∵ $S_{31} = 1$，∴1 端口可以向 3 端口传输；

∴该网络是三端口顺时针环形器，逆时针隔离器。

【例 4.6】 （北京理工大学 2008 年考研真题）已知魔 T 结构如下图所示，其散射矩阵[S]为：

$$[S]=\frac{1}{\sqrt{2}}\begin{bmatrix}0&0&1&1\\0&0&-1&1\\1&-1&0&0\\1&1&0&0\end{bmatrix}。$$

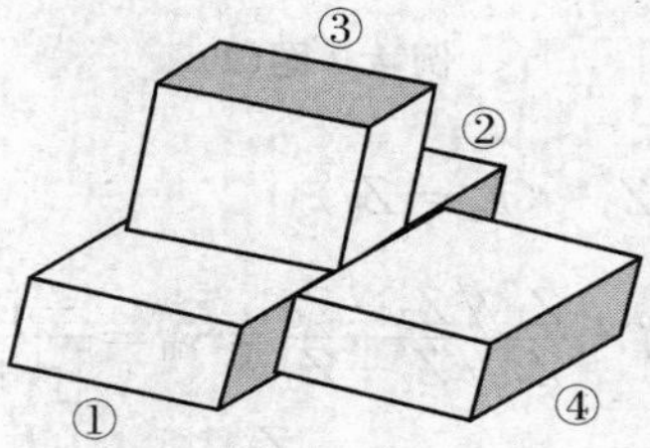

例 4.6 图

(1) 试根据[S]叙述魔 T 的基本特点；

(2) 若魔 T 在②,③,④端口匹配,①端口入射波 $a_1=1$。试求②,③,④端口的散射波 b_2,b_3,b_4。

解:(1) 因为 $S_{11}=S_{22}=S_{33}=S_{44}=0$

所以网络对称,四个端口完全匹配;

因为 $S_{ij}=S_{ji}$,所以网络互易;

又因为 $|S_{13}|=|S_{14}|=|S_{23}|=|S_{24}|=|S_{33}|=|S_{32}|=|S_{41}|=|S_{42}|$

所以网络邻口平分功率,对口隔离。

(2) 因为 $a_1=1$

$$\therefore\begin{bmatrix}b_1\\b_2\\b_3\\b_4\end{bmatrix}=\frac{1}{\sqrt{2}}\begin{bmatrix}0&0&1&1\\0&0&-1&1\\1&-1&0&0\\1&1&0&0\end{bmatrix}\cdot\begin{bmatrix}1\\0\\0\\0\end{bmatrix}=\frac{1}{\sqrt{2}}\begin{bmatrix}0\\0\\1\\1\end{bmatrix}$$

【例 4.7】 (北京理工大学 2004 年考研真题)微波等效电路如图所示。当端口"2"接匹配负载时,测得端口"1"的输入反射系数 $\Gamma_1=\frac{-j}{1+j}$,求:此网络的散射参数 S_{11} 和 S_{22}。

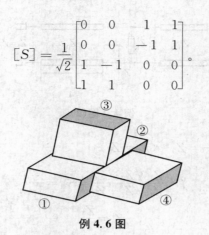

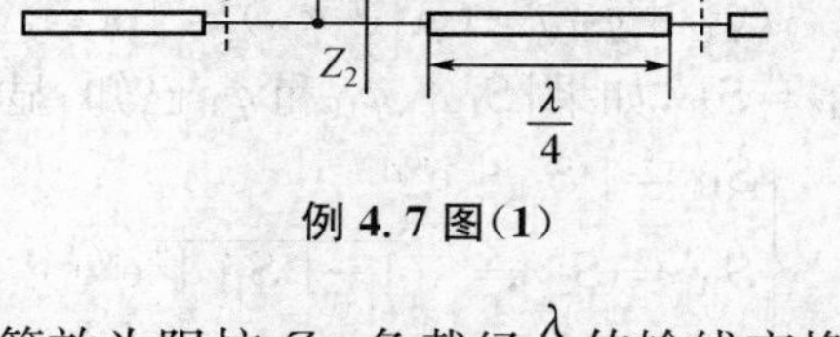

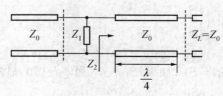

例 4.7 图(1)

解:将题中方框部分等效为阻抗 Z_1,负载经$\frac{\lambda}{4}$传输线变换为 Z_2,如下图。

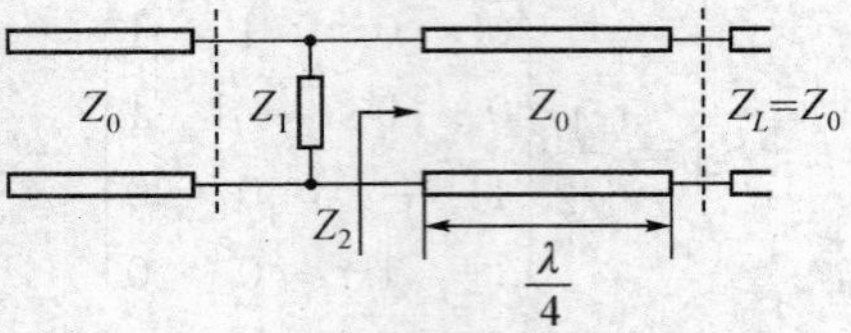

例 4.7 图(2)

$$Z_2=Z_0\ \frac{Z_L+jZ_0\tan90^\circ}{Z_0+jZ_L\tan90^\circ}=Z_0\quad (Z_L=Z_0)$$

因为
$$\Gamma=\frac{Z_1/\!/Z_2-Z_0}{Z_1/\!/Z_2+Z_0}=S_{11}=\frac{-j}{1+j}$$

所以
$$Z_1=\frac{Z_0}{2j}$$

所以归一化
$$[\widetilde{A}]=\begin{bmatrix}1 & 0\\ 2j & 1\end{bmatrix}\begin{bmatrix}0 & j\\ j & 0\end{bmatrix}=\begin{bmatrix}0 & j\\ j & -2\end{bmatrix}$$

由$[S]$参数与$[A]$参数的关系可得

$$[S]=\frac{1}{j-1}\begin{bmatrix}1 & 1\\ 1 & -1\end{bmatrix}$$

所以
$$S_{11}=\frac{1}{j-1},S_{22}=\frac{1}{1-j}$$

注意:$[A]$参数必须归一化后才能用来求$[S]$参数矩阵。$[A]$参数具有级联性,常见的级联串并联子电路的$[A]$参数需要熟记。

【例 4.8】 证明:当无耗互易二端口网络的$|S_{11}|$、φ_{11}和φ_{12}确定后,网络的所有散射参数就完全确定了(其中φ_{11}和φ_{12}分别是S_{11}和S_{12}的相角)。

证明:由二端口网络无耗条件$S^*S=I$,

$$\begin{bmatrix}S_{11}^* & S_{21}^*\\ S_{12}^* & S_{22}^*\end{bmatrix}\begin{bmatrix}S_{11} & S_{12}\\ S_{21} & S_{22}\end{bmatrix}=\begin{bmatrix}1 & 0\\ 0 & 1\end{bmatrix}$$

得到
$$\begin{cases}|S_{11}|^2+|S_{21}|^2=1\\ |S_{22}|^2+|S_{12}|^2=1\\ S_{11}^*S_{12}+S_{21}^*S_{22}=0\end{cases}$$

即
$$\begin{cases}|S_{11}|=|S_{22}|\\ |S_{12}|=|S_{21}|\\ (\varphi_{12}+\varphi_{21})-(\varphi_{11}+\varphi_{22})=\pm\pi\end{cases}$$

再注意到互易条件$S_{12}=S_{21}$,如果$|S_{11}|$、φ_{11}和φ_{21}已知,显然

$$\begin{cases}S_{11}=|\ S_{11}\ |\ e^{j\varphi_{11}}\\ S_{12}=S_{21}=\sqrt{1-|\ S_{11}\ |^2}e^{j\varphi_{21}}\\ S_{22}=-|\ S_{11}\ |\ e^{j(2\varphi_{21}-\varphi_{11})}\end{cases}$$

证毕。

【例 4.9】　试画出如图(例 4.9 图(a))所示 Y 形结环形器的信号流图,试用简化法则与流图公式分别求 a_1 到 b_3 的传输量(端口②接 Γ_L 负载,端口③接匹配负载),Y 形结环形器的 S 为

$$\boldsymbol{S}=\begin{bmatrix}\alpha & \gamma & \beta\\ \beta & \alpha & \gamma\\ \gamma & \beta & \alpha\end{bmatrix}$$

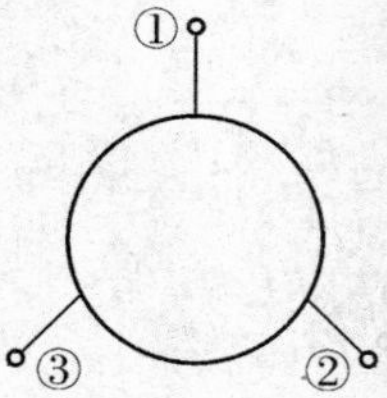

例 4.9 图(a)

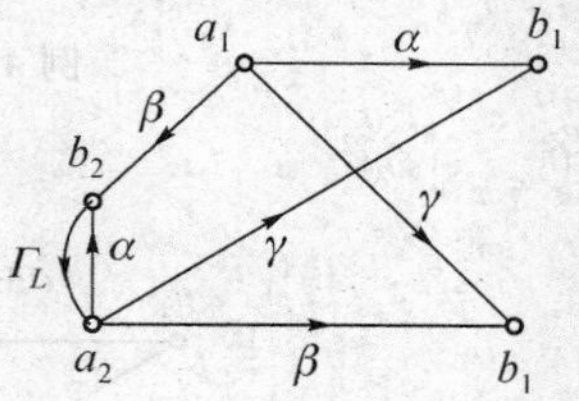

例 4.9 图(b)

解:(1) 建立信号流图

当端口②接 Γ_L 负载,即 $a_2/b_2=\Gamma_L$,端口③接匹配负载,即 $a_3=0$,此时的信号流图如例 4.9 图(b)所示。

(2) 利用简化法则,求 a_1 到 b_3 的传输量

利用节点吸收法则,消除节点 b_3,有

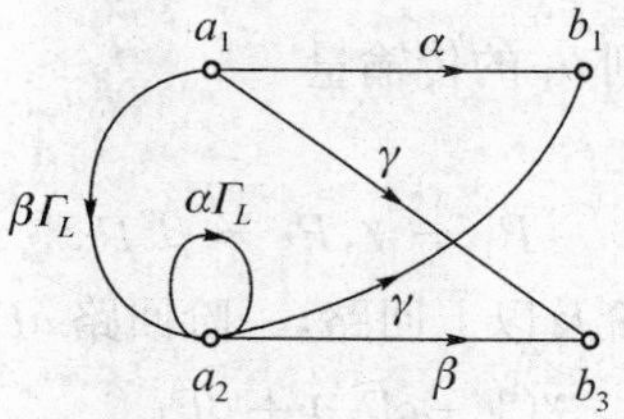

例 4.9 图(c)

消除自环 $\alpha\Gamma_L$

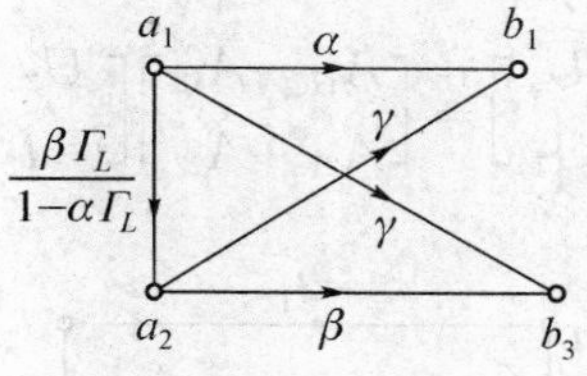

例 4.9 图(d)

吸收 a_2

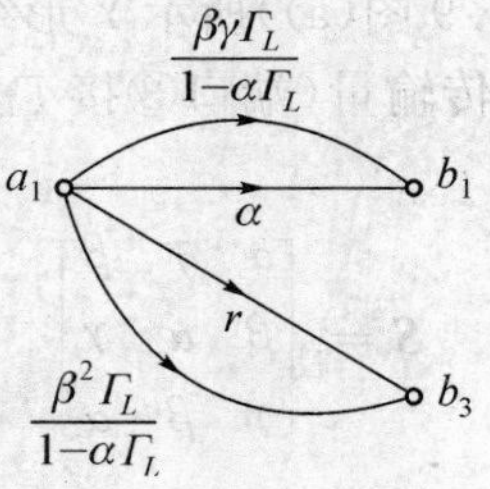

例 4.9 图(e)

合并并联支路

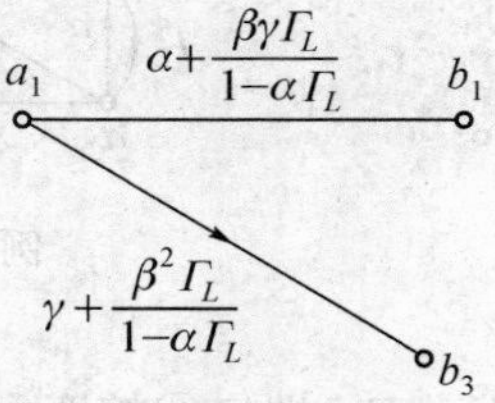

例 4.9 图(f)

所以,a_1 到 b_3 的传输量为

$$\frac{b_3}{a_1}=\gamma+\frac{\beta^2\Gamma_L}{1-\alpha\Gamma_L}$$

(3) 利用流图公式求 a_1 到 b_3 的传输量

a_1 到 b_3 的通路有两条:

$$P_1=\gamma, P_2=\beta^2\Gamma_L$$

只有一阶回路 $\alpha\Gamma_L$,无二阶及以上回路,一阶回路 $\alpha\Gamma_L$ 与 P_2 接触,故传输量

$$T=\frac{b_3}{a_1}=\frac{\gamma(1-\alpha\Gamma_L)+\beta\Gamma_L}{1-\alpha\Gamma_L}=\gamma+\frac{\beta^2\Gamma_L}{1-\alpha\Gamma_L}$$

【例 4.10】 利用信号流图,由二端口网络的 A 矩阵,求其导纳矩阵。

解:二端口网络的 A 方程为

$$\begin{bmatrix}U_1\\I_1\end{bmatrix}=\begin{bmatrix}A_{11} & A_{12}\\A_{21} & A_{22}\end{bmatrix}\begin{bmatrix}U_2\\-I_2\end{bmatrix}$$

故其信号流图为

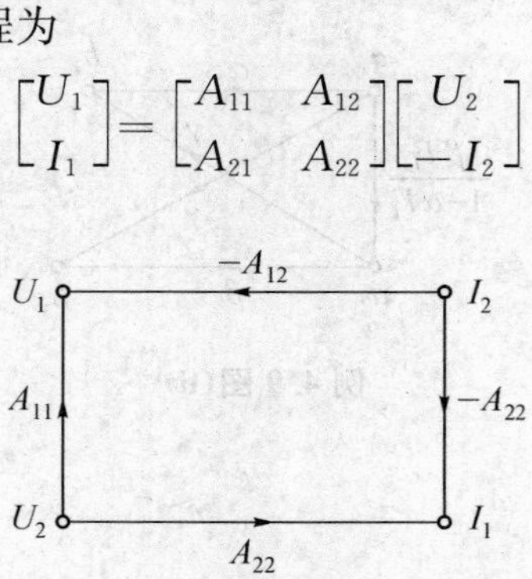

例 4.10 图(a)

为了求出 Y，即

$\begin{bmatrix} I_1 \\ I_2 \end{bmatrix}=Y\begin{bmatrix} U_1 \\ U_2 \end{bmatrix}$，需将由源点出发的 $-A_{12}$ 支路逆转，得

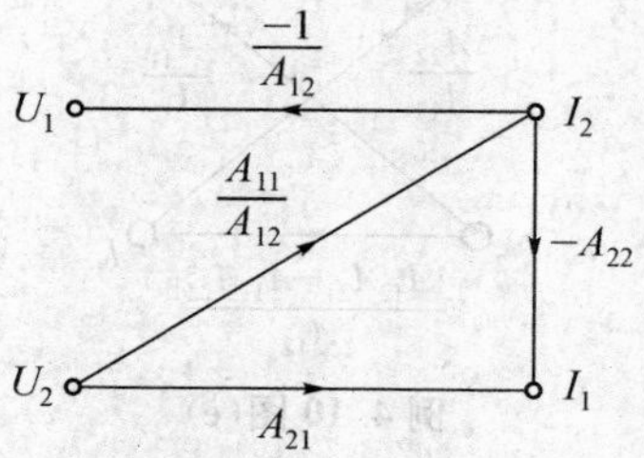

例 4.10 图(b)

引进辅助支线 $I_2=I_2$，变化图形

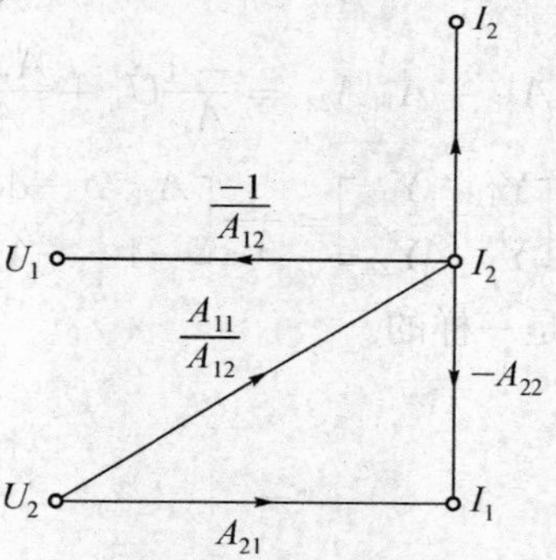

例 4.10 图(c)

吸收(消除)一般节点 I_2，得

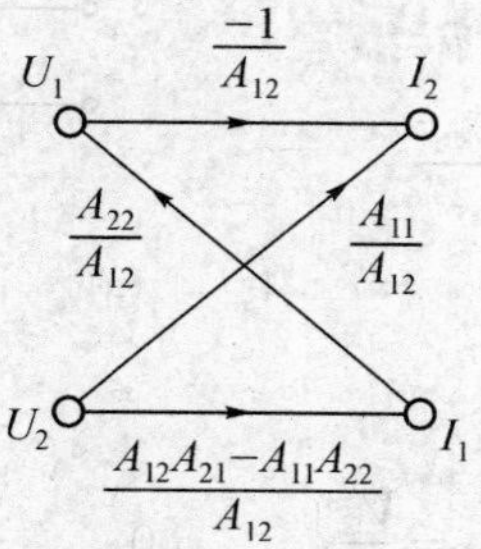

例 4.10 图(d)

合并并联支路

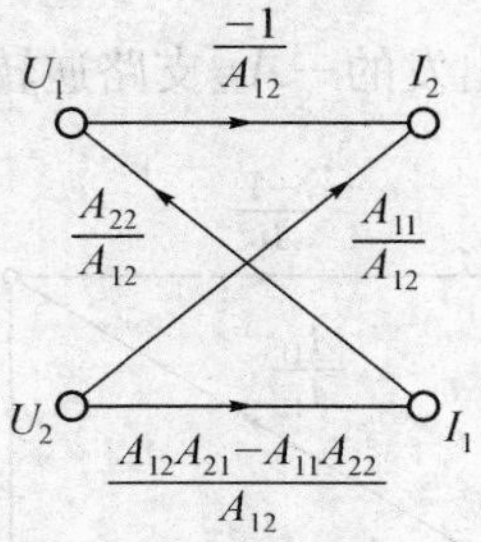

例 4.10 图(e)

由图得

$$I_1=\frac{A_{22}U_1}{A_{12}}+\frac{A_{12}A_{21}-A_{11}A_{22}}{A_{12}}U_2=\frac{A_{22}U_1}{A_{12}}-\frac{\det U_2}{A_{12}}$$

$$\det A=A_{12}A_{21}-A_{11}A_{22}=\frac{-1}{A_{12}}U_1+\frac{A_{11}U_2}{A_{12}}$$

所以 $$\boldsymbol{Y}=\begin{bmatrix}Y_{11} & Y_{12}\\ Y_{12} & Y_{22}\end{bmatrix}=\frac{1}{A_{12}}\begin{bmatrix}A_{22} & -\det A\\ -1 & A_{11}\end{bmatrix}$$

这与由公式推导出来的是一样的。

4.3 课后习题解答

【4.1】 求如图所示二端口网络的阻抗参量。

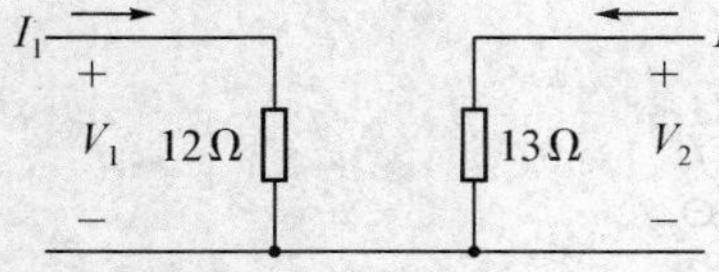

题 4.1 图

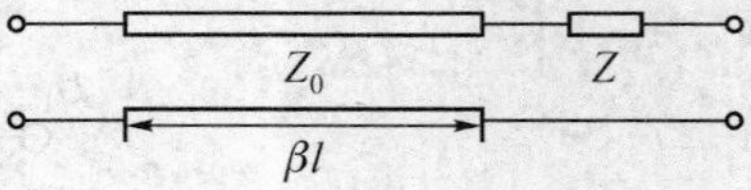

题 4.2 图

解：$V_1=Z_{11}I_1+Z_{12}I_2$

$V_2=Z_{21}I_1+Z_{22}I_2$

$$Z_{11}=\frac{V_1}{I_1}\Big|_{I_2=0}=12 \qquad Z_{21}=\frac{V_2}{I_1}\Big|_{I_2=0}=0$$

$$Z_{22}=\frac{V_2}{I_2}\Big|_{I_1=0}=3 \qquad Z_{22}=\frac{V_1}{I_2}\Big|_{I_1=0}=0$$

$$\therefore \boldsymbol{Z}=\begin{bmatrix}12 & 0\\ 0 & 3\end{bmatrix}$$

【4.2】 如图所示，试求出网络的阻抗矩阵和导纳矩阵。

解：设单元传输线的转移矩阵为 A_1，串联阻抗 Z 的转移矩阵为 A_2，则由单元电路

可得

$$\boldsymbol{A}_1=\begin{bmatrix}\cos\beta l & \mathrm{j}Z_0\sin\beta l\\ \dfrac{\mathrm{j}\sin\beta l}{Z_0} & \cos\beta l\end{bmatrix}\qquad \boldsymbol{A}_2=\begin{bmatrix}1 & Z\\ 0 & 1\end{bmatrix}$$

由 $\boldsymbol{A}$ 矩阵级联得

$$\boldsymbol{A}=\boldsymbol{A}_1\boldsymbol{A}_2=\begin{bmatrix}\cos\beta l & \mathrm{j}Z_0\sin\beta l\\ \dfrac{\mathrm{j}\sin\beta l}{Z_0} & \cos\beta l\end{bmatrix}\begin{bmatrix}1 & Z\\ 0 & 1\end{bmatrix}=\begin{bmatrix}\cos\beta l & Z\cos\beta l+\mathrm{j}Z_0\sin\beta l\\ \dfrac{\mathrm{j}\sin\beta l}{Z_0} & \dfrac{\mathrm{j}Z\sin\beta l}{Z_0}+\cos\beta l\end{bmatrix}$$

再由 $\boldsymbol{A}$ 矩阵转换为 $\boldsymbol{Z}$ 矩阵

$$Z_{11}=\frac{A_{11}}{A_{21}}=-\mathrm{j}Z_0\cot\beta l$$

$$Z_{12}=\frac{A_{11}A_{22}-A_{12}A_{21}}{A_{21}}=\frac{-\mathrm{j}Z_0}{\sin\beta l}$$

阻抗矩阵

$$\boldsymbol{Z}=\begin{bmatrix}-\mathrm{j}Z_0\cot\beta l & \dfrac{-\mathrm{j}Z_0}{\sin\beta l}\\ \dfrac{-\mathrm{j}Z_0}{\sin\beta l} & Z-Z_0\cot\beta l\end{bmatrix}$$

$$Y_{11}=\frac{A_{22}}{A_{12}}=\frac{\mathrm{j}Z\sin\beta l+Z_0\cos\beta l}{Z_0Z\cos\beta l+\mathrm{j}Z_0^2\sin\beta l}$$

$$Y_{12}=-\frac{|A|}{A_{12}}$$

$$|A|=\begin{vmatrix}\cos\beta l & Z\cos\beta l+\mathrm{j}Z_0\sin\beta l\\ \dfrac{\mathrm{j}\sin\beta l}{Z_0} & \dfrac{\mathrm{j}Z}{Z_0}\sin\beta l+\cos\beta l\end{vmatrix}$$

$$=\cos\beta l\left(\frac{\mathrm{j}Z}{Z_0}\sin\beta l+\cos\beta l\right)-\frac{\mathrm{j}\sin\beta l}{Z_0}(Z\cos\beta l+\mathrm{j}Z_0\sin\beta l)$$

$$=1$$

$$Y_{12}=-\frac{|A|}{A_{12}}=-\frac{1}{Z\cos\beta l+\mathrm{j}Z_0\sin\beta l}$$

$$Y_{21}=-\frac{1}{A_{12}}=-\frac{1}{Z\cos\beta l+\mathrm{j}Z_0\sin\beta l}$$

$$Y_{22}=\frac{A_{11}}{A_{12}}=\frac{\cos\beta l}{Z\cos\beta l+\mathrm{j}Z_0\sin\beta l}$$

导纳矩阵

$$\boldsymbol{Y}=\begin{bmatrix}\dfrac{\mathrm{j}Z\sin\beta l+Z_0\cos\beta l}{Z_0Z\cos\beta l+\mathrm{j}Z_0^2\sin\beta l} & -\dfrac{1}{Z\cos\beta l+\mathrm{j}Z_0\sin\beta l}\\ -\dfrac{1}{Z\cos\beta l+\mathrm{j}Z_0\sin\beta l} & \dfrac{\cos\beta l}{Z\cos\beta l+\mathrm{j}Z_0\sin\beta l}\end{bmatrix}$$

【4.3】 如图所示，试求出网络的转移矩阵。

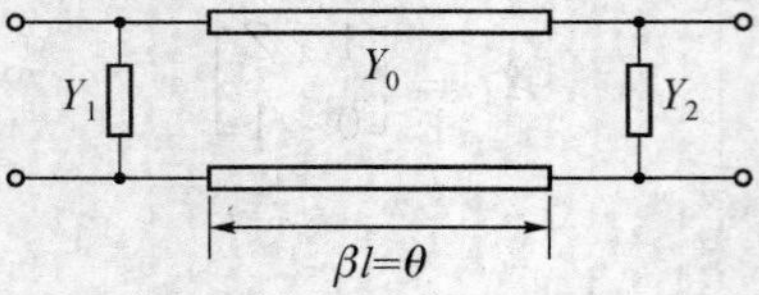

题 4.3 图

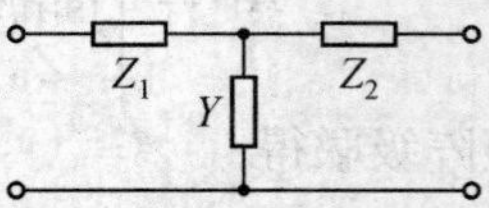

题 4.4 图

解：$[A]_1=\begin{bmatrix}1 & 0\\ Y_1 & 1\end{bmatrix}$

$$[A]_2=\begin{bmatrix}\cos\theta & \mathrm{j}Z_0\sin\theta\\ \mathrm{j}\dfrac{\sin\theta}{Z_0} & \cos\theta\end{bmatrix}$$

$$[A]_3=\begin{bmatrix}1 & 0\\ Y_2 & 1\end{bmatrix}$$

$$[A]=[A]_1[A]_2[A]_3=\begin{bmatrix}1 & 0\\ Y_1 & 1\end{bmatrix}\begin{bmatrix}\cos\theta & \mathrm{j}Z_0\sin\theta\\ \mathrm{j}\dfrac{\sin\theta}{Z_0} & \cos\theta\end{bmatrix}\begin{bmatrix}1 & 0\\ Y_2 & 1\end{bmatrix}$$

$$=\begin{bmatrix}\cos\theta+\mathrm{j}Z_0Y_2\sin\theta & \mathrm{j}Z_0\sin\theta\\ Y_1\cos\theta+Y_2\cos\theta+\mathrm{j}Y_0\sin\theta+\mathrm{j}Y_1Z_0Y_2\sin\theta & \mathrm{j}Y_1Z_0\sin\theta+\cos\theta\end{bmatrix}$$

【4.4】 求如图所示的 T 型网络的$[A]$参量矩阵。

解：$[A]_1=\begin{bmatrix}1 & Z_1\\ 0 & 1\end{bmatrix}$，$[A]_2=\begin{bmatrix}1 & 0\\ Y & 1\end{bmatrix}$，$[A]_3=\begin{bmatrix}1 & Z_2\\ 0 & 1\end{bmatrix}$

$$[A]=[A]_1[A]_2[A]_3=\begin{bmatrix}1 & Z_1\\ 0 & 1\end{bmatrix}\begin{bmatrix}1 & 0\\ Y & 1\end{bmatrix}\begin{bmatrix}1 & Z_2\\ 0 & 1\end{bmatrix}$$

$$=\begin{bmatrix}1+Z_1Y & Z_1+Z_2+Z_1Z_2Y\\ Y & Z_2Y+1\end{bmatrix}$$

【4.5】 求下图电路的参考面 T_1、T_2 所确定的网络散射参量矩阵。

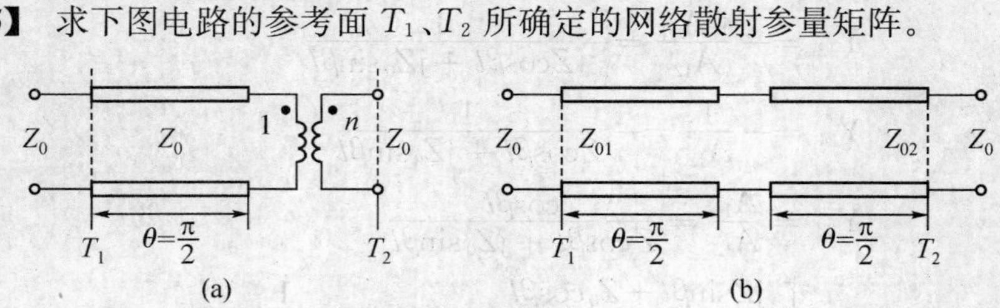

题 4.5 图

解：

$$\text{(a)}[A]_1=\begin{bmatrix}\cos\theta & \mathrm{j}Z_0\sin\theta\\ \mathrm{j}\dfrac{\sin\theta}{Z_0} & \cos\theta\end{bmatrix}=\begin{bmatrix}0 & \mathrm{j}Z_0\\ \mathrm{j}\dfrac{1}{Z_0} & 0\end{bmatrix},[A]_2=\begin{bmatrix}\dfrac{1}{n} & 0\\ 0 & n\end{bmatrix}$$

$$[A]=[A]_1[A]_2=\begin{bmatrix}0 & jZ_0\\ j\dfrac{1}{Z_0} & 0\end{bmatrix}\begin{bmatrix}\dfrac{1}{n} & 0\\ 0 & n\end{bmatrix}=\begin{bmatrix}0 & jZ_0 n\\ j\dfrac{1}{nZ_0} & 0\end{bmatrix}$$

$$s_{11}=\frac{a_{11}+a_{12}-a_{21}-a_{22}}{a_{11}+a_{12}+a_{21}+a_{22}}=\frac{jn-\dfrac{j}{n}}{jn+\dfrac{j}{n}}=\frac{n^2-1}{n^2+1}$$

$$s_{12}=\frac{2(a_{11}a_{22}-a_{12}a_{21})}{a_{11}+a_{12}+a_{21}+a_{22}}=2\,\frac{1}{jn+\dfrac{j}{n}}=\frac{-2nj}{n^2+1}$$

$$s_{21}=\frac{2}{a_{11}+a_{12}+a_{21}+a_{22}}=\frac{-2nj}{n^2+1}$$

$$s_{22}=\frac{-a_{11}+a_{12}-a_{21}+a_{22}}{a_{11}+a_{12}+a_{21}+a_{22}}=\frac{jn-\dfrac{j}{n}}{jn+\dfrac{j}{n}}=\frac{n^2-1}{n^2+1}$$

$$\Rightarrow[s]=\frac{1}{n^2+1}\begin{bmatrix}n^2-1 & -2nj\\ -2nj & n^2-1\end{bmatrix}$$

(b)
$$[A]_1=\begin{bmatrix}\cos\theta & jZ_{01}\sin\theta\\ j\dfrac{\sin\theta}{Z_{01}} & \cos\theta\end{bmatrix}=\begin{bmatrix}0 & jZ_{01}\\ j\dfrac{1}{Z_{01}} & 0\end{bmatrix},$$

同理

$$[A]_2=\begin{bmatrix}0 & jZ_{02}\\ j\dfrac{1}{Z_{02}} & 0\end{bmatrix}$$

$$[A]=[A]_1[A]_2=\begin{bmatrix}-\dfrac{Z_{01}}{Z_{02}} & 0\\ 0 & -\dfrac{Z_{02}}{Z_{01}}\end{bmatrix}$$

归一化
$$\tilde{A}=\begin{bmatrix}-\dfrac{Z_{01}}{Z_{02}} & 0\\ 0 & -\dfrac{Z_{02}}{Z_{01}}\end{bmatrix}$$

$$S_{11}=\frac{Z_{01}^2-Z_{02}^2}{Z_{01}^2+Z_{02}^2},S_{22}=\frac{Z_{02}^2-Z_{01}^2}{Z_{01}^2+Z_{02}^2},S_{12}=\frac{-2Z_{01}Z_{02}}{Z_{01}^2+Z_{02}^2}=S_{21}$$

$$S=\frac{1}{Z_{01}^2+Z_{02}^2}\begin{bmatrix}Z_{01}^2-Z_{02}^2 & -2Z_{01}Z_{02}\\ -2Z_{01}Z_{02} & Z_{02}^2-Z_{01}^2\end{bmatrix}$$

【4.6】 一线性互易无耗二端口网络终端接匹配负载时，证明输入端反射系数模值 $|\Gamma_1|$ 与传输参量 T_{11} 的模之间满足下列关系式 $|\Gamma_1|=\sqrt{(|T_{11}|^2-1)/|T_{11}|^2}$。

证明:终端接匹配负载

$\therefore\quad \Gamma_1 = S_{11}$

$|\Gamma_1| = |S_{11}|$

对无损耗网络 $\quad |S_{12}| = \sqrt{1-|S_{11}|^2}$

$\therefore |S_{11}| = \sqrt{1-|S_{12}|^2}$

$\because S_{12} = S_{21}$

互易网络

$\therefore T_{11} = \dfrac{1}{S_{21}}$

$\therefore |S_{11}| = \sqrt{1-|\dfrac{1}{T_{11}}|^2} = \sqrt{\dfrac{|T_{11}|^2-1}{|T_{11}|^2}}$

【4.7】 如下图所示,二端口网络参考面 T_2 接归一化负载阻抗$\widetilde{Z}_L$。证明:参考面 T_1 的归一化输入阻抗为$\widetilde{Z}_{in} = \dfrac{\widetilde{A}_{11}\widetilde{Z}_L + \widetilde{A}_{12}}{\widetilde{A}_{21}\widetilde{Z}_L + \widetilde{A}_{22}}$。

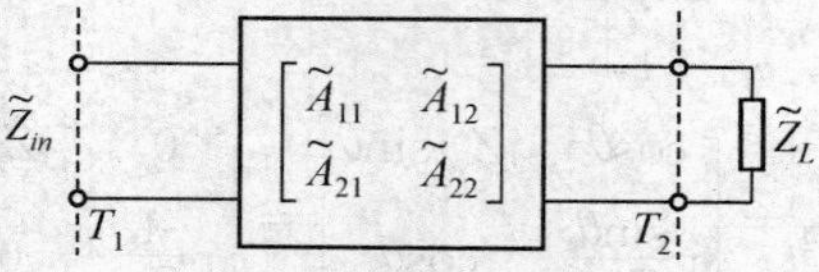

题 4.7 图

证明:输入端电流参考方向如图所示(流入端 T_1 口)

输出端电流参考方向如图所示(流出端 T_2 口)

$$\widetilde{U}_1 = \widetilde{A}_{12}\widetilde{U}_2 + \widetilde{A}_{12}\widetilde{I}_2$$

$$\widetilde{I}_1 = \widetilde{A}_{21}\widetilde{U}_2 + \widetilde{A}_{22}\widetilde{I}_2$$

$$\frac{\widetilde{U}_2}{\widetilde{I}_2} = \widetilde{Z}_L$$

$$\therefore \widetilde{Z}_{in} = \frac{\widetilde{U}_1}{\widetilde{I}_1} = \frac{\widetilde{A}_{11}\widetilde{U}_2 + \widetilde{A}_{12}\widetilde{I}_2}{\widetilde{A}_{21}\widetilde{U}_2 + \widetilde{A}_{22}\widetilde{I}_2}$$

$$= \frac{\widetilde{A}_{11}\dfrac{\widetilde{U}_2}{\widetilde{I}_2} + \widetilde{A}_{12}}{\widetilde{A}_{21}\dfrac{\widetilde{U}_2}{\widetilde{I}_2} + \widetilde{A}_{22}} = \frac{\widetilde{A}_{11}\widetilde{Z}_L + \widetilde{A}_{12}}{\widetilde{A}_{21}\widetilde{Z}_L + \widetilde{A}_{22}}$$

【4.8】 如图所示的二端口网络,试问:

(1) 归一化转移参量矩阵;

(2) 什么条件下插入此二端口网络不引起附加反射?

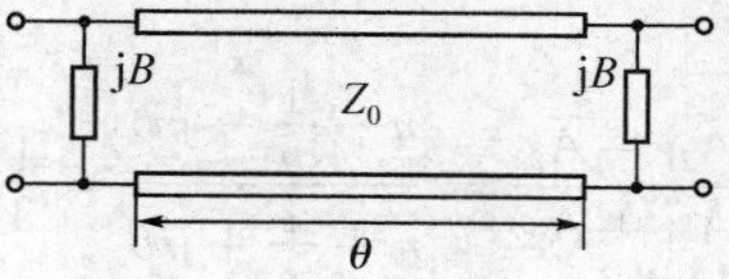

题 4.8 图

(1) 解:$[A]=[A]_1[A]_2[A_1]$

$$=\begin{bmatrix}\cos\theta-BZ_0\sin\theta & jZ_0\sin\theta\\ 2jB\cos\theta+j\dfrac{\sin\theta}{Z_0}-jB^2Z_0\sin\theta & \cos\theta-BZ_0\sin\theta\end{bmatrix}$$

$$[a]=\begin{bmatrix}\cos\theta-BZ_0\sin\theta & j\sin\theta\\ 2jBZ_0\cos\theta+j\sin\theta-jB^2Z_0\sin\theta & \cos\theta-BZ_0\sin\theta\end{bmatrix}$$

(2) $s_{11}=\dfrac{a_{11}+a_{12}-a_{21}-a_{22}}{a_{11}+a_{12}+a_{21}+a_{22}}=\dfrac{-2jBZ_0\cos\theta+jB^2Z_0^2\sin\theta}{2\cos\theta-2BZ_0\sin\theta+2jBZ_0\cos\theta+2j\sin\theta-jB^2Z_0^2\sin\theta}$

$s_{22}=\dfrac{-a_{11}+a_{12}-a_{21}+a_{22}}{a_{11}+a_{12}+a_{21}+a_{22}}=s_{11}$

欲使不引起附加反射,则

$$s_{11}=s_{22}=0 \qquad jB^2Z_0^2\sin\theta=2jBZ_0\cos\theta$$

$$\tan\theta=\frac{2}{BZ_0} \qquad \theta=\arctan\frac{2}{BZ_0}$$

【4.9】 测得矩形波导 E 面的散射参量

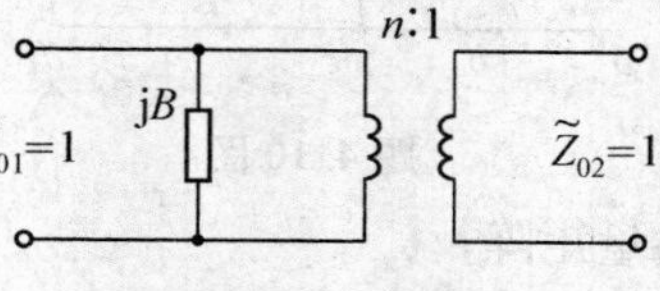

题 4.9 图

$$S_{11}=\frac{1-j}{3+j},S_{22}=\frac{-(1+j)}{3+j}$$

若用上图电路等效,试求等效电路中的 jb 与理想变压器的变比 n。

解:此二端口网络归一化转移参量矩阵为

$$[\widetilde{A}]_1=\begin{bmatrix}1 & 0\\ jb & 1\end{bmatrix},[\widetilde{A}]_2=\begin{bmatrix}n & 0\\ 0 & \dfrac{1}{n}\end{bmatrix}$$

$$[\widetilde{A}]=[\widetilde{A}]_1[\widetilde{A}]_2=\begin{bmatrix}n & 0\\ jnb & \dfrac{1}{n}\end{bmatrix}$$

则散射参量为

$$S_{11}=\frac{\widetilde{A}_{11}+\widetilde{A}_{12}-\widetilde{A}_{21}-\widetilde{A}_{22}}{\widetilde{A}_{11}+\widetilde{A}_{12}+\widetilde{A}_{21}+\widetilde{A}_{22}}=\frac{n-\dfrac{1}{n}-\mathrm{j}nb}{n+\dfrac{1}{n}+\mathrm{j}nb}=\frac{1-\mathrm{j}}{3+\mathrm{j}}=\frac{n^2-1-\mathrm{j}n^2b}{n^2+1+\mathrm{j}n^2b}$$

$$S_{22}=\frac{-\widetilde{A}_{11}+\widetilde{A}_{12}-\widetilde{A}_{21}+\widetilde{A}_{22}}{\widetilde{A}_{11}+\widetilde{A}_{12}+\widetilde{A}_{21}+\widetilde{A}_{22}}=\frac{\dfrac{1}{n}-n-\mathrm{j}nb}{n+\dfrac{1}{n}+\mathrm{j}nb}=\frac{-(1+\mathrm{j})}{3+\mathrm{j}}$$

$$=\frac{-(n^2-1+\mathrm{j}n^2b)}{n^2+1+\mathrm{j}n^2b}$$

又上式可得

$$\begin{cases}n^2-1=1\\ n^2b=1\\ n^2+1=3\end{cases}\qquad\therefore n=\sqrt{2},b=\frac{1}{2}$$

【4.10】 如下图微波网络系统，其中 ab、cd 段为理想传输线，其特性阻抗为 Z_0，两段线间有一个由 $\mathrm{j}X_1$、$\mathrm{j}X_2$ 构成的 Γ 型网络，且 $X_1=X_2=Z_0$，终端接负载 $Z_L=2Z_0$，试求：

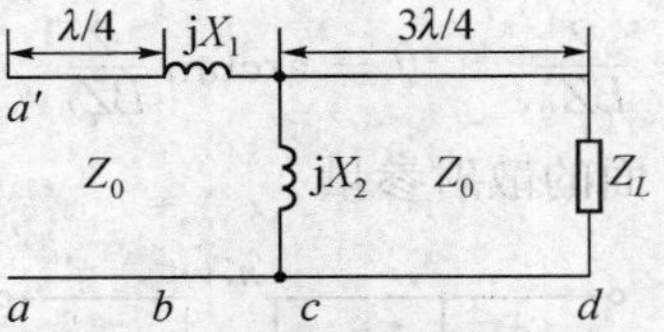

题 4.10 图

(1) 此网络系统的[S]参量矩阵；

(2) 输入端 aa' 的反射系数。

解：设 $\dfrac{\lambda}{4}$ 传输线归一化转移矩阵为 $\widetilde{A}_1$，$\mathrm{j}X_1$ 归一化转移矩阵为 $\widetilde{A}_2$，$\mathrm{j}X_2$ 归一化转移矩阵为 $\widetilde{A}_3$，$\dfrac{3}{4}\lambda$ 传输线归一化转移矩阵为 $\widetilde{A}_4$，Z_L 归一化转移矩阵为 $\widetilde{A}_5$.

$$\widetilde{\boldsymbol{A}}_1=\begin{bmatrix}\cos\theta & \mathrm{j}\sin\theta\\ \mathrm{j}\sin\theta & \cos\theta\end{bmatrix}=\begin{bmatrix}\cos\dfrac{2\pi}{\lambda}\dfrac{\lambda}{4} & \mathrm{j}\sin\dfrac{\pi}{2}\\ \mathrm{j}\sin\dfrac{\pi}{2} & \cos\dfrac{\pi}{2}\end{bmatrix}$$

$$=\begin{bmatrix}0 & \mathrm{j}\\ \mathrm{j} & 0\end{bmatrix}$$

$$\widetilde{\boldsymbol{A}}_2=\begin{bmatrix}\sqrt{\dfrac{Z_{02}}{Z_{01}}} & \dfrac{\widetilde{Z}}{\sqrt{\dfrac{Z_{02}}{Z_{01}}}}\\ 0 & \dfrac{1}{\sqrt{\dfrac{Z_{02}}{Z_{01}}}}\end{bmatrix}$$

$\therefore Z_{02}=Z_{01}=Z_0 \quad \widetilde{Z}=\dfrac{\mathrm{j}X_1}{Z_0}=\mathrm{j}$

$\therefore \widetilde{\boldsymbol{A}}_2=\begin{bmatrix}1 & \mathrm{j}\\ 0 & 1\end{bmatrix}$

$$\widetilde{\boldsymbol{A}}_3=\begin{bmatrix}\sqrt{\dfrac{Z_{02}}{Z_{01}}} & 0\\ \widetilde{Y}\sqrt{\dfrac{Z_{02}}{Z_{01}}} & \dfrac{1}{\sqrt{\dfrac{Z_{02}}{Z_{01}}}}\end{bmatrix}$$

$\because Z_{02}=Z_{01}=Z_0$

$\widetilde{Y}=\dfrac{Y}{Y_0}=\dfrac{\dfrac{1}{\mathrm{j}Z_0}}{\dfrac{1}{Z_0}}=-\mathrm{j}$

$\therefore \widetilde{\boldsymbol{A}}_3=\begin{bmatrix}1 & 0\\ -\mathrm{j} & 1\end{bmatrix}$

$$\widetilde{\boldsymbol{A}}_4=\begin{bmatrix}\cos\theta & \mathrm{j}\sin\theta\\ \mathrm{j}\sin\theta & \cos\theta\end{bmatrix}=\begin{bmatrix}\cos\dfrac{2\pi}{\lambda}\cdot\dfrac{3\pi}{4} & \mathrm{j}\sin\dfrac{3\pi}{2}\\ \mathrm{j}\sin\dfrac{3\pi}{2} & \cos\dfrac{3\pi}{2}\end{bmatrix}$$

$$=\begin{bmatrix}0 & -\mathrm{j}\\ -\mathrm{j} & 0\end{bmatrix}$$

$$\widetilde{\boldsymbol{A}}_5=\begin{bmatrix}\sqrt{\dfrac{Z_{02}}{Z_{01}}} & \dfrac{\widetilde{Z}_L}{\sqrt{\dfrac{Z_{02}}{Z_{01}}}}\\ 0 & \dfrac{1}{\sqrt{\dfrac{Z_{02}}{Z_{01}}}}\end{bmatrix}$$

$\because \quad Z_{02}=Z_{01}=Z_0$

$\quad Z_L=2Z_0 \quad \widetilde{Z}_L=\dfrac{Z_L}{Z_0}=2$

$\therefore \widetilde{\boldsymbol{A}}_5=\begin{bmatrix}1 & 2\\ 0 & 1\end{bmatrix}$

ab,cd 为理想传输线,矩阵为单位矩阵

$$\therefore \boldsymbol{\tilde{A}}=\tilde{A}_1\tilde{A}_2\tilde{A}_3\tilde{A}_4\tilde{A}_5$$

$$=\begin{bmatrix}0 & \mathrm{j}\\ \mathrm{j} & 0\end{bmatrix}\begin{bmatrix}1 & \mathrm{j}\\ 0 & 1\end{bmatrix}\begin{bmatrix}1 & 0\\ -\mathrm{j} & 1\end{bmatrix}\begin{bmatrix}0 & -\mathrm{j}\\ -\mathrm{j} & 0\end{bmatrix}\begin{bmatrix}1 & 2\\ 0 & 1\end{bmatrix}$$

$$=\begin{bmatrix}0 & \mathrm{j}\\ \mathrm{j} & -1\end{bmatrix}\begin{bmatrix}1 & 0\\ -\mathrm{j} & 1\end{bmatrix}\begin{bmatrix}0 & -\mathrm{j}\\ -\mathrm{j} & 0\end{bmatrix}\begin{bmatrix}1 & 2\\ 0 & 1\end{bmatrix}$$

$$=\begin{bmatrix}1 & \mathrm{j}\\ 2\mathrm{j} & -1\end{bmatrix}\begin{bmatrix}0 & -\mathrm{j}\\ -\mathrm{j} & 0\end{bmatrix}\begin{bmatrix}1 & 2\\ 0 & 1\end{bmatrix}$$

$$=\begin{bmatrix}1 & -\mathrm{j}\\ \mathrm{j} & 2\end{bmatrix}\begin{bmatrix}1 & 2\\ 0 & 1\end{bmatrix}$$

$$=\begin{bmatrix}1 & 2-\mathrm{j}\\ \mathrm{j} & 2\mathrm{j}+2\end{bmatrix}$$

$$\therefore S_{11}=\frac{\tilde{A}_{11}+\tilde{A}_{12}-\tilde{A}_{21}-\tilde{A}_{22}}{\tilde{A}_{11}+\tilde{A}_{12}+\tilde{A}_{21}+\tilde{A}_{22}}=\frac{1+2-\mathrm{j}-\mathrm{j}-2\mathrm{j}-2}{1+2-\mathrm{j}+\mathrm{j}+2\mathrm{j}+2}=\frac{1-4\mathrm{j}}{5+2\mathrm{j}}$$

$$S_{12}=\frac{2(\tilde{A}_{11}\tilde{A}_{22}-\tilde{A}_{12}\tilde{A}_{21})}{\tilde{A}_{11}+\tilde{A}_{12}+\tilde{A}_{21}+\tilde{A}_{22}}=\frac{2[(2\mathrm{j}+2)-\mathrm{j}(2-\mathrm{j})]}{1+2-\mathrm{j}+\mathrm{j}+2\mathrm{j}+2}=\frac{1}{5+2\mathrm{j}}$$

$$S_{21}=\frac{2}{\tilde{A}_{11}+\tilde{A}_{12}+\tilde{A}_{21}+\tilde{A}_{22}}=\frac{2}{1+2-\mathrm{j}+\mathrm{j}+2\mathrm{j}+2}=\frac{2}{5+2\mathrm{j}}$$

$$S_{22}=\frac{-\tilde{A}_{11}+\tilde{A}_{12}-\tilde{A}_{21}+\tilde{A}_{22}}{\tilde{A}_{11}+\tilde{A}_{12}+\tilde{A}_{21}+\tilde{A}_{22}}=\frac{-1+2+\mathrm{j}-\mathrm{j}+2\mathrm{j}+2}{1+2-\mathrm{j}+\mathrm{j}+2\mathrm{j}+2}=\frac{3+2\mathrm{j}}{5+2\mathrm{j}}$$

$$\therefore \boldsymbol{S}=\frac{1}{5+2\mathrm{j}}\begin{bmatrix}1-4\mathrm{j} & 1\\ 2 & 3+2\mathrm{j}\end{bmatrix}$$

(2) $\varGamma_{aa'}=S_{11}+\dfrac{S_{12}S_{21}\varGamma_L}{1-S_{22}\varGamma_L}$

$$\varGamma_L=\frac{Z_L-Z_0}{Z_L+Z_0}=\frac{2Z_0-Z_0}{2Z_0+Z_0}=\frac{1}{3}$$

$$\therefore \varGamma_{aa'}=\frac{1-4\mathrm{j}}{5+2\mathrm{j}}+\frac{\dfrac{2}{(5+2\mathrm{j})^2}\cdot\dfrac{1}{3}}{1-\dfrac{3+2\mathrm{j}}{5+2\mathrm{j}}\cdot\dfrac{1}{3}}$$

$$=\frac{1-4\mathrm{j}}{5+2\mathrm{j}}+\frac{1}{24+\mathrm{j}27}=-0.09-\mathrm{j}0.78$$

【4.11】 如下图所示,在网络系统中,θ_1、θ_2 分别为一段理想传输线,其特性阻抗为 Z_{01}、Z_{02}、$\mathrm{j}B$ 为并联电纳,试求归一化的散射矩阵[S]。

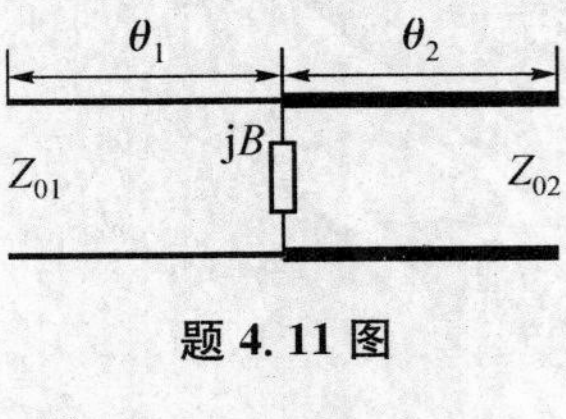

题 4.11 图

解：设 θ_1 传输线的转移矩阵为 $\widetilde{\mathbf{A}}_1$，θ_2 传输线的转移矩阵为 $\widetilde{\mathbf{A}}_2$，$\mathrm{j}\beta$ 的转移矩阵为 $\widetilde{\mathbf{A}}_3$

$$\widetilde{\mathbf{A}}_1=\begin{bmatrix}\cos\theta_1 & \mathrm{j}\sin\theta_1\\ \mathrm{j}\sin\theta_1 & \cos\theta_1\end{bmatrix}$$

$$\widetilde{\mathbf{A}}_2=\begin{bmatrix}\cos\theta_2 & \mathrm{j}\sin\theta_2\\ \mathrm{j}\sin\theta_2 & \cos\theta_2\end{bmatrix}$$

$$\widetilde{\mathbf{A}}_3=\begin{bmatrix}\sqrt{\frac{Z_{02}}{Z_{01}}} & 0\\ \widetilde{Y}\sqrt{\frac{Z_{02}}{Z_{01}}} & \frac{1}{\sqrt{\frac{Z_{02}}{Z_{01}}}}\end{bmatrix}=\begin{bmatrix}\sqrt{\frac{Z_{02}}{Z_{01}}} & 0\\ \frac{\mathrm{j}\beta}{Y_0}\sqrt{\frac{Z_{02}}{Z_{01}}} & \frac{1}{\sqrt{\frac{Z_{02}}{Z_{01}}}}\end{bmatrix}$$

$$\widetilde{\mathbf{A}}=\widetilde{\mathbf{A}}_1\widetilde{\mathbf{A}}_3\widetilde{\mathbf{A}}_2$$

$$=\begin{bmatrix}\cos\theta_1 & \mathrm{j}\sin\theta_1\\ \mathrm{j}\sin\theta_1 & \cos\theta_1\end{bmatrix}\begin{bmatrix}\sqrt{\frac{Z_{02}}{Z_{01}}} & 0\\ \frac{\mathrm{j}\beta}{Y_0}\sqrt{\frac{Z_{02}}{Z_{01}}} & \frac{1}{\sqrt{\frac{Z_{02}}{Z_{01}}}}\end{bmatrix}\begin{bmatrix}\cos\theta_2 & \mathrm{j}\sin\theta_2\\ \mathrm{j}\sin\theta_2 & \cos\theta_2\end{bmatrix}$$

$$=\begin{bmatrix}\cos\theta_1\sqrt{\frac{Z_{02}}{Z_{01}}}-\sin\theta_1\frac{\beta}{Y_0}\sqrt{\frac{Z_{02}}{Z_{01}}} & \mathrm{j}\sin\theta_1\frac{1}{\sqrt{\frac{Z_{02}}{Z_{01}}}}\\ \mathrm{j}\sin\theta_1\sqrt{\frac{Z_{02}}{Z_{01}}}+\mathrm{j}\cos\theta_1\frac{\beta}{Y_0}\sqrt{\frac{Z_{02}}{Z_{01}}} & \cos\theta_1\frac{1}{\sqrt{\frac{Z_{02}}{Z_{01}}}}\end{bmatrix}\begin{bmatrix}\cos\theta_2 & \mathrm{j}\sin\theta_2\\ \mathrm{j}\sin\theta 2 & \cos\theta_2\end{bmatrix}$$

$$=\begin{bmatrix}\cos\theta_2\sqrt{\frac{Z_{02}}{Z_{01}}}(\cos\theta_1-\sin\theta_1\frac{B}{Y_0})-\frac{\sin\theta_1\sin\theta_2}{\sqrt{\frac{Z_{02}}{Z_{01}}}} & \mathrm{j}\sin\theta_2\sqrt{\frac{Z_{02}}{Z_{01}}}\left(\cos\theta_1-\sin\theta_1\frac{B}{Y_0}\right)+\mathrm{j}\frac{\sin\theta_1\cos\theta_2}{\sqrt{\frac{Z_{02}}{Z_{01}}}}\\ \mathrm{j}\cos\theta_2\sqrt{\frac{Z_{02}}{Z_{01}}}(\sin\theta_1+\cos\theta_1\frac{B}{Y_0})+\frac{\cos\theta_1\sin\theta_2}{\sqrt{\frac{Z_{02}}{Z_{01}}}} & -\sin\theta_2\sqrt{\frac{Z_{02}}{Z_{01}}}(\sin\theta_1+\cos\theta_1\frac{B}{Y_0})+\frac{\cos\theta_1\cos\theta_2}{\sqrt{\frac{Z_{02}}{Z_{01}}}}\end{bmatrix}$$

【4.12】 由参考面 T_1、T_2 所确定的二端口网络的散射参量为 S_{11}、S_{12}、S_{21} 及 S_{22}，网络输入端传输线相移常数为 β。若参考面 T_1 外移距离 l_1 至 T'_1 处，求参考面 T'_1、T_2 所确定的网络的散射参量矩阵 $[S']$。

解：

$$\boldsymbol{S}=\begin{bmatrix}S_{11} & S_{12}\\ S_{21} & S_{22}\end{bmatrix}$$

若参考面 T_1 外移距离 l_1 至 T_1' 处，则

参考面 T_1'、T_2 所确定的网络的散射参量矩阵 $[S']$ 为

$$[S']=\begin{bmatrix}\mathrm{e}^{-\mathrm{j}\beta l_1} & 0\\ 0 & 1\end{bmatrix}[S]\begin{bmatrix}\mathrm{e}^{-\mathrm{j}\beta l_1} & 0\\ 0 & 1\end{bmatrix}$$

【4.13】 求图示流图从源节点 x_i 到 x_j 的传输量。

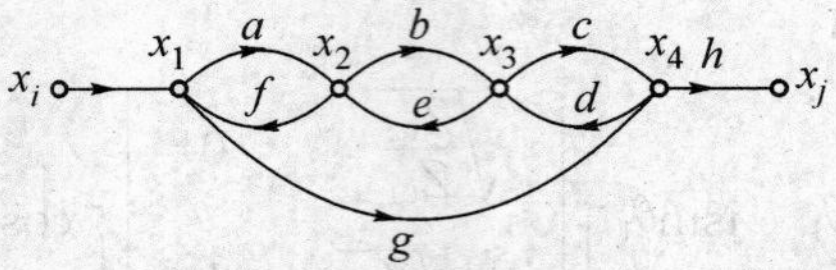

题 4.13 图

解：
$$T_{ik}=\frac{\sum_{i=1}^{n}P_i\Lambda_i}{\Lambda}$$

$$\Lambda=1-\sum L_1+\sum L_2=1-(af+be+cd+defg)+afcd$$

$$\Lambda_1=1,\Lambda_2=1-be$$

$$T_{ji}=\frac{abch+gh(1-be)}{1-(af+be+cd+defg)+afcd}$$

或利用方程组化简

$$\begin{cases}x_1=x_i+fx_2\\ x_2=ax_1+ex_3\\ x_3=bx_2+dx_4\\ x_4=cx_3+gx_1\\ x_j=hx_4\end{cases}$$

化简得

$$x_j=\frac{abch+(1-be)gh}{1-(af+be+cd+defg)+afcd}x_i$$

【4.14】　微波系统等效电路如下图所示，试计算此系统的插入衰减和插入相移。

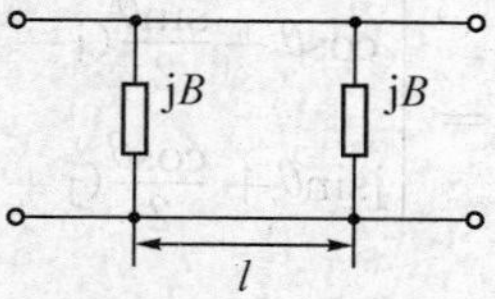

题 4.14 图

解：网络 A 参数为

$$\boldsymbol{A}=\begin{bmatrix}1 & 0\\ jb & 1\end{bmatrix}\begin{bmatrix}\cos\beta l & jZ_0\sin\beta l\\ j\dfrac{\sin\beta l}{Z_0} & \cos\beta l\end{bmatrix}\begin{bmatrix}1 & 0\\ jb & 1\end{bmatrix}$$

$$=\begin{bmatrix}\cos\beta l-bZ_0\sin\beta l & jZ_0\sin\beta l\\ j\left(2b\cos\beta l+\dfrac{\sin\beta l}{Z_0}-bZ_0\sin\beta l\right) & \cos\beta l-bZ_0\sin\beta l\end{bmatrix}$$

将 A 归一化

$$a=\begin{bmatrix}\cos\beta l-bZ_0\sin\beta l & j\sin\beta l\\ j\left(2b\cos\beta l+\dfrac{\sin\beta l}{Z_0}-bZ_0\sin\beta l\right)Z_0 & \cos\beta l-bZ_0\sin\beta l\end{bmatrix}$$

由 a 求 S_{21}

$$S_{21}=\frac{2}{a_{11}+a_{12}+a_{21}+a_{22}}$$

$$=\frac{2}{2(\cos\beta l-b\sin\beta l)+j(2b\cos\beta l+2\sin\beta l-b^2\sin\beta l)}$$

插入衰减　　$L=10\lg\dfrac{1}{|S_{21}|^2}=10\lg\dfrac{4+(2b\cos\beta l-b^2\sin\beta l)^2}{4}$

插入相移　　$\theta=\arg S_{21}=\arctan\dfrac{-(2b\cos\beta l+2\sin\beta l-b^2\sin\beta l)}{2(\cos\beta l-b\sin\beta l)}$

【4.15】　试求在特性阻抗为 50 Ω 的理想传输线上并联一个(50－j50)Ω 的阻抗所引起的插入衰减。

解：$\tilde{Z}=\dfrac{Z}{Z_0}=1-j$

理想传输线归一化 A 参数为

$$\tilde{\boldsymbol{A}}_1=\begin{bmatrix}\cos\theta & j\sin\theta\\ j\sin\theta & \cos\theta\end{bmatrix}$$

50－j50 Ω 的归一化转移参量矩阵为

$$\tilde{\boldsymbol{A}}_2=\begin{bmatrix}1 & 0\\ \tilde{Y} & 1\end{bmatrix}=\begin{bmatrix}1 & 0\\ \dfrac{1}{1-j} & 1\end{bmatrix}=\begin{bmatrix}1 & 0\\ \dfrac{1+j}{2} & 1\end{bmatrix}$$

此网络归一化转移参量矩阵为

$$\widetilde{\mathbf{A}}=\widetilde{\mathbf{A}}_1\widetilde{\mathbf{A}}_2=\begin{bmatrix}\cos\theta+\dfrac{\sin\theta}{2}(\mathrm{j}-1) & \mathrm{j}\sin\theta\\ \mathrm{j}\sin\theta+\dfrac{\cos\theta}{2}(\mathrm{j}+1) & \cos\theta\end{bmatrix}$$

$$|S_{21}|=\frac{4}{\sqrt{26}}$$

用此插入衰减为 $L=10\lg\dfrac{1}{|S_{21}|^2}=10\lg\dfrac{26}{16}=2.1\ \mathrm{dB}$

【4.16】 已知二端口网络的转移参量 $A_{11}=A_{22}=1$，$A_{12}=\mathrm{j}Z_0$，$A_{21}=0$，网络外接传输线特性阻抗为 Z_0，求网络输入驻波比 ρ。

解：网络输入驻波比定义为当网络输出端接匹配负载时，在输入端的最大电压与最小电压之比。

$$\rho=\frac{1+|\Gamma_1|}{1-|\Gamma_1|}=\frac{1+|S_{11}|}{1-|S_{11}|}$$

$$S_{11}=\frac{\widetilde{A}_{11}+\widetilde{A}_{12}-\widetilde{A}_{21}-\widetilde{A}_{22}}{\widetilde{A}_{11}+\widetilde{A}_{12}+\widetilde{A}_{21}+\widetilde{A}_{22}}$$

∵网络外接传输特性阻抗为 Z_0，即 $Z_{01}=Z_{02}=Z_0$

$$\widetilde{A}_{11}=A_{11}\sqrt{\frac{Z_{02}}{Z_{01}}}=A_{11}=1$$

$$\widetilde{A}_{12}=\frac{A_{12}}{\sqrt{Z_{01}Z_{02}}}=\frac{A_{12}}{Z_0}=\mathrm{j}$$

$$\widetilde{A}_{21}=A_{21}\sqrt{Z_{01}Z_{02}}=0$$

$$\widetilde{A}_{22}=A_{22}\sqrt{\frac{Z_{01}}{Z_{02}}}=A_{22}=1$$

$$\therefore S_{11}=\frac{1+\mathrm{j}-1}{1+\mathrm{j}+1}=\frac{\mathrm{j}}{2+\mathrm{j}}=\frac{1}{3}(1+\mathrm{j}2)$$

$$|S_{11}|=\frac{\sqrt{5}}{3}\ \therefore\rho=\frac{1+\dfrac{\sqrt{5}}{3}}{1-\dfrac{\sqrt{5}}{3}}=\frac{3+\sqrt{5}}{3-\sqrt{5}}$$

【4.17】 已知一个互易对称无耗二端口网络，输出端接匹配负载，测得网络输入端的反射系数为 $\Gamma_1=0.8\mathrm{e}^{\mathrm{j}\pi/2}$，试求：

(1) S_{11}、S_{12}、S_{22}；

(2) 插入相移 θ、插入衰减 L、电压传输系数 T 和输入驻波比 ρ。

解：(1) $S_{11}=\Gamma_1=0.8\mathrm{e}^{\mathrm{j}\frac{\pi}{2}}$

∵该网络是一个互易对称无耗二端口网络

根据对称性 $S_{11}=S_{22}$ $S_{12}=S_{21}$

无损耗 $|S_{12}|=\sqrt{1-|S_{11}|^2}=\sqrt{1-0.8^2}=0.6$

$$\varphi_{12}=\frac{1}{2}(\varphi_{11}+\varphi_{22}\pm\pi)=0 \text{ 或 } \pi$$

$$S_{12}=\pm 0.6$$

(2) $\theta=\varphi_{12}=0$ 或 π

$L=-20\lg|S_{12}|=4.44\ \text{dB}$

$T=S_{21}=\pm 0.6$

$$\rho=\frac{1+|S_{11}|}{1-|S_{11}|}=\frac{1+0.8}{1-0.8}=9$$

【4.18】 已知二端口网络的散射参量矩阵为

$$[S]=\begin{bmatrix}0.2e^{j3\pi/2} & 0.98e^{j\pi}\\ 0.98e^{j\pi} & 0.2e^{j3\pi/2}\end{bmatrix}$$

求二端口网络的插入相移、插入衰减、电压传输系数和输入驻波比。

解:插入相移 $\theta=\pi$

插入衰减 $L=10\lg\dfrac{1}{|S_{21}|^2}=10\lg\dfrac{1}{0.98^2}=0.175\ \text{dB}$

电压传输系数 $T=S_{21}=-0.98$

输入驻波比 $\rho=\dfrac{1+|S_{11}|}{1-|S_{11}|}=\dfrac{1+0.2}{1-0.2}=1.5$

【4.19】 二端口网络如图所示,试求:

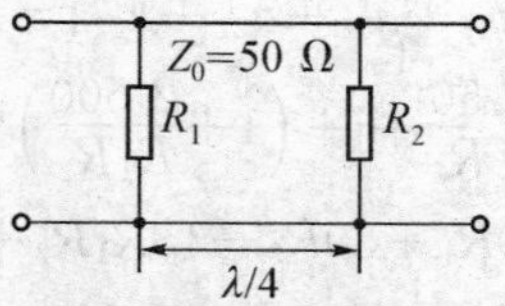

题 4.19 图

(1) R_1、R_2 满足什么关系时,网络的输入端反射系数为零;

(2) 在上述条件下,若使网络的工作衰减为 20 dB 时,R_1、R_2 各等于多少?

解:(1) $\theta=\beta\dfrac{\lambda}{4}=\dfrac{\pi}{2}$

网络 A 参数为

$$\mathbf{A}=\begin{bmatrix}1 & 0\\ \dfrac{1}{R_1} & 1\end{bmatrix}\begin{bmatrix}\cos\dfrac{\pi}{2} & jZ_0\sin\dfrac{\pi}{2}\\ j\dfrac{\sin\dfrac{\pi}{2}}{Z_0} & \cos\dfrac{\pi}{2}\end{bmatrix}\begin{bmatrix}1 & 0\\ \dfrac{1}{R_2} & 1\end{bmatrix}$$

$$=\begin{bmatrix}j\dfrac{Z_0}{R_2} & jZ_0\\ j\left(\dfrac{1}{Z_0}+\dfrac{Z_0}{R_1R_2}\right) & j\dfrac{Z_0}{R_1}\end{bmatrix}=\begin{bmatrix}j\dfrac{50}{R_2} & j50\\ j\left(\dfrac{1}{50}+\dfrac{50}{R_1R_2}\right) & j\dfrac{50}{R_1}\end{bmatrix}$$

将 A 归一化

$$a=\begin{bmatrix} A_{11} & A_{12}/Z_0 \\ A_{21}Z_0 & A_{22} \end{bmatrix}=\begin{bmatrix} \mathrm{j}\dfrac{50}{R_2} & \mathrm{j} \\ \mathrm{j}\left(1+\dfrac{2\,500}{R_1R_2}\right) & \mathrm{j}\dfrac{50}{R_1} \end{bmatrix}$$

若网络输入端反射系数为 0,即 $S_{11}=0$

$$S_{11}=\frac{a_{11}+a_{12}-a_{21}-a_{22}}{a_{11}+a_{12}+a_{21}+a_{22}}=0$$

即
$$a_{11}+a_{12}-a_{21}-a_{22}=0$$

$$\mathrm{j}\frac{50}{R_2}+\mathrm{j}-\mathrm{j}\left(1+\frac{2\,500}{R_1R_2}\right)-\mathrm{j}\frac{50}{R_1}=0$$

故
$$R_1-R_2=50$$

(2) 当 $L=20$ dB 时,有

$$L=10\lg\frac{1}{|S_{21}|^2}=20\ \mathrm{dB}$$

即
$$|S_{21}|=\frac{1}{10}$$

而

$$|S_{21}|=\frac{2}{|a_{11}+a_{12}+a_{21}+a_{22}|}=\frac{1}{10}$$

即
$$|a_{11}+a_{12}+a_{21}+a_{22}|=20$$

$$\left|\mathrm{j}\frac{50}{R_2}+\mathrm{j}+\left(1+\frac{2\,500}{R_1R_2}\right)+\mathrm{j}\frac{50}{R_1}\right|=20$$

即
$$50R_1+50R_2-18R_1R_2+2\,500=0$$

将 $R_1=50+R_2$ 代入,得
$$18R_2^2+800R_2-5\,000=0$$

所以
$$R_2=5.56\ \Omega,R_1=55.56\ \Omega$$

【4.20】 二端口网络中,$Z_{01}=50\ \Omega$,$Z_{02}=100\ \Omega$,并联阻抗为 $\mathrm{j}X(X=50)$,试求:

(1) 散射参量矩阵[S];

(2) 插入衰减、插入相移;

(3) 当终端反射系数为 $\Gamma_L=0.5$ 的负载时,求输入端反射系数。

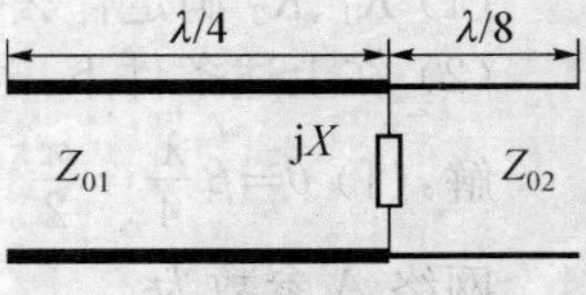

题 4.20 图

解:

$$[A]=[A]_1[A]_2[A]_3=\begin{bmatrix}\cos\theta_1 & \mathrm{j}Z_{01}\sin\theta_1 \\ \dfrac{\mathrm{j}\sin\theta_1}{Z_{01}} & \cos\theta_1\end{bmatrix}\begin{bmatrix}1 & 0 \\ \dfrac{1}{\mathrm{j}X} & 1\end{bmatrix}\begin{bmatrix}\cos\theta_2 & \mathrm{j}Z_{02}\sin\theta_2 \\ \dfrac{\mathrm{j}\sin\theta_2}{Z_{02}} & \cos\theta_2\end{bmatrix}$$

由于 $\theta_1=\dfrac{2\pi}{\lambda}\dfrac{\lambda}{4}$,$\theta_2=\dfrac{2\pi}{\lambda}\dfrac{\lambda}{8}$,$Z_{01}=50\ \Omega$,$Z_{02}=100\ \Omega$,$\mathrm{j}X=\mathrm{j}50\ \Omega$

代入则 $[A]=\begin{bmatrix}\frac{1}{2\sqrt{2}} & \mathrm{j}\,\frac{150}{\sqrt{2}}\\ \frac{\mathrm{j}}{50\sqrt{2}} & -\frac{2}{\sqrt{2}}\end{bmatrix}$

归一化后

$$\widetilde{A}_{11}=A_{11}\sqrt{\frac{Z_{02}}{Z_{01}}},\widetilde{A}_{12}=\frac{A_{12}}{\sqrt{Z_{01}Z_{02}}},\widetilde{A}_{21}=A_{21}\sqrt{Z_{01}Z_{02}},\widetilde{A}_{22}=A_{22}\sqrt{\frac{Z_{01}}{Z_{02}}}$$

$$[\widetilde{A}]=\begin{bmatrix}\frac{1}{2} & \mathrm{j}\,\frac{3}{2}\\ \mathrm{j} & -1\end{bmatrix}$$

(1) 根据关系 $\begin{cases}S_{11}=\dfrac{\widetilde{A}_{11}+\widetilde{A}_{12}-\widetilde{A}_{21}-\widetilde{A}_{22}}{\widetilde{A}_{11}+\widetilde{A}_{12}+\widetilde{A}_{21}+\widetilde{A}_{22}}\\ S_{12}=\dfrac{2(\widetilde{A}_{11}\widetilde{A}_{22}-\widetilde{A}_{12}\widetilde{A}_{21})}{\widetilde{A}_{11}+\widetilde{A}_{12}+\widetilde{A}_{21}+\widetilde{A}_{22}}\\ S_{21}=\dfrac{2}{\widetilde{A}_{11}+\widetilde{A}_{12}+\widetilde{A}_{21}+\widetilde{A}_{22}}\\ S_{22}=\dfrac{-\widetilde{A}_{11}+\widetilde{A}_{12}-\widetilde{A}_{21}+\widetilde{A}_{22}}{\widetilde{A}_{11}+\widetilde{A}_{12}+\widetilde{A}_{21}+\widetilde{A}_{22}}\end{cases}$ 可得

$$[S]=\frac{1}{-1+\mathrm{j}5}\begin{bmatrix}3+\mathrm{j}1 & 4\\ 4 & -3+\mathrm{j}1\end{bmatrix}=\begin{bmatrix}0.62\mathrm{e}^{\mathrm{j}277.12^\circ} & 0.784\mathrm{e}^{\mathrm{j}258.7^\circ}\\ 0.784\mathrm{e}^{\mathrm{j}258.7^\circ} & 0.62\mathrm{e}^{\mathrm{j}60.28^\circ}\end{bmatrix}$$

(2) 插入衰减 $L=10\lg\dfrac{1}{|S_{21}|^2}=10\lg\dfrac{1}{|0.784|^2}=2.1\ \mathrm{dB}$

插入相移 $\theta=\arg(S_{21})=258.7^\circ$

(3) 终端接负载,利用流图法教材 118 页例 4.7,可得

$$T_{in}=S_{11}+\frac{S_{12}S_{21}T_L}{1-S_{22}T_L}=0.425\mathrm{e}^{\mathrm{j}238.74^\circ}$$

【拓展训练】

4—1 求如题 4-1 图所示终端接匹配负载时的输入阻抗,并求出输入端匹配的条件。

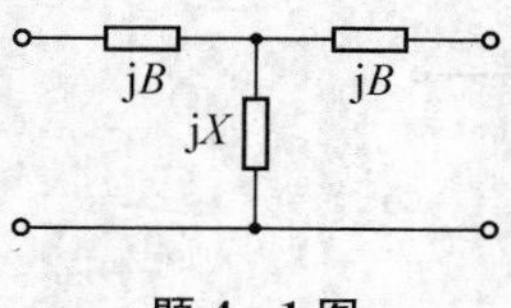

题 4-1 图

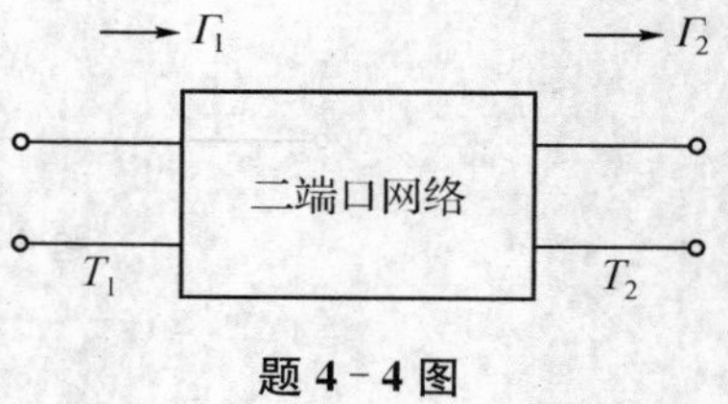

题 4-4 图

4—2　有一个二端口网络，当端口①接信号源，端口②接反射系数为 Γ_{La} 的负载时，测得端口①的反射系数 Γ_a，端口①到端口②的传输系数为 T_a；反之，当端口②接信号源，端口①接反射系数为 Γ_{Lb} 的负载时，测得端口②的反射系数为 Γ_b，端口②到端口①的传输系数为 T_b，试求二端口网络的散射矩阵 S。

4—3　试证明无耗、非互易的二端口网络只能实现可逆的衰减，不能实现可逆的相移(即只能实现不可逆的相移，而不能实现不可逆的衰减)。

4—4　一互易二端口网络如题 4-4 图所示，从参考面 T_1、T_2 向负载方向看的反射系数分别为 Γ_1、Γ_2，试证：

(1) $\Gamma_1=S_{11}+\dfrac{S_{12}^2}{1-S_{22}\Gamma_2}$；

(2) 如果参考面 T_2 短路、开路和接匹配负载，分别测得参考面 T_1 处的反射系数为 Γ_{1s}、Γ_{1o} 和 Γ_{1c}，试求 S_{11}、S_{22} 及 $S_{11}S_{22}-S_{12}^2$ 等于什么？

4—5　试求一段长为 $\theta(\theta=\beta l)$ 的理想传输线的不定导纳矩阵。

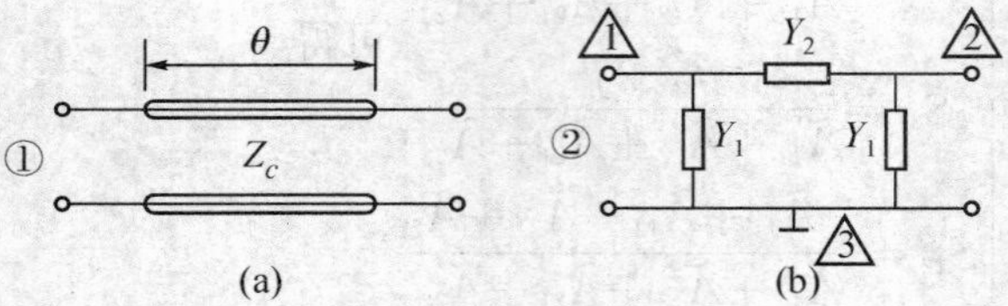

题 4-5 图

4—6　如题 4-6 图表示接任意信号源和负载的二端口网络的信号流图，分别用化简法和公式法求其输入端的反射系数。

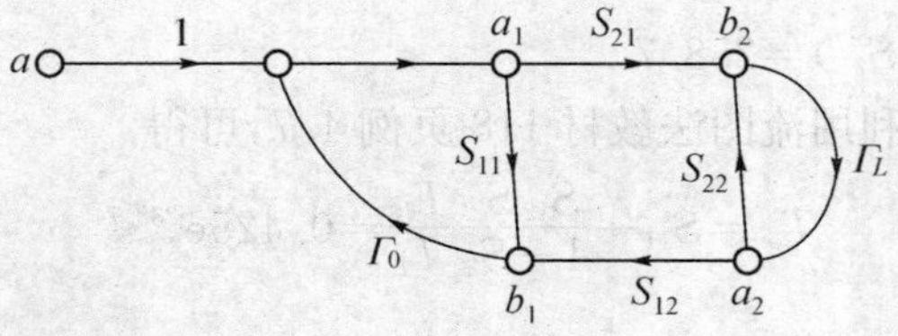

题 4-6 图

4—7　求下图二端口网络的转移参量矩阵。

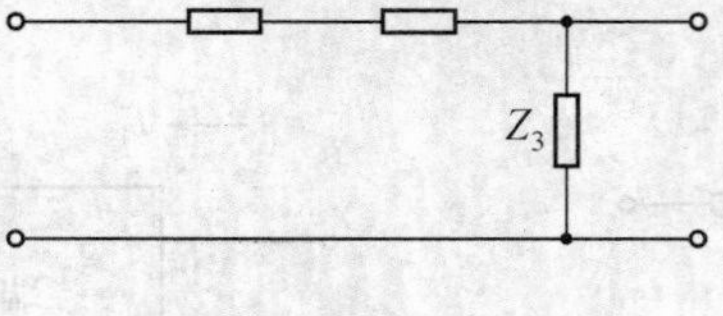

题 4-7 图

5　微波元件

5.1　基本内容概述

1. 微波元件的分析和设计是以场的物理概念作指导，采用网络的方法，场、路结合进行分析和综合。

2. 对各种微波连接元件力求做到在连接处没有反射，处于阻抗匹配状态。

3. 终端负载是一种单口元件。常用的终端负载有两类，一类是匹配负载，一类是可变短路器。对用于波导中的可调短路器有良好的电接触，抗流型活塞是解决电接触的良好途径。

4. 阻抗变换器一般是由一段或几段特性阻抗不同的传输线所构成，它主要解决不同传输线连接中实现阻抗匹配作用。

5. 衰减器是用来限制或控制系统中功率电平的，分固定和可变的两种。

6. 移相器分为固定和可变两类，还分为机械控制(有惯性)和电子控制(无惯性)两种形式。

7. 定向耦合器是四端口网络元件，具有定向传输特性。主要技术指标有耦合度、隔离度和方向性。

8. 微波滤波器是用来分离不同频率信号的一种元件。

9. 微波谐振器是具有储能和选频作用的一种微波元件。

10. 微波铁氧体中具有非互易特性，其散射矩阵是不对称的。

5.2　典型例题解析

【例 5.1】 试设计微带线低通滤波器。已知微带线的特性阻抗 50 Ω，截止频率 $f_c=5$ GHz，带内波纹 $L_{Ar}=0.1$ dB，在阻带频率 $f_s=10$ GHz 处要求 $L_{As}>30$ dB，且保证 $f=12$ GHz 能截止。

解：(1) 确定低通原型。选 $L_{Ar}=0.1$ dB 的切比雪夫原型。根据 $\Omega_s=\omega_s/\omega_c=$

10/5=2和 $L_{As}>30$ dB,查表得 $N=5$,并由表“切比雪夫低通原型滤波器归一化元件值”(见附录二)查得原型滤波器元件的归一化值为

$g_0=g_6=1$,　　$g_1=g_5=1.1468$

$g_2=g_4=1.3712$, $g_3=1.9750$

(2) 计算各元件的真实值。选用电容输入方式,则这些元件中的标号为奇数的元件是电容,标号为偶数的元件为电感。终端阻抗均为 50 Ω,故得

$$C_1=C_5=\frac{g_1}{\omega_c Z_0}=\frac{1.1468}{2\pi\times 5\times 10^9\times 50}=0.73\ \text{pF}$$

$$C_3=\frac{g_3}{\omega_c Z_0}=\frac{1.9750}{2\pi\times 5\times 10^9\times 50}=1.26\ \text{pF}$$

$$L_2=L_4=\frac{g_2}{\omega_c}Z_0=\frac{1.3712}{2\pi\times 5\times 10^9}\times 50=2.18\ \text{nH}$$

(3) 选定介质基片。选陶瓷片,其参数为 $\varepsilon_r=9.6$, $h=0.8$ mm。

(4) 计算各电感线长度与宽度。由前面分析可知,$l<\lambda_p/8$ 的高阻抗线可以等效为串联电感。高阻抗线的特性阻抗选得太低,则微带线太长,且误差较大;但特性阻抗选得太高,则微带线太细,工艺上难以实现。我们选 $Z_{0h}=100$ Ω,查表“微带线特性阻抗 Z_0 和相对等效介电常数与尺寸的关系”(见附录三)得 $w_1/h=0.16$, $\sqrt{\varepsilon_{re1}}=2.41$,即求得 $w_1=0.128$ mm。

此微带线中电磁波的相波长和相速度分别为

$$\lambda_{ph}=\frac{\lambda_0}{\sqrt{\varepsilon_{re1}}}=\frac{60}{2.41}=24.90\ \text{mm}$$

$$v_{ph}=\frac{v_0}{\sqrt{\varepsilon_{re1l}}}=\frac{3\times 10^{11}}{2.41}=1.24\times 10^{11}\ \text{mm/s}$$

电感线段的长度为

$$l_2=l_4=\frac{l_2 v_{ph}}{Z_{oh}}=\frac{2.18\times 10^{-9}\times 1.24\times 10^{11}}{100}=2.70\ \text{mm}$$

(5) 计算各电容线段的长度和宽度。电容线段应为低阻抗线,选 $Z_{0l}=15$ Ω,查表“微带线特性阻抗 Z_0 和相对等效介电常数与尺寸的关系”(见附录三)得 $w_2/h=6$, $\sqrt{\varepsilon_{re2}}=2.81$,故 $w_2=4.8$ mm。

此微带线中电磁波的相波长和相速度分别为

$$\lambda_{pl}=\frac{\lambda_0}{\sqrt{\varepsilon_{re2}}}=\frac{60}{2.81}=21.4\ \text{mm}$$

$$v_{pl}=\frac{v_0}{\sqrt{\varepsilon_{re12}}}=\frac{3\times 10^{11}}{2.81}=1.07\times 10^{11}\ \text{mm/s}$$

各电容线段的长度为

$$l_1=l_5=Z_{0l}v_{pl}C_1=15\times 1.07\times 10^{11}\times 0.73\times 10^{-12}=1.17\ \text{mm}$$

$$l_3=Z_{0l}v_{pl}C_3=15\times 1.07\times 10^{11}\times 1.26\times 10^{-12}=2.02\ \text{mm}$$

最后，验算各段线长度均小于$\frac{\lambda_p}{8}$，故满足要求。该微带线低通滤波器中心导带结构尺寸如图所示。

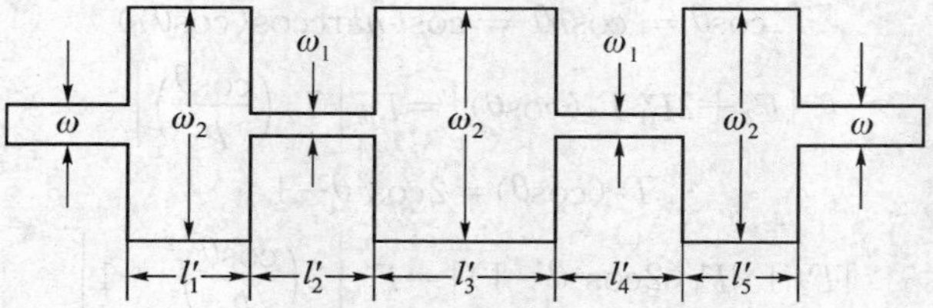

例 5.1 图

【例 5.2】 有一个无色散传输系统，其中一段传输线的特性阻抗为 50 Ω，另一段传输线的特性阻抗为 100 Ω；工作频率范围是 2 364～3 636 MHz，带宽因子 $p=0.327$，允许的最大反射系数的模 $\Gamma_m \leqslant 0.02$。(1)若采用两节切比雪夫阻抗变换器作为阻抗变换段，试求各节的长度和特性阻抗值；(2)在上述条件下，若采用二项式阻抗变换器作为阻抗变换段，试求变换段的节数，各节的长度和特性阻抗值。

解：已知 $Z_0=50\ \Omega$，$Z_{n+1}=100\ \Omega$，阻抗变换比 $R=\frac{100}{50}=2$。带宽因子 $p=0.327$，频率范围 $f_1=2\ 364$ MHz，$f_2=3\ 636$ MHz，中心频率 $f_0=\frac{1}{2}(f_1+f_2)=3\ 000$ MHz，波长(空气填充)$\lambda_1=\frac{v_0}{f_1}=12.69$ cm，$\lambda_2=\frac{v}{f_2}=8.25$ cm，中心波长 $\lambda_0=\frac{2\lambda_1\lambda_2}{\lambda_1+\lambda_2}=10$ cm。$\theta=\beta l$，$\beta=\frac{2\pi}{\lambda}$，$l=\frac{\lambda_0}{4}=2.5$ cm。

(1) 采用两段 $\lambda/4$ 阻抗变换段，有三个阶梯，如图(例 5.2 图(a))所示。

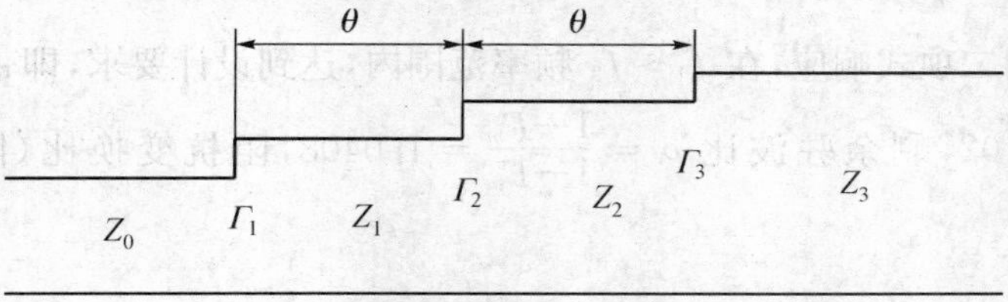

例 5.2 图(a)

设每个阶梯处的反射系数为 Γ_1、Γ_2 与 Γ_3，且 $\Gamma_3=\Gamma_1$(对称)，则始端总反射系数 Γ 为

$$\Gamma=\Gamma_1+\Gamma_2 e^{-j2\theta}+\Gamma_3 e^{-j4\theta}=(\Gamma_2+2\Gamma_1\cos 2\theta)e^{-j2\theta}$$

其大小$|\Gamma|$为

$$|\Gamma|=|\Gamma_2+2\Gamma_1\cos 2\theta|$$

若采取切比雪夫响应特性，则反射系数为

$$|\Gamma|=\Gamma_m\left|T_n\left(\frac{\cos\theta}{p}\right)\right|$$

即 $$|\Gamma_2+2\Gamma_1\cos2\theta|=\Gamma_m\left|T_n\left(\frac{\cos\theta}{p}\right)\right|$$

由于切比雪夫多项式在带内的通式为

$$T_n\cos\theta=\cos n\theta=\cos(n\arccos(\cos\theta))$$

故上式变为 $$|\Gamma_2+2\Gamma_1T_2(\cos\theta)|=\Gamma_m\left|T_2\left(\frac{\cos\theta}{p}\right)\right|$$

利用 $$T_2(\cos\theta)=2\cos^2\theta-1$$

有 $$|\Gamma_2+2\Gamma_1(2\cos^2\theta-1)|=\Gamma_m\left|2\left(\frac{\cos\theta}{p}\right)^2-1\right|$$

等号两边 $\cos\theta$ 同幂次项系数相等。这样，即可得到各阶梯处的反射系数

$$\Gamma_1=\frac{\Gamma_m}{2p^2}=\frac{0.02}{2(0.327)^2}=0.0935=\Gamma_3$$

$$\Gamma_2=2\Gamma_1-\Gamma_m=0.167$$

由于 $$\Gamma_i=\frac{S_i-1}{S_i+1}=\frac{1}{2}\ln S_i=\frac{1}{2}\ln\frac{Z_i}{Z_i-1}$$

故有 $$\Gamma_1=\frac{1}{2}\ln\frac{Z_1}{Z_0},\frac{Z_1}{Z_0}=e^{2\Gamma_1}$$

所以 $$Z_1=e^{2\Gamma_1}Z_0=e^{0.187}\times50=60.28\ \Omega$$

同理 $$\Gamma_2=\frac{1}{2}\ln\frac{Z_2}{Z_0},Z_2=e^{2\Gamma_2}Z_1=84.18\ \Omega$$

$$\Gamma_3=\Gamma_1=\frac{1}{2}\ln\frac{Z_3}{Z_2},Z_3=e^{2\Gamma_3}Z_2=100\ \Omega$$

所以各阶梯段的阻抗为 $Z_1=60.28\ \Omega, Z_2=84.18\ \Omega$

各段长度 $$l_1=l_2=\frac{\lambda_0}{4}=2.5\text{ cm}$$

(2) 若采用二项式响应，在 $f_1\sim f_2$ 频率范围内，达到设计要求，即带内最大反射系数的模 $\Gamma_m\leqslant0.02$，剩余驻波比 $\rho_r=\frac{1+\Gamma_m}{1-\Gamma_m}=1.0408$，阻抗变换比（阻抗落差）$R=\frac{100}{50}=2$。

①由剩余驻波比 ρ_r 和阻抗变换比确定节数 n，令

$$\varepsilon_r=\frac{(\rho_r-1)^2}{4\rho_r}=0.000\ 4\qquad\varepsilon_a=\frac{(R-1)^2}{4R}=0.125$$

$$\rho=0.327$$

故 $$n=\frac{\lg\varepsilon_r-\lg\varepsilon_a}{2\lg p}=2.57$$

n 为正整数，取 $n=3$。

即二项式响应应采用三节阶梯，如图（例 5.2 图(b)）所示。

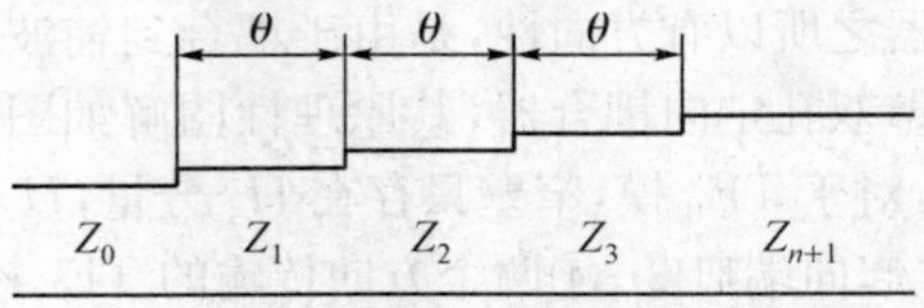

例 5.2 图(b)

②n 确定，根据二项式分布特性，各阶梯处反射系数相对于 Γ_1 的比 α_i，当 $n=3$ 时，有

$$\alpha_1=1,\alpha_2=3,\alpha_3=3,\alpha_4=1$$

而 $$S_i=\frac{Z_i}{Z_i-1}=\mathrm{e}^{2\Gamma_i}=R^{\left[\frac{\alpha_i}{\sum\alpha_i}\right]},Z_i=Z_{i-1}R^{\left[\frac{\alpha_i}{\sum\alpha_i}\right]}$$

$$\sum\alpha_i=1+3+3+1=8$$

$$R=2$$

故，各阶梯段的阻抗为

$$Z_0=50\ \Omega,Z_1=50R^{\frac{1}{8}}=54.525\ \Omega,$$

$$Z_2=Z_1R^{\frac{3}{8}}=70.710\ \Omega,Z_3=Z_2R^{\frac{3}{8}}=91.699\ \Omega$$

$$Z_4=Z_{n+1}=100\ \Omega$$

(3) 各节的长度　$l_1=l_2=\frac{\lambda_0}{4}=2.5\text{ cm}$

【例 5.3】 一个魔 T 接头，在端口①接匹配负载，端口②内置以短路活塞，当信号从端口③(H 臂)输入时，端口③与端口④(E 臂)的隔离度如何？

解：魔 T 接头为一个四端口元件，当信号由端口③(H 臂)输入时，端口①、②等幅反相输出，与端口③隔离。对魔 T 来讲，端口③、④为故有隔离，隔离性能很好。

但对本题而言，当端口①接匹配负载，端口②置短路器时，由端口③输入的信号，均分到端口①、②，端口①因接匹配，传过去的能量全部被吸收，无反射，而使到端口②的一半信号，因端口②内置短路活塞，全部反射回来，相当由端口②输入信号，该信号将均分到端口③、④，因此可见，端口③、④的隔离度很差。即由端口③有一个单位功率的信号时，在该题的情况下，将有$\frac{1}{4}$功率传到端口④，因此端口③、④的隔离度为

$$I=10\lg\frac{1}{\frac{1}{4}}=10\lg4=6.02\text{ dB}。$$

【例 5.4】 从物理概念上定性地说明：(1) 定向耦合器为什么会有方向性；(2) 在矩形波导中(工作于主模)，若在主副波导的公共窄壁上开一小圆孔，能否构成一个定向耦合器？

解：定向耦合器为一个四端口元件，它是通过主辅线之间的耦合机构(对于矩形波

导而言，耦合机构，多为孔、槽和缝隙等)将主波导的能量耦合到辅波导中，而在辅波导中定向传输。定向耦合器之所以有方向性，是由于耦合到辅波导中的电磁波相互干涉的结果。如矩形波导窄壁双孔定向耦合器，其原理性图解如图(例 5.4 图)所示。信号由主波导到端口①输入，对于 TE_{10}模，窄壁只存在 H_z 分量，H_z 经两个孔 a、b 耦合到辅波导中，在辅波导中建立起向端口③、④两个方向传输的 TE_{10}模，当两孔之间距离等于 $\lambda_g/4$ 时，由于由 a 孔与 b 孔耦合到辅波导中的，传到③端口所走路程相同，故同相相加，有输出，而辅波导传到端口④的波，在路程上有两个 $\lambda_g/2$ 的路程差(由 b 孔耦合传到端口④的波，较由 a 孔耦合传到端口④的波导多走了 $2\times\frac{\lambda_g}{4}=\frac{\lambda_g}{2}$ 的路程)，故两孔耦合波在端口③反相相加，互相抵消。因此窄壁双孔耦合具有方向性。而在波导窄壁开一个小圆孔(单孔)，则不具有方向性。

在矩形波导的公共宽壁上开一个耦合孔，由于宽壁开孔既有磁场耦合又有电场(E_y)的耦合，既存在电耦合，又存在磁耦合，两种耦合相干涉的结果可构成方向性，即宽壁单孔具有方向性。

在公共窄壁开一个长的缝隙(不是一个小圆孔)，也可以构成方向性，称之为波导缝隙电桥。

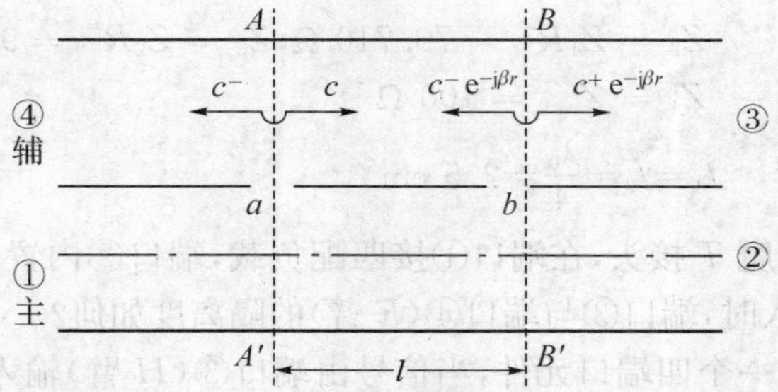

例 5.4 图　双向定向耦合器原理性示意图

【例 5.5】　有一个半径 5 cm、长 10 cm 的圆柱形谐振腔；另一个是半径 5 cm，长 12 cm的圆柱形谐振腔，试求它们工作于振荡模式的谐振频率。

解：对于圆柱形腔，当 $l>2.1R$ 时，最低模式为 TE_{111}，当 $l<2.1R$ 时，最低模式为 TE_{010}。

因此，对于 $R=5$ cm，$l=10$ cm 的腔，由于 $l<2.1R$，故最低模式为 TE_{010}，其谐振波长 $\lambda_r=2.62R$，所以其谐振频率 f_r 为(空气填充)

$$f_r=\frac{3\times10^{10}}{\lambda_r}=2.29\ \text{GHz}$$

对于 $R=5$ cm，$l=12$ cm 的腔，由于 $l>2.1R$，故最低模式为 TE_{111}，其谐振波长 λ_r 为

$$\lambda_r=\frac{1}{\sqrt{\left(\frac{\mu_{11}}{2\pi R}\right)^2+\left(\frac{1}{2l}\right)^2}},\mu_{11}=1.841$$

所以其谐振频率 f_r 为

$$f_r = \frac{3\times 10^{10}}{\lambda_r} = 3\times 10^{10}\sqrt{\left(\frac{\mu_{11}}{2\pi R}\right)^2 + \left(\frac{1}{2l}\right)^2}$$
$$= 2.157\ \text{GHz}$$

【例 5.6】 一个空气填充的矩形谐振腔，它的尺寸为 $a=4$ cm，$b=2$ cm，$l=5$ 充满，用电导率 $\sigma=5.8\times 10^7$ s/m 的铜制作，试求腔体的谐振频率和固有品质因数：(1) 工作于 TE_{201} 模，(2) 工作于 TE_{111} 模。

解：矩形腔的谐振频率由下式计算

$$f_r = \sqrt{\left(\frac{m}{2a}\right)^2 + \left(\frac{n}{2b}\right)^2 + \left(\frac{p}{2l}\right)^2}$$

对于 TE_{201} 模，$v=3\times 10^{10}$ cm/s，f_r 为

$$f_r = 8.077\ \text{GHz}$$

对于 TE_{111} 模，$v=3\times 10^{10}$ cm/s，f_r 为

$$f_r = 8.906\ \text{GHz}$$

矩形腔 TEmnp 模式的无载品质因数为

$$Q_0 = \frac{\lambda_r}{\delta}\frac{abl}{2}\frac{\left(\dfrac{m^2}{a^2}+\dfrac{p^2}{l^2}\right)^{\frac{3}{2}}}{\dfrac{m^2}{a^2}l(a+2b)+\dfrac{p^2}{l^2}a(l+2b)}$$

矩形腔 TEm0p 模式的无载品质因数为

$$Q_0 = \frac{\lambda_r}{\delta}\frac{abl}{2}\frac{\left(\dfrac{m^2}{a^2}+\dfrac{p^2}{b^2}\right)\left(\dfrac{m^2}{a^2}+\dfrac{n^2}{b^2}+\dfrac{p^2}{l^2}\right)}{\dfrac{m^2}{a^2}b(a+l)+\dfrac{n^2}{b^2}a(b+l)}$$

而　　$\delta=\sqrt{\dfrac{2}{\sigma\mu\omega_r}}$，$\sigma=5.8\times 10^7$ s/m，$\mu=4\pi\times 10^{-7}$ H/m，$\omega_r=2\pi f_r$

因此，对于 TE_{201} 模，$\omega_r=2\pi f_r=50.75$ GHz，$\lambda_r=\dfrac{3\times 10^{10}}{f}=3.714$ cm，计算得

$$\delta = 0.07\times 10^{-5}\,\text{m},\ Q_0 = 1.098\times 10^4$$

【例 5.7】 有一电容负载式同轴线谐振腔，其内导体外直径为 $d=0.5$ cm，外导体内直径为 $D=1.5$ cm，终端负载电容为 1 pF，如要求腔的谐振频率 $f_r=3$ GHz，试确定腔体尺寸。

解：
$$Z_c=\frac{60}{\sqrt{\varepsilon_r}}\ln\frac{b}{a}=65.92\ \Omega$$
$$\omega_r=2\pi f_r=18.85\times 10^9$$
$$\lambda_r=10\ \text{cm},\ C=1\ \text{pF}$$

因此，腔长 l 为

$$l=\frac{\lambda_r}{2\pi}\arctan\frac{1}{\omega_r C Z_c}+p\frac{\lambda_r}{2}$$

$$=1.0785+p\frac{\lambda_r}{2}=(1.0785+5p)\text{cm}\quad(p=0,1,2\cdots.)$$

5.3 课后习题解答

【5.1】 已知终端匹配的波导，在其宽边中央插入一个螺钉，在该处测得反射系数为 0.4，求该螺钉的归一化电纳值 b。

解：为避免波导短路和击穿，螺钉长小于$\lambda/4$，故为容性的。

在终端匹配的波导宽边中央插入一螺钉，即在该处并联一导纳，此处归一化导纳为 $y_{in}=1+jb$（小写字母均代表归一化值）

该处反射系数模为 $|\Gamma|=\left|\frac{Z_L-Z_0}{Z_L+Z_0}\right|=\left|\frac{1-y_{in}}{1+y_{in}}\right|=\left|\frac{-jb}{2+jb}\right|=0.4$

$$0.4=\frac{\sqrt{b^2}}{\sqrt{4+b^2}}$$

$\therefore b=0.873$

该螺钉的归一化电纳值 $jb=j0.873$

【5.2】 已知波导宽边 $a=72.14$ mm，工作波长 $\lambda=10$ cm，若用厚度 $t=2$ mm 的膜片进行匹配，并且膜片的相对电纳为-0.6，求膜片的尺寸。

解：矩形波导尺寸 $a\times b=72.14\ \text{mm}\times 34.04\ \text{mm}$，

$\lambda_0=10$ cm，则 TE_{10} 模波导波长为

$$\lambda_g=\frac{\lambda_0}{\sqrt{1-\left(\frac{\lambda_0}{2a}\right)^2}}=138.73\ \text{mm}$$

膜片厚度忽略，则相对电纳为

$$\frac{b'}{Y_e}=\frac{4b}{\lambda_g}\left[\ln\left(\csc\frac{\pi d}{2b}\right)\right]=0.6$$

$$\ln\left(\csc\frac{\pi d}{2b}\right)=0.6113$$

$$\sin\left(\frac{\pi}{2}\frac{d}{b}\right)=0.5426$$

$$\frac{d}{b}=0.3651$$

所以 $d=12.43$ mm

【5.3】 证明：假设互易三端口网络中，端口 3 短路，则[S]矩阵可以写成为

$$[S]=\begin{bmatrix}S_{11} & S_{12} & S_{13}\\ S_{12} & S_{22} & S_{23}\\ S_{13} & S_{23} & 1\end{bmatrix}$$

为了保证无耗的，必须满足下列幺正性条件

$S_{13}^*S_{23}=0 \quad S_{12}^*S_{13}+S_{23}^*S_{33}=0 \quad S_{23}^*S_{12}+S_{33}^*S_{13}=0$

$|S_{12}|^2+|S_{13}|^2=1 \quad |S_{12}|^2+|S_{23}|^2=1 \quad |S_{13}|^2+|S_{23}|^2+|S_{33}|^2=1$

把 $S_{33}=1$ 代入上式，可得 $S_{13}=S_{23}=0$，$|S_{12}|=1$。

为了保证对称的，因此满足 $S_{11}=S_{22}$。

因此，可以选择适当参考面，使得 $S_{11}=S_{22}=0$。这时，此网络实际上由两个分开的器件组成，一个是匹配的二端口传输线，另一个是完全失配的一端口网络。

证毕。

【5.4】 设有一线性互易无耗的四端口网络，如图 5－42 所示，它在结构上对 O-O'平面对称，试证明：只要 $S_{11}=S_{33}=0$，$\theta_{13}=\theta_{23}$，$|S_{12}|\neq0$，$|S_{34}|\neq0$，则必为定向耦合器。

证明：由于端口 1 与端口 2 对称，端口 3 与端口 4 对称。则

$$S_{11}=S_{22},S_{33}=S_{44},S_{13}=S_{24},S_{23}=S_{14}$$

互易网络有

$$S_{ij}=S_{ji}$$

若 $S_{11}=S_{33}=0$，即 $S_{11}=S_{22}=S_{33}=S_{44}=0$

四个端口全匹配。

此网络 S 为

$$\boldsymbol{S}=\begin{bmatrix}0 & S_{12} & S_{13} & S_{14}\\ S_{12} & 0 & S_{14} & S_{13}\\ S_{13} & S_{14} & 0 & S_{34}\\ S_{14} & S_{13} & S_{34} & 0\end{bmatrix}$$

又因为网络是无损耗的，则

$$|S_{12}|^2+|S_{13}|^2+|S_{14}|^2=1 \tag{1}$$

$$|S_{13}|^2+|S_{14}|^2+|S_{34}|^2=1 \tag{2}$$

$$S_{13}^*S_{14}+S_{14}^*S_{13}=0 \tag{3}$$

$$S_{12}^*S_{13}+S_{13}^*S_{34}=0 \tag{4}$$

$$S_{12}^*S_{14}+S_{14}^*S_{34}=0 \tag{5}$$

又由于 $\theta_{13}=\theta_{23}$，$|S_{12}|\neq0$，$|S_{34}|\neq0$，代入(1)、(2)可得

$$|S_{14}|=0$$

在四个端口的三个端口上适当选择相位参考面，使 $S_{12}=S_{34}$，则

$$\boldsymbol{S}=\begin{bmatrix}0 & S_{12} & S_{13} & 0\\ S_{12} & 0 & 0 & S_{13}\\ S_{13} & 0 & 0 & S_{12}\\ 0 & S_{13} & S_{12} & 0\end{bmatrix}$$

因此，属于典型的对称耦合器，证毕。

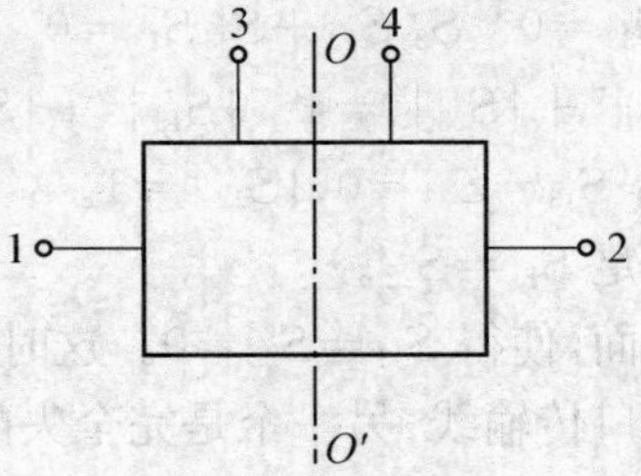

图 5－42　习题 5.4

【5.5】　解：对于微带不等功率分配器，如下图

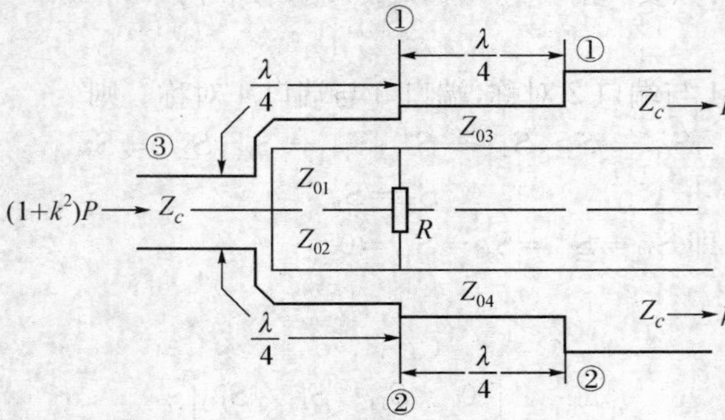

题 5.5 图(a)

根据要求，为了实现匹配，微带不等功率分配器的各段特性阻抗应满足如下关系：

$$Z_{C_1}=Z_C\sqrt{k(1+k^2)}$$

$$Z_{C_2}=\frac{Z_c\sqrt{k(1+k^2)}}{k^2}$$

$$Z_{C_3}=Z_c\sqrt{k}$$

$$Z_{C_4}=\frac{Z_c}{\sqrt{k}}$$

$$R=Z_c\frac{(1+k^2)}{k}$$

因此，由上面理论，可得本题中，$P_2=P$，$P_3=k^2P$，$P_1=(1+k^2)P$，计算可得 $k=\sqrt{3}$。代入各段特性阻抗公式，即可得：

$Z_{02}\approx131.61\ \Omega$，$Z_{03}\approx43.87\ \Omega$，$Z_{04}\approx65.8\ \Omega$，$Z_{05}\approx38\ \Omega$

【5.6】　在三分支 Y 形接头中，假定端口 1、端口 2 是匹配的，试证明：选择适当的参考面可以使其散射矩阵 S 为

$$[S]=\begin{bmatrix}0&1&0\\1&0&0\\0&0&1\end{bmatrix}$$

解：三端口网络的 S 矩阵为

$$[S]=\begin{bmatrix}S_{11} & S_{12} & S_{13}\\ S_{21} & S_{22} & S_{23}\\ S_{31} & S_{32} & S_{33}\end{bmatrix}$$

根据题意，端口 1、2 匹配，因此 $S_{11}=S_{22}=0$，根据互易性可知，$S_{12}=S_{21}$，$S_{32}=S_{31}$，$S_{32}=S_{23}$，由于反对称场性质，$S_{23}=-S_{13}$，则 S 参量变为

$$[S]=\begin{bmatrix}0 & S_{12} & S_{13}\\ S_{12} & 0 & -S_{13}\\ S_{13} & -S_{13} & S_{33}\end{bmatrix}$$

对于无耗网络 $\boldsymbol{S}^{\mathrm{T}}\boldsymbol{S}^{*}=1$，则：

$$\begin{bmatrix}0 & S_{12} & S_{13}\\ S_{12} & 0 & -S_{13}\\ S_{13} & -S_{13} & S_{33}\end{bmatrix}\begin{bmatrix}0 & S_{12}^{*} & S_{13}^{*}\\ S_{12}^{*} & 0 & -S_{13}^{*}\\ S_{13}^{*} & -S_{13}^{*} & S_{33}\end{bmatrix}=\begin{bmatrix}1 & 0 & 0\\ 0 & 1 & 0\\ 0 & 0 & 1\end{bmatrix}$$

即可得

$$|S_{12}|^2+|S_{13}|^2=1 \tag{1}$$

$$S_{13}S_{13}^{*}=0 \tag{2}$$

$$|S_{13}|^2+|-S_{13}^{*}|^2+|S_{33}|^2=1 \tag{3}$$

由(2)可得 $S_{13}=0$；由(1)可得 $|S_{12}|=1$。若适当选择参考面，$S_{12}=1$，则由(3)可得 $|S_{33}|=1$，若适当选择参考面 $S_{33}=1$，因此有

$$[S]=\begin{bmatrix}0 & 1 & 0\\ 1 & 0 & 0\\ 0 & 0 & 1\end{bmatrix}$$

【5.7】　解：解法同题 5.5，根据题意 $P_3/P_2=1/3=k^2$，即 $k=\dfrac{1}{\sqrt{3}}$。可得三端功分器各段特性阻抗值为：

$Z_{02}\approx 43.87\ \Omega$，$Z_{03}\approx 131.61\ \Omega$，$Z_{04}\approx 38\ \Omega$，$Z_{05}\approx 65.8\ \Omega$，$R=115.47\ \Omega$。

【5.8】　解：根据微带低通滤波器设计原则

$\because \left|\dfrac{f_s}{f_c}\right|-1\approx 0.333$，又因为 $L_{As}\geqslant 30$ dB，$\therefore N\geqslant 8$

因此选择原型滤波器为 9 节，则各元件归一化值如下：

$g_1=0.390\ 2$，$g_2=1.111\ 1$，$g_3=1.662\ 9$，$g_4=1.961\ 5$，

$g_5=1.961\ 5$，$g_6=1.662\ 9$，$g_7=1.111\ 1$，$g_8=0.390\ 2$，$g_9=1.000\ 0$

电感输入式梯形网络结构图如下：

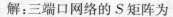

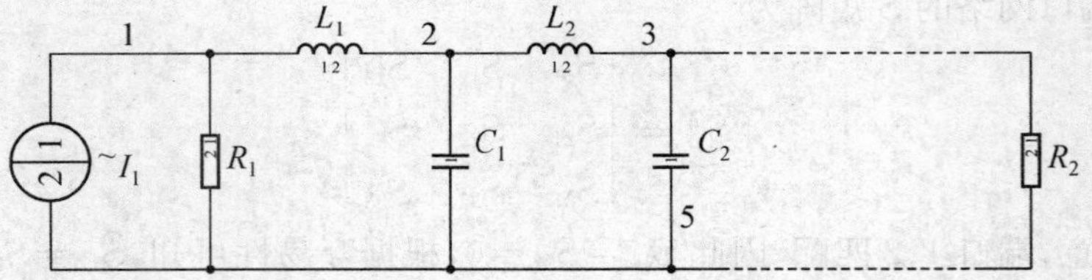

【5.10】 解：根据等波纹电感耦合带通滤波器的传输线模型，使用插入损耗法可以得到三阶 0.5 dB 等波纹电感耦合带通滤波器的微带实现如题 5.10 图(a)所示。

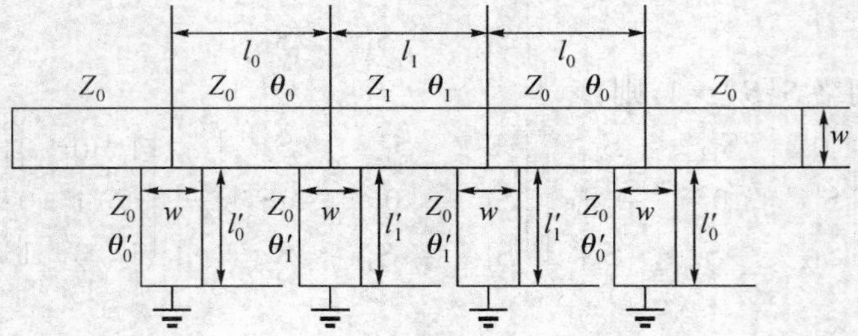

题 5.10 图(a)

各微带线的尺寸为：

l_0=40.07 mm，l_1=39.73 mm，$l_0{'}$=10.62 mm，

$l_1{'}$=6.26 mm，w=1.34 mm。

在此基础上进行数学优化，优化目标为 min K。

根据优化计算的结果，得出滤波器中各传输线尺寸如下：

l_0=38.69 mm，l_1=42.48 mm，$l_0{'}$=9.41 mm，

$l_1{'}$=5.09 mm，w=1.34 mm。

利用 MATLAB 软件，对传输函数 S_{12}，S_{11} 的仿真结果如图(b)、(c)所示。

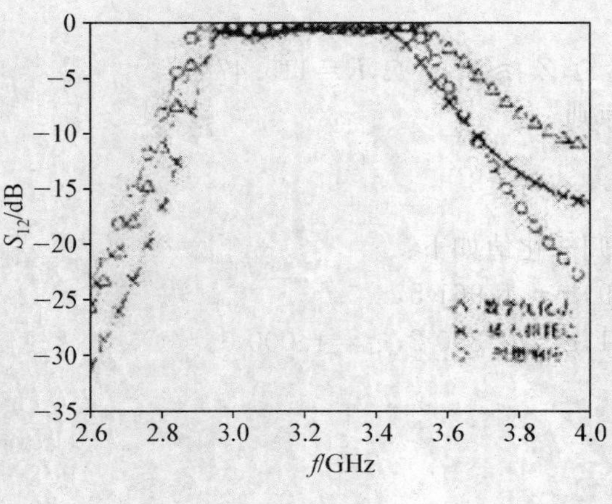

题 5.10 图(b)S_{12}

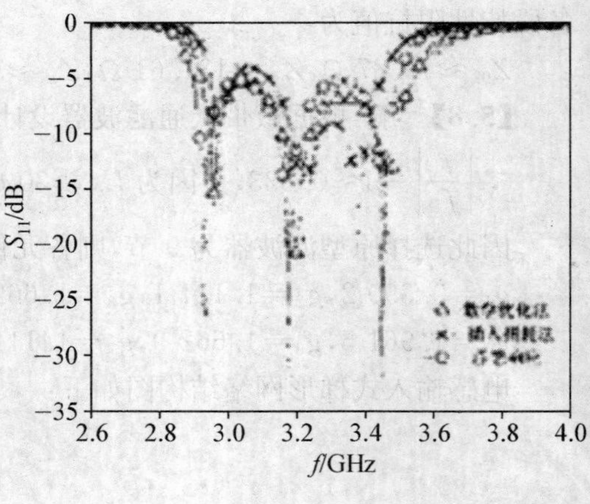

题 5.10 图(c)S_{11}

可以看出，采用数学优化方法以后，通带带宽增加，达到了26%左右，优化后结果改善了原有的等波纹特性，更接近理想响应，滤波器性能得到提升。

【5.11】 解：∵终端为开路线

$\therefore Z_{in}=Z_0\coth(\alpha+j\beta)l=Z_0\dfrac{1+j\tan\beta l\tan\alpha l}{\tanh\alpha l+j\tan\beta l}$，令 $\omega=\omega_0$ 时，$l=\dfrac{\lambda}{4}$

$Q=\omega_0 CR=\dfrac{\beta}{2\alpha}$

【5.12】 解：

(a) $\because l=\dfrac{\lambda_0}{2\pi}\arctan\dfrac{1}{\tilde{\omega}_0 CZ_0}$，$\therefore C=0.816\ \text{pF}$

(b) $\because \dfrac{1}{Q_L}=\dfrac{1}{Q_e}+\dfrac{1}{Q}=\dfrac{1}{\omega_0 CR_L}+\dfrac{1}{\omega_0 CR}$

由于 $R=10^4\,\Omega$，$R_L=10^3\,\Omega$

因此引入损耗后 Q 值为：$Q_L\approx 3.08\times 10^4$

【5.13】 解：在 $\lambda/2$ 同轴线式波长计中，工作波长计算如下：

$\because l_2-l_1=\dfrac{\lambda}{2}$，$\therefore \lambda=9.6\ \text{cm}$

【5.14】 解：

∵单模振荡，$\therefore \lambda_{\min}>\dfrac{\pi(D+d)}{2}$，即 $D+d\leqslant\dfrac{2\lambda_{\min}}{\pi}=3.183\ \text{cm}$

为使 Q 值最大，应取 $\dfrac{D}{d}=3.6$，联立求解可得

$D=2.491\ \text{cm}$，$d=0.69\ \text{cm}$，$l=\dfrac{3\lambda}{4}=3.75\ \text{cm}$

加大电容可使腔体减小

$\omega C=\dfrac{1}{Z_0}\cot\left[\dfrac{\omega}{v}(l-d)\right]$，可得 $C=0.55\ \text{pF}$

【5.15】 解：铁氧体是微波技术中常用的一种非金属类磁性材料。在恒定磁场作用下，铁氧体中的匀旋电子与微波场产生所谓的“铁磁共振效应”、“法拉第旋转效应”等非互易特性。利用这些特性做成了隔离器、环行器等非互易微波元件，在微波技术中得到了广泛的应用。

与铁磁性材料（如铁、钢）不同，铁氧体具有如下特性：

1. 铁氧体混合物具有高电阻率，而且在微波频率会出现明显的各向异性。铁氧体材料的各向异性，实际上是由外加直流磁偏置场引入的。这个场使得铁氧体材料中的磁偶极子矩按一定方向排列，产生一个净（非零）磁偶极子矩，从而引起磁偶极子以一定频率运动，运动频率由偏置场的强度来控制。与运动方向相同的圆极化微波信号，与这偶极子矩产生强烈相互作用；相反极化方向微波信号的场，则相互作用很弱。因此，就一定运动方向而言，由于信号的运动方向随传播方向不同而改变，微波信号沿不同方向

通过铁氧体时传播情况就不同。

2. 铁氧体材料的另一种有用的特性是，它与外加微波信号的相互作用，可以通过调整外加偏置场的强度加以控制。

【5.16】 解：铁氧体的张量磁导率，也称坡耳德尔张量。它的物理意义是在没有磁化的情况下，旋磁介质可以近似地认为是均匀的各向同性的，在外加直流恒定磁场 H_0 的作用下，它就变为各向异性的。这时沿着 x 轴方向的磁场强度 H 所产生的磁感应强度 B 的方向并不单纯沿着 x 轴方向，同时还具有 y 方向的分量，它可以把一种极化波转换为另一种极化波。

由于旋磁介质具有各向异性的特性，电磁波在这种介质中传播就会产生一系列新的效应，如极化面旋转效应（法拉第旋转效应）、非互易场移效应、共振吸收以及张量磁导率的改变等，利用这些效应可制成多种类型的微波铁氧体器件。

6　微波有源器件与电路

6.1　基本内容概述

1. 用于微波晶体管放大器的微波晶体管从结构与机理上可分为双极晶体管和场效应晶体管。

2. 微波晶体管放大器的稳定性主要取决于晶体管的本身参数、源阻抗及负载阻抗的性质和大小。根据微波晶体管的 S 参数，通常将微波晶体管分为无条件稳定（绝对稳定）和有条件稳定（潜在不稳定）两大类。无条件稳定指负载阻抗和源阻抗可以任意选择，放大器都稳定工作而不会自激振荡；有条件稳定指只有在负载阻抗和源阻抗满足一定条件时，放大器才能稳定工作。

3. 微波晶体管放大器绝对稳定的充分必要条件为

$$\begin{cases} 1-|S_{11}|^2 > |S_{12}S_{21}| \\ 1-|S_{22}|^2 > |S_{12}S_{21}| \\ K > 1 \end{cases}$$

4. 对于小信号微波晶体管放大器，通常提出的技术指标有噪声系数、增益、工作频带、带内增益起伏、输入输出电压驻波比，这些技术指标是设计小信号微波晶体管放大器的依据。

5. 在微波晶体管设计中，认为 $S_{12}=0$ 的设计方法称为单向化设计。在单向化设计中，如果要求放大器在某一个频率上获得最大增益，或者设计窄带放大器时，可采用工作频带的高端设计成共轭匹配，以获得最大增益。采用输入和输出端共轭匹配，以获得最大增益的设计方法叫最大增益设计法。当输入和输出端都是共轭匹配时，单向转换功率增益最大，即

$$G_{TM} = G_0 G_{1\max} G_{2\max} = \frac{|S_{21}|^2}{(1-|S_{11}|^2)(1-|S_{22}|^2)}$$

6. 混频器的主要特性包括损耗、噪声系数、信号和本振端口的输入驻波比、本振与信号端口之间的隔离度和信号的动态范围等。

7. 从微波振荡器所使用的器件类型可以将微波振荡器分为三类：微波二极管振荡器、微波晶体三极管振荡器和电真空器件构成的微波振荡器。

8. 负阻型微波振荡器必须满足如下条件：

(1) 起振条件为 $G<G_d$

(2) 平衡条件为 $Y_d(\omega,V)+Y_L(\omega)=0$

(3) 稳定条件可由图解法来判别。

6.2 典型例题解析

【例 6.1】 要求设计工作频率为 4 GHz，5%～10%带宽的窄带放大器。

解：(1) 选用 NEC67383 GaAs FET(砷化镓场效应管)，因为它具备后面所需要的 16.8 dB 最大增益。查表可得 4 GHz 附近的 S 参数和噪声系数为

$S_{11}=0.88\angle-79°$，$S_{21}=2.85\angle107°$，$S_{12}=0.06\angle35°$，$S_{22}=0.61\angle-58°$

(2) 判别晶体管的稳定性，根据上述参数，可得

$$|\Delta|=|S_{11}S_{22}-S_{12}S_{21}=0.55<1$$

$$K=\frac{1-|S_{11}|^2-|S_{22}|^2+|\Delta|^2}{2|S_{12}S_{21}|}=0.46<1$$

K 不满足绝对稳定条件。因此如果这种晶体管与 50 Ω 电路直接相连，就可能会不稳定。在窄带条件中，选择 Γ_S 和 Γ_L 来实现稳定的源和负载反射系数。假设 $Z_L=Z_0=50\ \Omega$，则 $\Gamma_L=0$，因此 Γ_S 圆外为稳定区域。

(3) 满足单向化设计。假设只希望获得 5 dB 的传输增益(增益比为 3.16)，因此

$$g_{T,S}=\frac{3.16}{5.75}=0.55$$

输入匹配电路设计：

为设计由原点至等增益圆上某点的集总匹配网络，必须增加一电感，根据 Smith 圆图，可求得，其电感值在 4 GHz 时为 2 nH。

利用 CAD 方法设计出输出匹配网络，其在 2～6 GHz 间性能如下图(例 6.1 图)所示，放大器输入端最小驻波比为 5∶1。

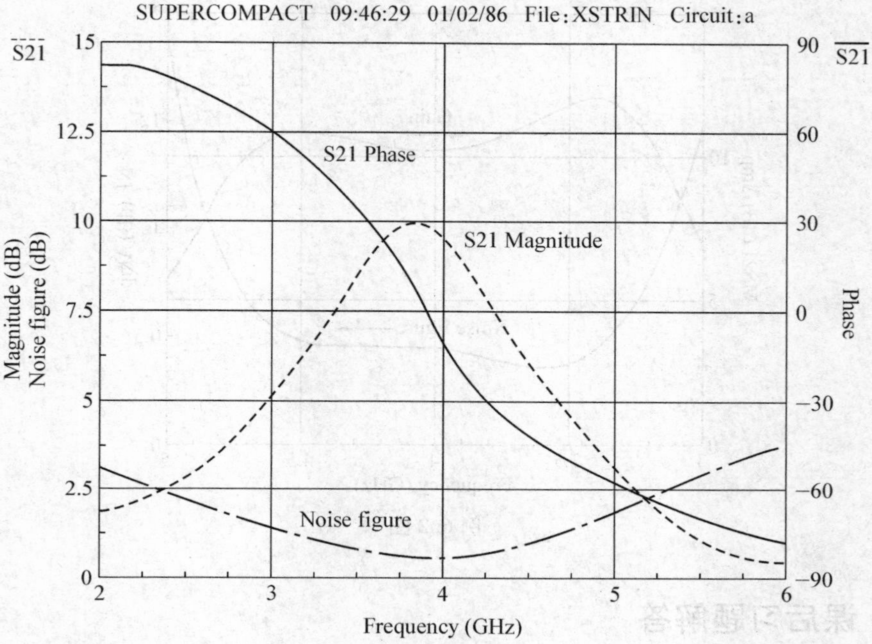

例 6.1 图

【例 6.2】 要求设计工作频率为 3.5～4.5 GHz 的宽带放大器，噪声系数小于 1 dB，增益大于 10 dB。

解：宽带放大器设计最好利用计算机辅助设计工具进行。

选用 NEC67383 做为有源器件，因其在 4.5 GHz 时具有 0.45 dB 的低噪声系数，以及 16 dB 的最大稳定增益。这个最大稳定增益实际上是无法实现的，因为系数 K 太接近于 1，并且必须最小输入电路增益以得到所需的噪声系数。因此在目标增益外需要 6 dB 的富裕量用于电路稳定和输入匹配网络调谐。

在设计输出匹配网络中加入了一段传输线来展平放大器在整个频带上的增益响应。后面给出了在优化后带有稳定网络 STAB 的 SUPER－COMPACT 电路。这一电路是在稳定系数大于 1 并且保持最大资用增益的情况下优化得到的。

优化中命令 $K=1$ GT GMAX $W=-1$，意为使 $K>1$ 及 1/GMAX 最小。传输线的优化值是 $Z_0=56.5\ \Omega$，电长度在 4.5 GHz 时为 40.4°。电阻值为 19.1 Ω。通过仿真，带有匹配网络后的增益和噪声系数如下图（例 6.2 图）。

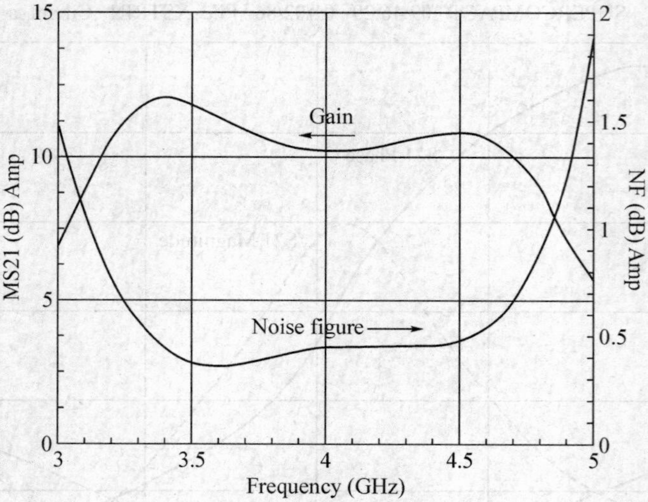

例 6.2 图

6.3 课后习题解答

【6.1】 已知两个微波晶体管的 S 参数为:

(a) $S_{11}=0.277\angle-59°$, $S_{21}=0.078\angle93°$, $S_{12}=1.92\angle64°$, $S_{22}=0.848\angle-31°$

(b) $S_{11}=0.25\angle170°$, $S_{21}=0.2\angle103°$, $S_{12}=3.7\angle35°$, $S_{22}=0.88\angle-53°$

试判断微波晶体管的稳定性,并说明能否进行单向化设计。

解:微波晶体管放大器绝对稳定的充分必要条件为

$$\begin{cases}1-|S_{11}|^2>|S_{12}S_{21}| \\ 1-|S_{22}|^2>|S_{12}S_{21}| \\ K>1\end{cases}$$ 其中 $K=\dfrac{1-|S_{11}|^2-|S_{22}|^2+|\Delta|^2}{2|S_{12}S_{21}|}$, $\Delta=S_{22}S_{11}-S_{12}S_{21}$

由于在一般微波晶体管 S 参数中,S_{12} 均较小。在微波晶体管设计中,认为 $S_{12}=0$ 的设计方法称为单向化设计。

(a) 把 S 参数代入上式,可得 $1-|S_{11}|^2=0.9233$, $1-|S_{22}|^2=0.2809$, $|S_{12}S_{21}|=0.1498$, $K=1.0325$, $S_{12}=-0.0041+0.0779i\approx0$,因此此微波晶体管绝对稳定,可以进行单向化设计。

(b) 把 S 参数代入上式,可得 $1-|S_{11}|^2=0.9375$, $1-|S_{22}|^2=0.2256$, $|S_{12}S_{21}|=0.74$, $K=0.3075$, $S_{12}\neq0$,因此此微波晶体管有条件稳定,不能进行单向化设计。

【6.2】

【6.3】 何谓振荡器的工作点？如何判别工作点稳定与否？

答：以负阻型微波振荡器为例，在复阻抗平面上分别画出负阻抗值 $Z_d(\omega, I)$ 和电路的阻抗轨迹 $Z_L(\omega)$ 的轨迹，它们的交点就是负阻振荡器的工作点。

过工作点 (ω_0, I_0) 作水平线，令水平轴负方向与器件阻抗曲线在 I_0 切线的夹角为 θ，与电路阻抗曲线在 ω_0 切线的夹角为 Θ，在稳定工作点处下式一定成立

$$\sin(\theta+\Theta) > 0 \text{ 即 } \theta+\Theta < 180^\circ$$

因此上式即为判别工作点稳定与否的条件。

【6.4】 试分析混频器电流的频谱。

答：以肖特基势垒二极管混频为例。题 6.5 图中，U_0 是直流偏压，一般微波混频器为使电路简单常不外加直流偏压；$u_L(t)=U_L\cos\omega_L t$ 为本振电压；$u_S(t)=U_S\cos\omega_S t$ 为微波信号电压；Z_L 是混频器输出负载阻抗。其中，ω_L 和 ω_S 分别为本振和信号的角频率；U_L 和 U_S 分别是本振和信号的电压幅度。

混频电流为

$$i = f(U_0+U_L\cos\omega_L t)+g_0U_S\cos\omega_S t+\sum_{n=1}^{\infty}g_nU_S\cos(n\omega_L-\omega_S)t$$

$$+\sum_{n=1}^{\infty}g_nU_S\cos(n\omega_L+\omega_S)t \ (n=1,2,3,\cdots)$$

由上面分析可画出混频器电流的部分频谱分布如下。

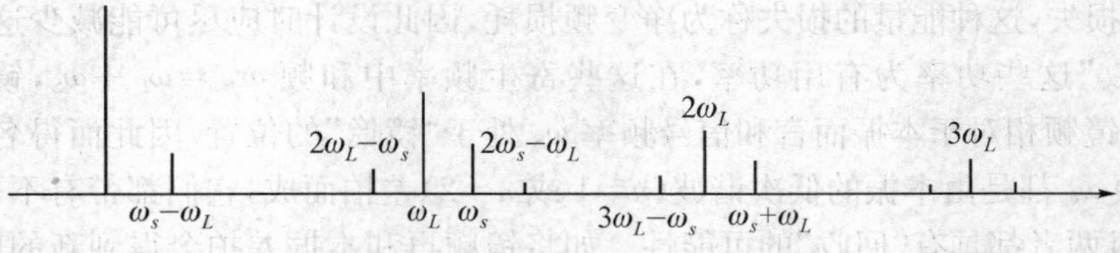

频率为 $\omega_{if}=\omega_L-\omega_S$ 或 $\omega_{if}=\omega_S-\omega_L$ 的电流是人们所需的中频电流。在混频器电流频谱中，除了中频 ω_{if} 外，人们把其他不需要的频率分量叫做寄生频率。若把寄生频率滤除，必造成信号能量的损失，这种能量的损失叫做净变频损耗。在设计过程中，应尽可能减少这种损耗，或者应将部分功率回收成为有用功率。在寄生频率中，$\omega_K=2\omega_L-\omega_S$ 叫做镜频。相对于本振频率 ω_L 的位置，镜频处于信号频率 ω_S 的镜像位置，故由此得名。由于镜频是由本振信号二次谐波与信号差拍产生的，具有不可忽视的功率；另外镜频存在回收的可能性。

【6.5】 试考虑对于混频二极管的净变频损耗，如何回收。

答：二极管混频器原理如图（题 6.5 图）所示

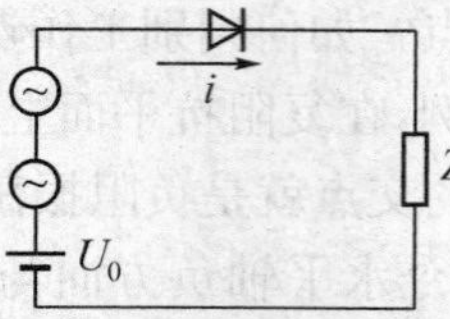

题图 6.5 图(a) 二极管混频器原理

$$i = f(U_0 + U_L\cos\omega_L t) + g_0 U_S \cos\omega_S t + \sum_{n=1}^{\infty} g_n U_S \cos(n\omega_L + \omega_S)t$$

$$+ \sum_{n=1}^{\infty} g_n U_S \cos(n\omega_L + \omega_S)t \ (n = 1, 2, 3, \cdots)$$

混频器电流的分频谱分布如图(题 6.5 图(b))所示。

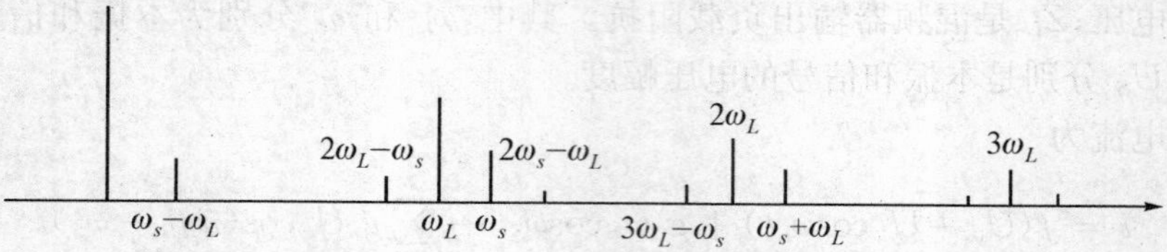

题图 6.5 图(b) 混频器电流的频谱

频率为 $\omega_{if}=\omega_L-\omega_S$ 或 $\omega_{if}=\omega_S-\omega_L$ 的电流称为中频电流。混频器电流频谱中除中频外,还会产生许多不需要的频率分量称为寄生频率。若把寄生频率滤除,必造成信号能量的损失,这种能量的损失称为净变频损耗,因此设计时应尽可能减少这些损耗,或者"回收"这些功率为有用功率,在这些寄生频率中和频 $\omega_+=\omega_L+\omega_S$,镜频 $\omega_k=2\omega_L-\omega_S$(镜频相对于本振而言和信号频率 ω_S 处于"镜像"的位置,因此而得名)。和频 ω_+ 和镜频 ω_k 都是由本振的低次谐波($n=1$ 或 $n=2$)差拍而成,它们都带有不可忽视的功率,而且两者都具有"回收"的可能性。如将镜频再和本振差拍会得到新的中频。如将和频和本振二次谐波差拍,同样会得到新中频,即

$$\omega_L - \omega_k = \omega t - (2\omega_1 - \omega_S) = \omega_S - \omega_L = \omega_{if}$$

$$\omega_+ - 2\omega_L = \omega\omega l + \omega_S - 2\omega_L = \omega_S - \omega_L = \omega_{if}$$

因此只要将电路中的负载设计成对镜频或和频表现为电抗性负载(如开路或短路),则可将镜频或和频反射回到二极管上再次进行混频,就可获得新的中频,只要使相位满足要求,会使原中频输出功率增加,而降低变频损耗。

【6.6】 举例说明如何利用图解法分析负阻型微波振荡器的稳定条件。

在复阻抗平面上分别画出负阻抗值 $Z_d(\omega,I)$ 和电路的阻抗轨迹 $Z_L(\omega)$ 的轨迹。它们的交点必须满足式 $Z_d(\omega,I)+Z_L(\omega)=0$,该交点就是负阻振荡器的工作点。图中 $Z_L(\omega)$ 曲线的箭头方向表示频率增加的方向,曲线上的点为频率刻度;$Z_d(\omega,I)$ 曲线上的箭头方向表示电流振幅增加的方向,曲线上的点

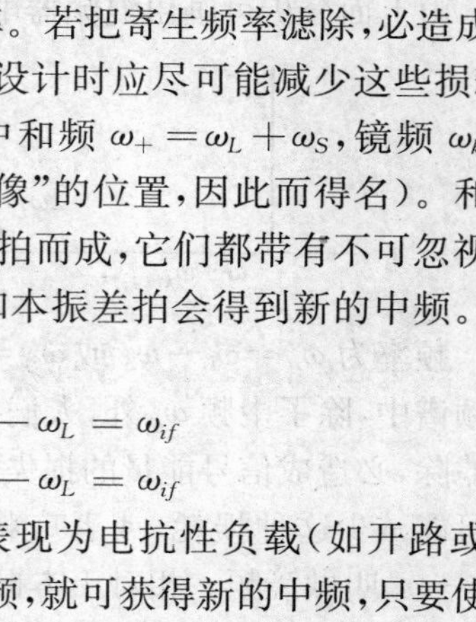

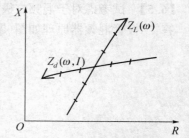

题 6.6 图(a) 器件阻抗和电路阻抗轨迹

是电流振幅刻度。$Z_L(\omega)$曲线和$Z_d(\omega,I)$曲线的交点即为振荡器工作点的振荡频率ω_0和电流振幅I_0，这种确定负阻振荡器工作点的方法称为图解法。

当振荡器处于某个工作点时，若由于一些原因，使振荡器产生一个小变化量，偏离工作点，这时可能出现两种情况：一种情况是如果引起振荡幅度变化的原因一旦消失，振荡器又恢复到原来工作状态，这样的工作点称为稳定工作点；另一种情况是如果引起振荡幅度变化的原因一旦消失，但振荡器仍然不能回到原来的状态，不是停振就是工作在另一种工作状态，这种工作点称为不稳定工作点。显然，振荡器只能设计在稳定工作点工作。因此，当负载阻抗比较复杂时，为了设计需要，我们必须判别这些工作点的稳定性。

假设振荡器振荡电流振幅偏离稳定值I_0一个增量δ_I，与其对时间变化率$\mathrm{d}\delta_I/\mathrm{d}t$为异号时，则可证明振荡器的稳定条件是：

$$R_d(\omega_0,I_0)[SX'_L(\omega_0)-rR_L(\omega_0)]>0 \tag{1}$$

其中

$$X'_L(\omega_0)=\left.\frac{\mathrm{d}X_L(\omega)}{\mathrm{d}\omega}\right|_{\omega=\omega_0},R'_L(\omega_0)=\left.\frac{\mathrm{d}R_L(\omega)}{\mathrm{d}\omega}\right|_{\omega=\omega_0} \tag{2}$$

$$S=\frac{-I_0}{R_d(\omega_0,I_0)}\frac{\partial R_d(\omega_0,I_0)}{\partial I} \tag{3}$$

S为器件负阻的饱和系数；

$$r=\frac{I_0}{R_d(\omega_0,I_0)}\frac{\partial X_d(\omega_0,I_0)}{\partial I} \tag{4}$$

r为器件电抗的饱和系数。

$$\frac{\partial R_d(\omega_0,I_0)}{\partial I}=\left.\frac{\partial R_d(\omega,I)}{\partial I}\right|_{I=I_0,\omega=\omega_0},\frac{\partial R_d(\omega_0,I_0)}{\partial I}=\left.\frac{\partial R_d(\omega,I)}{\partial I}\right|_{I=I_0,\omega=\omega_0} \tag{5}$$

不难看出，由式(1)来判断振荡器的稳定条件是很麻烦的。下面介绍一种由式(1)导出的图解判别条件，应用方便而灵活。

假设器件阻抗和电路阻抗的轨迹线，如图题6.6(b)所示。过工作点(ω_0,I_0)作水平线，令水平轴负方向与器件阻抗曲线在I_0切线的夹角为θ，与电路阻抗曲线在ω_0切线的夹角为Θ，由振荡器稳定判别条件可证明，在稳定工作点处下式一定成立

由此可知，题图6.6(c)中，P_1、P_2两点均有器件阻抗和电路阻抗，切线夹角小于180°，都是稳定工作点，而P_3为不稳定工作点。

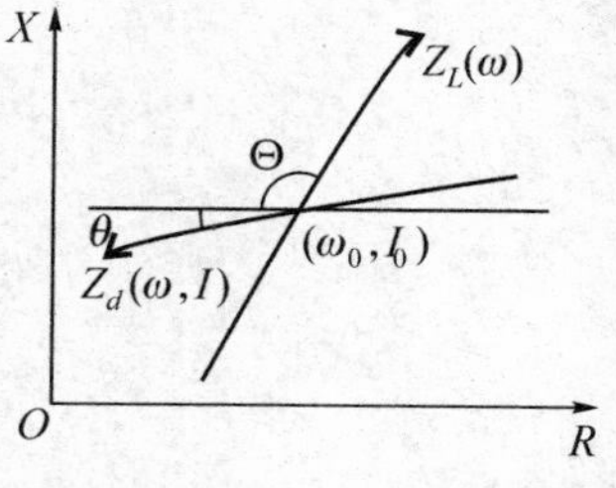

题6.6图(b)　稳定工作点的图解判别法

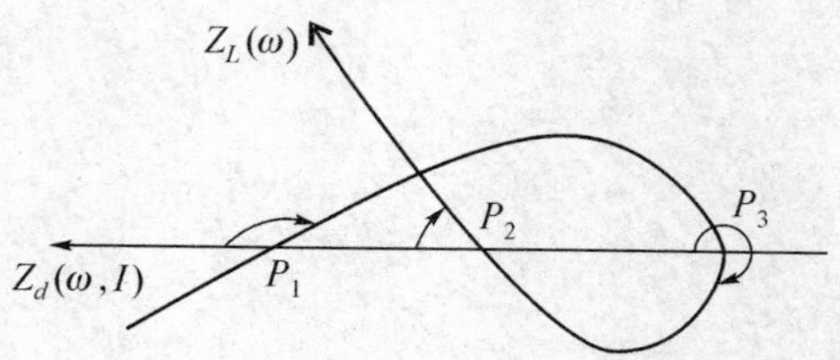

题6.6图(c)　图解判别法

【6.7】 试分析负阻型振荡器的振荡原理。

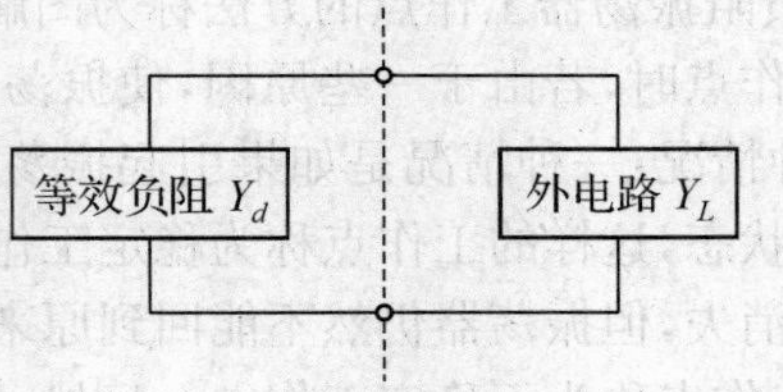

题 6.7 图 负阻振荡器的一般等效电路图

答：负阻型震荡器的等效电路如图所示，图中 $Y_d = G_d + jB_d$ 为半导体器件的等效导纳，它是角频率和射频电压的函数。$Y_L = G_L + jB_L$ 是振荡器振荡回路及负载等外电路的等效导纳。

根据振荡理论，负阻振荡器的振荡条件为：

$$G_d + G_L < 0$$

在平衡条件下，电路必须满足下面关系：

$$Y_d(\omega, U) + Y_L(\omega) = 0$$

即

$$G_d(\omega, U) + G_L(\omega) = 0 \tag{a}$$

$$B_d(\omega, U) + B_L(\omega) = 0 \tag{b}$$

式(a)为振荡器振幅平衡条件，它决定振荡器的输出功率；而式(b)为振荡器的相位平衡条件，它决定振荡器的振荡频率。同理，若用串联等效电路分析，可得振荡器平衡条件为

$$Z_d(\omega, I) + Z_L(\omega) = 0$$

即

$$R_d(\omega, I) + R_L(\omega) = 0$$

$$X_d(\omega, I) + X_L(\omega) = 0$$

拓展训练参考答案

第一部分　电磁场与电磁波

1　矢量分析与场论

1-1　-14.43

1-3　$n=-3$

1-4　$4z(xz-4)\boldsymbol{e}_y+3x^2\boldsymbol{e}_z$

1-6　(1) $\boldsymbol{e}_\rho 2\rho\cos\varphi+\boldsymbol{e}_\varphi\dfrac{1}{\rho}(-\rho^2\sin\varphi+z^2\cos\varphi)+\boldsymbol{e}_z\sin\varphi$

(2) $\boldsymbol{e}_r(2\sin\theta+2r\cos\varphi)+\boldsymbol{e}_\theta 2\cos\theta-\boldsymbol{e}_\varphi\dfrac{r\sin\varphi}{\sin\theta}$

1-7　(1) $\nabla\cdot\boldsymbol{F}=8xy+3y^2$，$\nabla\times\boldsymbol{F}=\boldsymbol{e}_x 4xz+\boldsymbol{e}_y(1-2yz)-\boldsymbol{e}_z(3x^2+z^2)$

(2) $\nabla\cdot\boldsymbol{F}=2\cos^2\varphi+\cos\varphi$，$\nabla\times\boldsymbol{F}=\boldsymbol{e}_z(2\sin\varphi+\sin 2\varphi)$

(3) $\nabla\cdot\boldsymbol{F}=P'(x)+Q'(y)+R'(z)$，$\nabla\times\boldsymbol{F}=0$

1-10　$6xyz$

2　电磁场与电磁波

2-1　$\boldsymbol{e}_y\dfrac{3\rho_{l1}}{4\pi\varepsilon_0 L}$

2-2　(1) $\rho_S=80.6\times10^9\ \mathrm{C/m^2}$；(2) $\boldsymbol{H}=\boldsymbol{e}_x 62.3\times10^{-3}\ \mathrm{A/m}$；(3) $\boldsymbol{J}_S=\boldsymbol{e}_z 62.3\times10^{-3}\ \mathrm{A/m}$

2-3　只能求出 $z=0$ 上的 $\boldsymbol{E}_2$ 和 $\boldsymbol{D}_2$。$\boldsymbol{E}_2=2y,\boldsymbol{e}_x-3x\boldsymbol{e}_y+\dfrac{10}{3}\boldsymbol{e}_z$，$\boldsymbol{D}_2=\varepsilon_0(6y\boldsymbol{e}_x-9x\boldsymbol{e}_y+10\boldsymbol{e}_z)$

2-4　(1) $\boldsymbol{E}_1=-\boldsymbol{e}_z 56.49\ \mathrm{V/m}$；(2) $\boldsymbol{E}_2=\boldsymbol{e}_z 56.49\ \mathrm{V/m}$；(3) $\boldsymbol{E}_3=\boldsymbol{e}_z 960.5\ \mathrm{V/m}$

2-5　(1) 不是；(2) 是，$\boldsymbol{J}=\boldsymbol{e}_z 2a$；(3) 是，$\boldsymbol{J}=0$

2-6　(1) $\rho_S=80.6\times10^{-9}\ \mathrm{C/m^2}$；(2) $\boldsymbol{H}=-\boldsymbol{e}_x 62.3\times10^{-7}\ \mathrm{A/m}$；(3) $\boldsymbol{J}_S=\boldsymbol{e}_z 62.3\times10^{-3}\ \mathrm{A/m^2}$

3　静电场和恒定电场

3-1　(1) $C=2\pi(\varepsilon_1+\varepsilon_2)a$；(2) $W_e=\dfrac{q^2}{4\pi(\varepsilon_1+\varepsilon_2)a}$

3-2　(1) $\dfrac{\rho_{l0}}{2\pi\varepsilon_0}\ln\dfrac{\sqrt{\rho^2+(L/2)^2}+L/2}{\sqrt{\rho^2+(L/2)^2}-L/2}$；(2) $\boldsymbol{E}_\rho=\boldsymbol{e}_\rho\dfrac{\rho_{l0}}{4\pi\varepsilon_0}\dfrac{L}{\sqrt{\rho^2+(L/2)^2}}$

3-3 $\left(x+\frac{5a}{3}\right)^2+y^2+z^2=\left(\frac{4a}{3}\right)^2$

3-4 $\varphi_1(x,y)=\frac{q_l}{\pi\varepsilon_0}\sum_{n=1}^{\infty}\frac{1}{n}\sin\left(\frac{n\pi d}{a}\right)\mathrm{e}^{-n\pi x/a}\sin\left(\frac{n\pi y}{a}\right)\quad(x>0)$,

$\varphi_2(x,y)=\frac{q_l}{\pi\varepsilon_0}\sum_{n=1}^{\infty}\frac{1}{n}\sin\left(\frac{n\pi d}{a}\right)\mathrm{e}^{n\pi x/a}\sin\left(\frac{n\pi y}{a}\right)\quad(x<0)$

3-5 $\nabla^2\varphi+\frac{1}{\varepsilon}\cdot\nabla\varphi=0$

3-6 $\frac{\varepsilon_1}{\sigma_1}\neq\frac{\varepsilon_2}{\sigma_2}$

4 恒定电流的磁场

4-1 (1) $\boldsymbol{B}_1=\boldsymbol{e}_\varphi\frac{\mu_0 I}{2\pi\rho},\boldsymbol{B}_2=\boldsymbol{e}_\varphi\frac{\mu I}{2\pi\rho}$;(2) $\boldsymbol{J}_m=0,\boldsymbol{J}_{ms}=\boldsymbol{e}_\rho\frac{(\mu-\mu_0)I}{2\pi\mu_0\rho}$

4-2 $\boldsymbol{H}_1=\frac{2\mu_1}{\mu_1+\mu_2}\boldsymbol{H}_0,\boldsymbol{H}_2=\frac{2\mu_2}{\mu_1+\mu_2}\boldsymbol{H}_0$

4-3 $I'=\frac{I}{4}$

4-4 $\boldsymbol{B}=\frac{\mu_0}{2}\boldsymbol{J}\times\left(\frac{b^2}{r^2}\boldsymbol{r}-\frac{a^2}{r'^2}\boldsymbol{r}'\right)\quad(r>b)$

$\boldsymbol{B}=\frac{\mu_0}{2}\boldsymbol{J}\times\left(\boldsymbol{r}-\frac{a^2}{r'^2}\boldsymbol{r}'\right)\quad(r<b,r'>a)$

$\boldsymbol{B}=\frac{\mu_0}{2}\boldsymbol{J}\times(\boldsymbol{r}-\boldsymbol{r}')=\frac{\mu_0}{2}\boldsymbol{J}\times\boldsymbol{d}\quad(r'<a)$

5 时变电磁场

5-1 (1) $\boldsymbol{S}(x,z,t)=\boldsymbol{e}_z\omega\mu\beta\left(\frac{a}{\pi}H_0\right)^2\sin^2\left(\frac{\pi x}{a}\right)\sin^2(\omega t-\beta z)+$

$\boldsymbol{e}_z\frac{a\omega\mu}{4\pi}H_0^2\sin\left(\frac{2\pi x}{a}\right)\sin(2\omega t-2\beta z)$ W/m^2

(2) $\boldsymbol{S}_{av}(x,z)=\boldsymbol{e}_z\frac{\omega\mu\beta}{2}\left(\frac{a}{\pi}H_0\right)^2\sin^2\left(\frac{\pi x}{a}\right)$ W/m^2

5-3 (1) $-\boldsymbol{e}_\rho\frac{I^2}{2\pi^2a^3\sigma}+\boldsymbol{e}_z\frac{\rho_S I}{2\pi\varepsilon_0 a}$ W/m^2

5-5 $\frac{1}{2}\varepsilon|\boldsymbol{E}_1|^2+\frac{1}{2}\mu|\boldsymbol{H}_1|^2=\frac{1}{2}\varepsilon|\boldsymbol{E}|^2+\frac{1}{2}\mu|\boldsymbol{H}|^2,\boldsymbol{E}_1\times\boldsymbol{H}_1=\boldsymbol{E}\times\boldsymbol{H}$

6 平面电磁波

6-1 (1) $\beta=\frac{\pi}{30}$ rad/m, $y=22.5\pm n\frac{\lambda}{2}m, n=1,2,\cdots$

(2) $\boldsymbol{E}(y,t)=-\boldsymbol{e}_z 1.508\times10^{-3}\cos\left(10^7\pi t-\frac{\pi}{30}y+\frac{\pi}{4}\right)$ V/m

6-2 $z=0.424\ \text{m}$

6-3 $\boldsymbol{E}=(\boldsymbol{e}_x 150-\boldsymbol{e}_z 200)\cos\left(8\pi\times10^8 t-\frac{8\pi}{3}y+\frac{88\pi}{75}\right)\ \text{V/m}$,

$\boldsymbol{H}=-\left(\boldsymbol{e}_z\frac{5}{3\pi}+\boldsymbol{e}_x\frac{5}{4\pi}\right)\cos\left(8\pi\times10^8 t-\frac{8\pi}{3}y+\frac{88\pi}{75}\right)\ \text{A/m}$

6-4 $f=2.5\times10^9\ \text{Hz}, \mu_r=1.99, \varepsilon_r=1.13$

6-5 $\varepsilon_r=11.93, v_p=0.87\times10^8\ \text{m/s}$

6-6 $d=\frac{\lambda_0}{2\sqrt{\varepsilon_{r2}}}$,频率偏移到 3.1 GHz 时反射功率将增大为入射功率的 0.36%，频率偏移到 2.9 GHz 时反射功率将增大为入射功率的 0.25%

6-7 $d_2=\frac{2.65\times10^{-3}}{\sigma_2}$

7 导行电磁波

7-1 (1) $C_1=10\ \text{pF/m}, L_1=1.11\ \mu\text{H/m}$;
(2) $\beta=12.86\ \text{rad/m}, Z_0=333\ \Omega$

7-2 (a) $Z_{in}=-0.5Z_0$;(b) $Z_{in}=\infty$,(c) $Z_{in}=Z_0$;(d) $Z_{in}=Z_0/2$

7-3 $P_{\max}=1.05\times10^6\ \text{W}$

7-4 (1) 填充空气时 $Z_0=50\ \Omega$;(2) $\varepsilon_r=2.25$ 时 $Z_0=33.32\ \Omega$

7-5 $\varepsilon_r=1.52$

8 电磁辐射

8-1 $R_0=5\ \Omega, G=2.4$

8-2 $R_r=\frac{4\pi^2}{5}$

8-3 $f_E(\delta)=\left|\frac{\cos\left(\frac{\pi}{2}\sin\delta\right)}{\cos\delta}\right|\times\left|2\cos\left(\frac{\pi}{4}+\frac{\pi}{4}\cos\delta\right)\right|$

8-4 1.03 m, 1.27 m

8-5 $2\theta_{0.5E}=90^\circ, 2\theta_{0E}=180^\circ$

第二部分 微波技术

2 传输线基本理论

2-1 $P_1=10\ \text{W}, P_2=15\ \text{W}$

2-2 $|T|=\frac{1}{3}, \rho=2$, $0.19l$

2-3 $34-\text{j}23.75\ \Omega$

2-4 $100+\mathrm{j}100\ \Omega$

2-5 $d_1=0.447\lambda, l_1=0.081\lambda, d_2=0.081\lambda, l_2=0.419\lambda$

3 微波传输线

3-1 4.92 cm、10.23 cm、7.86 cm、4.92 cm

3-2 39.1 mm、137.65 mm、6.88×10^{11} mm/s、1.308 mm/s

3-3 103.672 cm

3-4 87.65 Ω

3-5 (1) $a\times b=3.9\times1.95\ \mathrm{cm}^2$;

(2) $\beta=0.954$ rad/cm, $\lambda_p=6.51$ cm, $v_p=3.5\times10^8$ m/s

(3) TE_{10}、TE_{20}、TE_{01}、TE_{11}、TM_{11}

4 微波网络

4-1 $Z_{in}=\dfrac{Z_0(1-BX)+\mathrm{j}\left(2X-\dfrac{1}{B}\right)}{(1-BX)+\mathrm{j}BZ_0}; X=Z_0, B=\dfrac{1}{Z_0}$

4-2 $S=\dfrac{1}{1-T_aT_b\Gamma_{La}\Gamma_{Lb}}\begin{bmatrix}\Gamma_a-\Gamma_{La}T_aT_b & T_b-\Gamma_{La}\Gamma_aT_b\\ T_a-\Gamma_{La}T_a\Gamma_b & \Gamma_b-\Gamma_{Lb}T_bT_a\end{bmatrix}$

4-3 提示:网络的衰减可由 $10\lg\dfrac{1}{|S_{21}|^2}$ dB 给出,证明 $|S_{12}|=|S_{21}|$,因此衰减是可逆的。证明非互易 $|S_{12}|\neq|S_{21}|$,即 $\theta_{12}\neq\theta_{21}$,因此相移是不可逆的。

4-4 $S_{11}=\Gamma_{1c}, S_{22}=\dfrac{2\Gamma_{1c}-\Gamma_{1s}-\Gamma_{1o}}{\Gamma_{1s}-\Gamma_{1o}}, S_{12}=\sqrt{\dfrac{2(\Gamma_{1s}-\Gamma_{1c})(\Gamma_{1o}-\Gamma_{1c})}{\Gamma_{1s}-\Gamma_{1o}}}$,

$S_{11}S_{22}-S_{12}^2=\dfrac{\Gamma_{1c}(\Gamma_{1s}+\Gamma_{1o})-2\Gamma_{1s}\Gamma_{1o}}{\Gamma_{1s}-\Gamma_{1o}}$

4-5 $Y_1=\mathrm{j}Y_c\tan\dfrac{\theta}{2}, Y_2=-\mathrm{j}Y_c\csc\theta, Y_c=\dfrac{1}{Z_c}$

4-6 $\Gamma_{in}=S_{11}+\dfrac{S_{12}S_{21}\Gamma_L}{1-S_{22}\Gamma_L}$

4-7 $\begin{bmatrix}1+\dfrac{Z_1}{Z_3} & \dfrac{Z_1Z_2+Z_2Z_3+Z_1Z_3}{Z_3}\\ \dfrac{1}{Z_3} & 1+\dfrac{Z_2}{Z_3}\end{bmatrix}$

第三部分　历年考研真题

西安电子科技大学
2010 年攻读硕士研究生入学考试试题

考试科目代码及名称 822 电磁场与微波技术(A)

考试时间 2010 年 1 月 10 日下午(3 小时)

答题要求：所有答案(填空题按照标号写)必须写在答题纸上，写在试卷上一律作废，准考证号写在指定位置！

一、(15 分)相对介电常数 $\varepsilon_r=2$ 的区域内电位 $\phi(r)=x^2-2y^2+z$(V)，求点(1，1，1)处的：

1. 电场强度 $\boldsymbol{E}$；

2. 电荷密度 ρ；

3. 电场能量密度 w_e。

二、(15 分)电场强度 $\boldsymbol{E}(r,t)=\boldsymbol{e}_x\cos(3\pi\times10^8t-2\pi z)-\boldsymbol{e}_y4\sin(3\pi\times10^8t-2\pi z)$ (mV/m)的均匀平面电磁波在相对磁导率 $\mu_r=1$ 的理想介质中传播，求：

1. 电磁波的极化状态；

2. 理想介质的波阻抗 η；

3. 电磁波的相速度 V_p。

三、(15 分)磁场复矢量振幅 $\boldsymbol{H}_i(r)=\frac{1}{60\pi}(-8\boldsymbol{e}_x+6\boldsymbol{e}_y)\mathrm{e}^{-\mathrm{j}\pi(3x+4z)}$ (mA/m)的均匀平面电磁波由空气斜入射到海平面($z=0$ 的平面)，求：

1. 反射角 θ_r；

2. 入射波的电场复矢量振幅 $\boldsymbol{E}_i(\boldsymbol{r})$；

3. 电磁波的频率 f。

四、(15 分)电场复矢量振幅 $\boldsymbol{E}_i(\boldsymbol{r})=\boldsymbol{e}_x10\mathrm{e}^{-\mathrm{j}\pi z}$ (mV/m)的均匀平面电磁波由空气一侧垂直入射到相对介电常数 $\varepsilon_r=2.25$，相对磁导率 $u_r=1$ 的理想介质一侧，其界面为 $z=0$ 平面，求：

1. 入射波磁场的瞬时值 $\boldsymbol{H}_i(\boldsymbol{r},t)$；

2. 反射波的振幅 E_{rm}；

3. 透射波坡印廷(Poynting)矢量的平均值 $\boldsymbol{S}_{av}(\boldsymbol{r})$。

五、(15 分)(1) 已知无耗传输线某点的归一化阻抗 $\overline{Z}=\dfrac{Z}{Z_0}$,求该点的反射系数 Γ;

(2) 已知条件同上,求系统驻波比 ρ;

(3) 简述传输线中 TEM 波,TE 波和 TM 波的主要特点;

(4) 画出圆波导中 H_{11} 模的圆截面电场、磁场分布图;

(5) 尺寸为 $a\times b\times l$ 的理想导体长方体盒组成微波谐振腔,且 $a>b>l$,写出(波长最长)主模式的谐振波长 λ_0。

六、(15 分)$\dfrac{1}{4}\lambda$ 传输线两侧各并联电阻 R_1 和 R_2,如图所示。今要求输入端匹配(即 $Z_{in}=Z_0$),请给出 R_1 和 R_2 的相互关系。

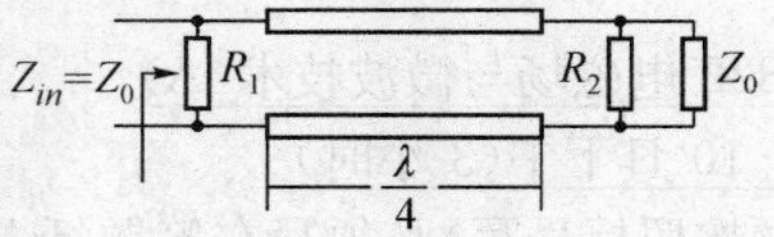

七、(15 分)矩形波导(填充 μ_0,ε_0)内尺寸为 $a\times b$,如图所示。已知电场 $\boldsymbol{E}=\boldsymbol{e}_y\cdot E_0\sin\left(\dfrac{\pi}{a}x\right)\mathrm{e}^{-\mathrm{j}\beta z}$式中$\beta=\dfrac{2\pi}{\lambda_g}=\dfrac{2\pi}{\lambda}\sqrt{1-\left(\dfrac{\lambda}{2a}\right)^2}$

(1) 求出波导中的磁场 $\boldsymbol{H}$;

(2) 画出波导场结构;

(3) 写出波导传输功率 P。

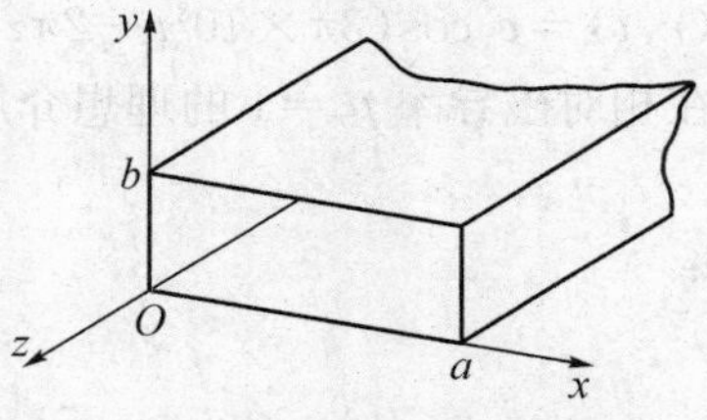

八、(10 分)若天线的功率方向图为:$P(\theta)=\cos\theta, 0°\leqslant\theta\leqslant 90°$,求天线的方向系数和半功率波瓣宽度。

九、(20 分)证明功率传输方程 $P_R=\dfrac{P_r}{4\pi r^2}G_r\,\dfrac{\lambda^2}{4\pi}G_R=\left(\dfrac{\lambda}{4\pi r}\right)^2P_rG_rG_R$。其中,$G_r$ P_r 为发射天线的增益和输入功率;G_R P_R 为发射天线的增益和接收功率。

十、(15 分)如图沿 z 轴排列的三个半波振子组成边射直线阵,间距为$\dfrac{\lambda}{2}$,电流等幅同相,求此阵列的空间方向图函数,并用方向图乘积定理概画 yz 面和 xy 面方向图。

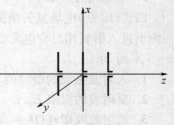

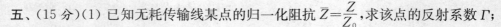

西安电子科技大学
2011 年攻读硕士研究生入学考试试题

一、(15 分)如图所示，半径分别为 a、$b(a>b)$，球心距为 $c(c<a<b)$ 的两球面间有密度为 ρ 的均匀体电荷分布，求半径为 b 的球面内任意一点的电场强度。

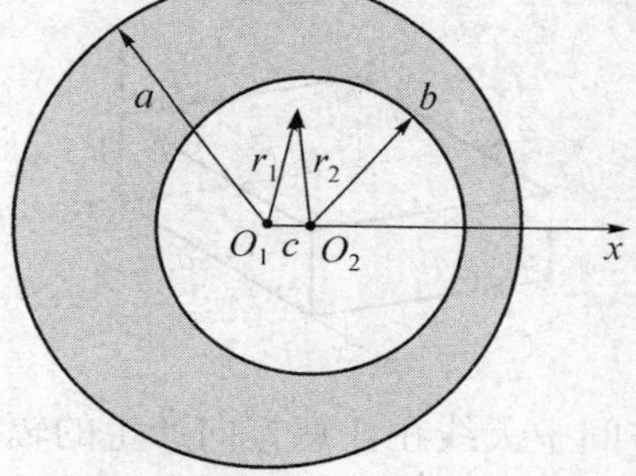

二、(15 分)一段由理想导体构成的同轴线，内导体半径为 a，外导体半径为 b，长度为 L，同轴线两端用理想导体板短路。已知在 $a\leqslant r\leqslant b$，$0\leqslant z\leqslant L$ 区域内的电磁场为：

$$\boldsymbol{E}=\boldsymbol{e}_r\frac{A}{r}\sin kz$$

$$\boldsymbol{H}=\boldsymbol{e}_\theta\frac{B}{r}\cos kz$$

(1) 确定 A，B 间的关系；

(2) 确定 k；

(3) 求 $r=a$ 及 $r=b$ 面上的 ρ_s，J_s。

三、(15 分)假设真空中均匀平面电磁波的电场强度复矢量为

$$\boldsymbol{E}=3(\boldsymbol{e}_x-\sqrt{2}\boldsymbol{e}_y)\mathrm{e}^{-\mathrm{j}\frac{\pi}{6}(2x+\sqrt{2}y-\sqrt{3}z)}\ (\mathrm{V/m})$$

试求：(1) 电场电场强度的复振幅、波矢量和波长；

(2) 电场强度矢量和磁场强度矢量的瞬时表达式。

四、(15 分)平行极化平面电磁波自折射率为 3 的介质斜入射到折射率为 1 的介质，若发生全透射，求入射波的入射角。

五、(15 分)

(1) 已知传输系统反射系数 Γ，求驻波比 ρ；

(2) 矩形波导尺寸 $a\times b$，工作波长 λ，写出 TE_{10} 波的导波波长 λ_g；

(3) 双端口网络阻抗矩阵[Z]和散射矩阵[S]，给出网络互易条件；

(4) 同轴线内半径为 a，外半径为 b，画出截面上 TEM 波的电场和磁场分布；

(5) 给出上述同轴线的特性阻抗 Z_0 的公式。

六、(15 分)双管 Pin 管相当于归一化电阻$\overline{R_1}$和$\overline{R_2}$(正向运用),两管间隔 $\theta=90°$,求输入端匹配时的$\overline{R_1}$和$\overline{R_2}$的关系。

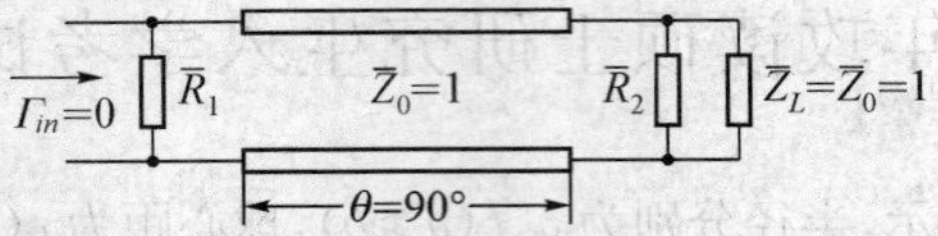

七、(15 分)矩形谐振腔($a\times b\times c$)如图所示,画出 TE_{101} 模的电场和磁场分布,写出电场与磁场公式。

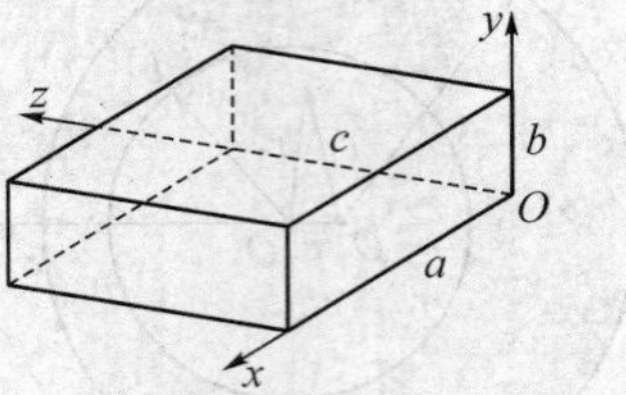

八、(20 分)证明自由空间中天线在任意方向产生的辐射电场大小为:

$$E(0,\varphi)=\frac{\sqrt{60P_rD}}{r}F(0,\varphi)$$

式中,P_r 为天线的辐射功率,D 为天线的方向系数,$F(0,\varphi)$为天线的归一化方向函数,r 为天线到场点的距离。

九、(25 分)如图所示,三个半波对称振子共轴排列组成直线阵。单元间距为 $d=\frac{\lambda}{2}$,单元电流分布为 $I_1=I,I_2=2I,I_3=I$,求:

(1) 天线阵的空间方向函数;

(2) 概画 XZ 面及 XY 面的方向图;

(3) 各振子的辐射阻抗 Z_{ri},$i=1,2,3$;

(4) 天线阵的辐射阻抗 $Z_{r(i)}$,$i=1,2,3$;

(5) 天线阵的方向系数。

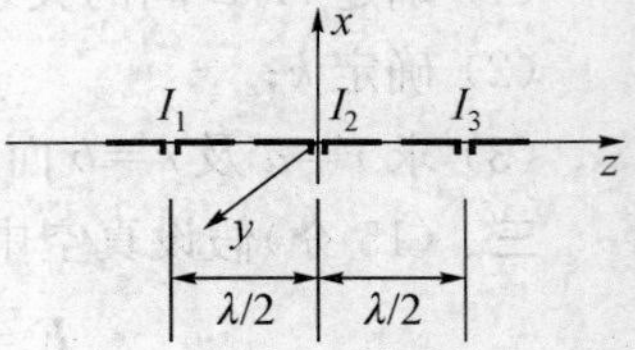

注:a. 两共轴排列的半波振子,间距 $d=\frac{\lambda}{2}$时,互阻抗 $Z_{mn}=30+j25\ \Omega$;

间距 $d=\lambda$ 时,互阻抗 $Z_{mn}=-10\ \Omega$。

b. 半波对称振子自阻抗 $Z_{mn}=73.1+j42.5\ \Omega$。

西安电子科技大学
2011 年硕士研究生入学考试复试试题

电磁场与电磁波部分(50 分)

1. 同轴线内、外导体的半径分别为 a 和 b，证明其所存储的电能有一半是在半径为 $c=\sqrt{ab}$ 的圆柱内，并计算同轴线单位长度上的电容。

2. 已知无限大区域内，在 $x<0$ 区域内填充有磁导率为 μ 的均匀电介质，$x>0$ 区域内为真空。分界面上有电流 I 沿 z 轴方向，计算空间中的磁感应强度和磁场强度。

3. 已知平面电磁波电场强度为：$E=[(2+3\mathrm{j})\cdot \boldsymbol{e}_x+4\cdot \boldsymbol{e}_y+3\cdot \boldsymbol{e}_z]\mathrm{e}^{\mathrm{j}(1.8y-2.4z)}$，请写出电场的传播方向、极化方向，判断该电磁波是否为横电磁波？

4. 假设有一电偶极子向空间辐射电磁波，已知在垂直它的方向上 100 km 处的磁场强度为 100 μV/m，求该电偶极子的辐射功率。

5. 同轴漏电线，可通过在同轴线上开缝等操作，使线内电磁场能量耦合到外界，或通过相反的途径将外部电磁能量耦合到同轴线内，试说明如何计算同轴漏电缆的传输损耗和耦合损耗，举例说明它的一种工程应用及其原理。

微波与天线部分(50 分)

1. 已知一尺寸为 7.2 mm×3.4 mm 的矩形波导，当波长为 6.5 mm 的微波在其中传播时，请问该波可以存在哪些模式；当要求 TE_{10} 波单模传输时计算其工作频率范围。

2. (1) 写出下图隔离器的[S]参数矩阵，并指出哪一项对应正向衰减指标，哪一项对应隔离指标？

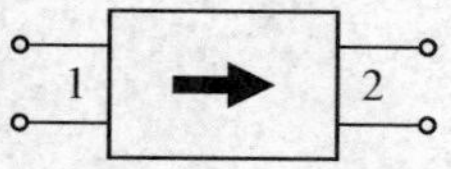

(2) 写出下图环形器对应的[S]参数矩阵。

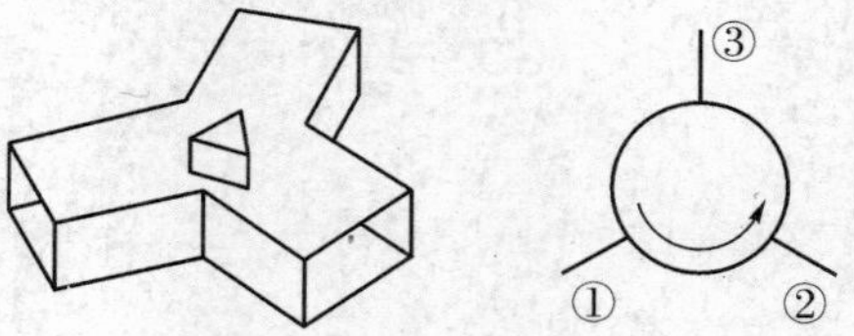

(3) 请问在什么样的情况下可以将上图的环形器当作二端口隔离器使用？

3. 常用的极化天线有__________，__________，__________；常用的圆极化天线有__________，__________。

4. 沿 z 轴放置的电流元 $Il\boldsymbol{e}_z$，其归一化方向函数为__________，有效长度为__________，E－面半功率波瓣宽度(HPBW)为______，H－面为______，方向系数为

______。

5. 如下图所示，在 yOz 面上放置的两平行半波振子天线，间距为$\frac{\lambda}{4}$，现对两天线馈电 $I_2=-\mathrm{j}I_1$，

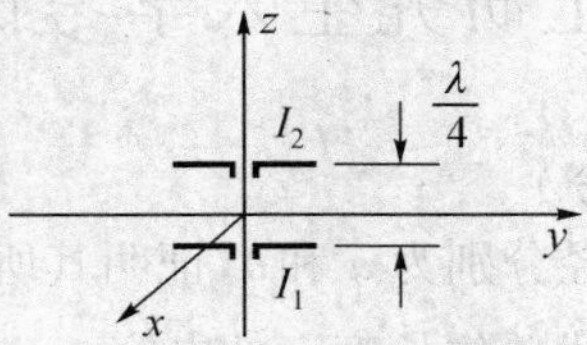

(1) 求空间方向函数；

(2) 分别写出 E一面和 H一面的方向函数；

(3) 概画出 E一面和 H一面的方向图。

6. 简述前馈抛物线反射面天线的组成、配置及工作原理。

电子科技大学
2011 年攻读硕士研究生入学考试试题

一、填空题(每空 1 分,共 24 分)

1. 在静态电磁场问题中,两种媒质分界面上法向分量连续的物理量分别是____和____。

2. 导电媒质中存在时谐电磁场时,其传导电流和位移电流的相位差为____。

3. 静电场中引入标量位的条件是____;时边场中引入矢量位的条件是____。

4. 对于一个已知的边值问题,有多种不同的方法可以用来求解。要使得所得的结果都是正确的,求解时应该保持____和____不变。

5. 两块成 60°的接地导体板,角形区域内有点电荷 $+q$。若用镜像法求解区域的电位分布,共有____个像电荷,其中电荷量为 $+q$ 的像电荷有____个。

6. 坡印廷定理是关于电磁能量的守恒定理,其中单位时间内体积 V 中减少的电磁能量为____,单位时间内流出体积 V 的电磁能量为____。

7. 若平面电磁波在空气中的波长 $\lambda_0=2$ m,则在理想介质($\varepsilon=4\varepsilon_0$、$\mu=\mu_0$、$\sigma=0$)中传播时,其相位常数 $\beta=$____rad/m。

8. $\boldsymbol{E}(y)=(\boldsymbol{e}_x e^{j\frac{\pi}{2}}-\boldsymbol{e}_z)e^{jky}$ 表示沿____方向传播的____极化波。

9. 均匀平面电磁波由空气中垂直入射到无损介质($\varepsilon=4\varepsilon_0$、$\mu=\mu_0$、$\sigma=0$)表面上时,反射系数 $\Gamma=$____、折射(透射)系数 $\tau=$____。

10. 平行极化入射是指____,垂直极化入射是指____。

11. 平面波由理想介质 1($\varepsilon_1=4\varepsilon_0$、$\mu_1=\mu_0$)斜入射到与理想介质 2($\varepsilon_2=4\varepsilon_0$、$\mu_2=\mu_0$)的分界面上,发生全反射时的临界角 θ_c 为____,发生全透射时的布儒斯特角 θ_b 为____。

12. 在 $a\times b$ 且 $a>2b$ 的矩形波导中,其主模为____模,第一个高次模为____模。

13. 在球坐标系中,沿 z 方向的电偶极子的辐射场(远区场)在 $\theta=$____方向上辐射场最大,在 $\theta=$____方向上辐射场为 0。

二、单项选择题(每题 2 分,共 12 分)

1. 空气(介电常数 $\varepsilon_1=\varepsilon_0$)与介质(介电常数 $\varepsilon_2=4\varepsilon_0$)的分界面是 $z=0$ 的平面。若已知空气中的电场强度 $\boldsymbol{E}_1=\boldsymbol{e}_x+2\boldsymbol{e}_z4$,则电介质中的电场强度应为　(　　)

a. $\boldsymbol{E}_2=\boldsymbol{e}_x2+\boldsymbol{e}_z16$;b. $\boldsymbol{E}_2=\boldsymbol{e}_x2+\boldsymbol{e}_z$;c. $\boldsymbol{E}_2=\boldsymbol{e}_x8+\boldsymbol{e}_z4$

2. 以下三个矢量函数中,能表示磁感应强度的矢量函数是　(　　)

a. $\boldsymbol{B}=\boldsymbol{e}_xx-\boldsymbol{e}_y2y+\boldsymbol{e}_zz$;b. $\boldsymbol{B}=\boldsymbol{e}_xx+\boldsymbol{e}_y2y+\boldsymbol{e}_zz$;c. $\boldsymbol{B}=\boldsymbol{e}_xx+\boldsymbol{e}_yy+\boldsymbol{e}_zz$

3. 两个截流线圈之间存在互感,对互感没有影响的是　(　　)

a. 线圈的尺寸;b. 两个线圈的相对位置;c. 线圈上的电流

4. 区域 V 全部用无损耗媒质填充，当此区域中的电磁场能量减少时，一定是　(　　)

a. 能量流出了区域；b. 能量在区域中被损耗；c. 电磁场做了功

5. 电偶极子的远区辐射场是　(　　)

a. 非均匀平面波；b. 非均匀球面波；c. 均匀球面波

6. 已知均匀导波系统中电磁波沿 $\boldsymbol{e}_z$ 方向传播，TE 波的波阻抗为 Z_{TE}，则 TE 波的场量满足关系　(　　)

a. $\boldsymbol{E}=Z_{\text{TE}}\boldsymbol{H}\times\boldsymbol{e}_z$；b. $\boldsymbol{H}=\dfrac{1}{Z_{\text{TE}}}\boldsymbol{e}_z\times\boldsymbol{E}$；c. $\boldsymbol{E}=Z_{\text{TE}}\boldsymbol{e}_z\times\boldsymbol{H}$

三、简述题(每题 10 分，共 30 分)

1. 静电场的电力线是不闭合的，为什么？在什么情况下电力线可以构成闭合回路，它的激励源是什么？

2. 什么是电磁波的色散特征？分析电磁波在导电媒质中的色散特性与在金属波导中的色散特性有何不同？

3. 什么是电磁波的全反射？分析电磁波在两种理想介质分界面上的全反射与在理想导体表面上的全反射有何不同。

四、(15 分)如图 1 所示为无限长同轴线的横截面，已知内导体半径为 a、外导体内半径为 b，其间在 $0\leqslant\varphi\leqslant\alpha$ 部分填充介电常数为 ε 的均匀介质，内、外导体间的电压为 U_0。试求：(1) 同轴线中的电场强度和电位分布；(2) 单位长度的电场能量。

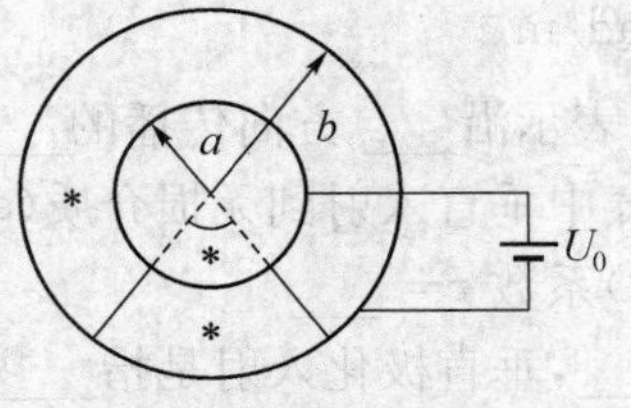

图 1

五、(16 分)如图 2 所示，无限长直导线中的电流为 I_1，附近有一个载有电流 I_2 的正方形回路，此回路与直导线不共面。试求：(1) 直导线与矩形回路间的互感 M；(2) 矩形回路受到的磁场力 $\boldsymbol{F}_m$，并证明 $\boldsymbol{F}_m=-\boldsymbol{e}_y\dfrac{\mu_0 I_1 I_2}{2\sqrt{3}\pi}$。

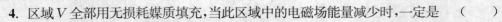

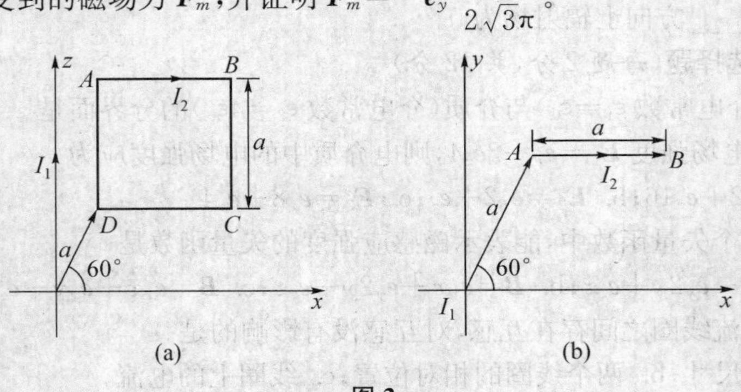

图 2

六、(18 分)如图 3 所示，在相对介电常数 $\varepsilon_r=4$ 的无限大均匀电介质中有一个半径为 a 的导体球，导体球内有一个半径为 b 的偏心球形空腔，在空腔内有一点电荷 q，距空腔中心 O' 为 d。

(1) 确定镜像电荷的大小和位置，并指出其有效区域；

(2) 求任意点的电荷；

(3) 求点电荷 q 受到的电场力；

(4) 求电介质中的极化电荷(束缚电荷)密度。

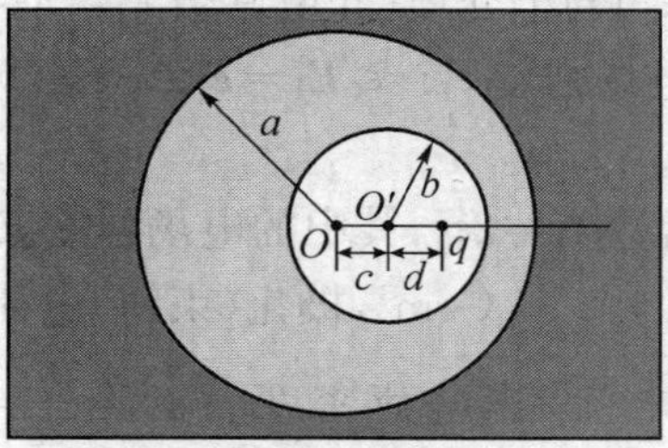

图 3

七、(15 分)在无源的空气中，已知电磁波的频率 $f=3\times10^9$ Hz、磁场强度为

$$\boldsymbol{H}(x,z)=\boldsymbol{e}_y 0.1\sin(10\pi x)\mathrm{e}^{-jk_z z}\ \mathrm{A/m}$$

试求：(1) 常数 k_z 的值；(2) 电场强度矢量 $\boldsymbol{E}(x,z)$ 和 $\boldsymbol{E}(x,z;t)$；(3) 平均坡印廷矢量 $\boldsymbol{S}_{av}(x,z)$。

八、(20 分)均匀平面波从 $\mu=\mu_0$、$\varepsilon=2.5\varepsilon_0$ 的理想介质中斜入射到位于 $x=0$ 处的无限大理想导体平面上。已知入射波电场强度

$$\boldsymbol{E}_i(x,y)=(-\boldsymbol{e}_x+\boldsymbol{e}_y\sqrt{3}+\boldsymbol{e}_z\mathrm{j}2)\mathrm{e}^{-\mathrm{j}\pi(\sqrt{3}x+y)}\ \mathrm{V/m}$$

试求：(1) 频率 f、波长 λ 和磁场强度 $\boldsymbol{H}_i(x,y)$；(2) 入射波的极化特性；(3) 反射波电场强度 $\boldsymbol{E}_r(x,y)$ 和磁场强度 $\boldsymbol{H}_r(x,y)$；(4) 理想导体表面上的感应电流密度 $\boldsymbol{J}_s(y)$ 和电荷密度 $\rho_s(y)$。

电子科技大学
2012年攻读硕士研究生入学考试试题

一、填空题(每空2分,共30分)

1. 空气(介电常数 $\varepsilon_1=\varepsilon_0$)与电介质(介电常数 $\varepsilon_2=4\varepsilon_0$)的分界面是 $x=0$ 的平面。在分界面上,已知空气中的电场强度 $\varepsilon_1=\varepsilon_0\boldsymbol{E}_1=\boldsymbol{e}_x2+\boldsymbol{e}_z4$ V/m,则电介质中的电场强度为________________。

2. 已知电介质的介电常数 $\varepsilon_1=2\varepsilon_0$,其中的电场强度 $\boldsymbol{E}=\boldsymbol{e}_x2x+\boldsymbol{e}_yy+\boldsymbol{e}_z3z$ V/m,则介质中的自由电荷体密度为______ $\mathrm{C/m^3}$,极化(束缚)电荷体密度为______ $\mathrm{C/m^3}$。

3. 电荷定向运动形成电流,当电荷密度 ρ 满足 $\dfrac{\partial\rho}{\partial t}=0$ 时,电流密度 $\boldsymbol{J}$ 应满足______,电流线的形状应为______曲线。

4. 两块半无限大接地导体板构成30°的角形区域,在此角形区域内有一个点电荷 $+q$。若用镜像法求解区域的电位分布,共有____个镜像电荷,其中电荷量为 $-q$ 的像电荷有____个。

5. 频率 $f=50$ MHz的均匀平面波在理想介质(介电常数 $\varepsilon=\varepsilon_r\varepsilon_0$、磁导率 $\mu=\mu_0$、电导率 $\sigma=0$)中传播时,其波长 $\lambda=4$ m,则 $\varepsilon_r=$____。

6. 若平面电磁波在空气中的波长 $\lambda_0=2$ m,则在理想介质($\varepsilon=4\varepsilon_0$、$\mu=\mu_0$、$\sigma=0$)中传播时,其相位常数 $\beta=$____ rad/m。

7. 平行极化波由空气中斜入射到与无损耗介质(介电常数 $\varepsilon=3\varepsilon_0$、磁导率 $\mu=\mu_0$、电导率 $\sigma=0$)的分界面上,已知入射角 $\theta_i=60°$,则反射系数 $\Gamma=$____,折射(透射)系数 τ____。

8. 当频率 $f=100$ kHz的均匀平面波在海水(介电常数 $\varepsilon=81\varepsilon_0=\dfrac{9}{4\pi}\times10^{-9}$ F/m、$\mu=\mu_0=4\pi\times10^{-7}$ H/m、电导率 $\sigma=4$ S/m)中传播时,其趋肤深度(或穿透深度)$\delta=$____ m,磁场强度与电场强度的相位差为____。

9. 均匀平面电磁波从理想介质($\varepsilon=4\varepsilon_0$、$\mu=\mu_0$)斜入射到与空气的分界面平面上时,产生全反射的临界角 $\theta_c=$______。

10. 横截面尺寸为25 mm×10 mm的矩形波导中填充介质为空气,若要实现单模传输,则电磁波的工作频率范围为______________。

二、判断题(每题1分,共10分)

1. 为了简化空间电位分布的表达式,总可以将电位参考点选择在无穷远处。 (　　)

2. 任意电荷的像电荷总是与其等量异号。 (　　)

3. 在电介质中,电场强度 $\boldsymbol{E}$ 的散度为零之处,也可能存在自由电荷。（　）

4. 当介质被极化时,其表面上不一定处处都出现极化(束缚)电荷。（　）

5. 根据高斯定理,若闭合曲面 S 内没有电荷,则闭合曲面 S 上任一点的场强一定为零。（　）

6. 只要闭合线圈在磁场中做切割磁力线的运动,线圈中一定会形成感生电流。（　）

7. 在无损耗媒质中,当区域 V 中的电磁场能量减少时,一定是能量流出了此区域。（　）

8. 电导率 $\delta \gg 1$ 的导电媒质是良导体。（　）

9. 发生全反射时,透射系数 τ 不一定等于零。（　）

10. 在理想介质中传播的均匀平面电磁波的电场强度沿传播方向是不变的。（　）

三、简述题(每题 10 分,共 30 分)

(1) 静电场的电力线是不闭合的,为什么?在什么情况下电力线可以构成闭合回路,它的激励源是什么?

(2) 什么是电磁波的色散?简要说明电磁波在导电媒质中传播时,产生色散的原因和特点。

(3) 写出电偶极子辐射场(远区场)的方向图因子,画出 E 面和 H 面方向图,并说明其特点。

四、(12 分)球形电容器的内导体半径为 a,外导体内半径为 b,其间填充介电常数分别为 ε_1 和 ε_2 的两种均匀介质,如图所示。设内球带电荷为 q,外球壳接地。求:(1) 介质中的电场强度和电位分布;(2) 球形电容器的电容。

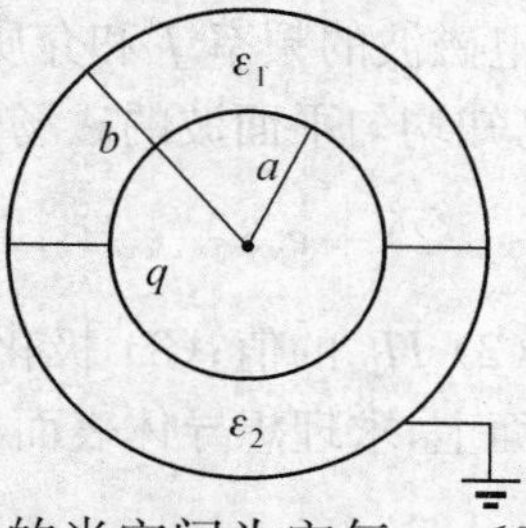

五、(12 分)如图所示,$z>0$ 的半空间为空气,$z<0$ 的半空间中填充磁导率为 μ 的均匀介质,无限长直导线中载有电流 I_1,附近有一共面的矩形线框,尺寸为 $a\times b$,与直导线相距为 c。

(1) 求直导线与线框之间的互感;

(2) 若矩形线框载有电流 I_2,求电流 I_1 与电流 I_2 之间的磁场能量。

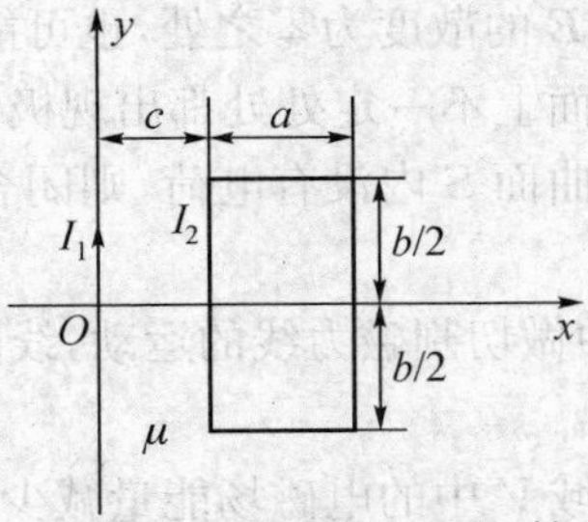

六、(14 分)如图所示，一个半径为 a 的不接地导体球内有一个半径为 b 的偏心球形空腔，在空腔中心 O' 处有一点电荷 q。(1) 求空间任意点的电位；(2) 求点电荷 q 受到的电场力；(3) 若点电荷 q 偏离空腔中心(但仍在空腔内)，空间的电位和点电荷 q 受到的电场力有无变化?

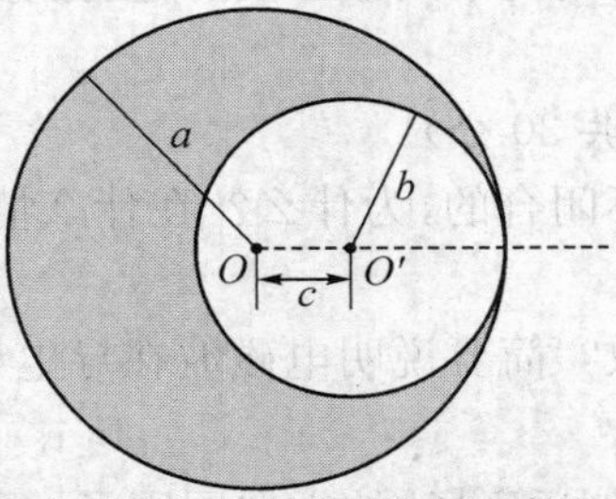

七、(14 分)写出麦克斯韦方程组的微分形式，讨论时变电磁场的特点，并且说明麦克斯韦方程组的意义所在。

八、(12 分)$z<0$ 的半空间为空气，$z>0$ 的半空间为理想介质($\varepsilon=\varepsilon_r\varepsilon_0$、$\mu=\mu_0$、$\sigma=0$)，当均匀平面波从空气中垂直入射到介质表面上时，在空气中 $z=-0.25$ m 处测得合成波电场振幅最大值 $|E|_{\max}=10$ V/m，在空气中 $z=-0.5$ m 处测得合成波电场振幅最小值 $|E|_{\min}=5$ V/m。试求电磁波的频率 f 和介质的相对介电常数 ε_r。

九、(16 分)在自由空间中已知均匀平面波的磁场强度为

$$\boldsymbol{H}(y,z)=\left[\boldsymbol{e}_x 2(1+\mathrm{j}\sqrt{2})+\boldsymbol{e}_y 3+\boldsymbol{e}_z H_{0z}\right]\frac{1}{120\pi}\mathrm{e}^{-\mathrm{j}2\pi(y-\sqrt{3}z)}\ \mathrm{A/m}$$

试求：(1) 波长 λ 和频率 f；(2) H_{0z} 的值；(3) 极化特性；(4) 若此平面波斜射到位于 $z=0$ 处的无限大理想导体平面上，求理想导体表面上的电流密度 $\boldsymbol{J}_s(y)$。

历年考研真题参考答案

西安电子科技大学 2010 年攻读硕士研究生入学考试试题解答

一、解：1. $\because \boldsymbol{E}=-\nabla\phi=-2x\boldsymbol{e}_x+4y\boldsymbol{e}_y-\boldsymbol{e}_z(\text{V/m})$

$\therefore$在点(1,1,1)处 $\boldsymbol{E}=-2\boldsymbol{e}_x+4\boldsymbol{e}_y-\boldsymbol{e}_z(\text{V/m})$

2. $\rho=\nabla\cdot\boldsymbol{D}=\varepsilon_r\varepsilon_0\nabla\cdot\boldsymbol{E}=4\varepsilon_0\approx3.54\times10^{-11}(\text{C/m}^3)$

3. $\because w_e=\dfrac{\boldsymbol{D}\cdot\boldsymbol{E}}{2}=\dfrac{\varepsilon_r\varepsilon_0|\boldsymbol{E}|^2}{2}=(4x^2+16y^2+1)\varepsilon_0$

$\therefore$在点(1,1,1)处 $w_e\approx1.86\times10^{-10}(\text{J/m}^3)$

本题考查最基本的静电场公式，没有什么难度，但要注意不要把 ε_r 错当成 ε 带入计算而丢掉 ε_0，$\boldsymbol{E}$ 是坐标函数，求散以后再带入 x,y,z 值，不要丢掉单位，这些低级错误一定要杜绝。

二、解：1. $\boldsymbol{E}=(\boldsymbol{e}_x+\mathrm{j}4\boldsymbol{e}_y)\mathrm{e}^{-\mathrm{j}2\pi z}$，该波沿 $+z$ 方向传播

$\because|E_{xm}|\neq|E_{ym}|\quad \phi_x-\phi_y=-\dfrac{\pi}{2}<0$

$\therefore$该波为左旋圆极化波。

2. $k=2\pi,\omega=3\pi\times10^8\ \text{rad/s}$

$\because k=\omega\sqrt{\mu\varepsilon}=\omega\sqrt{\varepsilon_r}/c\quad \therefore\varepsilon_r=4$

$\eta=\sqrt{\dfrac{\mu_r}{\varepsilon_r}}\cdot\eta_0=\dfrac{\eta_0}{2}=60\pi(\Omega)$

3. $V_p=\dfrac{\omega}{k}=1.5\times10^8\text{m/s}$

对于平面波的极化方向判断常常不易理解容易混淆，其实只要记住：任意向量满足 $a_1\times a_2=a_3$，波沿 a_3 正向传播时，当 $\phi_1-\phi_2>0$ 时为右旋，否则左旋（特殊的如 x,y,z 方向）。此外 $\eta=\sqrt{\dfrac{\mu}{\varepsilon}}=\sqrt{\dfrac{\mu_r}{\varepsilon_r}}\cdot\eta_0$，其中 $\eta_0=120\pi$ 需要记住。

三、解：1. 磁场传播方向为 $\boldsymbol{e}_k=0.6\boldsymbol{e}_x+0.8\boldsymbol{e}_z$，分界面法向 $\boldsymbol{n}=\boldsymbol{e}_z$，入射角即为 $\boldsymbol{e}_k$ 与 $\boldsymbol{n}$ 的夹角。$\therefore\theta_r=\theta_i=\arccos0.8$

2. $\boldsymbol{E}_i(r)=\eta(-\boldsymbol{e}_k)\times\boldsymbol{H}_i(r)=\dfrac{4}{5}(12\boldsymbol{e}_x+16\boldsymbol{e}_y-9\boldsymbol{e}_z)\mathrm{e}^{-\mathrm{j}\pi(3x+4z)}(\text{mV/m})$

3. $\lambda=\dfrac{2\pi}{k}=0.4\ \text{m}\quad f=\dfrac{c}{\lambda}=750\ \text{MHz}$

本题中 $\boldsymbol{e}_k \cdot \boldsymbol{H}_i \neq 0$ 所以该电磁波不是均匀平面电磁波，严格地说应该是个错题。不过就方法而言，应该记住对于均匀平面电磁波有 $\boldsymbol{E}(r)=\eta(-\boldsymbol{e}_k)\times\boldsymbol{H}(r)$，$\boldsymbol{H}(r)=\dfrac{1}{\eta}\boldsymbol{e}_k\times\boldsymbol{E}(r)$ 由这两个关系可简化计算。当然也可以通过 $\nabla\times\boldsymbol{E}=-\mathrm{j}\omega\mu\boldsymbol{H}$，$\nabla\times\boldsymbol{H}=\mathrm{j}\omega\varepsilon\boldsymbol{E}$ 计算。还应注意到 $\mathrm{e}^{-\mathrm{j}\pi(3x+4z)}=\mathrm{e}^{-\mathrm{j}5\pi(0.6x\boldsymbol{e}_x+0.8z\boldsymbol{e}_z)\cdot\boldsymbol{r}}=\mathrm{e}^{-\mathrm{j}k\boldsymbol{e}_k\cdot\boldsymbol{r}}$ 其中 $\boldsymbol{e}_k$ 是单位矢量，所以 $k=5\pi$。

四、解：**1.** ∵入射波在空气中传播。$\therefore \boldsymbol{H}_i(\boldsymbol{r})=\dfrac{1}{\eta_0}\cdot\boldsymbol{e}_z\times\boldsymbol{E}_i(\boldsymbol{r})=\boldsymbol{e}_y\dfrac{1}{12\pi}\mathrm{e}^{-\mathrm{j}\pi z}(\mathrm{mA/m})$

入射波磁场瞬时值为：$\boldsymbol{H}_i(\boldsymbol{r},t)=\boldsymbol{e}_y\cdot\dfrac{1}{12\pi}\cos(\omega t-\pi z)(\mathrm{mA/m})$

2. 介质中 $\eta=\sqrt{\dfrac{\mu_r}{\varepsilon_r}}\eta_0=\dfrac{2\eta_0}{3}=80\pi(\Omega)$　$\Gamma=\dfrac{\eta-\eta_0}{\eta+\eta_0}=-\dfrac{1}{5}$

反射波振幅 $|E_{rm}|=|\Gamma E_{im}|=2(\mathrm{mV/m})$

3. ∵透射系数 $T=1+\Gamma=0.8$，$|E_{tm}|=|TE_{im}|=8(\mathrm{mV/m})$

$\therefore \boldsymbol{S}_{av}=\dfrac{1}{2}\mathrm{Re}(\boldsymbol{E}\times\boldsymbol{H}^*)=\dfrac{E_{tm}^2}{2\eta}\boldsymbol{e}_z=\boldsymbol{e}_z\dfrac{4}{\pi}\times10^{-7}(\mathrm{W/m^2})$

本题要特别留意对于介质中的透射波波阻抗、传播常数 k 等已经变化；同时复坡印廷矢量为矢量，不要丢掉方向；注意单位一致。

五、解：**1.** $\Gamma=\dfrac{\bar{Z}-1}{\bar{Z}+1}=\dfrac{Z-Z_0}{Z+Z_0}$

2. $\rho=\dfrac{1+|\Gamma|}{1-|\Gamma|}=\dfrac{|Z+Z_0|+|Z-Z_0|}{|Z+Z_0|-|Z-Z_0|}$

3. TEM 波电场和磁场方向均垂直于传播方向，不能在空心波导中传播，没有截止波长；TE 波电场方向垂直于传播方向，磁场有传播方向分量，在波导中传播存在截止波长；TM 波波磁场方向垂直于传播方向，电场有传播方向分量，在波导中传播存在截止波长。

4.

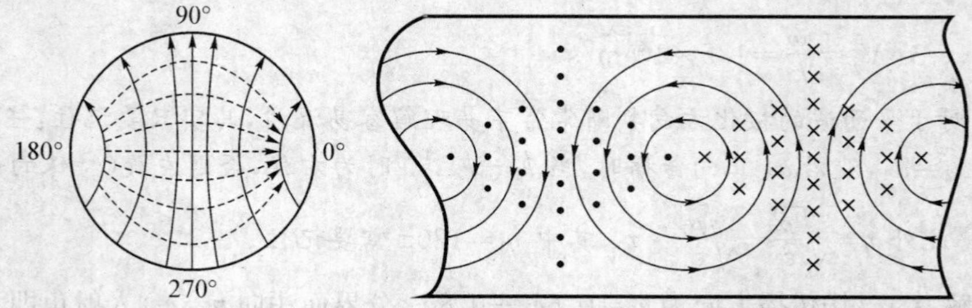

5. ∵矩形谐振腔中任意模式谐振波长 $\lambda_0=\dfrac{2}{\sqrt{\left(\dfrac{m}{a}\right)^2+\left(\dfrac{n}{b}\right)^2+\left(\dfrac{p}{l}\right)^2}}$

∴对于主模式 TE_{101} 模 $\lambda_0=\dfrac{2al}{\sqrt{a^2+l^2}}$

六、解：设负载阻抗经传输线变换后阻抗为 Z_1，

$\because$负载阻抗 $Z_L=R_2 /\!/ Z_0=\dfrac{R_2 Z_0}{R_2+Z_0}$　　$\therefore Z_1=Z_0\dfrac{Z_L+\mathrm{j}Z_0\tan\pi/2}{Z_0+\mathrm{j}Z_L\tan\pi/2}=\dfrac{(R_2+Z_0)Z_0}{R_2}$

$\because$输入端匹配，$\therefore Z_{in}=R_1 /\!/ Z_1=Z_0$　　(1)

将 Z_1 代入(1)解得 $R_1=R_2+Z_0$

七、解：1. $\because \nabla\times\boldsymbol{E}=-\mathrm{j}\omega\mu_0\boldsymbol{H}$　$\therefore(\boldsymbol{H}_x+\boldsymbol{H}_y+\boldsymbol{H}_z)=\dfrac{\mathrm{j}}{\omega\mu_0}\nabla\times\boldsymbol{E}$

$$\boldsymbol{H}_x=-\frac{\beta}{\omega\mu_0}E_0\sin\left(\frac{\pi}{a}x\right)\mathrm{e}^{-\mathrm{j}\beta z}\boldsymbol{e}_x$$

$$\boldsymbol{H}_y=0$$

$$\boldsymbol{H}_z=\mathrm{j}\frac{E_0}{\omega\mu_0}\frac{\pi}{a}\cos\left(\frac{\pi}{a}x\right)\mathrm{e}^{-\mathrm{j}\beta z}\boldsymbol{e}_z$$

2.

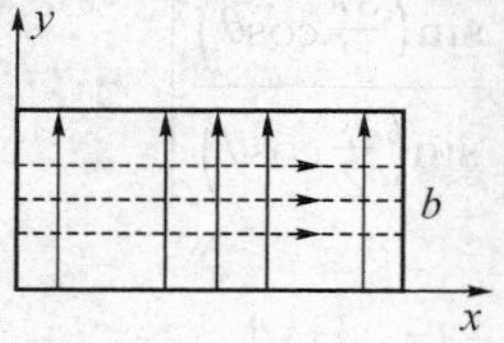

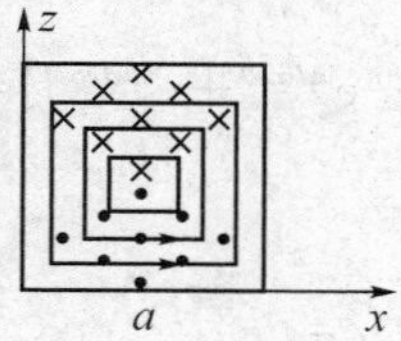

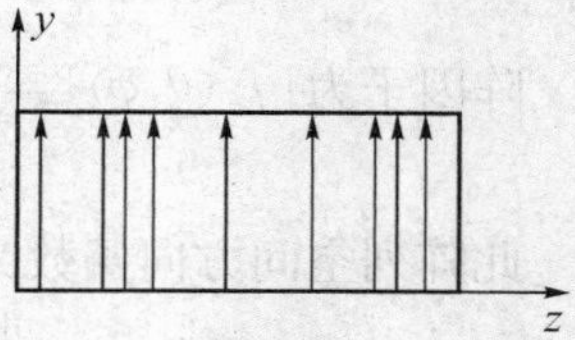

3. 功率通量密度为：$\boldsymbol{S}_{av}=\dfrac{1}{2}\mathrm{Re}\left(\boldsymbol{E}\times\boldsymbol{H}^*\right)=\dfrac{\beta}{2\omega\mu_0}E_0^2\sin^2\left(\dfrac{\pi}{a}x\right)\cdot\boldsymbol{e}_z$

$$\therefore P=\iint S_{av}\mathrm{d}x\mathrm{d}y=\frac{\beta}{2\omega\mu_0}E_0^2\int_0^b\mathrm{d}y\int_0^a\sin^2\left(\frac{\pi}{a}x\right)\mathrm{d}x=\frac{ab\beta}{4\omega\mu_0}E_0^2$$

$$\because\beta=\frac{2\pi}{\lambda}\sqrt{1-\left(\frac{\lambda}{2a}\right)^2},\ \omega=2\pi f=\frac{2\pi c}{\lambda}$$

$$\therefore P=\frac{abE_0^2}{4\eta_0}\sqrt{1-\left(\frac{\lambda}{2a}\right)^2}=\frac{abE_0^2}{480\pi}\sqrt{1-\left(\frac{\lambda}{2a}\right)^2}$$

八、解：令 $P(\theta)=\cos\theta=0.5$，解得 $\theta=60°$

$\therefore$半功率波束宽度$(2\theta_{0.5})=120°$

$$D=\frac{4\pi U_M}{P_\Sigma}=\frac{4\pi}{\int_0^{2\pi}\int_0^{\pi/2}\cos\theta\sin\theta\mathrm{d}\theta\mathrm{d}\phi}=4$$

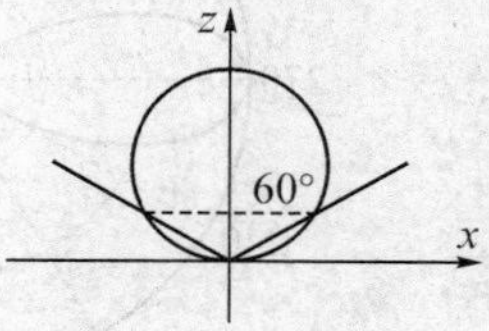

通过方向图函数计算半功率波束宽度时一定要先概画出方向图，先有一个感性的认识，$\because$不是所有时候都可求出 θ 乘 2 得到半功率波束宽度(如 $P(\theta)=\sin\theta$ 时，令 $P=0.5$ 得 $\theta=30°$半功率波束宽度$=2(90°-\theta)=120°$)。要从半功率波束宽度的概念上去具体分析。

九、证明：$\because$发射天线在 r 处功率通量密度为 $S_r=\dfrac{P_r}{4\pi r^2}G_r$

$\therefore$接收天线的接收功率为 $P_R=S_r A_{emR}=\dfrac{P_r}{4\pi r^2}G_r A_{emR}$

又∵接收天线有效接收面积为 $A_{emR}=\dfrac{\lambda^2}{4\pi}G_R$

$$\therefore P_R=\frac{P_r}{4\pi r^2}G_r\frac{\lambda^2}{4\pi}G_R=\left(\frac{\lambda}{4\pi r}\right)^2P_rG_rG_R$$

十、解：∵阵元为半波振子

∴单元因子 $|f_1(\theta,\varphi)|=\left|\dfrac{\cos\left(\dfrac{\pi}{2}\cos\alpha\right)}{\sin\alpha}\right|$（式中 α 为矢量 r 与 x 轴夹角）

∵$\cos\alpha=\sin\theta\cos\varphi$

∴单元因子 $|f_1(\theta,\varphi)|=\left|\dfrac{\cos\left(\dfrac{\pi}{2}\sin\theta\cos\varphi\right)}{\sqrt{1-\sin^2\theta\cos^2\varphi}}\right|$

阵因子为 $|f_a(\theta,\varphi)|=|1+e^{jkd\cos\theta}+e^{j2kd\cos\theta}|=\left|\dfrac{\sin\left(\dfrac{3\pi}{2}\cos\theta\right)}{\sin\left(\dfrac{\pi}{2}\cos\theta\right)}\right|$

此阵列空间方向函数为

$$|f(\theta,\varphi)|=f_1\cdot f_a=\left|\frac{\cos\left(\frac{\pi}{2}\sin\theta\cos\varphi\right)}{\sqrt{1-\sin^2\theta\cos^2\varphi}}\cdot\frac{\sin\left(\frac{3\pi}{2}\cos\theta\right)}{\sin\left(\frac{\pi}{2}\cos\theta\right)}\right|$$

在 yOz 面上

yOz 面方向图

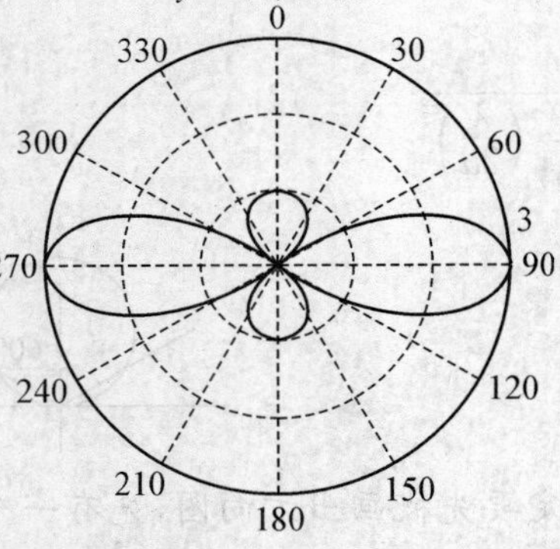

在 xOy 面上

xOy 面方向图

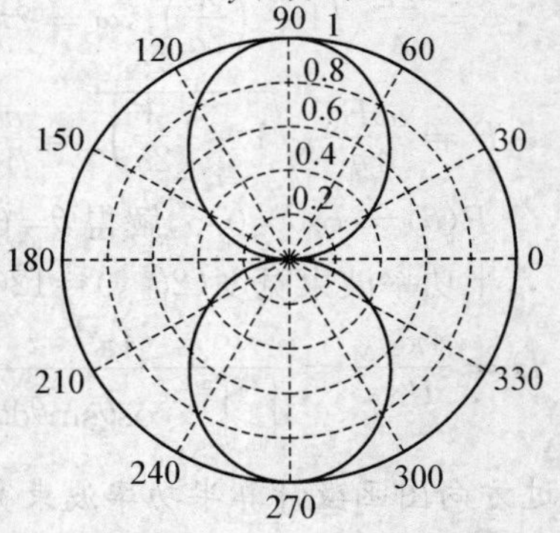

本题中的天线并非沿 z 轴取向，所以原半波振子公式中的夹角要做相应的代换，当矢量半径 r 与 x 轴夹角为 α 时，有 $\cos\alpha=\sin\theta\cos\varphi$；当矢量半径 r 与 y 轴夹角 β 时，有 $\cos\beta=\sin\theta\sin\varphi$，具体的推导证明见附录一。方向图直接给出 Matlab 所作精确图形，手工概画时可通过方向图乘积定理，对于 xOy 面上 $\theta=90^\circ$，yOz 面上正半平面 $\varphi=90^\circ$ 负半平面 $\varphi=270^\circ$，代入方向函数然后通过描点法找一些特殊点（0°、90°、180° 及 f 函数零点）作出图形，手工作图要多练习熟悉常见的方向函数图形，尤其半波振子方向图必须熟记。

附：

2010 年第十题立体方向图

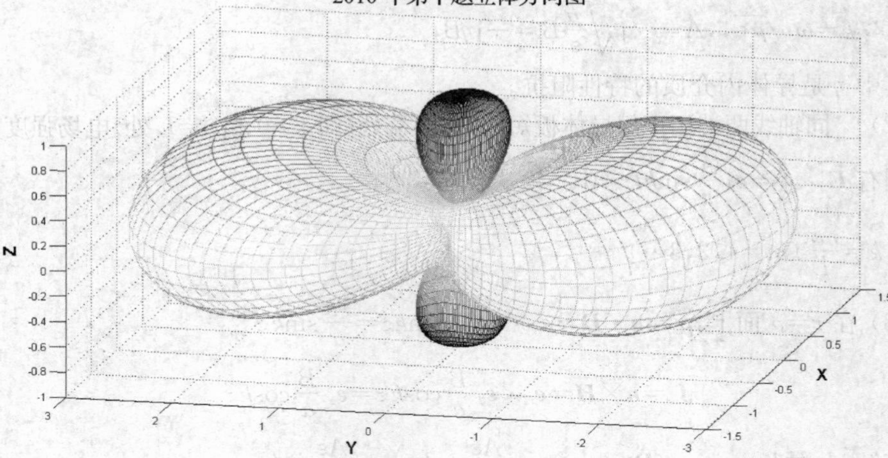

西安电子科技大学 2011 年攻读硕士研究生入学考试试题解答

一、**解**：为了使用高斯定理，在半径为 b 的空腔内填充密度为 $+\rho$ 的体电荷，在半径为 a 的空腔内填充密度为 $-\rho$ 的体电荷密度。这样，任一点的电场就相当于带正电的大球体和一个带负电的小球体共同产生。正负带电体所产生的场分别由高斯定理计算。

正电荷在空腔内产生的电场为 $\boldsymbol{E}_1=\dfrac{\rho r_1}{3\varepsilon_0}\boldsymbol{e}_{r_1}$

负电荷在空腔内产生的电场为 $\boldsymbol{E}_2=-\dfrac{\rho r_2}{3\varepsilon_0}\boldsymbol{e}_{r_2}$

单位向量 $\boldsymbol{e}_{r_1}$，$\boldsymbol{e}_{r_2}$ 分别以大小球体球心为坐标原点，考虑到 $r_1\boldsymbol{e}_{r_1}-r_2\boldsymbol{e}_{r_2}=c\boldsymbol{e}_x$

最后得到空腔内的电场为 $\boldsymbol{E}=\boldsymbol{E}_1+\boldsymbol{E}_2=\dfrac{\rho c}{3\varepsilon_0}\boldsymbol{e}_x$

本题要注意坐标系的选取及不同坐标系间的转换技巧。

二、**解**：(1) 由法拉第电磁感应公式 $\nabla\times\boldsymbol{E}=-\mathrm{j}\omega\mu\boldsymbol{H}$ 得

$$\boldsymbol{H}=\mathrm{j}\frac{\nabla\times E}{\omega\mu},$$

$$\nabla\times\boldsymbol{E}=\frac{1}{r}\begin{vmatrix}\boldsymbol{e}_r & r\boldsymbol{e}_\theta & \boldsymbol{e}_z\\ \dfrac{\partial}{\partial r} & \dfrac{\partial}{\partial\theta} & \dfrac{\partial}{\partial z}\\ E_r & 0 & 0\end{vmatrix}=\frac{\partial E_r}{\partial z}\boldsymbol{e}_\theta$$

$$\boldsymbol{H}=\boldsymbol{e}_\theta\frac{\mathrm{j}kA}{r\omega\mu}\cos kz$$

比较可知 $$A=\frac{\omega\mu}{\mathrm{j}k}B$$

又∵$k=\omega\sqrt{\mu\varepsilon}$ ∴$A=-\mathrm{j}\sqrt{\frac{\mu}{\varepsilon}}B=-\mathrm{j}\eta B$，

其中 η 是导体内介质的特性阻抗。

(2) ∵同轴线两端用理想导体板短路，∴两端处(即 $z=0$ 和 $z=L$ 处)电场强度为 0，

则有 $\boldsymbol{E}|_{Z=L}=\boldsymbol{e}_r\frac{A}{r}\sin kL=0$，

∴$k=\frac{m\pi}{L}(m=1,2,3\cdots)$

(3) 在 $r=a$ 面上，$\rho_s=\boldsymbol{n}\cdot\boldsymbol{D}=\boldsymbol{e}_r\cdot\boldsymbol{e}_r\frac{A\varepsilon}{a}\sin kz=\frac{A\varepsilon}{a}\sin kz$

$$\boldsymbol{J}_s=\boldsymbol{n}\times\boldsymbol{H}=\boldsymbol{e}_r\times\boldsymbol{e}_\theta\frac{B}{a}\cos kz=\boldsymbol{e}_z\frac{B}{a}\cos kz$$

在 $r=b$ 面上，$\rho_s=\boldsymbol{n}\cdot\boldsymbol{D}=-\boldsymbol{e}_r\cdot\boldsymbol{e}_r\frac{A\varepsilon}{b}\sin kz=-\frac{A\varepsilon}{b}\sin kz$

$$\boldsymbol{J}_s=\boldsymbol{n}\times\boldsymbol{H}=-\boldsymbol{e}_r\times\boldsymbol{e}_\theta\frac{B}{b}\cos kz=-\boldsymbol{e}_z\frac{B}{b}\cos kz$$

注意求旋度是在柱坐标系中进行的。此外，虽然有关系 $k=\omega\sqrt{\mu\varepsilon}$，但 ω 不是已知量，所以不可用来确定。

三、解：(1) 电场强度振幅 $E_m=|E|=3\sqrt{3}$(V/m)，

波矢量 $\boldsymbol{k}=\frac{2}{3}\boldsymbol{e}_x+\frac{\sqrt{2}}{3}\boldsymbol{e}_y-\frac{\sqrt{3}}{3}\boldsymbol{e}_z$，

∵$k=\omega\sqrt{\mu_0\varepsilon_0}=\frac{\omega}{c}=\frac{2\pi f}{c}=\frac{2\pi}{\lambda}=\frac{\pi}{2}$，

∴$\lambda=4$ m

(2) ∵$\boldsymbol{E}(r,t)=\mathrm{Re}[E(r)e^{\mathrm{j}\omega t}]$，同时考虑到 $\omega=\frac{3\pi}{2}\times10^8$(rad/s)

∴$\boldsymbol{E}(r,t)=3(\boldsymbol{e}_x-\sqrt{2}\boldsymbol{e}_y)\cos\left[\frac{3\pi}{2}\times10^8t-\frac{\pi}{6}(2x+\sqrt{2}y-\sqrt{3}z)\right]$(V/m)

又因为

$$\boldsymbol{H}(r)=\frac{\boldsymbol{k}\times\boldsymbol{E}(r)}{\eta_0}=-\frac{1}{120\pi}(\sqrt{6}\boldsymbol{e}_x+\sqrt{3}\boldsymbol{e}_y+3\sqrt{2}\boldsymbol{e}_z)\mathrm{e}^{-\mathrm{j}\frac{\pi}{6}(2x+\sqrt{2}y-\sqrt{3}z)}\text{(A/m)}$$

$$\boldsymbol{H}(r,t)=-\frac{\sqrt{6}\boldsymbol{e}_x+\sqrt{3}\boldsymbol{e}_y+3\sqrt{2}\boldsymbol{e}_z}{120\pi}\cos\left[\frac{3\pi}{2}\times10^8t-\frac{\pi}{6}(2x+\sqrt{2}y-\sqrt{3}z)\right]\text{(A/m)}$$

从场论角度上来说，波的传播方向也就是坡印廷矢量方向，而坡印廷矢量 $\boldsymbol{S}=\boldsymbol{E}\times\boldsymbol{H}=-\boldsymbol{H}\times\boldsymbol{E}$，对于任意电磁波，磁场方向、电场方向、传播方向构成右手螺旋关系。本题中注意隐含条件真空中的应用。

四、解:当入射角为布儒斯特角时,发生全透射。

介质 1 的折射率 $n_1=\sqrt{\varepsilon_1}=3$,介质 2 的折射率 $n_2=\sqrt{\varepsilon_2}=1$。

布儒斯特角 $\theta_B=\arcsin\sqrt{\dfrac{\varepsilon_2}{\varepsilon_1+\varepsilon_2}}=\arcsin=\dfrac{1}{\sqrt{10}}$

发生全透射的条件:首先入射波必须是线极化波,对于垂直极化波,除非 $\varepsilon_1=\varepsilon_2$,否则无论入射角多大都不可能发生全透射;其次,入射角要等于布儒斯特角。

五、解:(1) $\rho=\dfrac{1+|\Gamma|}{1-|\Gamma|}$

(2) 矩形波导 TE_{10} 模截止波长 $\lambda_c=2a$,

∴工作波长 $\lambda_g=\dfrac{\lambda}{\sqrt{1-\left(\dfrac{\lambda}{2a}\right)^2}}$

(3) 对于双端口网络的[Z]矩阵,互易时 $Z_{12}=Z_{21}$,对于散射矩阵[S],互易时有 $S_{12}=S_{21}$

(4) 同轴线 TEM 波截面电场与磁场分布如下图,其中实线为电场线,虚线为磁力线

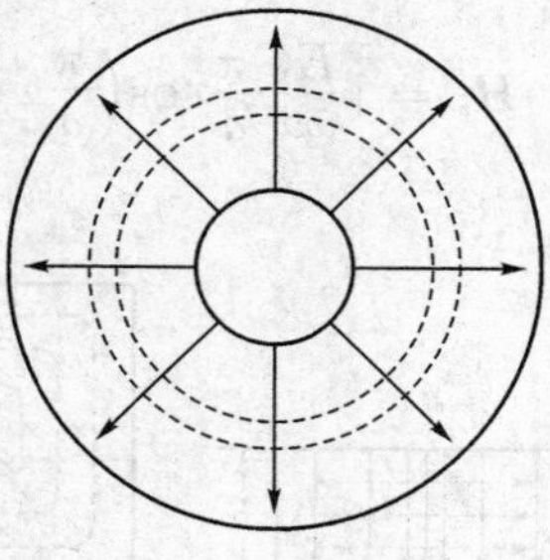

(5) 同轴线特性阻抗 $Z_0=\dfrac{\ln\left(\dfrac{b}{a}\right)}{2\pi}\sqrt{\dfrac{\mu}{\varepsilon}}$,如果是真空中 $Z_0=\dfrac{60}{\sqrt{\varepsilon_r}}\ln\left(\dfrac{b}{a}\right)$

对于二端口网络的[Z]矩阵,互易时 $Z_{12}=Z_{21}$,对称时 $Z_{11}=Z_{22}$,无耗时 $\mathrm{Re}(Z_{ij})=0$,即网络中都是电抗性元件。对于 Z 参数,可通过其与 A 参数等的关系联系记忆。由 Z 参数的定义 $\begin{cases}U_1=z_{11}I_1+z_{12}I_2\\U_2=z_{21}I_1+z_{22}I_2\end{cases}$,经过简单的变形即可得到:

$$\begin{cases}U_1=\dfrac{z_{11}}{z_{21}}U_2+\left(\dfrac{z_{11}z_{22}}{z_{21}}-z_{12}\right)(-I_2)\\I_1=\dfrac{1}{z_{21}}u_2+\dfrac{z_{22}}{z_{21}}(-I_2)\end{cases}\Rightarrow\begin{bmatrix}U_1\\I_1\end{bmatrix}=\frac{1}{z_{21}}\begin{bmatrix}z_{11}&z_{11}z_{22}-z_{12}z_{21}\\1&z_{22}\end{bmatrix}\begin{bmatrix}U_2\\-I_2\end{bmatrix}$$

,容易看出此式就是 A 参数的定义式,即$[A]=\dfrac{1}{z_{21}}\begin{bmatrix}z_{11}&z_{11}z_{22}-z_{12}z_{21}\\1&z_{22}\end{bmatrix}$。这里要特别注意推导过程中的 $-I_2$,之所以有负号是因为 A 参数为了方便网络的级联,其定义的 I_2 方向是

与[S]，[Z]参数反向的。

六、解：采用矩阵解法，归一化

$$[A]=\begin{bmatrix}1 & 0\\ \dfrac{1}{\overline{R_1}} & 1\end{bmatrix}\cdot\begin{bmatrix}0 & \mathrm{j}\\ \mathrm{j} & 0\end{bmatrix}\cdot\begin{bmatrix}1 & 0\\ \dfrac{1}{\overline{R_2}} & 1\end{bmatrix}=\mathrm{j}\begin{bmatrix}\dfrac{1}{\overline{R_2}} & 1\\ 1+\dfrac{1}{\overline{R_1}\cdot\overline{R_2}} & \dfrac{1}{\overline{R_1}}\end{bmatrix}$$

$$\overline{Z_{in}}=\frac{A_{11}\overline{Z_L}+A_{12}}{A_{21}\overline{Z_L}+A_{22}}=\frac{1+\dfrac{1}{\overline{R_2}}}{1+\dfrac{1}{\overline{R_1}\cdot\overline{R_2}}+\dfrac{1}{\overline{R_1}}}=1\text{，可得约束条件}\overline{R_1}=1+\overline{R_2}$$

注意这里的[A]参数必须先归一化。

七、解：矩形谐振腔中 TE_{101} 模的电磁场方程为：

$$\boldsymbol{E}_y=E_0\sin\left(\frac{\pi}{a}x\right)\sin\left(\frac{\pi}{c}z\right)\boldsymbol{e}_y$$

$$\boldsymbol{H}_x=-\mathrm{j}\frac{E_0}{\omega\mu}\frac{\pi}{c}\sin\left(\frac{\pi}{a}x\right)\cos\left(\frac{\pi}{c}z\right)\boldsymbol{e}_x$$

$$\boldsymbol{H}_y=0$$

$$\boldsymbol{H}_z=\mathrm{j}\frac{E_0}{\omega\mu}\frac{\pi}{a}\cos\left(\frac{\pi}{a}x\right)\sin\left(\frac{\pi}{c}z\right)\cdot\boldsymbol{e}_z$$

场分布如下图所示

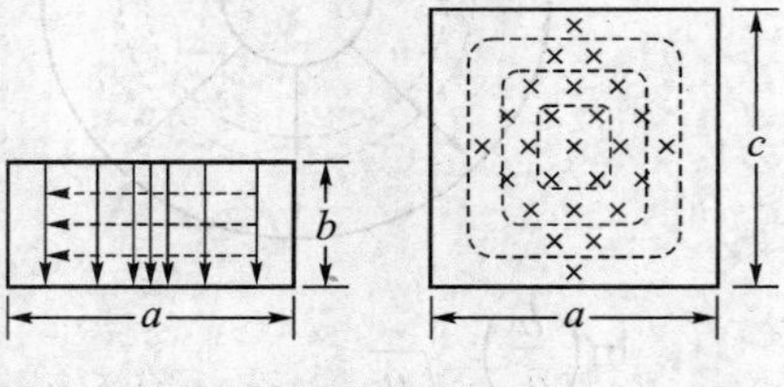

八、证明：发射天线在空间任意点处的辐射场强大小可表示为：

$$|\boldsymbol{E}|=E_m\cdot F(\theta,\varphi)$$

∵发射天线在空间功率通量密度为：

$$S_{av}=\frac{1}{2}\mathrm{Re}(\boldsymbol{E}\times\boldsymbol{H}^*)=\frac{E_m^2}{2\eta}$$

∴该天线单位立体角内辐射强度：

$$U=S_{av}\cdot r^2=\frac{E_m^2}{2\eta}\cdot r^2$$

由发射天线方向系数定义知：

$$D=\frac{U}{P_\Sigma/(4\pi)}=\frac{E_m^2}{60P_\Sigma}\cdot r^2$$

$$\therefore E_m=\frac{\sqrt{60P_\Sigma D}}{r}$$

∴天线在任一点处辐射场强大小为：

$$|\boldsymbol{E}|=\frac{\sqrt{60P_{\Sigma}D}}{r}\cdot F(\theta,\varphi)$$

近两年考题中都出现了对教材中基本定理、公式的证明，可能是一种趋势，复习时要留意，尤其是对教材和考题中反复出现的基本结论公式要深入理解，熟悉推导过程。

九、解：(1) ∵阵元为半波振子，且沿 z 轴取向，

∴单元因子 $|f_1(\theta,\varphi)|=\left|\dfrac{\cos\left(\dfrac{\pi}{2}\cos\theta\right)}{\sin\theta}\right|$，(式中 θ 为矢量 $\boldsymbol{r}$ 与 z 轴正向夹角)

阵因子为 $|f_a(\theta,\varphi)|=|1+2e^{jkd\cos\theta}+e^{j2kd\cos\theta}|=|2+2\cos(\pi\cos\theta)|$

阵列空间方向函数为 $|f(\theta,\varphi)|=|f_1\cdot f_a|=4\left|\dfrac{\cos\left(\dfrac{\pi}{2}\cos\theta\right)}{\sin\theta}\right|\cdot\left|\cos^2\left(\dfrac{\pi}{2}\cos\theta\right)\right|$

在 xOz 面上 $\varphi=0$，在 xOy 面上 $\theta=90°$，方向图如下：

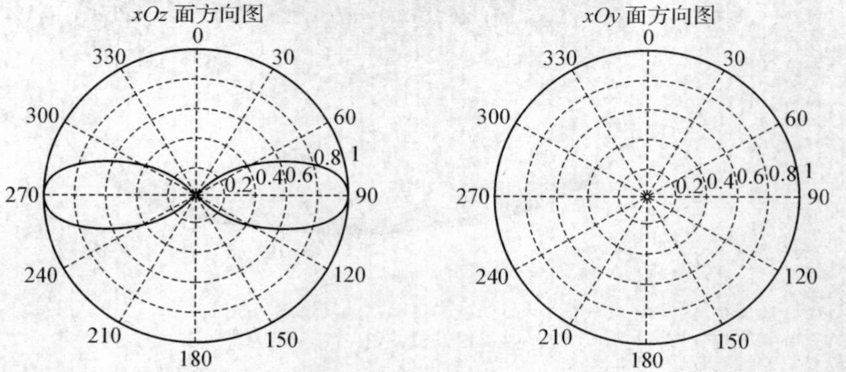

(2) 阵元 1 的辐射阻抗为：$Z_{r1}=Z_{11}+\dfrac{I_2}{I_1}Z_{12}+\dfrac{I_3}{I_1}Z_{13}=123.1+j92.5\ \Omega$

阵元 2 的辐射阻抗为：$Z_{r2}=\dfrac{I_1}{I_2}Z_{21}+Z_{22}+\dfrac{I_3}{I_2}Z_{23}$

∵天线阵互易对称，∴$Z_{11}=Z_{22}$，$Z_{21}=Z_{12}$，$Z_{23}=Z_{12}$

∴$Z_{r2}=103.1+j67.5\ \Omega$

阵元 3 的辐射阻抗为：$Z_{r3}=\dfrac{I_1}{I_3}Z_{21}+\dfrac{I_2}{I_3}Z_{22}+Z_{23}$

∵天线阵互易对称，∴$Z_{13}=Z_{31}$，$Z_{32}=Z_{12}$，$Z_{33}=Z_{11}$

∴$Z_{r3}=123.1+j92.5\ \Omega$

(3) 天线阵归算于阵元 1 的总辐射阻抗为：

$$Z_{r(1)}=Z_{r1}+\frac{I_2^2}{I_1^2}Z_{r2}+\frac{I_3^2}{I_1^2}Z_{r3}=658.6+j455\ \Omega$$

天线阵归算于阵元 2 的总辐射阻抗为：

$$Z_{r(2)}=\frac{I_1^2}{I_2^2}Z_{r1}+Z_{r2}+\frac{I_3^2}{I_2^2}Z_{r3}=164.65+\mathrm{j}113.75\ \Omega$$

天线阵归算于阵元 3 的总辐射阻抗为：

$$Z_{r(3)}=\frac{I_1^2}{I_3^2}Z_{r1}+\frac{I_2^2}{I_3^2}Z_{r2}+Z_{r3}=658.6+\mathrm{j}455\ \Omega$$

(4) 天线阵方向函数归算于阵元 1 时 $f_M=4$，归算于阵元 1 的总辐射电阻为：

$$R_{\sum}=\mathrm{Re}(Z_{r(1)})=658.6\ \Omega$$

∴天线阵的方向系数 $\qquad D=\dfrac{120f_M^2}{R_{\Sigma}}=2.92$

附：

2011 年第九题立体方向图

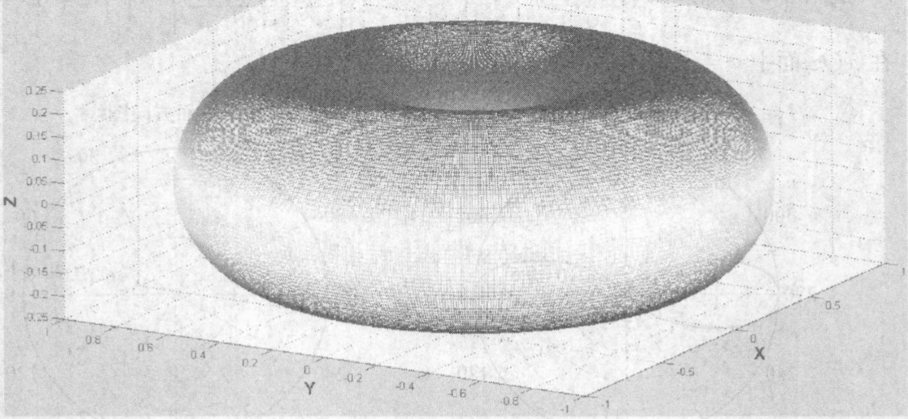

西安电子科技大学 2011 年硕士研究生入学考试复试试题解答

电磁场与电磁波部分

1. **证明**：设内、外导体单位长度带电分别为 $+\rho_l$ 和 $-\rho_l$，则同轴线内、外导体之间的电场为

$$E=\frac{\rho_l}{2\pi\varepsilon r}$$

如果将同轴线内单位长度存储的能量记为 W，而将从 a 到 c 单位长度的存储能记为 W_1，即

$$W=\int_a^b\frac{1}{2}\varepsilon E^2\cdot 2\pi r\mathrm{d}r=\frac{\rho_l^2}{4\pi\varepsilon}\ln\frac{b}{a}$$

$$W_1=\int_a^c\frac{1}{2}\varepsilon E^2\cdot 2\pi r\mathrm{d}r=\frac{\rho_l^2}{4\pi\varepsilon}\ln\frac{c}{a}$$

令 $W_1=\frac{W}{2}$，得 $c=\sqrt{ab}$，即以 c 为半径的圆柱内静电能量是整个能量的一半。

又∵ $W=\frac{\rho_l^2}{2c}=\frac{\rho_l^2}{4\pi\varepsilon}\ln\frac{b}{a}$

所以
$$C=\frac{2\pi\varepsilon}{\ln\frac{b}{a}}$$

2. 解：由磁场边界条件 $\boldsymbol{n}\cdot(\boldsymbol{B}_2-\boldsymbol{B}_1)=0$ 知，在介质分界面上磁感应强度 $\boldsymbol{B}$ 相等，由安培环路定律得：$\pi rH_1+\pi rH_2=I$，其中 $\boldsymbol{B}_1=\mu H_1$，$\boldsymbol{B}_2=\mu_0 H_2$

所以
$$\pi r\frac{B_1}{\mu}+\pi r\frac{B_2}{\mu_0}=\pi rB\left(\frac{1}{\mu}+\frac{1}{\mu_0}\right)=I$$
$$\boldsymbol{B}_1=\boldsymbol{B}_2=\boldsymbol{B}=\frac{\mu_0\mu I}{\pi r(\mu_0+\mu)}\boldsymbol{e}_\varphi$$
$$\boldsymbol{H}_1=\frac{\mu_0 I}{\pi r(\mu_0+\mu)}\boldsymbol{e}_\varphi,\boldsymbol{H}_2=\frac{\mu I}{\pi r(\mu_0+\mu)}\boldsymbol{e}_\varphi$$

3. 解：∵电场强度可写为 $E=[(2+\mathrm{j}3)\boldsymbol{e}_x+4\boldsymbol{e}_y+3\boldsymbol{e}_z]\mathrm{e}^{-\mathrm{j}3k\cdot r}$

∴传播方向为 $k=-\frac{3}{5}\boldsymbol{e}_y+\frac{4}{5}\boldsymbol{e}_z$

∵ $k\cdot E=\left(-\frac{3}{5}\boldsymbol{e}_y+\frac{4}{5}\boldsymbol{e}_z\right)\cdot[(2+\mathrm{j}3)\boldsymbol{e}_x+4\boldsymbol{e}_y+3\boldsymbol{e}_z]=-\frac{12}{5}+\frac{12}{5}=0$

∴该电磁波为横电磁波。

令 $\boldsymbol{e}_m=\frac{4}{5}\boldsymbol{e}_y+\frac{3}{5}\boldsymbol{e}_z$，则 $E=[(2+\mathrm{j}3)\boldsymbol{e}_x+\boldsymbol{e}_m]\mathrm{e}^{-\mathrm{j}3k\cdot r}$

∵ $\boldsymbol{e}_x\times\boldsymbol{e}_m=k,\varphi_x>\varphi_m,E_x\neq E_m$

∴该波为右旋椭圆极化波。

4. 解：天线在远区场产生的电场强度大小为 $|E(\theta,\varphi)|=\frac{\sqrt{60P_\Sigma D}}{r}F(\theta,\varphi)$，在垂直电偶极子方向上 $F(\theta,\varphi)=1$，∵电偶极子方向系数 $D=1.5$

∴ $P_\Sigma=\frac{(E\cdot r)^2}{60D}=\frac{10}{9}$ W

5. 解：(1) 传输损耗的计算：

同轴漏电缆的传输损耗一般包括三部分：1) 导体损耗；2) 介质损耗；3) 辐射损耗。
$$\alpha=\alpha_c+\alpha_d+\alpha_r$$

上式中，α—表示漏泄电缆的传输损耗；

α_c—表示漏泄电缆的导体损耗；

α_d—表示漏泄电缆的介质损耗；

α_r—表示漏泄电缆的辐射损耗；

(2) 耦合损耗的计算：

同轴漏电缆的耦合损耗可以使用以惠更斯原理为依据的近场外推远场方法，从

CST 的 FDTD 仿真中导出电缆周围电场值，结合 Matlab 编程软件求得远区观察点的场分布，进而求得耦合损耗。

(3) 同轴漏电线的工程应用：开槽的泄漏同轴线可作为建筑内部天线使用，缝隙相对于开槽天线。

微波与天线部分

1. 解：∵矩形波导截止波长为 $\lambda_c=\dfrac{2}{\sqrt{\left(\dfrac{m}{a}\right)^2+\left(\dfrac{n}{b}\right)^2}}$

$\therefore \lambda_{c\text{TE}_{10}}=2a=14.4\ \text{mm}, \lambda_{\text{TE}_{20}}=a=7.2\ \text{mm}, \lambda_{c\text{TE}_{01}}=2b=6.8\ \text{mm}$,

$\lambda_{c\text{TE}_{11}}=\dfrac{2ab}{\sqrt{a^2+b^2}}=6.15\ \text{mm}$

$\because \lambda_{c\text{TE}_{11}}<\lambda<\lambda_{c\text{TE}_{01}}$，∴6.5 mm 的波可以存在 TE_{10}，TE_{20}，TE_{30} 三种模式。

∵矩形波导单模传输时 $a<\lambda<2a$，$\therefore \dfrac{c}{2a}<f<\dfrac{c}{a}$

$\therefore 20.3G<f<40.5G$

2. 解：(1) $[S]=\begin{bmatrix} S_{11} & S_{12} \\ S_{21} & S_{22} \end{bmatrix}=\begin{bmatrix} 0 & 10^{-\frac{\alpha_-}{20}} \\ 10^{-\frac{\alpha_+}{20}} & 0 \end{bmatrix}$，其中 S_{12} 对应正向衰减指标 $20\lg\dfrac{1}{|S_{12}|}$，S_{21} 对应反向隔离指标 $20\lg\dfrac{1}{|S_{21}|}$

(2) $S=\begin{bmatrix} 0 & 0 & 1 \\ 1 & 0 & 0 \\ 0 & 1 & 0 \end{bmatrix}$

(3) 将 3 端口（或任意一端口）接匹配负载后，1、2 端口（剩余两端口）可作为二端口的隔离器使用。

3. 半波振子天线　全波振子天线　对数周期天线　轴向模螺旋天线　“十字”交叉天线

4. $F(\theta,\varphi)=\sin\theta \quad l_e=l\sin\theta \quad 90° \quad 360° \quad 1.5$

5. 解：(1) ∵阵元为半波振子

∴单元因子 $|f_1(\theta,\varphi)|=\left|\dfrac{\cos\left(\dfrac{\pi}{2}\cos\beta\right)}{\sin\beta}\right|$（式中 β 为矢量 $\boldsymbol{r}$ 与 y 轴夹角）

$\because \cos\beta=\sin\theta\sin\varphi$

∴单元因子 $|f_1(\theta,\varphi)|=\left|\dfrac{\cos\left(\dfrac{\pi}{2}\sin\theta\sin\varphi\right)}{1-\sin^2\theta\sin^2\varphi}\right|$

阵因子为 $|f_a(\theta,\varphi)|=\left|1+\dfrac{I_2}{I_1}e^{jkd\cos\theta}\right|=\left|1+e^{j\frac{\pi}{2}(\cos\theta-1)}\right|=2\left|\cos\dfrac{\pi}{4}(\cos\theta-1)\right|$

空间方向函数为$|f(\theta,\varphi)|=|f_1\cdot f_a|=2\left|\dfrac{\cos\left(\dfrac{\pi}{2}\sin\theta\sin\varphi\right)}{\sqrt{1-\sin^2\theta\sin^2\varphi}}\cdot\cos\dfrac{\pi}{4}(\cos\theta-1)\right|$

(2) ∵E－面为 xOy 面，∴令 $\theta=90°$，$|f_E(\varphi)|=\sqrt{2}\left|\dfrac{\cos\left(\dfrac{\pi}{2}\sin\varphi\right)}{\cos\varphi}\right|$

H－面为 xOz 面，∴令 $\theta=0°$，$|f_H(\theta)|=2\left|\cos\dfrac{\pi}{4}(\cos\theta-1)\right|$

(3)

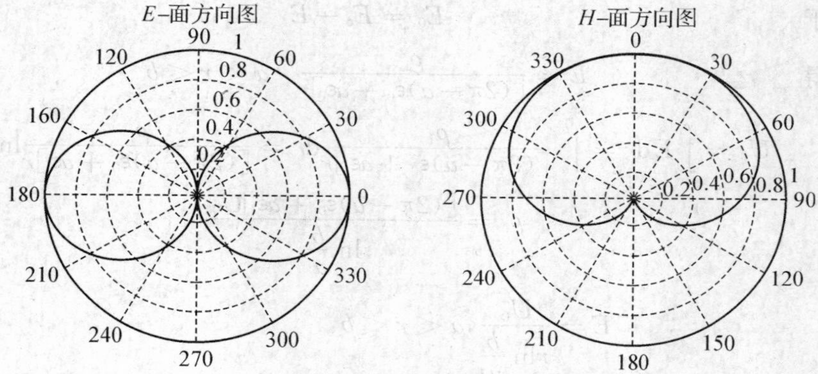

6. **解**:组成:前馈抛物面天线由馈源和反射面(旋转抛物面)两部分组成。

配置:馈源位于抛物面的焦点上,且馈源最大发射方向对准抛物面中心。

工作原理:反射时馈源发出的电磁波经抛物面反射后均平行于抛物面轴线,馈源发出的球面波反射后形成平面波;馈源发出的波经抛物面反射到抛物面口径上的路程为一定值,因而具有相同的波程差,所以在口径面上形成同向口径场。

电子科技大学 2011 年攻读硕士研究生入学考试试题解答

一、**1.** 电流密度($\boldsymbol{J}$),磁感应强度($\boldsymbol{B}$)　**2.** 90°　**3.** $\nabla\times\boldsymbol{E}=0$，$\nabla\times\boldsymbol{B}=0$　**4.** 方程,边界条件　**5.** 5,2　**6.** $-\dfrac{\partial}{\partial t}\displaystyle\int_V\left(\frac{1}{2}\boldsymbol{H}\cdot\boldsymbol{B}+\frac{1}{2}\boldsymbol{E}\cdot\boldsymbol{D}\right)\mathrm{d}V,\oint_S(\boldsymbol{E}\times\boldsymbol{H})\cdot\mathrm{d}S$　**7.** 2π　**8.** $-y$,左旋圆　**9.** $-1/3,2/3$　**10.** 入射波电场与入射面平行,入射波的电场与入射面垂直　**11.** $\arcsin\sqrt{\dfrac{1}{2}}$或 π/4,$\arcsin\sqrt{\dfrac{1}{2}}$　**12.** TE_{10},TE_{20}　**13.** $\dfrac{\pi}{2}$,0 和 π

二、**1.** b　**2.** a　**3.** c　**4.** a　**5.** b　**6.** a

三、**1.** 静电场的电力线是由正电荷发出、终止在负电荷上的,所以电力线的起点和终点不可能重合,电力线不能闭合。在时变场情况下,当不存在电荷时,变化的磁场也可以激发电场,此时电力线是闭合的,它的激励源是变化的磁场。

2. 电磁波的相速随频率变化;导电介质的色散是由介质本身的物理特性(等效介

电常数随频率变化)引起的，属于非正常色散(频率增加，相速增加)；而金属波导的色散是由于波导装置的边界条件引起的，属于正常色散(频率增加，相速减小)。

3. 反射系数的模等于1；在理想导体面上，与入射角无关，无透射波；

在两种介质分界面上，电磁波从光密媒质入射到光疏媒质，入射角大于或等于临界角，存在透射波。

四、(1) 设同轴线内导体单位长度的带电荷量为 ρ_1，利用高斯定理可得

$$(2\pi-a)\varepsilon_0 rE_0+a\varepsilon rE_\varepsilon=\rho_1$$

由于
$$E_0=E_\varepsilon-E$$

故得
$$E=\frac{\rho_1}{[(2\pi-a)\varepsilon_0+a\varepsilon]r}\quad a<r<b$$

由
$$U_0=\int_a^b E\mathrm{d}r=\int_a^b\frac{\rho_1}{[(2\pi-a)\varepsilon_0+a\varepsilon]r}\mathrm{d}r=\frac{\rho_1}{[(2\pi-a)\varepsilon_0+a\varepsilon]r}\ln\frac{b}{a}$$

得
$$\rho_1=\frac{[(2\pi-a)\varepsilon_0+a\varepsilon]U_0}{\ln\frac{b}{a}}$$

故
$$E=\frac{U_0}{r\ln\frac{b}{a}},a<r<b$$

$$\varphi(r)=\int_r^b E\mathrm{d}r=\int_r^b\frac{U_0}{r\ln\frac{b}{a}}\mathrm{d}r=\frac{U_0}{\ln\frac{b}{a}}\ln\frac{b}{r},a<r<b$$

(2)
$$W_{el}=\frac{1}{2}\rho_1U_0=\frac{[(2\pi-a)\varepsilon_0+a\varepsilon]U_0^2}{2\ln\frac{b}{a}}$$

五、解：(1) 电流 I_1 产生的磁场为 $\boldsymbol{B}=\boldsymbol{e}_\varphi\frac{\mu_0I_1}{2\pi r}$

与矩形回路交链的磁通 $\varphi=\int_S\boldsymbol{B}\cdot\mathrm{d}S=\frac{\mu_0I_1}{2\pi r}\int_a^R\frac{1}{r}\mathrm{d}r=\frac{\mu_0I_1}{2\pi}\ln\frac{R}{a}$

式中
$$R=[a^2+a^2-2a^2\cos(180°-60°)]^{1/2}=\sqrt{3}a$$

故直导线与矩形回路间的互感为 $M=\frac{\varphi}{I_1}=\frac{\mu_0a}{2\pi}\ln\sqrt{3}$

(2) DA 段所受磁场力为

$$F_{mDA}=\boldsymbol{e}_zI_2a\times\left(-\boldsymbol{e}_x\frac{\sqrt{3}}{2}+\boldsymbol{e}_y\frac{1}{2}\right)\frac{\mu_0I_1}{2\pi a}=-(\boldsymbol{e}_x+\boldsymbol{e}_y\sqrt{3})\frac{\mu_0I_1I_2}{4\pi}$$

BC 段所受磁场力为

$$F_{mBC}=-\boldsymbol{e}_zI_2a\times\left(-\boldsymbol{e}_x\frac{1}{2}+\boldsymbol{e}_y\frac{\sqrt{3}}{2}\right)\frac{\mu_0I_1}{2\pi\sqrt{3}a}=\left(\boldsymbol{e}_x+\boldsymbol{e}_y\frac{1}{\sqrt{3}}\right)\frac{\mu_0I_1I_2}{4\pi}$$

AB 段与 BC 段所受磁场力的大小相等、方向相反；

故 $$F_m = F_{mDA} + F_{mBC} + F_{mAB} + F_{mCD} = -\boldsymbol{e}_y \frac{\mu_0 I_1 I_2}{2\sqrt{3}\pi}$$

六、(1) $q' = -\dfrac{b}{d}q$，距空腔中心 O' 为 $d' = \dfrac{b^2}{d}$，有效区域为空腔内；

$q'' = q$，位于导体球中心 O 处，有效区域为导体球外；

(2) 导体球外：$\varphi = \dfrac{q}{16\pi\varepsilon_0 r}$，式中 $r > a$ 为导体球外任一点到 O 点的距离

空腔内：$\varphi = \dfrac{q}{4\pi\varepsilon_0 R} - \dfrac{bq}{4\pi\varepsilon_0 dR'} + \dfrac{q}{16\pi\varepsilon_0 a}$

式中 R、R' 分别为空腔内任一点到点电荷 q、镜像电荷 q' 的距离

导体球内的空腔外：$\varphi = \dfrac{q}{16\pi\varepsilon_0 a}$

(3) $F = \dfrac{qq'}{4\pi\varepsilon_0 (d' - d)^2} = \dfrac{dqq^2}{4\pi\varepsilon_0 (b^2 - d^2)^2}$

七、(1) 将磁场强度代入波动方程

$$\nabla^2 \boldsymbol{H}(x,z) + \omega^2 \varepsilon_0 \mu_0 \boldsymbol{H}(x,z) = 0$$

$$[-(10\pi)^2 - k_z^2] + \mu_0 \varepsilon_0 (6\pi \times 10^9)^2 = 0$$

故得到 $$k_z = \sqrt{\mu_0 \varepsilon_0 (6\pi \times 10^9)^2 - (10\pi)^2} = 10\sqrt{3}\pi \text{ rad/m}$$

(2) 由 $\nabla \times \boldsymbol{E}(x,z) = \mathrm{j}\omega\varepsilon_0 \boldsymbol{E}(x,z)$，得

$$\boldsymbol{E}(x,z) = \frac{1}{\mathrm{j}\omega\varepsilon_0} \nabla \times \boldsymbol{H}(x,z) = \frac{1}{\mathrm{j}\omega\varepsilon_0}\left(\boldsymbol{e}_z \frac{\partial H_y}{\partial x} - \boldsymbol{e}_x \frac{\partial H_y}{\partial z}\right)$$

$$= \frac{1}{\mathrm{j}\omega\varepsilon_0}[\boldsymbol{e}_z \pi\cos(10\pi x) + \boldsymbol{e}_x \mathrm{j}\sqrt{3}\pi\sin(10\pi x)]\mathrm{e}^{-\mathrm{j}10\sqrt{3}\pi z} \text{ V/m}$$

$$= [\boldsymbol{e}_x 6\sqrt{3}\pi\sin(10\pi x) - \boldsymbol{e}_z \mathrm{j}6\pi\cos(10\pi x)]e^{-\mathrm{j}10\sqrt{3}\pi z} \text{ V/m}$$

$$\boldsymbol{E}(x,z,t) = \mathrm{Re}[\boldsymbol{E}(x,z)\mathrm{e}^{\mathrm{j}\omega t}] = \boldsymbol{e}_x 6\sqrt{3}\pi\sin(10\pi x)\cos(6\pi \times 10^9 t - 10\sqrt{3}\pi z)$$
$$- \boldsymbol{e}_z 6\sqrt{3}\pi\cos(10\pi x)\sin(6\pi \times 10^9 t - 10\sqrt{3}\pi z)$$

$$\boldsymbol{S}_{av}(x,z) = \frac{1}{2}\mathrm{Re}[\boldsymbol{E}(x,z) \times \boldsymbol{H}(x,z)] = \boldsymbol{e}_z 0.3\sqrt{3}\pi\sin^2(10\pi x) \text{ W/m}^2$$

八、(1) $k_i = \sqrt{k_x^2 + k_y^2} = 2\pi$，得 $\lambda = \dfrac{2\pi}{k_i} = 1$ m

$$f = \frac{c}{\lambda\sqrt{\varepsilon_r}} = 2 \times 10^8 \text{ Hz}$$

$$\boldsymbol{H}_i(x,y) = \frac{1}{\eta}\boldsymbol{e}_i \times \boldsymbol{E}_i(x,y) = \frac{1}{80\pi}(\boldsymbol{e}_x \mathrm{j} - \boldsymbol{e}_y \mathrm{j}\sqrt{3} + \boldsymbol{e}_z 2)\mathrm{e}^{-\mathrm{j}\pi(\sqrt{3}x + y)} \text{ A/m}$$

(2) 左旋圆极化波；

(3) $\boldsymbol{E}_r(x,y) = (-\boldsymbol{e}_x - \boldsymbol{e}_y\sqrt{3} - \boldsymbol{e}_z \mathrm{j}2)\mathrm{e}^{-\mathrm{j}\pi(-\sqrt{3}x + y)}$ V/m

$$\boldsymbol{H}_r(x,y) = \frac{1}{80\pi}(-\boldsymbol{e}_x \mathrm{j} - \boldsymbol{e}_y \mathrm{j}\sqrt{3} + \boldsymbol{e}_z 2)\mathrm{e}^{-\mathrm{j}\pi(-\sqrt{3}x + y)} \text{ A/m}$$

(4) $\boldsymbol{J}_s(y)=-\boldsymbol{e}_x\times(\boldsymbol{H}_i+\boldsymbol{H}_r)|_{x=0}=\dfrac{1}{80\pi}(\boldsymbol{e}_y 2+\boldsymbol{e}_z \mathrm{j}\sqrt{3})\mathrm{e}^{-\mathrm{j}\pi y}\ \mathrm{A/m^2}$

$\rho_s(y)=-\varepsilon\boldsymbol{e}_x\cdot(\boldsymbol{E}_i+\boldsymbol{E}_r)|_{x=0}=5\varepsilon_0\mathrm{e}^{-\mathrm{j}\pi y}$

电子科技大学 2012 年攻读硕士研究生入学考试试题解答

一、**1.** $\boldsymbol{E}_2=\boldsymbol{e}_x\dfrac{1}{2}+\boldsymbol{e}_z 4\ \mathrm{V/m}$　**2.** $12\varepsilon_0$　$-6\varepsilon_0$　**3.** $\nabla\cdot\boldsymbol{J}=0$　闭合　**4.** 11　6

5. 2.25　**6.** 2π　**7.** 0　$\sqrt{3}/3$　**8.** 0.8　45°　**9.** 30°　**10.** 6×10^9 Hz～12×10^9 Hz

二、**1.** ×　**2.** ×　**3.** √　**4.** √　**5.** ×　**6.** ×　**7.** √　**8.** ×　**9.** √　**10.** ×

三、**解**:(1) 静电场的电力线是由正电荷发出、终止在负电荷上的,所以电力线的起点和终点不可能重合,电力线不能闭合。在时变场情况下,即使不存在电荷,变化的磁场也可以激发电场,此时电力线是闭合的。它的激励源是变化的磁场。

(2) 电磁波的色散是电磁波的相速随频率变化,电磁波在导电媒质中传播时,产生色散的原因是由于导电媒质的等效介电常数随频率变化,从而引起的电磁波的色散;特点是:频率增加,相速增加,是非正常色散。

(3) 方向图因子 $F(\varphi,\theta)=\sin\theta$,最大辐射方向垂直于电偶极子$\left(\theta=\dfrac{\pi}{2}\right)$,最小辐射方向平行于电偶极子($\theta=0$ 和 π)方向,在垂直于电偶极子的平面内为均匀辐射,方向图略。

四、**解**:(1) 以球心为原点做一球面,由对称性可知在两个半空间中的电场 E_1 和 E_2 分别在各自的半球面上相等,又根据边界条件 $E_{1t}=E_{2t}$ 可知 $E_1=E_2=E$(但 $D_1\neq D_2$)。因此电场在整个球面上相等,呈球对称分布。

由高斯定理,有

$$\oint_S D\cdot \mathrm{d}S=2\pi r^2(D_1+D_2)=q(a<r<b)$$

由 $D_1=\varepsilon_1 E_1$、$D_2=\varepsilon_2 E_2$ 以及 $E_1=E_2=E$,可得两球壳间的电场的电位分别为

$$E(r)=\boldsymbol{e}_r\frac{q}{2\pi(\varepsilon_1+\varepsilon_2)r^2}(a<r<b)$$

$$\varphi(r)=\frac{q}{2\pi(\varepsilon_1+\varepsilon_2)}\int_r^b\frac{1}{r^2}\mathrm{d}r=\frac{q(b-r)}{2\pi(\varepsilon_1+\varepsilon_2)br}(a<r<b)$$

(2) $C=\dfrac{q}{\varphi(a)}=\dfrac{2\pi(\varepsilon_1+\varepsilon_2)ba}{b-a}$

五、解：(1) 由安培环路电流求得电流 I_1 产生的磁感应强度

$$B_{10}=\frac{\mu_0 I_1}{2\pi r}(z>0),B_{1\mu}=\frac{\mu I_1}{2\pi r}(z<0)$$

$$\psi_{21}=\frac{(\mu_0+\mu)bI_1}{4\pi}\ln\frac{a+c}{c}$$

$$M=\frac{\psi_{21}}{I_1}=\frac{(\mu_0+\mu)b}{4\pi}\ln\frac{a+c}{c}$$

(2) $W_m=-MI_1I_2=-\frac{(\mu_0+\mu)bI_1I_2}{2\pi}\ln\frac{a+c}{c}$

六、解：(1) 导体球外：$\varphi=\frac{q}{4\pi\varepsilon_0 r}$

式中，r 为导体球外任意一点到 O 点的距离；

空腔内：$\varphi=\frac{q}{4\pi\varepsilon_0 r'}-\frac{q}{4\pi\varepsilon_0 b}+\frac{q}{4\pi\varepsilon_0 a}$

式中，r' 为导体球外任意一点到 O' 点的距离；

导体中：$\varphi=\frac{q}{4\pi\varepsilon_0 a}$。

(2) $F_q=0$

(3) 导体中和球外的电位不变，空腔内的电位和点电荷 q 受到的电场力要改变。

七、解：$\nabla\cdot\boldsymbol{D}=\rho,\nabla\times\boldsymbol{E}=-\frac{\partial\boldsymbol{B}}{\partial t},\nabla\cdot\boldsymbol{B}=0,\nabla\times\boldsymbol{H}=\boldsymbol{J}+\frac{\partial\boldsymbol{D}}{\partial t}$

时变电磁场的特点：

(1) 不仅电荷激发电场、电流激发电场，变化的电场和磁场互为激发源；

(2) 电场和磁场不再相互独立，它们构成一个不可分离的整体。

麦克斯韦方程组的意义：

通过引入位移电流，构成了完整的麦克斯韦方程，由于空间任意点的电磁场扰动都会激发起新的扰动，从而形成电磁扰动的传播，所以方程本身则预言了电磁波的存在。

八、解：$\lambda=4|z_{\max}-z_{\min}|=1\ \text{m}$，则

$f=\frac{v_0}{\lambda}=3\times10^8\ \text{Hz}$

由驻波比的定义 $$S=\frac{|E|_{\max}}{|E|_{\min}}=\frac{1+|\Gamma|}{1-|\Gamma|}=2$$

得 $$|\Gamma|=\frac{S-1}{S+1}=\frac{1}{3}$$

介质表面为合成波电场振幅最小值点，则 $|\Gamma|=-\frac{1}{3}$

又 $$|\Gamma|=\frac{\eta-\eta_0}{\eta+\eta_0}=\frac{1/\sqrt{\varepsilon_r}-1}{1/\sqrt{\varepsilon_r}+1}=-\frac{1}{3}$$

解得 $\varepsilon_r=4$

九、解：(1) $\boldsymbol{k}=\boldsymbol{e}_y 2\pi-\boldsymbol{e}_z 2\sqrt{3}\pi$，

$k=4\pi$，$\lambda=0.5\ \text{m}$，$f=6\times10^8\ \text{Hz}$；

(2) $H_{0z}=\sqrt{3}$

(3) 左旋椭圆极化

(4) $\boldsymbol{J}_s(y)=\boldsymbol{e}_n\times\boldsymbol{H}_1|_{z=0}=\boldsymbol{e}_z\times(\boldsymbol{H}_i+\boldsymbol{H}_r)|_{z=0}$

$$=[\boldsymbol{e}_y 4(1+\mathrm{j}\sqrt{2})-\boldsymbol{e}_x 6]\frac{1}{120\pi}\mathrm{e}^{-\mathrm{j}\pi 2y}$$

附录一　各矩阵参量转换公式

名称	单元电路	阻抗矩阵[Z]	归一化阻抗矩阵 $[\tilde{Z}]$	导纳矩阵 [Y]	归一化导纳矩阵 $[\tilde{Y}]$	转移矩阵 [A]	归一化转移矩阵 $[\tilde{A}]$	说明
串联阻抗	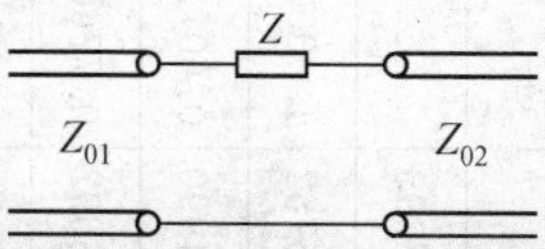	不存在	不存在	$\begin{bmatrix} \frac{1}{Z} & -\frac{1}{Z} \\ -\frac{1}{Z} & \frac{1}{Z} \end{bmatrix}$	$\begin{bmatrix} \frac{1}{\tilde{Z}} & -\frac{\sqrt{R}}{\tilde{Z}} \\ -\frac{\sqrt{R}}{\tilde{Z}} & \frac{1}{\tilde{Z}} \end{bmatrix}$	$\begin{bmatrix} 1 & Z \\ 0 & 1 \end{bmatrix}$	$\begin{bmatrix} \sqrt{R} & \frac{\tilde{Z}}{\sqrt{R}} \\ 0 & \frac{1}{\sqrt{R}} \end{bmatrix}$	$R=Z_{02}/Z_{01}$
并联阻抗	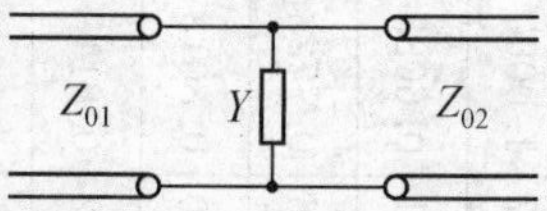	$\begin{bmatrix} \frac{1}{Y} & \frac{1}{Y} \\ \frac{1}{Y} & \frac{1}{Y} \end{bmatrix}$	$\begin{bmatrix} \frac{1}{\tilde{Y}} & \frac{1}{\tilde{Y}\sqrt{R}} \\ \frac{1}{\tilde{Y}\sqrt{R}} & \frac{1}{\tilde{Y}R} \end{bmatrix}$	不存在	不存在	$\begin{bmatrix} 1 & 0 \\ Y & 1 \end{bmatrix}$	$\begin{bmatrix} \sqrt{R} & 0 \\ \tilde{Y}\sqrt{R} & \frac{1}{\sqrt{R}} \end{bmatrix}$	$R=Z_{02}/Z_{01}$
理想变压器	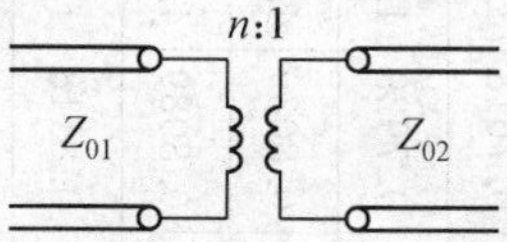	不存在	不存在	不存在	不存在	$\begin{bmatrix} n & 0 \\ 0 & \frac{1}{n} \end{bmatrix}$	$\begin{bmatrix} \frac{n}{\sqrt{R}} & 0 \\ 0 & \frac{\sqrt{R}}{n} \end{bmatrix}$	$R=Z_{02}/Z_{01}$
无耗传输线段	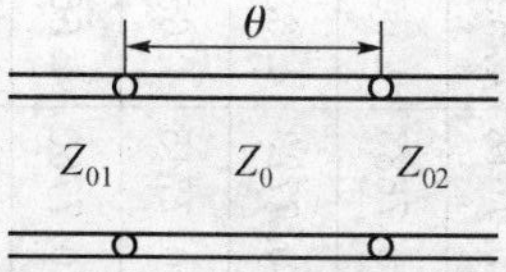	$\begin{bmatrix} -jZ_0\cot\theta & -jZ_0\csc\theta \\ -j\csc\theta & -jZ_0\cot\theta \end{bmatrix}$	$\begin{bmatrix} -j\cot\theta & -j\csc\theta \\ -j\csc\theta & -j\cot\theta \end{bmatrix}$	$\begin{bmatrix} -\frac{j}{Z_0}\cot\theta & \frac{j}{Z_0}\cot\theta \\ \frac{j}{Z_0}\cot\theta & -\frac{j}{Z_0}\cot\theta \end{bmatrix}$	$\begin{bmatrix} -j\cot\theta & j\csc\theta \\ -j\csc\theta & -j\cot\theta \end{bmatrix}$	$\begin{bmatrix} \cos\theta & jZ_0\sin\theta \\ \frac{j}{Z_0}\sin\theta & \cos\theta \end{bmatrix}$	$\begin{bmatrix} \cos\theta & j\sin\theta \\ j\sin\theta & \cos\theta \end{bmatrix}$	$Z_{01}=Z_{02}=Z_0$

附录二　切比雪夫低通原型滤波器归一化元件值

N	g_1	g_2	g_3	g_4	g_5	g_6	g_7	g_8	g_9	g_{10}	g_{11}
					$L_{Ar}=0.1$ dB						
1	0.3052	1.0000									
2	0.8430	0.6220	1.3554								
3	1.0315	1.1474	1.0315	1.0000							
4	1.1088	1.3061	1.7703	0.8180	1.3554						
5	1.1468	1.3712	1.9750	1.3712	1.1468	1.0000					
6	1.1681	1.4039	2.0562	1.5170	1.9029	0.8618	1.3554				
7	1.1811	1.4228	2.0966	1.5733	2.0966	1.4228	1.1811	1.0000			
8	1.1897	1.4346	2.1199	1.6010	2.1699	1.5640	1.9444	0.8778	1.3554		
9	1.1956	1.4425	2.1345	1.6167	2.2053	1.6167	2.1345	1.4425	1.1956	1.0000	
10	1.1999	1.4481	2.1444	1.6265	2.2253	1.6418	2.2046	1.5821	1.9628	0.8853	1.3554
					$L_{Ar}=3$ dB						
1	1.9953	1.0000									
2	3.1013	0.5339	5.8085								
3	3.3487	0.7117	3.3487	1.0000							
4	3.4389	0.7483	4.3471	0.5920	5.8095						
5	3.4817	0.7618	4.5381	0.7618	3.4817	1.0000					
6	3.5045	0.7685	4.6061	0.7929	4.4641	0.6033	5.8095				
7	3.5182	0.7723	4.6386	0.8039	4.6386	0.7723	3.5182	1.0000			
8	3.5277	0.7745	4.6575	0.8089	4.6990	0.8018	4.4990	0.6073	5.8095		
9	3.5340	0.7760	4.6692	0.8118	4.7272	0.8118	4.6692	0.7760	3.5340	1.0000	
10	3.5384	0.7771	4.6768	0.8136	4.7425	0.8164	4.7260	0.8051	4.5142	0.6091	5.8095

附录三　微带线特性阻抗 Z_0 和相对等效介电常数与尺寸的关系($\varepsilon_r=9.6$)

w/h	Z_0/Ω	$\sqrt{\varepsilon_{re}}$	w/h	Z_0/Ω	$\sqrt{\varepsilon_{re}}$	w/h	Z_0/Ω	$\sqrt{\varepsilon_{re}}$
0.071	119.1	2.38	0.74	56.7	2.54	1.80	35.8	2.64
0.085	114.3	2.39	0.78	55.4	2.54	2.00	33.7	2.66
0.099	110.1	2.39	0.82	54.2	2.55	2.30	30.0	2.68
0.14	100.7	2.41	0.86	53.0	2.55	2.60	28.5	2.69
0.20	91.1	2.43	0.90	51.9	2.56	3.00	25.9	2.71
0.26	84.1	2.45	0.94	50.8	2.56	3.50	23.2	2.73
0.30	80.3	2.46	0.98	49.8	2.57	4.00	21.1	2.76
0.34	76.9	2.47	1.00	49.3	2.57	4.50	19.3	2.77
0.40	72.6	2.48	1.05	48.0	2.57	5.00	17.8	2.79
0.44	70.1	2.49	1.10	46.8	2.58	6.00	15.4	2.81
0.50	66.8	2.50	1.15	45.8	2.58	7.00	13.6	2.84
0.54	64.8	2.50	1.20	44.7	2.59	8.00	12.2	2.86
0.58	62.9	2.51	1.30	42.9	2.60	9.00	11.0	2.87
0.62	61.2	2.52	1.40	41.2	2.61	10.00	10.1	2.89
0.66	59.6	2.52	1.50	39.7	2.62			
0.70	58.1	2.53	1.60	38.3	2.62			

附录四　常用结论及常数

电磁场部分

$\nabla r=\frac{\boldsymbol{r}}{r},\nabla\cdot\boldsymbol{r}=3$；

$\nabla[f(u)]=f'(u)\nabla u$；

$\nabla\cdot(u\boldsymbol{A})=u\nabla\cdot\boldsymbol{A}+\nabla u\cdot\boldsymbol{A}$；

$\nabla\times(u\boldsymbol{A})=u\nabla\times\boldsymbol{A}+\nabla u\times\boldsymbol{A}$；

$\nabla\cdot(\boldsymbol{A}\times\boldsymbol{B})=\nabla\times\boldsymbol{A}-\boldsymbol{A}\cdot\nabla\times\boldsymbol{B}$；

$\nabla\times\nabla\times\boldsymbol{A}=\nabla(\nabla\cdot\boldsymbol{A})-\nabla^2\boldsymbol{A}$；

真空中 $\varepsilon_0=\frac{1}{36\pi}\times10^{-9}\,\mathrm{F/m}$；

电偶极子电位 $\varphi=\frac{ql\cos\theta}{4\pi\varepsilon_0 r^2}$；

真空中 $\mu_0=4\pi\times10^{-7}\,\mathrm{H/m}$；

真空中光速 $c=\frac{1}{\sqrt{\mu_0\varepsilon_0}}=3\times10^8\ \mathrm{m/s}$；

同轴线单位长度上电容 $C_0=\frac{2\pi\varepsilon}{\ln\frac{b}{a}}$；

同轴线单位长度上自感 $L_0=\frac{\mu}{2\pi}\ln\frac{b}{a}$；

同轴线特性阻抗 $\eta=\sqrt{\frac{L}{C}}=\frac{1}{2\pi}\sqrt{\frac{\mu_0}{\varepsilon}}\ln\frac{b}{a}$；

欧姆定律不适用于运流电流；

真空中波阻抗 $\eta_0=120\pi$；

良导体中 $\alpha=\beta\approx\sqrt{\frac{\omega\mu\sigma}{2}}$；

电介质中 $\alpha\approx\frac{\sigma}{2}\sqrt{\frac{\mu}{\varepsilon}},\beta\approx\omega\sqrt{\mu\varepsilon}$；

集肤深度 $\delta=\frac{1}{\alpha}$；

布儒斯特角 $\theta_B=\arcsin\sqrt{\frac{\varepsilon_2}{\varepsilon_1+\varepsilon_2}}$；

全反射角 $\theta=\arcsin\sqrt{\frac{\varepsilon_2}{\varepsilon_1}}$；

微波部分

传输线全反射$|\Gamma|=1$，负载为纯电抗；

负载相移 $\varphi_l=\pi-\left[\arctan\dfrac{X_l}{Z_0+R_l}+\arctan\dfrac{X_l}{Z_0-R_l}\right]$；

传输线负载等效长度 $\Delta z=\dfrac{1}{2\beta}(\pi-\varphi_1)$；

负载到最近波节点距离 $d_{\min}=-\Delta z$（容性）；

负载到波节点距离 $d_{\min}=\dfrac{\lambda_g}{2}-\Delta z$（感性）；

传输线驻波比 ρ 越大，传输功率 P 越小；

行驻波无法分解为行波场＋驻波场；

Smith 圆图由 Γ 圆图套复阻抗圆图组成；

任何空心波导中都不能传播 TEM 波；

矩形波导主模 TE_{10} 模，截止波长 $\lambda_c=2a$；

矩形波导特性阻抗 $Z=\dfrac{b}{a}\dfrac{\sqrt{\mu/\varepsilon}}{\sqrt{1-(\lambda/2a)^2}}$；

标准矩形波导中，单模传输条件 $a<\lambda<2a$；

圆波导主模 TE_{11} 模，不存在 TE_{m0}、TM_{m0} 模；

圆波导 TE 模截止波长 $\lambda_{cTE}=\dfrac{2\pi R}{\mu_{mn}}$；

圆波导 TM 模截止波长 $\lambda_{cTM}=\dfrac{2\pi R}{v_{mn}}$；

圆波导中两种极化简并 $\sin m\varphi$ 和 $\cos m\varphi$；

圆波导中 TE_{01} 模损耗最小，TM_{01} 模轴对称；

同轴线主模为 TEM 模；

带状线传输主模为 TEM 模；

微带线传输主模为准 TEM 模；

[S]参数特性：对称时 $S_{ii}=S_{jj}$，互易时 $S_{ij}=S_{ji}$，无耗时 $I-S*S=0$；

无耗互易的三端口元件无法同时匹配；

微波谐振腔等效电路任一参考面向其两侧所“看到”的电纳之和为 0；

矩形谐振腔主模 TE_{101}，谐振波长 $\lambda_0=\dfrac{2al}{\sqrt{a^2+l^2}}$；

天线原理部分

天线辐射条件 $\lim\limits_{R\to\infty}R\left(\dfrac{\mathrm{d}U}{\mathrm{d}R}-\mathrm{j}kU\right)=0$；

电流源辐射远场 $\boldsymbol{E}_\theta\approx\mathrm{j}\dfrac{\eta Il}{2\lambda r}\sin\theta\mathrm{e}^{-\mathrm{j}kr}\boldsymbol{e}_\theta$；

对称振子辐射电场：$\boldsymbol{E}_\theta=\mathrm{j}\,\dfrac{60I_M}{r}\dfrac{\cos(kl\cos\theta)-\cos kl}{\sin\theta}\mathrm{e}^{-\mathrm{j}kr}\boldsymbol{e}_\theta$

对称振子 $l/\lambda>0.7$ 时，最大辐射方向已不在 $\theta=90°$ 方向上；

半波振子半功率波瓣宽度为 78°；

全波振子半功率波瓣宽度为 47°；

半波振子辐射电阻 $R_\Sigma=73.1\ \Omega$；

天线辐射方向系数为 $D=\dfrac{120f_M^2}{R_\Sigma}$；

基本振子方向系数 $D=1.5=1.76$ dB；

半波振子方向系数 $D=1.64=2.15$ dB；

天线 r 处辐射场强度 $|E|=\dfrac{\sqrt{60P_\Sigma D}}{r}F(\theta,\varphi)$；

天线最大有效接收面积 $A_m=\dfrac{\lambda^2}{4\pi}D$；

U 形管（窄带）作用：**1.** 平衡电流，**2.** 阻抗变换；

扼流套频带窄，但对阻抗影响小；

开槽线频带宽，缺点是功率容量小；

方向图乘积定理 $F(\theta,\varphi)=f_1(\theta,\varphi)\cdot f_a$；

不等副阵中当 $d=p\cdot\dfrac{\lambda}{2}(p=1,2\cdots)$ 时，方向系数：$D=\dfrac{(\sum\limits_{i=1}^{n}I_i)^2}{\sum\limits_{i=1}^{n}I_i^2}$；

无限大地面上天线的方向系数是其镜像等效天线阵的两倍，辐射阻抗是其一半；

天线阵单元天线辐射阻抗 $Z_{\Sigma i}=\sum\limits_{j=1}^{n}\dfrac{I_{mj}}{I_{mi}}Z_{ij}$；

天线阵归算于阵元 i 的总辐射阻抗为 $Z_{\Sigma(i)}=\sum\limits_{j=1}^{n}\dfrac{I_{mj}^2}{I_{mi}^2}Z_{\Sigma i}$；

面天线口径效率 $\eta_a=\dfrac{|\int E_s(x,y)\mathrm{d}x\mathrm{d}y|^2}{A\int|E_s(x,y)|^2\mathrm{d}x\mathrm{d}y}$

有效接收面积 $A_e=A\eta_a$；

方向系数 $D=\dfrac{4\pi}{\lambda^2}A_e=\dfrac{4\pi}{\lambda^2}A\eta_a$。

附录五　Smith 圆图

The Complete Smith Chart
Black Magic Design

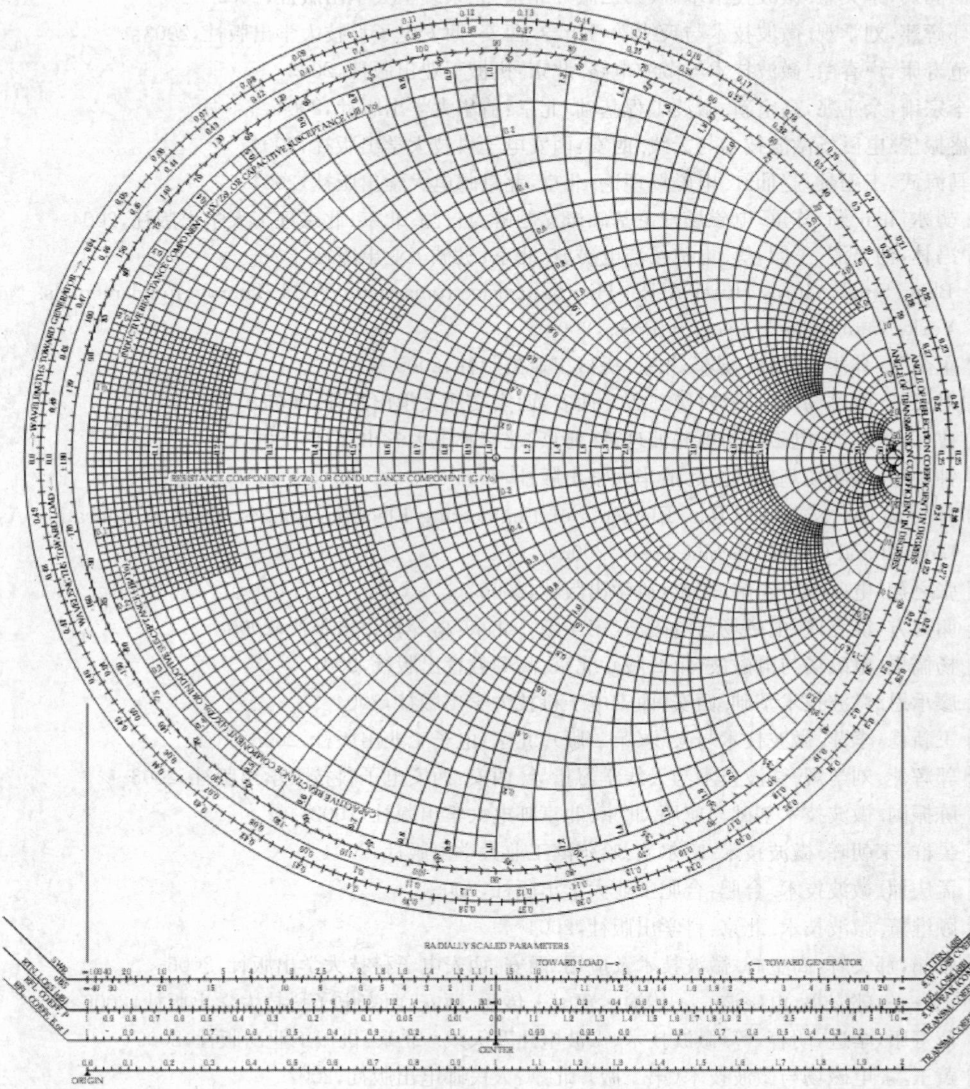

参考文献

[1] 王楚,李椿,周乐柱. 电磁学. 北京:北京大学出版社,2000

[2] 刘学观,郭辉萍. 微波技术与天线. 西安:西安电子科技大学出版社,2001

[3] 王家礼,朱满座,路宏敏. 电磁场与电磁波. 西安:西安电子科技大学出版社,2002

[4] 严润卿,李英慧. 微波技术基础(第二版). 北京:北京理工大学出版社,2002

[5] 郭辉萍,刘学观. 微波技术与天线学习指导. 西安:西安电子科技大学出版社,2003

[6] 范寿康,卢春兰. 微波技术与微波电路. 北京:机械工业出版社,2003

[7] 李宗谦,余京兆,高宝新. 微波工程基础. 北京:清华大学出版社,2004

[8] 盛振华. 电磁场微波技术与天线. 西安:西安电子科技大学出版社,2004

[9] 马海武,王丽黎,赵仙红. 电磁场理论. 北京:北京邮电大学出版社,2004

[10] 胡冰,崔正勤,陈重. 电磁场理论基础概念题解与自测. 北京:北京理工大学出版社,2004

[11] 冯林,杨显清,王园,等. 电磁场与电磁波. 北京:机械工业出版社,2004

[12] Bhag Singh Guru, Huseyin R. Hiziroglu. Electromagnetic Field Theroy Fundamentals. New York: Cambridge University Press,2005

[13] 董金明,林萍实. 微波技术. 北京:机械工业出版社,2005

[14] 冯恩信. 电磁场与电磁波(第二版). 西安:西安交通大学出版社,2005

[15] 曹伟,徐立勤. 电磁场与电磁波理论. 北京:北京邮电大学出版社,2006

[16] 钟顺时. 电磁场基础. 北京:清华大学出版社,2006

[17] Nanapaneni Narayana Rao. Elements of Engineering Electromagnetics. Pearson Education Asia Limited and China Machine Press,2006

[18] 张之翔. 电磁学千题解. 北京:科学出版社,2006

[19] 谢处方,饶克谨. 电磁场与电磁波(第 4 版). 北京:高等教育出版社,2006

[20] 杨儒贵. 电磁场与电磁波(第 2 版). 北京:高等教育出版社,2007

[21] 廖承恩. 微波技术基础. 西安:西安电子科技大学出版社,2004

[22] 王新稳,李萍. 微波技术与天线(第二版). 北京:电子工业出版社,2006

[23] 郭辉萍,刘学观. 微波技术与天线学习指导. 西安:西安电子科技大学出版社,2003

[24] 陈振国. 微波技术基础与应用. 北京:北京邮电大学出版社,2002

[25] 吴群,宋朝晖. 微波技术. 哈尔滨:哈尔滨工业大学出版社,2004

[26] 孟庆鼐. 微波技术. 合肥:合肥工业大学出版社,2005

[27] 顾继慧. 微波技术. 北京:科学出版社,2004

[28] 张瑜,郝文辉,高金辉. 微波技术及应用. 西安:西安电子科技大学出版社,2006

[29] 王一平,郭宏福. 电磁波——传输·辐射·传播. 西安:西安电子科技大学出版社,2006

[30] 范寿康,李进,胡容,等. 微波技术、微波电路及天线. 北京:机械工业出版社,2009

[31] 黄玉兰. 电磁场与微波技术(第二版). 北京:人民邮电出版社,2007

[32] 毛钧杰. 微波技术与天线. 北京:科学出版社,2006

[33] 曹祥玉,高军,曾越胜,等. 微波技术与天线. 西安:西安电子科技大学出版社,2008

[34] 赵克玉,许福永. 微波原理与技术. 北京:高等教育出版社,2006

[35] 傅文斌.微波技术与天线.北京:机械工业出版社,2007
[36] 冯垛生.微波技术在工业生产和医疗中的应用.北京:中国电力出版社,2009
[37] 王永.西安电子科技大学电磁场与微波专业考研真题答案,2011
[38] 尚洪臣,薛正辉,闫润卿.微波技术基础概念题解与自测.北京:北京理工大学出版社,2005